JN424414

IC 응용 및 설계

공학박사 이 영 훈 저

도서출판 상 학 당

머리말

오늘날 급격히 발전하는 전자, 정보통신공학 분야 중에서 IC의 비중은 막대하여 아직도 연구, 개발 및 응용의 가능성이 많은 분야 중의 하나이다. 특히 IC가 점점 소형화 되어감에 따라서 IC 응용회로의 중요성은 점차 더해 가고 있으며, 이에 따라 IC 응용을 연구하기 위해서는 그 기초가 되는 펄스 스위칭 및 타이밍 회로를 먼저 연구해야 할 필요성이 증가되어 가고 있다.

이 책의 목적은 독자들로 하여금 집적회로의 원리와 구조를 이해하고, 그 응용방법을 연구하기 위하여 펄스 스위칭 및 타이밍 회로의 이해를 깊이하며, 이 기초를 바탕으로 하여 IC의 응용회로를 해석하고 설계하는 데 도움이 되게 하는 데 있다.

따라서 이와 같은 목적을 위하여 제Ⅰ부에서는 IC의 구조에 대하여 상세하게 다루었으며, 제Ⅱ부에서는 IC를 이용한 펄스 스위칭 회로 및 타이밍 회로와 이를 이용한 응용회로를 소자 및 입·출력 파형을 중심으로 분류하고 해석하며, 설계하는 새로운 접근방법을 사용함으로써 독자들로 하여금 IC 응용회로를 설계할 때에 각 소자를 중심으로 설계할 수 있도록 정리하였다.

따라서 이 책의 구성은

제Ⅰ부 : IC 원리와 구조
제Ⅱ부 : IC 응용

으로 분류하였으며, 제Ⅱ부에서는

1장 : 기초이론
2장 : 다이오드 응용
3장 : 트랜지스터 응용
4장 : IC 응용

으로 구성하였고, 특히 4장의 IC 응용에서는 그 내용을 충분히 하여 회로를 해석하고 실험 및 설계시에 이해를 돕도록 하였다.

이 책을 학부에서 교재로 사용할 때에는 3~4학년 과정에서 1학기 정도에 소화할 수 있도록 그 분량을 조정하였다.

시간적인 촉박으로 인하여 미비한 점이 많으리라고 생각한다. 그러나 앞으로 독자 여러분들의 지도와 편달을 받아가며 미비한 점은 계속하여 보완해 나갈 것을 약속한다.

저자 씀

차　　례

제 I 부　IC의 원리와 구조

제II부 IC 응용

1장 기초이론

2장 다이오드 응용

3장 트랜지스터 응용

4장 IC 응용

제 I 부 IC 원리와 구조

1-1 전자장치의 소형화

최근에 들어 전자계산기, 항공기용 전자기기, 우주용 전자기기 등의 요구가 직접적인 동기가 되어 전자부품이 초소형화 되는 것은 필연적인 과제가 되었다.

종래 개개부품의 소형화는 그 한계점에 이르러 그 이상의 소형화는 기대할 수 없었으나 1957년 RCA에서 마이크로 모듈(micro module)이 발표된 이래 전자장치의 소형화가 구체성을 띄게 되었다. 그런데 이후 다시 반도체 기술을 이용한 집적회로가 발표되어 실용화되면서 전자부품의 소형화는 새로운 국면에 접어들게 된 것이다.

(1) 마이크로 모듈 방식

저항, 콘덴서, 다이오드 등 단일기능의 부품을 1개씩 같은 규격의 웨이퍼에 취부하고 각각의 웨이퍼 단면을 접속시키는 방식이다. 이 웨이퍼의 규격은 RCA 방식으로는 정방형인 기판의 1변이 30[mil], 두께가 10[mil]로 되어 있다.

(2) 고체회로 방식

저항, 콘덴서, 다이오드 등이 1개의 Ge 속에 구성된 것으로 개개의 부품을 식별하기는 어렵다. 내부의 접속은 거의 필요하지 않으며, 전체로는 회로의 기능을 다하는 것이다.

불순물 반도체는 불순물의 양에 따라 저항률이 크게 달라진다. 다시 말하면 불순물이 적은 Ge의 일부에 적당한 불순물을 도핑하여 구성하고, 인출선은 저항이 작도록 도핑한다. 콘덴서는 PN 접합의 장벽용량을 이용하는데 정류작용은 불필요하므로 순수한 콘덴서로 하기 위해서는 PN 접합의 역으로 대향시킨다. 현재의 기술로서 아직 소형화하지 못하는 것은 코일과 대형의 콘덴서이다. 이와같은 방식은 소형화로서는 가장 발전적인 방법이기는 하지만 다음과 같은 단점이 있다.

① 고온, 고압에서의 사용이 곤란하다.
② 소자의 값을 조정하기가 곤란하다.
③ 고밀도이므로 열발화될 유려가 있다.

이와 같은 단점이 있으면서도 가장 사용가능성이 높은 것은 논리회로로서 이 회로는 단지 0과 1의 두 가지 상태만을 지정하면 되므로 간단한 다이오드, 저항 및 콘덴서의 조합으로 실현할 수 있는 논리회로에 많이 사용되고 있다.

1-2 프린트 배선

(1) 프린트 배선 기술

프린튼 배선 기술은 전자기기나 장치를 소형화 하는데 가장 근본이 되는 기술이다. 최근에는 IC나 LSI(large scale integrated)의 실용화와 더불어 고밀도 조립과 불가분의 관계에 있는 다층 프린트 배선 기술도 확립되어 설계에서 제조 및 품질검사에 이르기까지의 전체 과정이 Computer Control 되어 고품질의 것이 싼값으로 공급되고 있다.

(2) 프린트 배선 기판

프린트 배선의 구성방식에는 여러 가지가 있으나. 그 중에서 중요한 것은 두께 30~70[μm]의 전해동박을 프라스틱 적층판 위에 균일하게 용착시킨 동장적측판을 소재로 하여 이 표면에 필요한 배선 패턴을 프린트하고, 부식(etching)에 의하여 불필요한 동을 제거하는 방식이다.

프린트 기판의 구성과정은 다음과 같다.

① 동을 입힌 표면을 깨끗이 닦는다.
② 내산성 물질이나 아프리케를 써서 동 표면 위에서 도체 형태를 그린다.
③ 프린트 기판에 절연도금하지 않은 부분은 부식용해를 써서 얻는다. 동과 접촉하는 부분에 새로운 부식물이 닿도록 잘 섞는다.
④ 완전히 부식된 기판을 깨끗이 닦고 동으로 된 도체를 노출시킨다.
⑤ 도체의 형태는 금·은 또는 주석으로 전극을 만들어서 부품을 납땜하기에 좋도록 한다.
⑥ 부품의 도선보다 조금 크게 도체의 단자에 구멍을 뚫는다. 이때 기판을 고정시키고 구부러짐을 막기 위한 큰 구멍을 기판의 각 구석에 뚫는다.

이 방법의 결점은

① 회로설계가 보통 한 평면에 한정된다.

② 동의 소모가 많다.
③ 동박의 두께에 가까운 정밀 패턴 제조는 이른바 Side etching(배선의 측면이 부식되는 현상)으로 불가능하다.
④ 교환과 수선에 많은 노동 단가가 필요하다.

이며, 이 결점을 해소하기 위하여 최근에는 동박의 두께를 10[μm] 이하로 한 극박동장적층판 방식이나 또는 무전해 도금기술로서 필요한 배선회로를 형성하는 집적회로형 방식이 실용되고 있다.

한편 전자기기의 소형 고밀도 조립에 따른 배선밀도의 증대와 부품 lead선의 기판에 대한 접속신뢰도를 향상시키기 위하여 기판 상하간에 부도체 도금층을 만든 다음 전기판금에 의하여 상하 양면의 배선부를 접속시킨 through hole 도금 배선 방식이 널리 보급되고 있다.

다층 프린트 배선인 경우에는 당초에 중간층 배선부와 차폐층을 필요한 수만큼 제작하고, 이들과 표면층용 동장적층판(두께 0.3mm 정도)을 상하로 중첩하여 각층 사이에는 접착제인 에폭시 수지를 함침시켜 금형으로 적층성형한다. 이런 방법으로는 3층 이상 10층까지의 다층판을 구성할 수 있다.

현재까지 실용화되고 있는 동장적층 기판 가운데 일반적으로 페놀지 계기판은 전자식 단상계산기나 측정기 등에 사용되고 있으며, 에폭시 애자포게 기판은 전자계산기나 전자교환기 등의 산업용 주요기기에 활용되고 있다.

1-3 집적회로의 종류와 특징

(1) 집적회로의 종류

집적회로는 두 개 또는 그 이상의 회로소자가 모두 기판 또는 기판 내에 집적되어 하나의 회로기능을 다하는 것이다. 소형전자 기술에는

- 소형 전자기술
  - 고밀도 조립-마이크로 모듈 방식
  - 집적회로
    - 반도체 집적회로
    - 막직접회로
      - 박막
      - 후막

가 있고, 또 집적회로를 구성, 기능, 제조법, 규모에 따라 나누면

- 집적회로
  - 구성에 따라
    - 바이폴라 집적회로 : 일반 Si 트랜지스터의 구조를 유용하여 일반 Si 기판상에 회로를 구성한 것.
    - MOS 집적회로 : 전계효과 트랜지스터의 MOS형을 사용한 것으로 1종류의 캐리어로 전기전도가 행해지므로 유니폴라형 집적회로라 한다.
  - 기능에 따라
    - 리니어 집적회로 : 증폭회로 등을 집적한 것
    - 디지털 집적회로 : 논리회로를 집적한 게이트
  - 제조법에 따라
    - 반도체 집적회로(SIC) : 반도체 기판상에 만들어진 회로소자를 상호접속시킨 것(모노리닉 IC)
    - 막집적회로(FIC) : 기판상에 구성된 회로소자의 상호접속이 막으로 이루어진 것(혼성 IC)
  - 규모에 따라
    - 소규모 집적회로(SSI) : 100소자 미만으로 집적된 것
    - 중규모 집적회로(MSI) : 100소자 이상 1000소자 미만인 것
    - 대규모 집적회로(LSI) : 1000소자 10000소자 미만인 것
    - 초대규모 집적회로(VLSI) : 10000소자 이상으로 집적된 것

그림 1-1은 제법에 따른 집적회로의 분류를 나타낸 것이다.

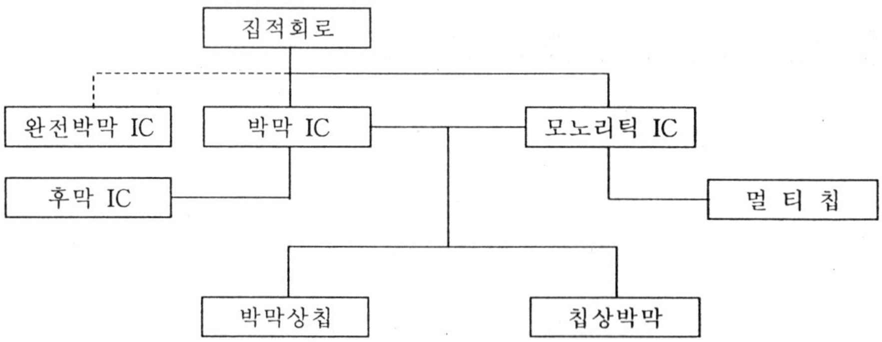

〈그림 1-1〉 집적회로의 부류

(예제 1-1) 대량생산에 적합한 IC는 어느 IC인가?

(해) 모노리틱 IC란 작은 Si 칩안에 모든 회로요소를 만들어 넣어 적당히 배선해 놓은 것이다. monolithic에서 mono는 single, lithic은 stone의 뜻을 갖는 희랍어에서 유래된 것이며, 현재 가장 많이 제조되고 있고 장래성도 유망하며 대량 생산에 적합하다.

반도체 집적회로에는 그림 1-2와 같이 1형부터 4형까지가 있다.

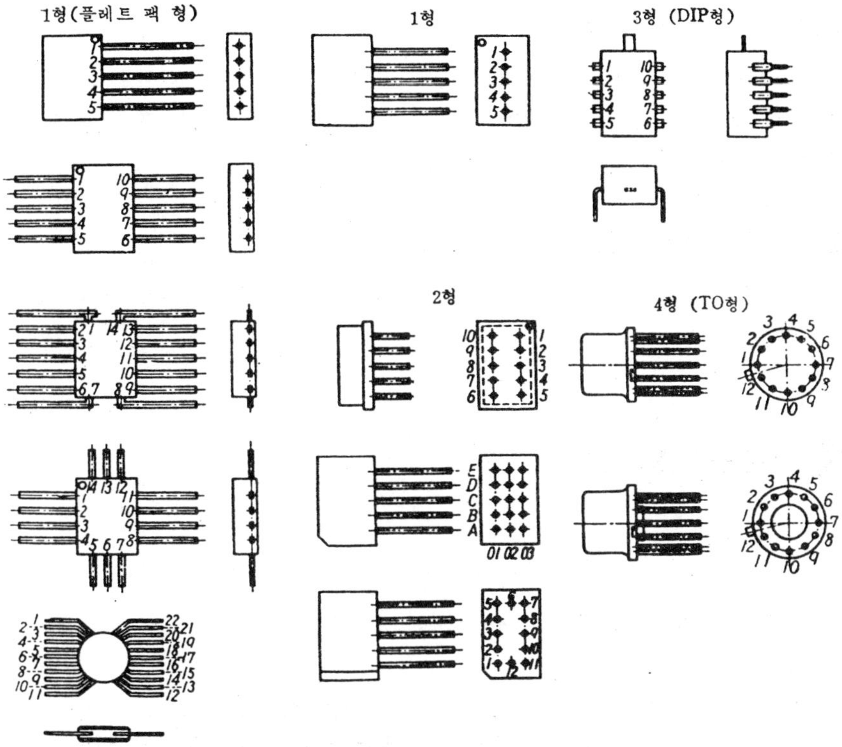

주 (1) *IC*의 높이는 0.625mm(0.64mm), 1.250mm(1.27mm), 1.875mm(1.9mm) 2.500mm(2.54mm) 및 1.250mm(1.27mm)의 정수배

(2) 장변 및 단변은 1.25mm(1.27mm)의 정수배

(3) 1형, 2형, 3형단자의 중심간격은 0.625mm(0.635mm)의 정수배

(4) 4형단자의 원직경은 2.50mm(2.54mm)의 정수배 및 5.84mm

(5) 단자의 길이는 1형은 1.50mm 이상 2형, 3형은 2.50mm 이상, 4형은 12.5mm 이상

(6) ( ) 안의 칫수는 가능한 한 사용하지 않는다.

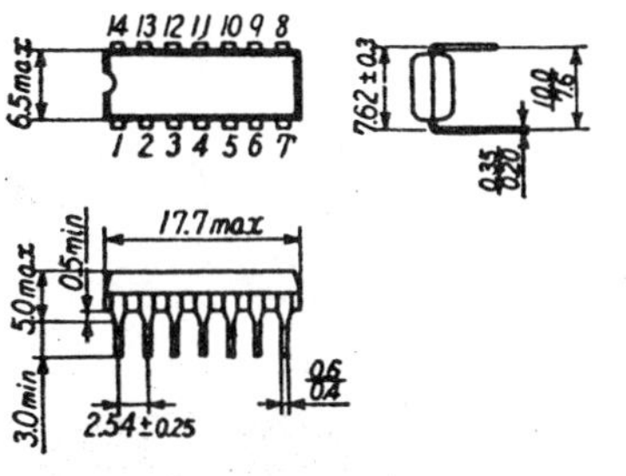

〈그림 1-2〉 반도체 집적회로의 외형치수(KSC 7040-)

(2) 집적회로의 특징

1) 기기가 소형화된다.

IC는 1.5×1.5×0.3mm 정도의 적은 기판 위에 여러 단의 증폭회로를 넣을 수 있으므로 IC를 사용하는 경우 기기의 크기를 대단히 적게 할 수 있다. 또한 기기의 소형화는 전자계산기를 비롯하여 우주전자분야, 군용, 항해, 항공, 산업전자 분야 등 모든 면에서의 절대적인 요구이다.

2) 기기의 신뢰도가 향상된다.

기기의 신뢰도는 사용하는 부품의 수량에 반비례한다. IC는 회로를 구성하는 모든 부품이 한 개의 반도체 칩 속에 들어 있으므로 회로 전체를 하나의 부품으로 간주할 수 있다. 따라서 신뢰도는 향상된다.

3) 동작주파수 대역이 넓어진다.

IC는 각 소자의 크기가 작고, 각소자를 접속하는 도선의 길이가 극히 짧으므로 상한 주파수가 매우 높아진다.

1-4 모노리틱 IC

(1) 모노리틱 IC의 제조공정

일반적인 모노리틱 IC의 제조공정의 Block은 다음과 같다.

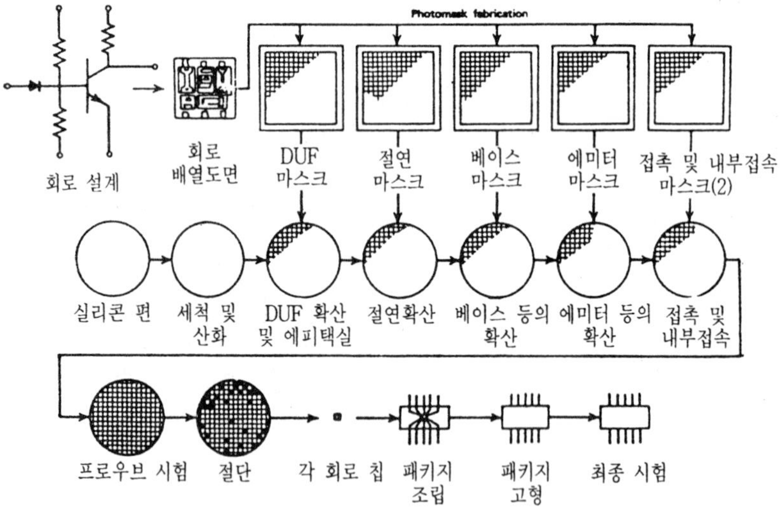

〈그림 1-3〉 모노리틱 IC의 제조공정 Block

1) 평면 공정

평면 공정은 실리콘편의 산화, 부분적 산화물 제거, 불순물 확산 등의 적당한 조합과정을 말한다. 규소 또는 이산화 실리콘을 전기로 속에서 코크과 함께 가열하여, 환원시켜 얻어진 실리콘을 요구되는 고순도로 만들기 위해 반복하여 결정화해야 한다. n형 또는 p형 실리콘으로 만들기 위해 순수한 Si에 세심하게 조절한 불순물을 첨가한다.

단결정 성장주괴를 편(編)으로 자른 다음 연마하고 닦아서 0.25mm 정도의 두께로 되게 한다. 불순물 도펀트(dopant) 기체 속에서 가열하므로 불순물을 순수한 Si편의 특정 부분에만 선정하여 첨가하게 된다. 즉, 높은 농도의 도펀트을 Si 표면에 놓는 것이다. 다음에는 도펀트 원자가 Si 속으로 이동 또는 확산되도록 세심하게 조정되는 높은 온도에서 편을 가열한다. 확산의 깊이는 온도와 시간에 따라 조정된다. 확산공정은 선정된 부분에서 확산을 억제하기 위해 Si편에 Si 마스크를 만들므로 조정된다. 산화물을 선정된 영역으로부터 제거하는 데는 불화수소산을 쓴 에칭 방법을 쓴다. 정해진 산화물의 제거과정을 그림 1-4에 나타낸다.

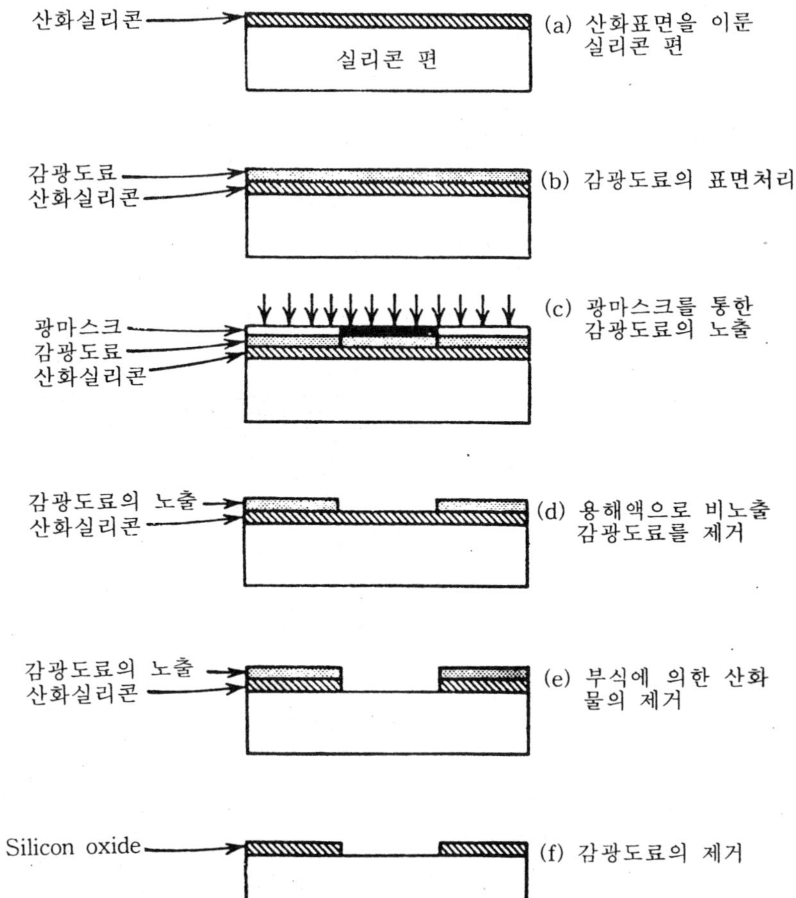

〈그림 1-4〉 감광도료 공정에 의한 산화물 제거 과정

2) 상세 제조공정

여기에서는 그림 1-5(a)와 같은 구조를 갖는 모노리틱 IC의 상세 제조공정을 예를 들어 설명한다.

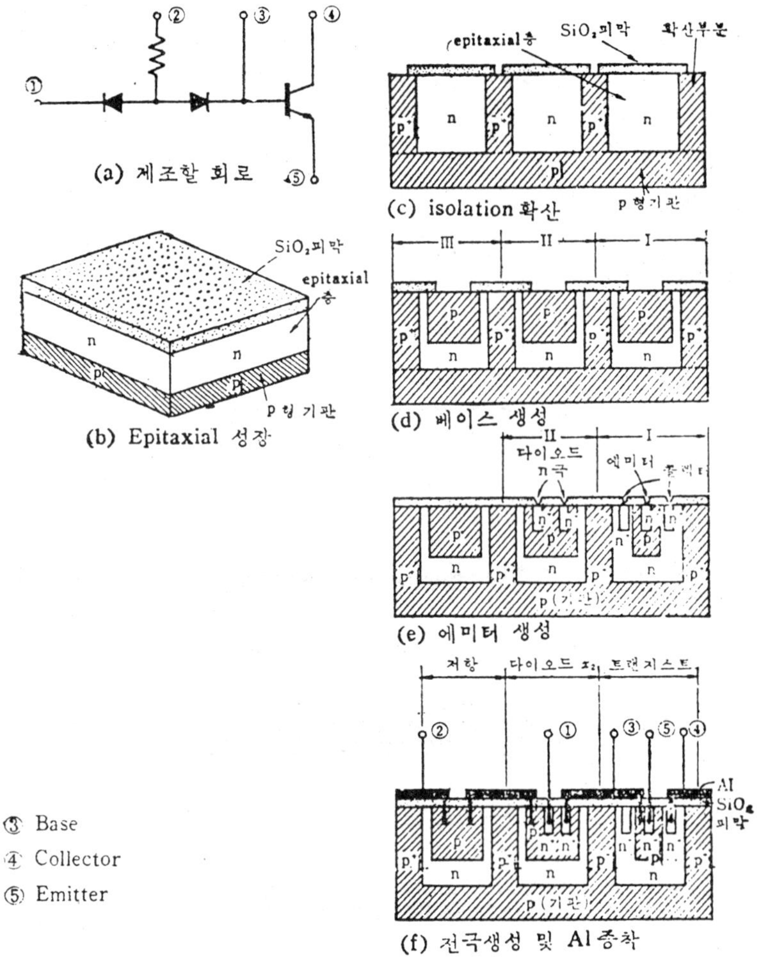

〈그림 1-5〉 모노리틱 IC의 제조공정

● 에피택실 성장(epitaxial) : 제조공정의 제1단계는 우선 P형 Si 기판에 에피택셜층을 성장시키는 것이다. 기판의 두께는 150~200μ 정도를 사용하며, 접합은 내압이 높고 접합용량을 적게 하기 위해 저항률이 비교적 높은 100[Ω-cm] 정도의 P형 Si판을 기판으로 사용한다. 다음 이 기판(substrate)을 N_2, H_2, $SiCl_4$, HCl 등의 고온기체 속에 넣어 기상의 Si을 기판위에 석출시켜서 단결정을 성장시킨다. 이것을 에피택셜 성장이라 하고 에티택셜 성장으로 얻은 Si 웨이퍼의 표면을 깨끗이 한 후에 얇은 산화물(SiO_2) 피막을 형성시킨다.

● Isolation 확산 : 위에서 생성한 산화막은 0.5μ(=5000Å) 정도의 두께로서 전기적으로 부도체이고, 화학적으로 단단하므로 확산과정에서 표면을 보호하는 역할응 한다. photoetching으로 표면의 SiO_2막을 부분적으로 제거한 후 P형 불순물(예 : Boron)의 증기를 쪼이면 P형 불순물이 산화막이 없는 부분에만 확산해 들어가서 그림 1-3(b)와 같이 p^-로 된다. 따라서 n형 영역이 3개로 분리된다. 이때 분리된 각 영역을 isolation island라고 부르며, 이 공정을 isolation 확산이라 한다. p^+형 확산층은 각 isolation island를 전기적으로 절연시키기 위한 것이며, 사용시에는 이 때문에 역바이어스를 인가해야 한다. p^+형층의 불순물 농도가 p형 기판 보다 월씬 크게 하는 이유는 역바이어스를 인가했을 때 공핍층이 p^+의 분리확산층 안으로 깊숙히 들어오지 않게 하여 punch-through 현상이 일어나지 않게 하기 위함이다.

● **베이스의 생성** : isolation 확산공정에서 웨이퍼 표면에 새로 생긴 산화물막의 일부를 다시 photo-etching하여 P형 불순물을 확산시킨다. 이 과정에서 생긴 N^+형층이 트랜지스터의 베이스 또는 다이오드의 P영역으로 된다.

● **에미터의 생성** : 다음에 앞의 공정에서 생긴 산화물 막의 일부를 다시 photo-etching하여(사진부식법이라 함) n형 불순물을 선택 확산시킨다. 여기에서 생긴 n^-층이 트랜지스터의 에미터 또는 다이오드의 N영역으로 된다.

● **생성의 생성** : 트랜지스터의 컬랙터 영역으로 될 N형 영역에 그림 1-5의 (e)의 W_1과 W_2를 통하여 N형 불순물을 선택 확산시켜 n^+층을 만든다. 이것은 다음 공정에서 전극으로서 Al을 증착시키기 위한 준비과정이다. 즉 Al은 P형이므로 이것을 그대로 증착시키면 컬렉터 부분이 P형으로 변화할 우려가 있어 이것을 방지하기 위한 것이다.

● **Al 증착** : 다음은 이렇게 하여 만들어진 여러 소자를 적당히 접속시키는 공정이 남아 있다. 따라서 다시 산화물 피막의 일부를 photo-etching으로 하여 전극으로 되는 부분에 구멍을 뚫어 놓은 다음 웨이퍼 전면에 Al막을 진공증착시킨다. 다음에 다시 사진부식법을 이용하여 배선으로 되는 부분을 제외하고 나머지를 제거하면 IC가 완성된다.

● **IC의 조립**

① **스크라이빙** : 실제의 IC 제조과정에서 수백개의 동일한 IC 칩을 개개로 만드는 것이 아니고, 하나의 Si 단결정 웨이퍼 안에 한꺼번에 만든다. 보통은 지름 2.5cm의 Si 웨이퍼 위에 약 200개의 IC 칩이 만들어진다. 이렇게 하여 얻은 각 IC unit를 특성실험하여 불량품에는 표시를 해놓은 다음 각각의 칩을 잘라낸다. 0.4mm 정도의 Si 웨이퍼는 다이아몬드 point로 가볍게 그은 다음 잘라내는 것이다. 이 과정을 스크라이빙(scribing)이라 한다.

② **Pellet bonding** : 잘라낸 IC 칩은 보통 1.5×1.5mm 정도의 크기인데 이것을 용기(header)에 붙인다. 이 작업을 pellet bonding이라고 한다. header는 To-5형[그림 1-6(a)], dual-in-line형[그림 1-6(b)], flat-pack[그림 1-6(c)] 등이 있다. 이들은 모두 취부부분에 Au 도금이 쓰인다. 400~500℃로 가열해 둔 header 위에 칩을 올려놓고 초음파와 같은 충격을 주면 Au와 Si이 같이 녹아 Si이 부착된다.

③ **Lead bonding** : IC 칩의 Al 증착배선과 header가 달려있는 리드선을 25~50μ정도의 굵기를 가진 Au 또는 Al 선으로 연결한다. 이 과정을 lead bonding이라고 하며, 열압착 방식과 초음파 방식의 두 가지 방법이 쓰인다.

④ **봉입** : 마지막으로 용기를 봉한다. 캡을 봉입하는 데는 To-5형에서는 압입, 저항용접, 냉각용접 등 트랜지스터와 같은 방법이 쓰이고, dual-in-line형에서는 봉지는 세라믹, 저융점유리, 수지 mold 등이 사용된다.

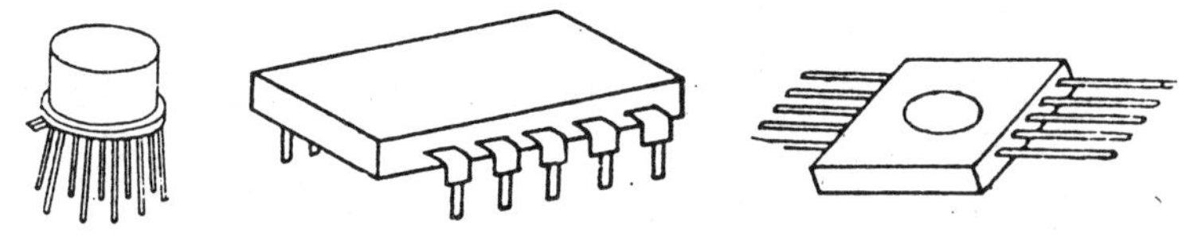

(a) To-5　　(b) dual-in-line형　　(c) flat형

〈그림 1-6〉 IC의 대표적인 용기 모양

(예제 1-2) 반도체 IC 제조시에 직접 Si 기판에 소자를 만들지 않고 에피택셜층에 의하여 제조하는 이유는 무엇인가?

(해) 이소레이션 작업을 용이하게 하기 위해서이다.

(예제 1-3) 집적회로의 P형 Si 기판에서 p^+로 도핑하는 이유는 무엇인가?

(해) 에피택셜층을 분리시키는 P층은 불순물 농도를 충분히 크게 하는데, 접합부 공핍층의 형이 크게 되면 punch through 현상이 일어나 트랜지스터의 기능이 상실되기 때문이다.

(2) 모노리틱 IC의 구조

여기에서는 모노리틱 IC에서 흔히 볼 수 있는 각 기본소자에 대하여 알아본다.

1) 트랜지스터

그림 1-5(e)의 우측 부분에서 npn 트랜지스터이다. 이 트랜지스터의 등가회로는 그림 1-7(a)와 같다. 여기서 D_1은 기판과 컬렉터 사이의 접합을 나타낸다. 또 r_{SC}는 컬렉터 전극과 CB 접합까지의 실효저항으로 보통 6~15[Ω] 정도이다.

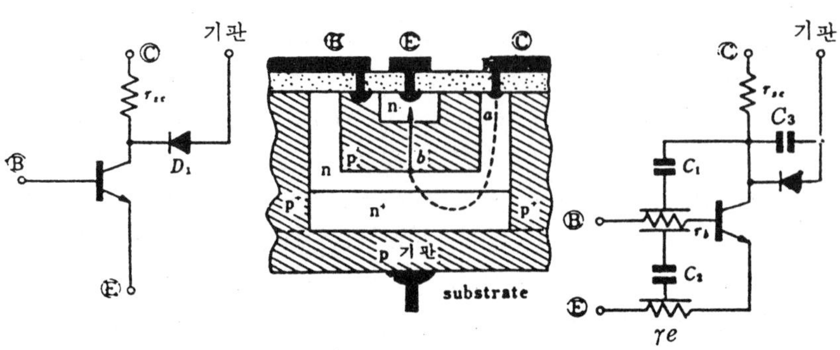

(a)　　(b)　　(c)

〈그림 1-7〉 트랜지스터의 구조와 등가회로

이 저항은 선형동작 영역에서는 무시할 수 있으며, 또 D_1도 사용상태에서는 항상 역바이어스 되므로 무시한다면 이 트랜지스터의 등가회로는 그림 1-5(a)와 같다.

그림 1-7(b)의 고주파영역의 등가회로는 그림 1-7(c)와 같이 된다. 여기서 C_1, C_3는 각각 컬렉터 접합과 에미터 접합의 용량을 말하며, r_b, r_e는 각각 베이스와 에미터 영역내의 분포저항이고, 보통 1[GHz] 이하에서는 C의 효과는 무시한다.

(예제 1-4) 모노리틱 IC의 트랜지스터에 있어서 컬랙터를 N형으로 하는 이유는 무엇인가?

(해) 제조공정상 컬랙터 영역이 먼저 만들어지고 그 후 베이스 확산 및 에미터 확산 등 여러번의 열처리를 하게 되므로 컬랙터 접합의 모양이 변화하지 않도록 하려면 컬랙터 불순물의 확산정수가 되도록 작은 것이 좋다.

2) 다이오드

그림 1-5(e)는 2개의 다이오드가 복합된 형태로, 하나만 만들 때는 그림 1-8과 같이 된다. 또 그 전기적 특성은 접합면적, 불순물 분포상태 및 p, n 두 영역의 불순물 농도에 따라 결정된다.

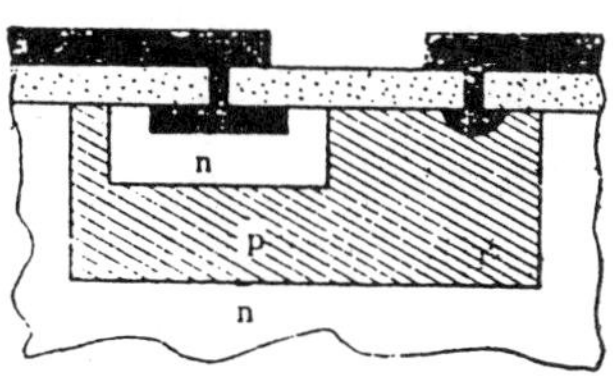

〈그림 1-8〉 집적 다이오드

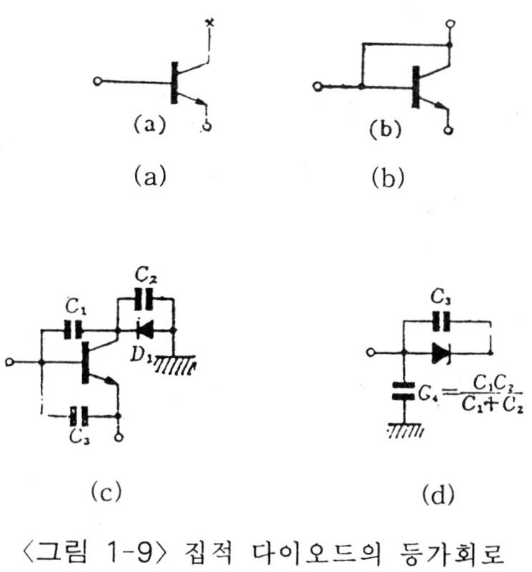

〈그림 1-9〉 집적 다이오드의 등가회로

이 구조에서는 집적 트랜지스터의 에미터와 베이스에 해당되는 n접합을 그대로 다이오드로 이용한 것이다. 따라서 그 등가회로는 그림 1-9(a)와 같다. 이 밖에도 그림 1-9(b)와 같이 집적 트랜지스터의 컬랙터와 베이스를 단락시켜 사용하는 경우도 있다. 이 때에는 컬랙터 접합이 병렬로 들어가므로 더욱 큰 전류를 취급할 수 있다는 이점이 있다. 그림 1-9(c)는 고주파에서는 등가회로이며, (d)는 이것을 더욱 간단화한 것이다. 여기에서 C_3는 디스크리트한 다이오드에도 존재하지만 C_2, C_4는 IC에만 존재한다.

(예제 1-5) 반도체 IC에서 다이오드의 제조방법을 말하라.

(해) 트랜지스터를 이용하여 다이오드를 얻는 방법으로 에미터 접합이나 컬랙터 접합을 다이오드로 사용한다.

3) 집적 콘덴서

집적 콘덴서에는 역바이어스된 PN 접합의 접합용량을 이용한 방법이 주로 쓰인다. 이 콘덴서의 용량은 역바이어스 전압의 크기, 접합면적, 불순물 농도에 따라 다르지만 본질적으로 접합면적에 한계가 있어 100~1000[pF/mm^2] 정도로 0.01[μF] 정도까지 얻을 수 있다.

그림 1-10(a)의 트랜지스터 등가회로에서 r_b와 r_{SC}를 적게 하고, $C_1 \ll C_2$ 되게 한다면 컬랙터 단자와 베이스 단자를 그대로 콘덴서 단자로 쓸 수 있다. r_b와 C_1의 관계는 그림 (b)의 분포정수회로로 되고, 저주파에서는 용량성 임피던스로 된다. 따라서 $r_{bb'}$는 C_1에 비하여 무시될 수 있다. r_{SC}는 그림 (b)와 같이 n^+영역을 만들어 감소시킬 수 있다. C_1과 C_2는 모두 역바이어스된 P-N 접합용량이므로 $V_{CS} \ll V_{CB}$로 해주면 C_2는 C_1에 비해 무시된다.

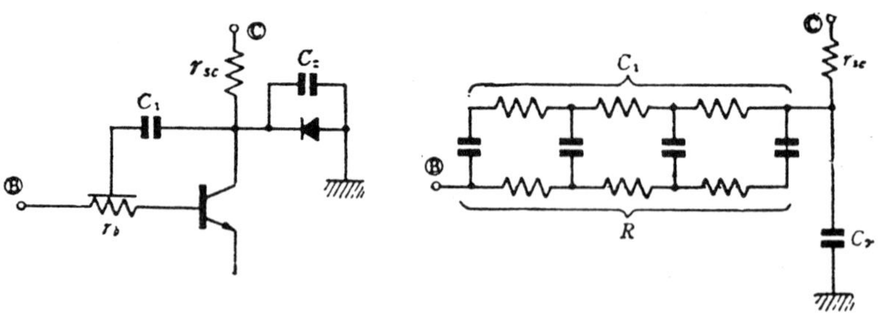

(a) (b)

〈그림 1-10〉 접합형 콘덴서

4) 집적저항

모노리틱 IC에서는 집적 트랜지스터의 에미터 확산층 또는 베이스 확산층을 이용한 확산저항이 쓰인다.

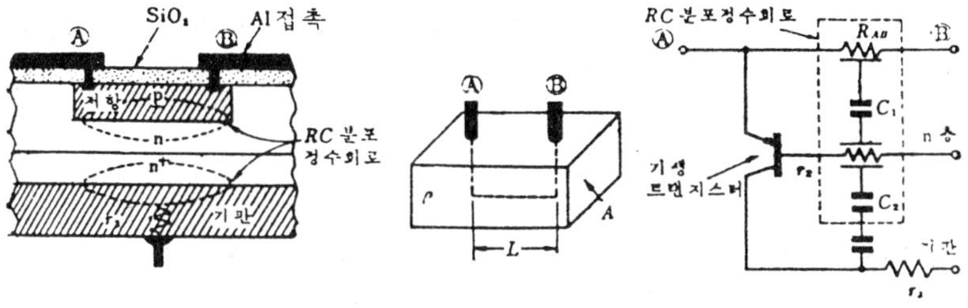

(a) 구 조 (b) 등가회로 (c) 저 항

〈그림 1-11〉 확산집적저항

그림 1-11은 베이스 확산층을 이용한 것으로 그 저항값은

$$R_{AB}=\rho\left(\frac{L}{A}\right) \tag{1-1}$$

이다. 여기서 A는 p형(base) 영역의 단면적, L은 길이, ρ는 저항률이며 이 방법으로 얻을 수 있는 저항값은 100[Ω]~30[kΩ] 정도이다. 이 저항의 등가회로를 검토해 보기 위해 그림 1-11(a)에서 2개의 PN 접합부분에 존재하는 RC 분포정수회로와 함께 PNP 트랜지스터가 하나 형성되므로, 즉 p형 기판이 컬렉터, 가운데의 n형이 베이스, 저항기의 영역인 p형이 에미터이므로 그 등가회로는 그림 (b)와 같다. 이렇게 생기는 트랜지스터를 기생 트랜지스터라 한다.

(예제 1-6) 반도체 IC의 제조시에 저항을 얻기 위하여 사용하는 방법을 설명하라.
(해) 저항은 따로 만들어 넣지 않고 트랜지스터의 제조시에 베이스용의 저항을 이용한다.

(예제 1-7) 반도체 IC회로에서 인덕턴스는 어떻게 만드나 설명하라.
(해) 인덕터는 회로에서 직접 넣을 수 없고 CR 회로로 고쳐서 IC화한다.

1-5 막집적회로의 구조

막집적회로에서는 수동부분만을 막화하고, 능동부분은 개개의 부품이나 반도체 집적회로를 탑재하여 혼성집적회로로 사용한다.

(1) 도 선

박막도선은 소자전극, 소자단자, 소자간 접속, 코일 및 외부단자 등에 사용한다. 어느 경우이든 저저항으로 기판에 밀착하는 재료가 적합하다. 따라서 접착층으로서 니크롬,

크롬, 티탄 등을 함유하는 금, 동, 바나듐 등이 사용된다. 박생성은 보통 진공증착법으로 행하나 특히 1μ를 넘는 후막인 경우에는 도금을 한다.

(2) 저 항

박막저항소자는 그림 1-12에 나타낸 구조로서 진공증착 또는 스패터링에 의해 만든다. 질화탄탈저항박막은 고순도 아르곤질소의 혼합가스 중에서 글로우 방전을 일으켜 음극의 고순도 탄탈을 스패터(spatter)시켜 양극부근에 배치한 기판상에 생성한다.

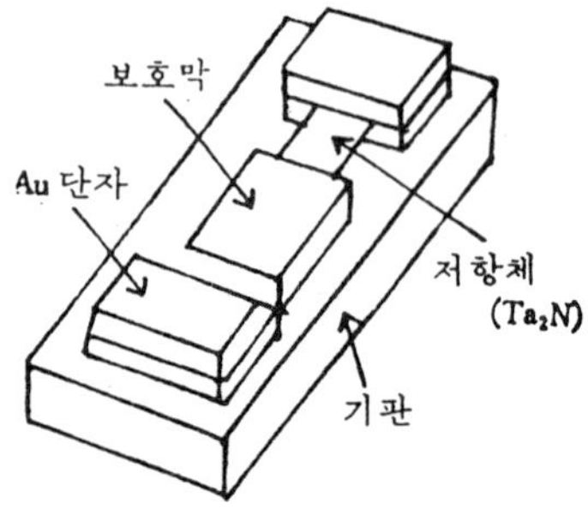

〈그림 1-12〉 Ta 박막 저항

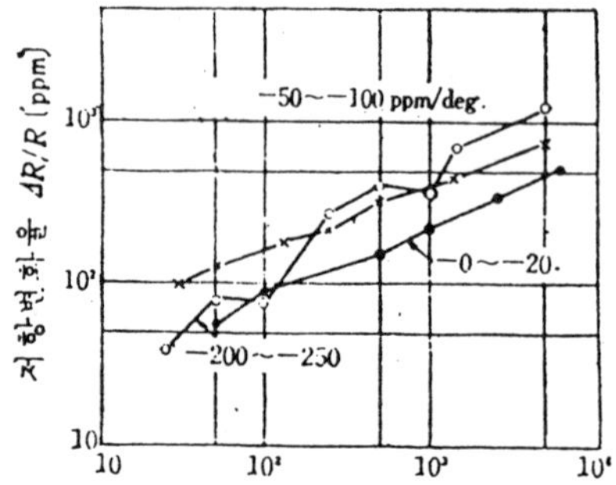

〈그림 1-13〉 Ta계 박막저항의 경년변화

저항체의 표면은 양극산화하여 보호층을 만들고 열처리하면 그림 1-13과 같이 안정도가 높은 저항소자를 만들 수 있다.

한편 니크롬 저항박막은 원재료로서 Ni80-Cr20 중량 %를 사용하여 진공증착에 의하여 생성된다.

Ni와 Cr은 각각 증기압이 다르므로 증발하는 데 따라 생성막의 조성이 다소 변화하나 온도특성 및 경년변화 특성은 양호한 편이다. 단자로서는 금, 바나듐 등을 사용하고, 보호막은 산화규소 등을 증착하여 250~350℃로 열처리한다.

(3) 콘 덴 서

Ta 콘덴서는 그림 1-14와 같은 구조로서 아르곤 분위기 중에서 탄탈을 스패터하고 photoetching에 의하여 패턴을 형성한 후 전해액 중에서 양극산화시켜 유전체를 생성한다. 생성막의 두께는 17Å/V 정도이고 비유전율은 약 26, tanδ는 0.2% 정도이다.

대향전극간에 니크롬 증착층을 두고 금을 증착한 것을 TM 콘덴서라 한다. 그림 1-15에 화성전압과 정전용량과의 관계를 표시하였다. 절연저항은 10^5~10^6MΩ 정도로서 실리콘계 레진의 도포보호막에 의하여 충분히 내온, 내환경 분위기가 유지된다.

이 밖에도 유전체인 산화탄탈과 니크롬 사이에 이산화망간층을 부가한 TMM형 콘덴서는 계면에 고내압장벽이 생길뿐 아니라 이산화망간의 화성작용에 의하여 유전체의 두께는 얇아도 실효내압은 높다.

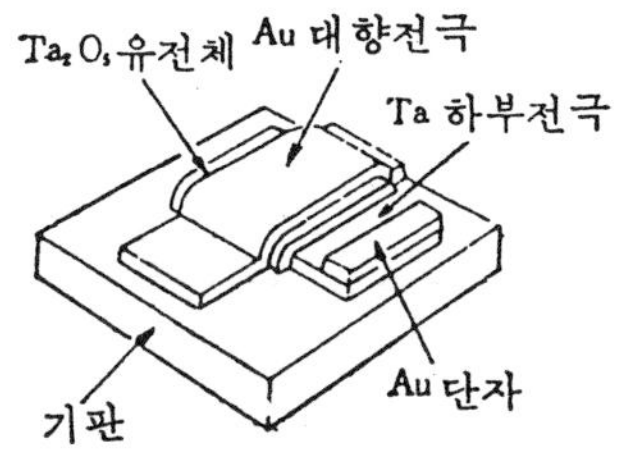

〈그림 1-14〉 Ta 박막 콘덴서의 구조

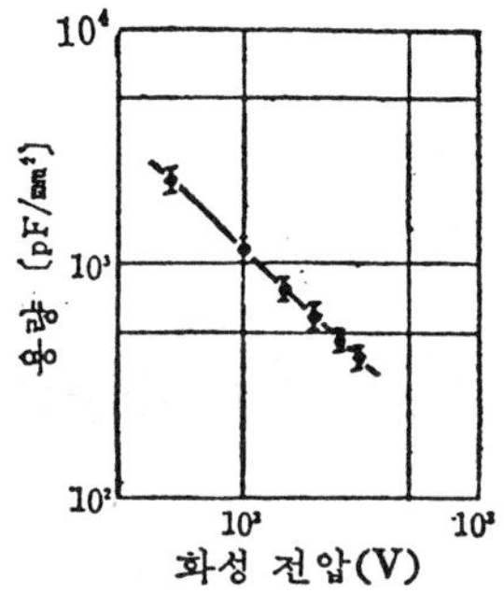

〈그림 1-15〉 화성전압과 정전용량의 관계

(4) 박막 트랜지스터

박막 트랜지스터에는 턴넬에미터형, 쇼키에미터형 및 공간전하제한형이 처음 시작되었으며 사파이어 기판상에 성장시킨 Si 단결정에 의한 MOS형이 실용화되어 SOS(Silicon On Sapphire)라 부른다. 표 1-1에 막소자의 성능을 종합하여 나타낸다.

〈표 1-1〉 막소자의 성능표

		반도체 IC	박막 IC			후막 IC	개별부품
			Ta계	NiCr-SiO계	Cr-SiO계		
저항소자	면적저항(Ω/m²)	100~300(p형) 2~3(n형)	10~100	10~300	$<10^4$	$1\sim10^6$	-
	저항범위(Ω)	$5\times10\sim2\times10^4$	$<2\times10^5$	$<5\times10^5$	$<10^6$	$<10^7$	$<10^{12}$
	편 차(%)	15<	0.01<	0.01<	0.1<	0.5<	0.01<
콘텐서	용량범위(pF)	10~500	$<10^6$	$<10^4$	-	$<5\times10^3$	$<10^{10}$
	편차(%)	15<	2<	10<	-	10<	0.05<
	tan δ (%)	10~100	0.01~1	0.01~1	-	0.5~3	0.01<

(예제 1-8) 박막 콘덴서의 특징을 들어라.

(해) ① 극성이 없다.

② Q가 크며, 10~100 정도이다.

③ 용량이 직류전압 레벨에 관계없이 일정하다.

④ 기생저항이 접합 콘덴서 보다 작다.

(예제 1-9) 모노리틱 기술과 박막기술의 장점을 합친 제조방식을 무엇이라고 하나?

(해) 저항과 콘덴서는 박막기술로 만들어 그 특성을 개선하고, 그 이외의 소자는 많은 장점을 가진 모노리틱 IC 방법을 채택하는 방법으로 제조하는 것을 컴페터블 IC라 한다.

1-6 대형 집적회로(LSI)

대형 집적회로(large scale integration)는 디지털 IC의 단위 게이트, 이를테면 NAND 회로를 많이 접속하여 한층더 높은 레벨로 한 것이다. 그 때문에 하나의 웨이퍼 위에 많은 같은 종류의 칩을 만들고, 이것을 잘라버리지 않고 배선에 의하여 그것들을 접속하지 않으면 안된다.

다시 말하면 그림 1-16과 같이 완성된 웨이퍼를 시험한 다음 불량품을 제외한 나머지의 칩을 각각 용기안에 넣는다. LSI에서는 상당한 수효의 칩(예를 들어 100개 이상)을 분리하지 않고, 한 장의 pellet로써 배선하여 한 용기안에 넣어 버린다. 따라서 용기의 가격이 절약될 뿐만아니라, 그외에도 접속의 번거로움 혹은 신뢰성 등을 생각한다면 그 이득은 막대하다. 이 경우 100개의 칩 안에 불량품이 포함되어서는 곤란하다. 이것이 LSI에 있어서 큰 문제이다. 왜냐하면 칩의 넓이가 클수록 수율이 나빠지기 때문이다.

따라서 LSI를 만드는 데는 2가지 방법이 있다.

하나는 항상 전부의 IC가 양품이라고 생각하고 종래의 방법을 그대로 사용하는 100% 외출금지법으로 여기는 한계가 있다. 다른 하나는 임의배선(descretionary wiring) 웨이퍼라 불리는 것으로, 만일 완성한 웨이퍼중에 불량품이 있으면 그 불량품을 피하여 배선한다는 것이다. 이와같이 한 장 한 장의 웨이퍼에 대하여 전부 배선 패턴이 다르면 매우 많은 노동을 필요로 하므로 일일이 손으로 할 수가 없고 보통 전자계산기를 사용한다. 결국 LSI는 혁명적인 존재이기는 하지만 아직도 여러 가지 문제가 남아 있다.

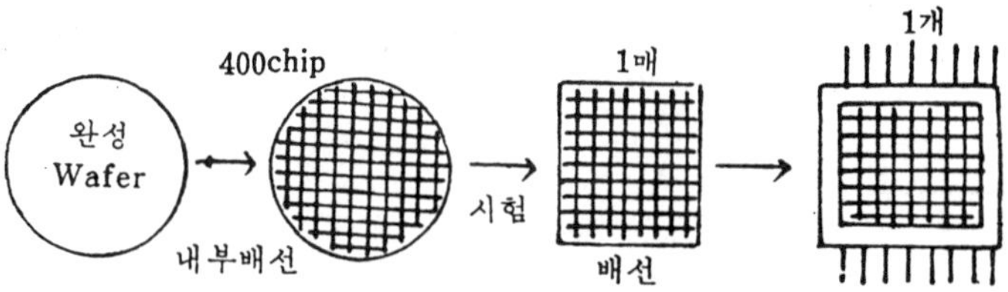

〈그림 1-16〉 LSI의 원리

1-7 MOSFET 집적회로

보통 FET에서는 칩 면적이 10×9.5mil^2 정도를 필요로 하나, MOS형으로 하면 5mil^2 이하로 되어 그 면적을 현저히 축소하는 것이 가능하다. 즉, 보통의 이중확산법에 의한 에피택실 트랜지스터 면적의 5% 정도로 족하다.

MOSFET 트랜지스터를 만들기 위해서는 이산화 실리콘의 마스킹, 엣칭 및 N형 또는 P형 도펀트를 갖는 확산의 기본적 공정을 그림 1-17과 같이 단계적으로 수행한다. 순수한 SiO_2를 써서 알미늄 접촉부를 만들어야 할 부분을 제외하고 소스, 드레인 channel 영역을 절연한다.

Al을 배기상자 내에서 증기화하고, 다음은 증기화된 Al을 마스크나 절연도료로 보호되지 않은 면에 쏘인다. 다이오드는 P형과 N형 재료로 이루어지므로 Si편에서 트랜지스터를 만들 때 동시에 만들면 된다.

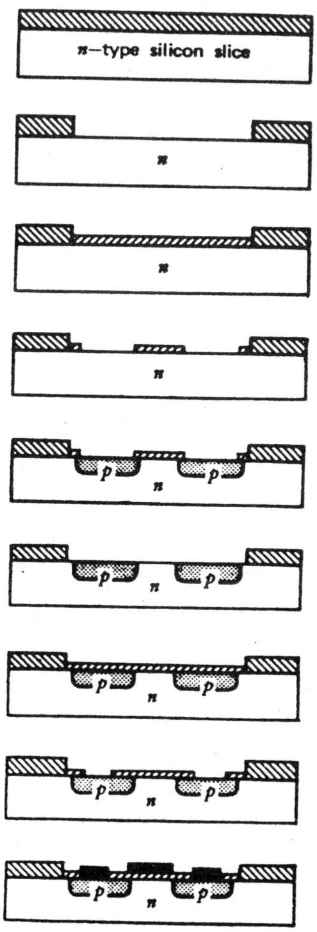

(a) n형 산화 Si편

(b) 1단계 감광도료공정에 의한 산화막 제거 창문

(c) 창문에의 재산화 표면처리

(d) 2단계 감공도료 공정에 의한 소오스와 드레인의 창문

(e) 소오스와 드레인 형성용 붕소의 확산

(f) 주창문의 산화물막제거

(g) 게이트 영역을 이루기 위한 순수산화물막

(h) 3단계 공정에 의한 소오스 및 드레인 접촉을 위한 창문

(i) 4단계 공정에 의한 Al접촉부의 부착

〈그림 1-17〉 MOSFET IC의 제조공정

1-8 리니어 집적회로

(1) 리니어 IC의 분류

IC는 일반적으로 디지털 IC와 리니어 IC로 분류할 수 있다. 리니어 IC를 다시 분류하면 그림 1-18과 같다.

- 구조상으로
  - 하이브리드 IC
  - 모노리틱 IC
- 용도상으로
  - 민생용 IC
  - 통신공업용 IC
- 기능상으로
  - 전용 타입 IC
  - 범용 타입 IC
- 회로동작상으로
  - 암프계 IC
  - 스위칭계 IC

〈그림 1-18〉 리니어 IC의 분류

위의 IC에 대한 개략적인 설명은 다음과 같다.

우선 하이브리드 IC는 이른바 모듈 타입이며, *C*와 *R*을 인쇄 또는 증착시킨 세라믹 등의 기판상에 다이오드나 트랜지스터 칩을 납땜하여 모듈한 구조이다. 모노리틱 IC는 Si 기판상에 다이오드나 트랜지스터인 능동소자는 물론 *C*, *R*의 소자까지 회로에 필요한 소자를 전부 형성하고 있다.

따라서 하이브리드 IC의 구성은 개별부품회로와 별로 다르지 않지만, 리니어 IC에서는 칩 속의 트랜지스터의 특성이 고른 것을 이용하여 지금까지 회로로는 될 수 없었던 많은 새로운 회로구성이 생산되고 있다.

민생용 IC는 라디오, 테이프레코더, TV 등의 민생기기용을 주목적으로 하는 IC이고, 통신기, 계측기, 제어기기 등에 사용을 주목적으로 한 IC를 통신공업용 IC라 하지만 이 구별은 엄밀한 것이 아니며, 민생용 IC를 통신공업용으로의 사용도 가능하다.

지능상으로는 한정된 용도를 주목적으로한 전용 타입과 넓은 용도를 가진 범용 타입, 예를 들면 OP Amp로 나누며, 회로동작상으로는 암프계와 스위칭계로 나눌 수 있다. 리니어 IC중에 스위칭계가 있는 것은 이상할 것 같지만 이것은 엄밀한 의미에서는 디지털 IC에 대해 아날로그 IC라 할 것을 일반적으로 리니어 IC라 하므로 이런 명칭이 붙어 있다.

(예제 1-10) 하이브리드 IC의 특성을 들어라.

(해) ① 각 요소마다 세라믹 기판 위에 서로 물리적으로 분리된다.
② 분리확산에 따른 기생효과로부터 멀다.
③ 접합 콘덴서의 용량값 및 *Q*를 크게 할 수 있다.

(2) 리니어 IC의 메이커와 형명

리니어 IC의 메이커에서는 각 메이커 마다 독자적인 형명릉 붙이고 있어 IC의 형명 속에는 그 메이커의 독특한 기호가 있다. 또, 이것에 의해 일반적으로 디지털 IC인가 또는 리니어 IC인가의 구별도 가능하다.

그림 1-19는 IC 메이커별 리니어 IC의 형명을 나타내고, 그림 1-20에는 형명중의 기호에 의한 동작온도 범위의 분류예를 나타낸다. 0℃～+75℃의 것을 코머샬 타입이라 하고, −55℃～+125℃의 것을 MIL(미육군규격)이라고 하며, 이는 특히 사용조건이 엄격할 때에 사용한다.

〈그림 1-19〉 리니어 IC의 형명

μA741H [M/C] ………… −55℃ ~ +125℃ (M) / 0℃ ~ +75℃ (C)

LM [1/2/3] 18D
1 ………… −55℃ ~ +125℃
2 ………… −25℃ ~ +85℃
3 ………… 0℃ ~ +75℃

MC [M/C] 94L
15 ……… −55℃ ~ +125℃
14 ……… 0℃ ~ +75℃

[S/N] E555V
S ………… −55℃ ~ +125℃
N ………… 0℃ ~ +75℃

R [M/C] 4194TK
M ………… −55℃ ~ +125℃
C ………… 0℃ ~ +75℃

〈그림 1-20〉 리니어 IC의 동작온도범위

(3) 리니어 IC의 패케이지

리니어 IC도 디지털 IC와 마찬가지고 기본적으로는 그림 1-21에 나타내는 트랜지스터와 같은 TO-5 패케이지, 핀이 2열로 늘어선 듀얼라인 패케이지, 프래트 · 패케이지를 사용하고 있다.

그러나 일반적으로 리니어 IC는 디지털 IC 보다 핀의 수가 적기 때문에 주로 TO-5를 사용한다. 다만 프린트 기판으로는 실장시에 실수를 범하기 쉽고 설치시간이 많이 걸리므로 이것도 차차 DIP Type로 바뀌어져 가고 있다. TO-5 패케이지에는 핀수가 보통 3, 4, 6, 8, 10개 정도로 되어있다.

또한, IC 패케이지는 어느 형상의 것이라도 이면에서보아 시계방향으로 핀 번호를 읽는다.

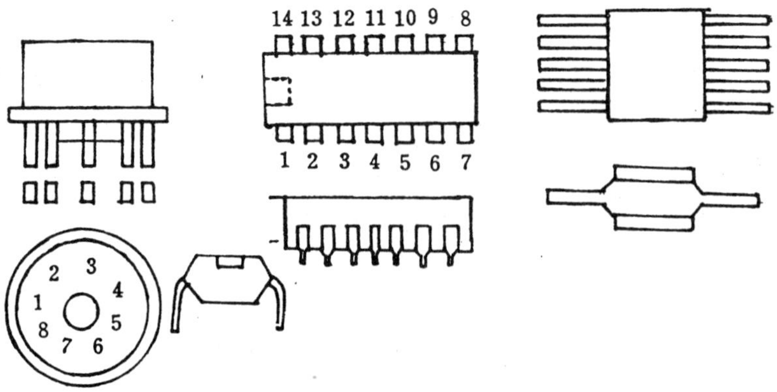

(a) TO-5 (b) DIP (c) 플래트 · 패케이지

〈그림 1-21〉 리니어 IC의 패케이지

패케이지의 선정에 있어서의 검토할 사항으로는 가격, 크기, 신뢰성, 설치 용이성 등으로 가격면에서는 DIP이 가장 싸고, 크기면에서는 프래트 · 패케이지가 가장 소형이며, 신뢰도가 가장 높은 것은 세라믹 DIP와 flat 패케이지이다. 또, 기판에의 설치용이성은 DIP가 가장 용이하다.

(4) 리니어 IC의 회로구성 예

리니어 IC를 회로구성 면에서 생각하면 가장 많은 것은 그림 1-22와 같은 차동증폭회로이다. 온도에 의하여 트랜지스터의 V_{BE}가 변동하여도 2개의 트랜지스터로 특성변동이 보상되고, 더구나 IC에서는 2개의 트랜지스터를 동일소자에 가깝게 만들기 때문에 특성도 갖추어지고, 온도도 같아지므로 차동증폭기의 형이 적당하다.

실제의 회로에서는 에미터 정전류회로 등이 부가되는 일이 많다. 또 차동증폭기는 입력 임피던스가 높고, 출력 임피던스가 낮다는 장점이 있으며 보통 2개의 전원이 쓰인다.

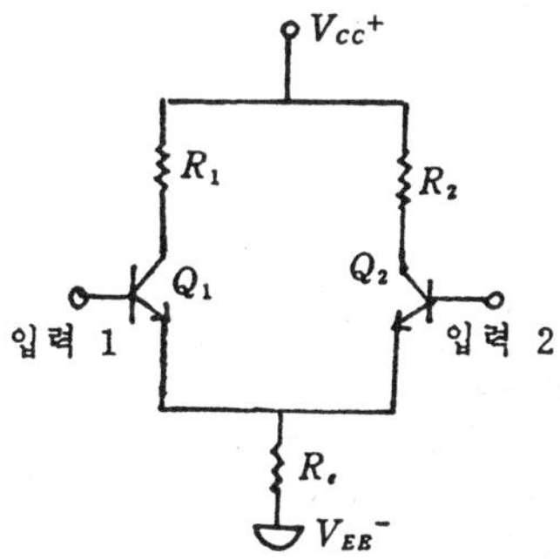

〈그림 1-22〉 차동증폭기의 기본회로

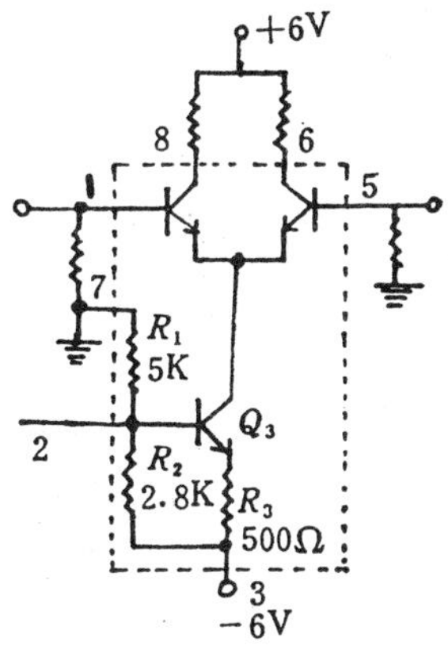

〈그림 1-23〉 가장 간단한 차동증폭기(CA3028A)

또 그림 1-23은 가장 간단한 차동증폭회로의 예이다.

대표적인 리니어 IC의 회로 예를 몇 개 그림 1-24에 나타낸다.

그림 1-24의 (a)는 CA3000의 회로로서 그림 1-23의 CA3028에 비하여 여러 가지 기능이 부가되어 있다. Q_2와 Q_3가 차동증폭기용 트랜지스터이며 입 · 출력의 linearity를 양호하게 하기 위하여 에미터 저항 R_4, R_5를 삽입하였고, 입력 임피던스의 증가를 위하여 Q_1, Q_4에 에미터 폴러(emitter follower)를 사용하고 있다.

Q_5가 정전류용 트랜지스터이며, 베이스에 D_1, D_2를 넣어 온도보상을 하고, 다시 핀 4, 5를 내놓고 있으므로 개방시켜두든가 $-V_{EE}$에 접속하는가에 따라 I_o의 값과 온도특성을 변경시킬 수 있다.

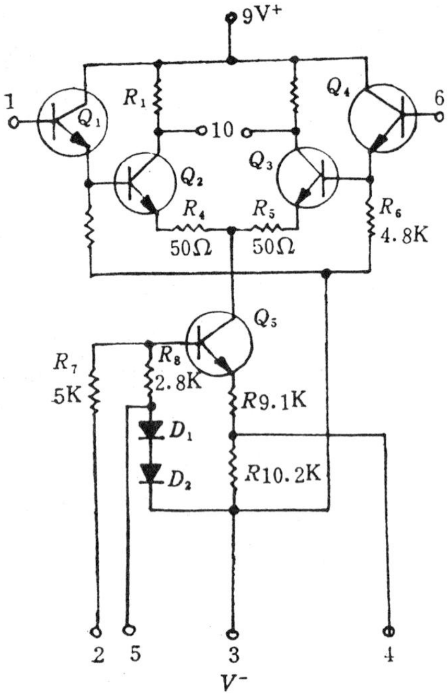

(a) CA 3000 회로

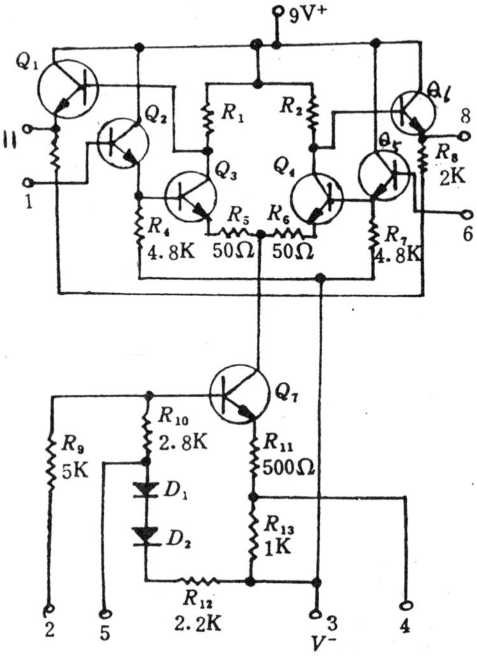

(b) CA 3001 회로

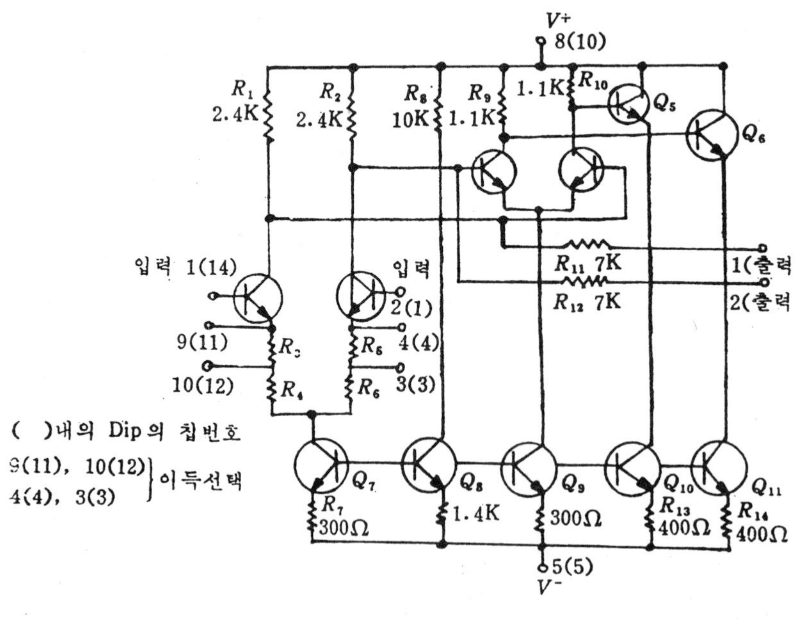

(c) μA 733 회로

〈그림 1-24〉 리니어 IC의 회로 예

그림 1-24의 (b)는 차동 비디오 증폭기 CA3001의 회로로서 광대역으로 하기 위하여 Q_7의 R_E를 작게 하여 I_o를 크게 하고 Q_3, Q_4의 컬랙터 저항도 1kΩ 정도로 낮게 잡고 있으며, 출력 임피던스를 적게 하기 위하여 Q_1, Q_6의 출력에 에미터 폴리를 부가하고 있다.그림 1-24의 (c)는 광대역 비디오 증폭기 μA733C의 회로이며 여기에서는 Q_1과 Q_2 및 Q_3와 Q_4로 된 2종류의 차동증폭기가 캐스케이드(cascade)로 접속되어 있는데 초단의 Q_1, Q_2는 R_3~R_5의 큰 에미터 저항이 들어가 있으므로 이득이 낮고, 이득은 주로 Q_3, Q_4에서 얻는다.

Q_3, Q_4에는 출력 에미터폴러 Q_6, Q_7이 들어가 있고, 그 에미터에서 R_{11}과 R_1 및 R_{12}와 R_2에 의해 Q_3, Q_4의 베이스에 부궤환(negative feedback)이 걸려 있으므로 Q_3, Q_4의 이득은 안정된다.

따라서 주파수 특성을 flat하게 하고 싶을 때에는 이득의 변화량이 적더라도 그림 1-24(d)와 같이 에미터 저항을 가변으로 한다. μA733C의 경우에는 핀 9와 4 및 10과 3을 개방, 쇼트, 저항삽입 중의 하나로 함으로써 이득이 가변된다.

리니어 IC에 대하여 지금까지 개략적인 설명을 하였으나, 그 이상의 자세한 사항은 Op amp 부분에서 취급할 것이므로 여기에서는 더 이상의 설명을 피한다.

1-9 디지털 집적회로

디지털 양을 취급하는 장치는 매우 단순한 기본 게이트 회로로 조립되고 있다. 장치가 복잡하거나 다를지라도 그것을 구성하는 기본회로의 기능은 동일하다. 이와 같이 디지털 회로의 특징은 양산성의 집적회로의 특징과 일치되므로 집적회로 특히 반도체 집적회로의 응용은 디지털 분야에서 시작되었다. 디지털 IC는 그림 1-25와 같이 취급하는 신호의 크기가 2개의 레벨로 고정되고, 그 사이를 스위칭 동작하여 전자계산기를 비롯한 논리회로에 주로 사용된다.

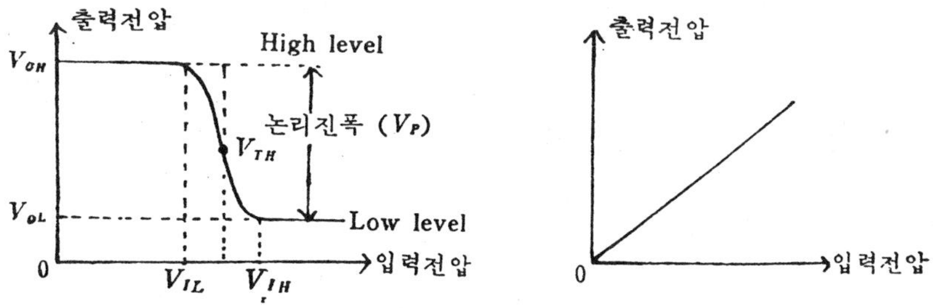

(a) 디지털 IC의 경우 (b) 리니어 IC의 경우

〈그림 1-25〉 IC의 입출력 특성 비교

다시 말하면, 그림에서 어느 입력전압 V_{IL}까지는 출력은 High level이 되지만, V_{IH} 이상이 되면 출력은 Low level로 바뀌는 것이다. 따라서 일반적으로 입력이 V_{TH} (threshold level 전압) 이하이면 출력은 High level이고, V_{TH} 이상이면 갑자기 low level로 바뀌는 것이 리니어 IC와 비교한 특징이다. 이에 대하여 리니어 IC의 경우는 그림 1-25(b)와 같이 출력이 입력에 비례한다.

일반적으로 논리 게이트를 집적화 시켰을 때의 이점은 다음과 같다.

① 고속연산이 가능하다.
② 신뢰도가 높다.
③ 밀도 및 정도를 높일 수 있다.
④ L 및 C가 거의 불필요하므로 집적화가 용이하다.
⑤ 소형, 경량으로 될 수 있다.

(1) 디지털 IC의 종류

디지털 IC를 집적회로소자로 분류하면 다음과 같다.

- 디지털 IC
  - 바이폴라 IC
    - 포화형 IC
      - DCTL(직접결합형)
      - RTL(저항-트랜지스터형)
      - TTL(트랜지스터-트랜지스터형
      - DTL(다이오드-트랜지스터형
      - HTL(고압 논리회로)
      - IIL(집적주입 논리회로)
    - 비포화형 IC
      - ECL(에미터 결합 논리회로)
      - CTL(상보 트랜지스터 논리회로)
  - 유니폴라 IC ―― MOS IC
    - p 찬넬 MOS
    - n 찬넬 MOS
    - 콤프리멘타리 MOS

〈그림 1-26〉 디지털 IC의 소자별 분류

또, 디지털 IC를 기능에 따라 분류하면 다음과 같다.

- 디지털 IC
  - 논리 게이트
    - AND
    - OR
    - NOT
    - 배타 OR
    - NAND
    - NOR
  - 플 립 플 롭 (flip-flop)
    - R-S Flip-Flop
    - J-K Flip-Flop
    - D Filp-Flop
    - T Filp-Flop
  - 기 타
    - 인배트
    - 배 프
    - 엑스팬드
  - LSI(게이트와 플립플롭)

〈그림 1-27〉 디지털 IC의 기능별 분류

디지털 IC중에서 가장 많이 사용되고 있는 것은 소자분류중의 TTL(transistor-transistor Logic)이고, 기능별로는 NAND, NOR 게이트이다. 따라서 여기서는 TTL NAND 게이트의 동작에 대하여 생각해 본다.

그림 1-28은 TTL(T^2L이라고 함) NAND 게이트의 예로서 이 회로에서 입력 A, B, C가 모두 논리 1이라면 TR1의 에미터-베이스는 역바이어스되고 TR1은 동작하지 않으며, 따라서 TR2가 동작하고, TR4가 동작하여 출력 Y는 0가 된다.

그러나 입력 A, B, C 중 어느 하나라도 논리 0가 되면 TR1의 베이스 전압은 $V_{b1}=V_{be}+V_i \fallingdotseq 0.7+0.2 \fallingdotseq 0.9\text{V}$로 된다. 그러나 TR1, TR2, TR4가 동작하려면, $V_{be}=V_{b1}+V_{b2+V_{b4}} \fallingdotseq 0.7+0.7+0.2 \fallingdotseq 2.1\text{V}$ 이상의 베이스 전압이 되어야 하므로 TR2, TR4는 OFF 상태로 되고 출력 Y가 나타난다. 따라서 이 회로는 그림 1-28(b)의 진리표를 만족시키므로 NAND 게이트이다.

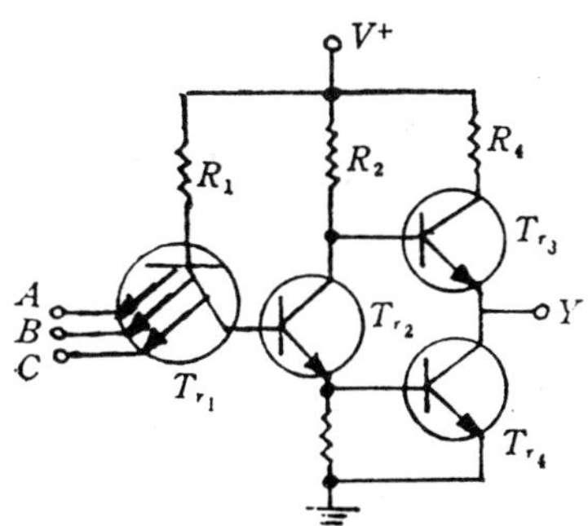

(a) 회 로

입 력		출 력
A	B	X
0	0	1
0	1	1
1	0	1
1	1	0

(b) 진 리 표

〈그림 1-28〉 TTL NAND 게이트

이 TTL은 표준 TTL로 알려진 것이지만 속도와 전력소비를 고려한 TTL에는 몇 가지 부계열이 있고, 이에는 저전력 TTL, 고전력 TTL, 쇼트키 TTL과 저전력 쇼트키 TTL 등이 있다.

(2) 디지털 IC의 특성 결정

디지털 IC의 특성은 다음과 같이 결정한다.

① **Fan-in 및 Fan-out** : 어떤 논리회로에 접속할 수 있는 입력단자의 수를 Fan-in이라 하고, 출력단자에 부하될 수 있는 회로의 수를 Fan-out라 한다.

② **소비전력** : IC 논리 게이트에서 소비되는 전력을 말하며, 일반적으로 포화형 논리회로의 경우에는 적고, 불포화형 논리회로에서는 크며 따라서 소비전력의 관점에서 보면 포화형이 유리하다.

③ **논리 스윙** : 논리진폭이란 그림 1-25의 논리 게이트의 입·출력 특성곡선에서 입력전압에 대한 출력전압의 high level과 low level 사이의 전압차이다.

④ **잡음허용도** : 논리회로에서 입력에 약간의 잡음이 가해져도 출력 레벨이 변화되지 않을 정도의 잡음의 크기로 나타낸다.

⑤ **지연시간** : 어떤 논리 게이트에 입력을 인가하여 출력이 얻어졌을 때, 그 입·출력파형 사이에 발생하는 시간지연을 말한다.

여기서 대표적인 디지털 IC의 특성을 보면 표 1-2와 같다.

〈표 1-2〉 디지털 IC의 특성

회 로	기 능	Fan-out	전원전압 V_{CC}[V]	소비전력 p_d[mW]	지연시간 (nS)	출력전압 V_{OH}[V]	V_{OL}[V]
RTL	NOR	5	3	2	40	1.0	0.2
DRL	NAND	8	5	10	25	2.6	0.2
TTL	NAND	10	5	20	10	3.3	0.2

(예제 1-11) 디지털 IC중 MOS형이 바이폴라형 보다 좋은 점 3가지만을 들어라.

(해) ① 입력 임피던스가 크다.
② 회로형식이 간단하다.
③ 전력소비가 적다.

(3) 디지털 IC의 동작

여기서는 디지털 IC의 회로, 논리동작 및 동작설명을 간단히 표 1-3에 나타낸다.

〈표 1-3〉 디지털 IC의 동작

논리회로	동작설명 및 요약	기본논리 동 작	회 로
DCTL(direct coupled transistor logic)	• 각 Tr은 에미터 접지 • Tr이 병렬로 접속 • 간단하고 집적도 높음 • 전류호깅이 단점 • 트랜지스터에 의한 게이트 작용	NOR	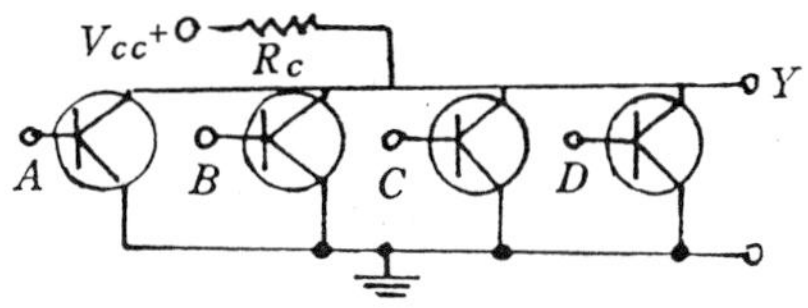
RTL(resistor transistor logic)	• DCTL의 베이스 단자에 저항 삽입시켜 호깅 방지 • 동작속도가 느림 • 소비전력 증가	NOR	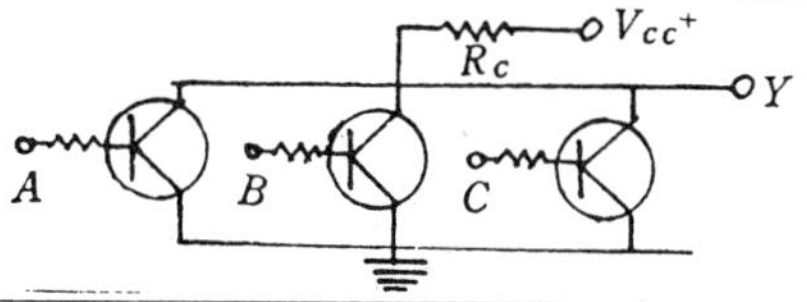
DTL(dilde transistor logid	• 팬인과 팬아웃트가 서로 영향을 미침을 방지하기 위해 레벨시프트 다이오드 사용 • IC화가 용이 • 많이 사용됨 • 동작속도가 늦다.	NAND (NOR)	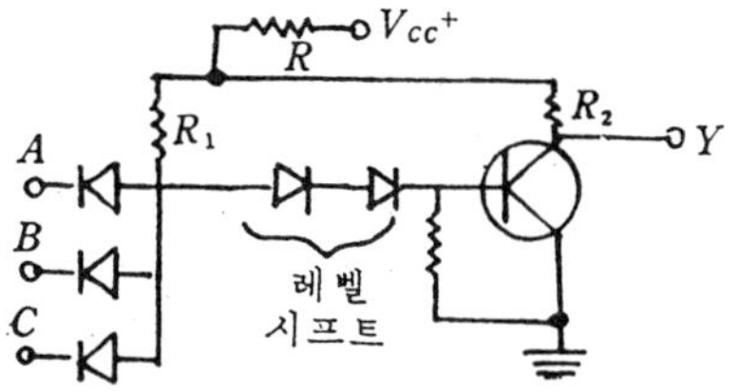
HTL(high threshold logid	• 높은 드레스 홀드 전압을 갖는 DTL의 변형회로 • DTL 보다 전원전압이 높음	NAND	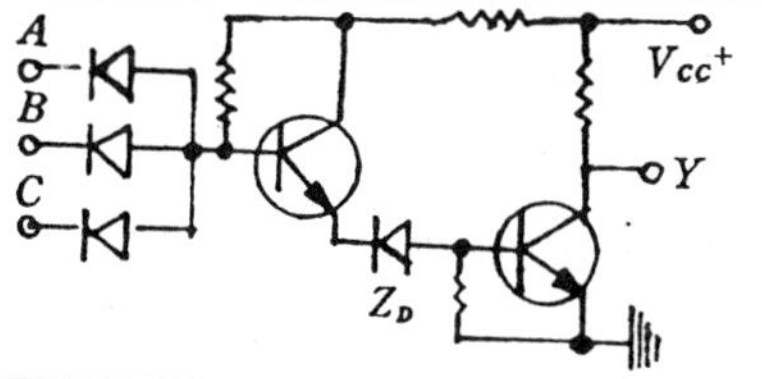
TTL(transitor transistor logic) 또는 T^2L	• 멀티에미터 트랜지스터 사용 • DTL의 레벨시프트 다이오드 대신 TR로 대치 • 이득을 증가시켜 팬아웃트가 매우 증가 • 가장 많이 사용	NAND	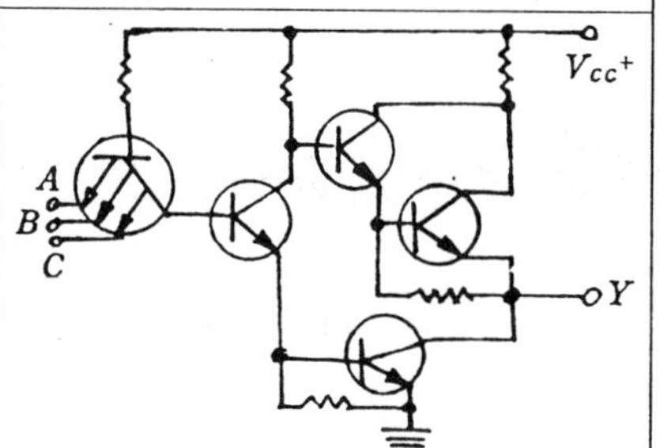
CML(current mode logic) 또는 ECL	• 불포화형 논리회로 고속으로 동작 • 전자계산기나 PCM 등에 사용 • 전류 스위치 회로로 동작 에미터와 에미터를 결합시킴	NOR/ OR	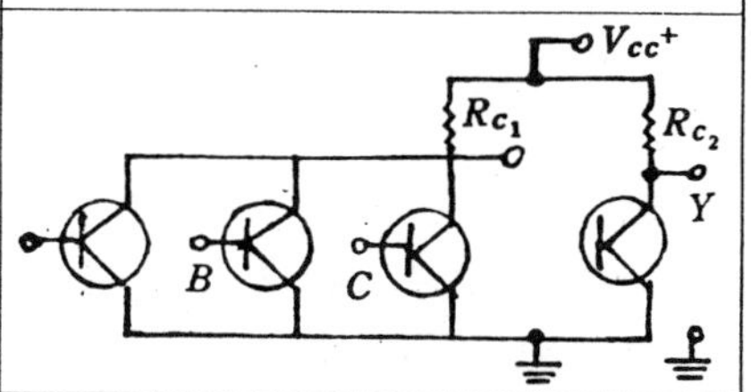
CTL(complementary transistor logic)	• 고속 논리회로의 일종 • CML에 비하여 신호진폭이 크다. • PNP와 NPN의 2종류의 트랜지스터를 사용 • 전압재생회로가 필요함	AND	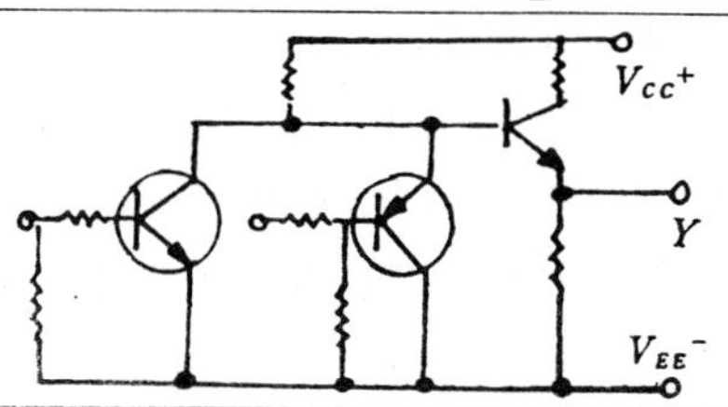

<table>
<tr>
<td rowspan="2">MOS(metal oxide semiconductor</td>
<td rowspan="2">• P찬넬, N찬넬의 각종 조합이 있음
• 동작속도가 느림
• 상보형은 동작속도가 빠름</td>
<td>NAND
NOR</td>
<td>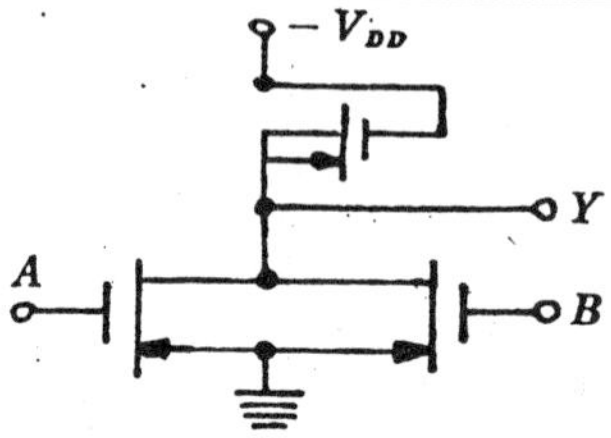</td>
</tr>
<tr>
<td>PMOS
NAND</td>
<td>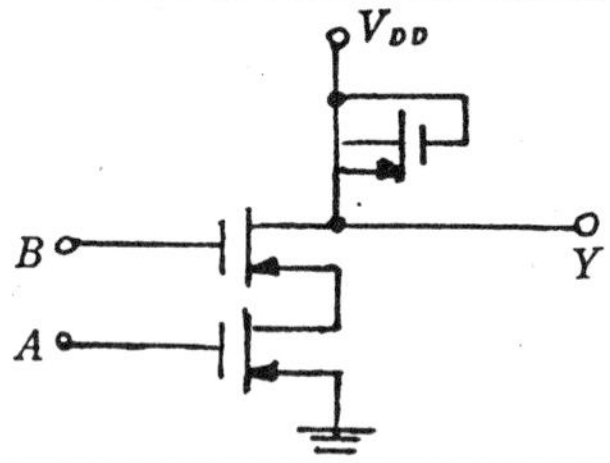</td>
</tr>
</table>

디지털 IC에 대한 더 이상의 자세한 사항은 디지털 시스템에 취급될 것이므로 여기에서는 더 이상 언급을 하지 않겠다.

(예제 1-12) DTL 방식에서 전위를 높게 취해주어 트랜지스터를 ON 상태로 하는 다이오드는 무엇인가?

(해) 레벨시프트 다이오드는 트랜지스터의 입력단자의 전위를 높혀줌으로써 입력 드레스홀드 전압을 1.1~1.3[V] 정도로 높이고 있다.

1-10 바이폴라 트랜지스터

일반적으로 다이오드는 음극과 양극의 두 개의 단자 사이에 가해진 전압의 크기에 따라 다이오드를 통하여 흐르는 전류의 크기를 변화시키는 일종의 비선형 저항이다. 트랜지스터란 이 다이오드에 가해진 전압에 의하여 정해진 전류를 제3의 전극으로 흘려주어 이 제3의 전극에 흐르는 전류의 크기를 상대편 다이오드의 전압으로 조정하는 반도체 소자이다.

이와 같은 트랜지스터의 원리를 그림 1-29(a)의 에너지대 그림을 기초로 하여 알아보자. pn-접합에 순방향의 전압이 걸리면 에너지 장벽이 낮아져서 캐리어가 상대편 영역으로 주입되는 것은 이미 설명한 바와 같다.

이와 같이 장벽을 넘어온 전자는 확산(diffusion) 작용에 의해 p-영역을 확산하게 되며, 정상적인 트랜지스터의 동작은 주입된 소수 캐리어의 대부분이 재결합 과정에 의하여 소멸되지 않고 상대편 pn-접합영역에 도달한 경우에 가능하게 된다.

즉, 캐리어가 이 접합영역에 도달하면 이번에는 에너지대의 경사에 의하여 출발한 전자가 anode의 전극으로 흐르는 대신에, 단지 이 곳을 통과하여 제3의 영역으로 빠져 나가게 된다. 이와 같은 현상은 접합영역에 형성된 전계를 의미하며 여기에서의 전자의 흐름은 드리프트 전류를 의미한다.

물론 이와 같은 전계는 pn-접합에서 뿐만 아니라 쇼트키 접촉에 의해서도 마찬가지로 형성될 수 있으며 트랜지스터의 동작은 그림 1-29(b)의 npn 트랜지스터에서 보는 바와 같이, 같은 원리에 따른다. 캐리어를 방출하는 영역은 에미터, 캐리어를 흡수하는 영역을 컬랙터라고 한다.

또 캐리어가 통과하는 중간 부분은, 트랜지스터 개발 초기의 구조에서 기본 물체의 양쪽에서 에미터와 컬랙터 영역을 확산시켰던 역사적 배경 때문에 베이스라고 한다.

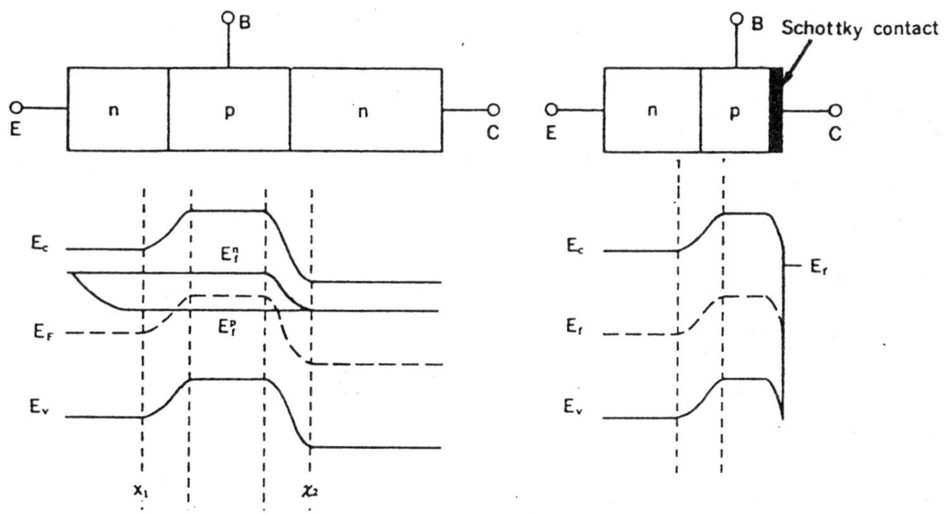

〈그림 1-29〉 순방향 바이어스가 걸린 바이폴라 트랜지스터의 에너지대

따라서 트랜지스터의 컬랙터 전류는 에미터와 베이스 사이의 장벽이 얼마만큼 낮아지는가에 따라서 정하여질뿐, 컬랙터쪽의 에너지대의 기울기가 얼마나 가파른가, 즉 베이스-컬랙터 사이에 얼마만큼 역방향의 전압이 걸리었는가 하는 데는 관계없게 된다.

따라서 트랜지스터는 에미터와 컬랙터 사이의 전압과 상관없이 베이스와 에미터 전압에 의하여 일정한 전류를 컬랙터쪽으로 공급하는 전압에 의해 조절되는 전압제어 전류원(voltage-controlled current source)이다.

집적회로의 제조에는 하나의 기판 위에 여러 개의 트랜지스터를 동시에 만들고 이들을 기판 표면에서 금속배선을 할 수 있도록 프래너 공정을 사용한다.

따라서 그림 1-30의 단면도에서 볼 수 있듯이 □으로 표시된 내부 트랜지스터는 표면에 수직한 방향으로 배치되어 있으나, 트랜지스터를 외부에 연결하는 데 쓰이는 에미터, 베이스, 컬랙터의 단자는 표면에 위치하여 있으며, 이 부분을 외부 트랜지스터라고 한다.

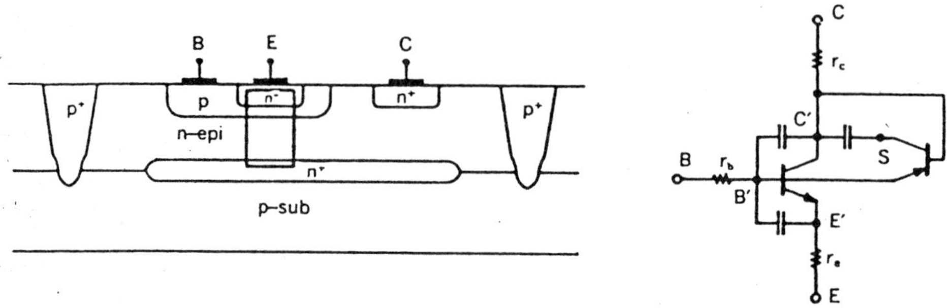

〈그림 1-30〉 npn 트랜지스터의 기생소자

외부 트랜지스터 부분은 원칙적으로 저항의 역할만을 수행하도록 만든 것이지만 이들 저항에는 캐패시턴스가 기생하게 된다.

또 이 그림의 단면도에서 알 수 있듯이 트랜지스터와 트랜지스터 사이의 분리영역(p^+)은 npn 트랜지스터의 컬랙터(n) 및 베이스(p)와 함께 pnp 트랜지스터를 구성한다. 이 절에서는 먼저 기생저항과 캐패시턴스의 크기에 대하여 생각하고 이어서 기생 pnp 트랜지스터의 동작에 대하여 다룬다.

(1) 기생저항

1) 에미터 저항(r_e)

실리콘 내부에서의 에미터 저항 성분은 매우 작은 값을 갖는다. 에미터의 면적저항이 10Ω/□인 공정인 경우, 전류가 내부 베이스-에미터 접합으로부터 에미터 전극까지 흐르는 경로에서 발생하는 저항의 크기를 계산하면 1mΩ 이하의 매우 적은 값을 갖는다.

그러나 실리콘과 금속의 접촉면에서 생기는 저항성분은 수Ω에 이르게 되며 이와 같은 접촉저항은 접촉 면적에 반비례하는 크기이다. 따라서 에미터의 저항값은 트랜지스터의 제조공정 및 반도체와 금속의 접촉면적 크기에 따라 변화하며 실용적인 npn 트랜지스터에서는 대개 4~6Ω 정도의 값을 갖는다.

2) 베이스 저항(r_b)

베이스 저항은 본질적으로 베이스 단자로부터 에미터-베이스의 접합면을 향해 퍼져들어가는 전류에 의한 저항 성분을 나타내므로 하나의 고정치로 나타낼 수 없고 트랜지스터의 레이아웃 및 전류값에 따라 그 크기가 변한다.

금속 전극으로부터의 전류는 우선 높게 도우핑된 표면을 따라서 저저항 성분의 경로를 따라 흐르고, 이어서 에미터와 베이스의 pn-접합 벽면을 따라 흐르며, 최종적으로 낮게 도우핑된, 즉 고저항 성분의 베이스 영역을 따라 흐르면서 내부 트랜지스터에 공급된다.

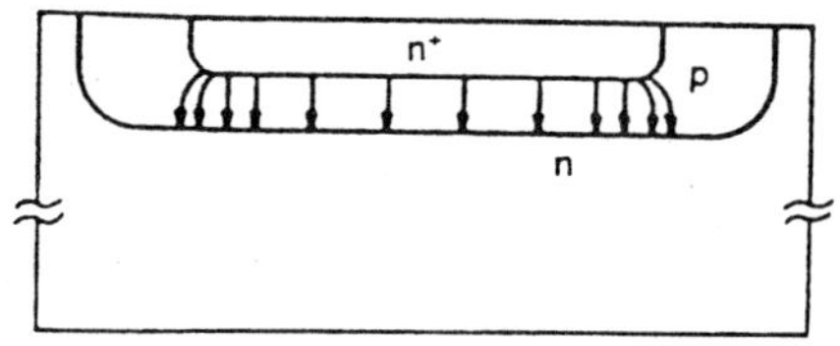

(a) 전류밀도를 나타내는 단면도

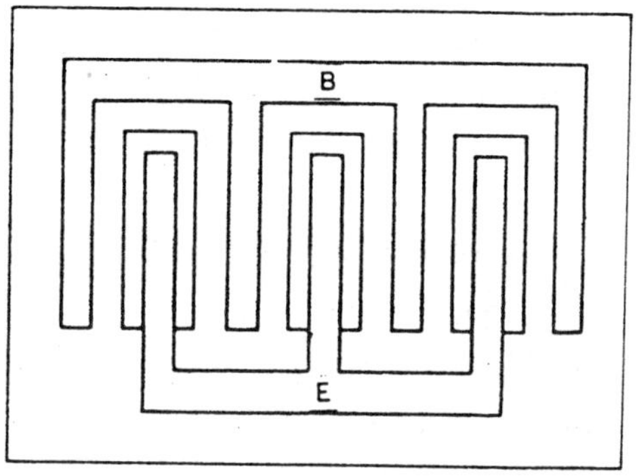

(b) 에미터 크라우딩 현상을 줄이기 위한 트랜지스터의 레이아웃

〈그림 1-31〉 에미터 크라우딩 현상

따라서 베이스 저항은 이와 같은 3단계를 거치는 동안의 저항의 합으로 결정된다. 이 중에서 특히 내부 트랜지스터 영역에서의 베이스 저항 성분은 low level injecton의 경우에는 도핑되는 불순물의 농도에 따라 정해지는 고정된 값을 갖지만, high level injection 영역에 들어서면 전류의 함수로 되어 캐리어의 농도가 크게 증가하여 저항의 크기가 감소한다. 이와 같이 전기전도도 σ가 전류의 크기에 따라 변하는 현상을 도전율변조라 한다.

내부 베이스 저항으로 인하여 나타나는 현상은 전류가 증가할 때 생기는 에미터 크라우딩 현상이다. 내부 베이스 영역에서의 전압강하값이 수십 mV에 이르게 되면 에미터의 가장자리에서 안쪽으로 들어갈수록 전류밀도가 지수함수적으로 급격히 감소하게 된다.

따라서 트랜지스터의 안쪽에서의 전류밀도는 표면으로 흐르는 전류밀도에 비하여 아주 적은 값을 갖게 되며, 결국 에미터 면적의 일부분만이 캐리어를 주입하는 데 기여한다. 이와 같은 상태에서 전류의 흐름을 그림 1-31(a)에 나타내었다. 따라서 큰 전류를 흐르게 할 필요가 있을 경우에는 그림 1-31(b)에서처럼 빗살무늬의 트랜지스터를 만들어서 베이스가 좁고 긴 모양을 갖도록 해야 한다.

일반적인 트랜지스터의 경우 low level injection에서의 r_b값은 베이스 확산의 면적저항에 해당하는 값 200~300Ω/□을 가지며, 트랜지스터의 모양에 따라 이 값은 더 커지거나 작아진다.

3) 컬랙터 저항(r_c)

컬랙터 저항은 크게 4부분으로 나누어진다. 즉 전류의 경로를 따라 그 성분을 다음과 같이 구분된다.

① 전류가 내부 베이스-컬렉터 접합영역에 도달한 후에 에피층을 이동해 나가며 매몰층에 도달하기까지의 저항 r_{c1}

② 매몰층을 따라서 흐르는 전류에 의한 저항성분 r_{c2}
③ 매몰층을 떠나 컬렉터 확산부에 이르기까지의 에피 저항 r_{c3}
④ 컬렉터 확산에서 표면에 수직하게 흐르는 전류가 겪는 저항 r_{c4}

트랜지스터가 능동영역에서 동작할 때의 컬렉터 저항은 이 각각의 저항 성분이 직렬로 연결된 것과 같다. 그러나 트랜지스터가 포화영역에서 동작하는 경우에는 베이스-컬렉터 접합 역시 순방향으로 바이어스되고, 에피층의 도핑 농도가 매우 낮으므로 곧 high level injection의 동작영역에 들어간다.

이 때에는 에피층에 캐리어의 농도가 매우 증가하게 되어 전류는 매몰층뿐만 아니라 에피층의 전 영역을 통하여 퍼져 흐르게 되어 역시 도전율 변조현상이 나타나게 된다. 2Ωcm의 에피층과 15Ω/□ 정도의 매몰층을 사용하는 경우의 컬렉터의 내부저항은 50Ω 정도이고 트랜지스터가 포화영역에서 동작하면 이 저항값은 전류가 증가함에 따라 감소한다.

(2) 기생소자

1) 접합용량

접합용량이 불순물 농도 분포에 따라 변하는 관계를 나타내는 식은, 바이어스가 걸리지 않은 상태에서 C_j의 값을 C_{j0}라고 할 때,

$$C_j = \frac{C_{j0}}{\left(1 - \frac{V_a}{V_{bi}}\right)^m}$$

이다.

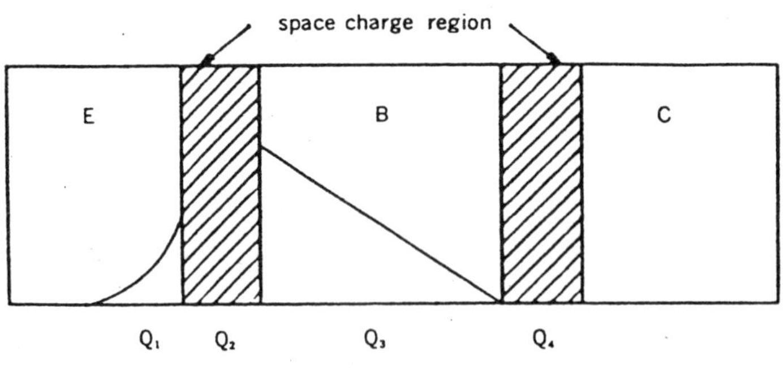

〈그림 1-32〉 능동영역에서 동작하는 트랜지스터의 과잉 캐리어 농도 분포

그림 1-30의 트랜지스터 구조에서 특이할 사항은 베이스의 불순물 농도가 표면으로부터 내부 트랜지스터의 방향으로 감소하므로 에미터-베이스의 접합용량은, 측면에서의 캐패시턴스 성분값이 바닥에서의 값보다 도핑 모양에 따라 2~6배까지 커질 수 있다는 점이다. 기생용량은 물론 면적에 비례하여 100μm×100μm의 면적을 1BP라고 정의할

때 바닥에서의 면적용량은 $C_{joct,BE} \simeq 5pF/BP$, 측면에서는 $C_{jSW,BE} \simeq 9 \sim 12pF/BP$이다.

컬랙터와 p-기판 사이의 접합용량은, 분리확산 영역에서는 에피층의 농도에 의해서 매몰층에서는 p-기판의 농도에 의해, 또 에피층과 기판 사이의 용량은 양쪽 농도에 의해서 결정된다. 이곳에서의 면적용량은 $C_{jCS,BE} \simeq 1 \sim 2pF/BP$이다.

2) 확산용량

우선 에미터-베이스 접합에 순방향으로 전압이 걸리고, 베이스-컬랙터 접합에는 전압이 걸리지 않은 상태를 생각한다($V_{BE}>0$, $V_{BC}=0$). 이 경우 그림 1-32에서와 같이 과잉 캐리어의 농도를 성분별로 나타내면 축적된 총전하량은

$$Q_{DE} = Q_1 + Q_2 + Q_3 + Q_4 \tag{1-2}$$

이다. 여기서 공간전하층에 축적된 전하량(Q_2와 Q_4)은 중성영역에 축적된 양(Q_1와 Q_3)에 비해 무시 할 정도이다.

Q_{DE}는 전류의 크기 I_E에 의하여

$$Q_{DE} = (\tau_E + \tau_B) I_E \tag{1-3}$$

로 표시될 수 있다. τ_E는 에미터 지연시간이고, τ_B는 베이스 통과시간이다. 이 2개의 파라미터를 물리적으로 서로 분리시켜 측정할 수는 없지만 $I_E = I_C$의 가정하에 τ_B를 구하면 τ_E는 전체의 순방향 전달시간 τ_P를 측정에 의하여 구하고

$$\tau_F = \tau_E + \tau_B \tag{1-4}$$

의 식에 의해 구할 수 있다.

에미터쪽의 확산용량은

$$C_{DE} = \frac{dQ_{DE}}{dV_{B'E}} = \frac{\tau_F I_C}{V_T} \tag{1-5}$$

로 표시되어 τ_P는 C_{DE}의 척도가 된다.

같은 방법으로 컬랙디쪽의 확산용량은 $V_{BC}>0$, $V_{BE}=0$의 경우

$$C_{DC} = \frac{dQ_{DC}}{dV_{B'C}} = \frac{\tau_R I_C}{V_T} \tag{1-6}$$

로 표시된다. τ_R은 τ_F 보다 훨씬 큰 값(10~100배)을 갖는다.

(3) 기판 pnp 트랜지스터

npn 트랜지스터가 능동영역에서 동작할 경우에는 컬랙터와 기판 사이의 pn-접합은 단순한 기생용량으로만 동작한다. 그러나 npn 트랜지스터가 포화영역에서 동작하면 베이스와 컬랙터 사이에도 순방향의 전압이 걸리게 되어서 (p 베이스)-(n 컬랙터)-(p 기판 혹은 isolation 영역)이 기판 pnp 트랜지스터로 동작한다.

(4) 항복전압

트랜지스터의 에미터-베이스의 항복전압(BV_{EBO})은 어느 공정을 사용하는가에 따라서 결정되며, 대개 6~8V이다.

베이스-컬랙터의 항복전압(BV_{CBO})은 에피층의 농도 및 매몰층의 위치에 따라 정해진다. 매몰층은 공간전하층의 확산을 막게 되고 따라서 전계를 적분화하는 구간이 늘어나지 않아 항복전압을 감소시킨다. 10μm 두께의 에피층(2Ωcm)의 경우 매몰층이 없으면 항복전압은 80~90V의 값을 가지나, 매몰층이 있는 경우에는 낮게 도핑된 에피층의 두께가 얼마인가에 따라서 이 값은 30~40V로 감소한다. 그러나 베이스 영역과 컬랙터 단자용 확산영역이 너무 가까워지면 항복전압은 더욱 낮아진다.

같은 원리로 컬랙터와 기판 간의 항복전압(BV_{CS})은 보통 매몰층과 isolation의 간격에 의해 정해진다. 이 두 영역이 충분히 떨어져 있을 때에는 에피층과 기판의 농도에 의해서 정해지는 100V 이상의 값을 갖는다.

에미터와 컬랙터 사이의 항복전압(BV_{CBO}), 즉 트랜지스터 항복전압은 2가지 가능성에 의하여 정해진다. 그 하나는 superbeta 트랜지스터에서와 같이 베이스에서의 불순물 농도가 극히 낮고 또 베이스 폭이 좁을 경우이다.

이 때는 공간전하층이 컬랙터쪽으로부터 에미터 영역까지 확장되어 그림 1-33에서 보는 바와 같이 에너지 장벽이 무너져서 에미터와 컬랙터 사이에 직접 전류가 흐르는 경우이며, 이를 펀치 스루(punch-through) 현상이라 한다.

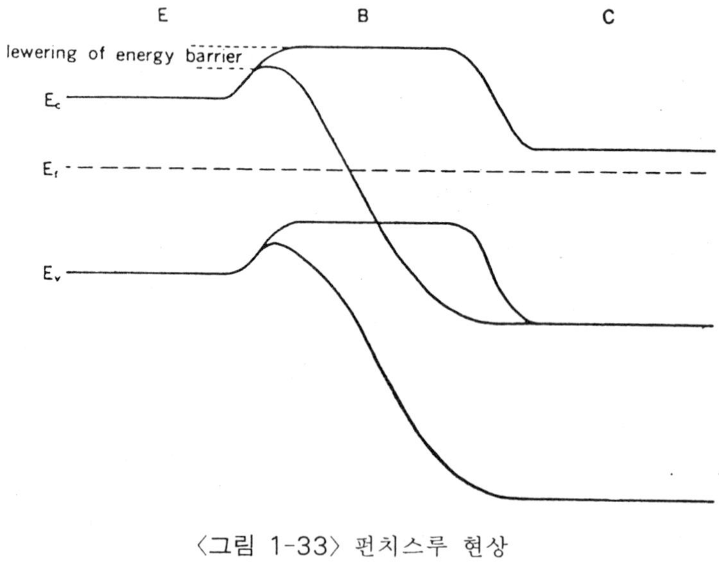

〈그림 1-33〉 펀치스루 현상

다른 경우에, 즉 펀치스루 현상을 방지하기 위하여 베이스 영역이 충분히 높은 값으로 도핑되어 있는 경우에는 베이스-컬랙터 접합에 외부전압이 대부분이 걸리고 누설전류에 해당하는 극소의 전류만 흐른다. 이 전압이 증가하면 베이스-컬렉터 접합에서 충돌 이온화에 의하여 정공은 베이스 영역으로, 전자는 컬랙터 영역으로 분리되게 된다.

베이스 영역에 도달한 홀은 베이스 전위를 높이게 되고, 따라서 에미터-베이스 접합에 순방향의 바이어스를 걸어주게 되어서 에미터 영역으로부터 컬랙터쪽으로 전자의 방출을 일으키게 한다.

이 전자의 방출과 충돌 이온화는 서로 상승적으로 일어나게 되어 그림 1-34에서 보듯이 전류-전압 특성 곡선상(−) 저항특성을 나타내게 된다. 그림 1-34에 항복전압의 크기를 비교하였다.

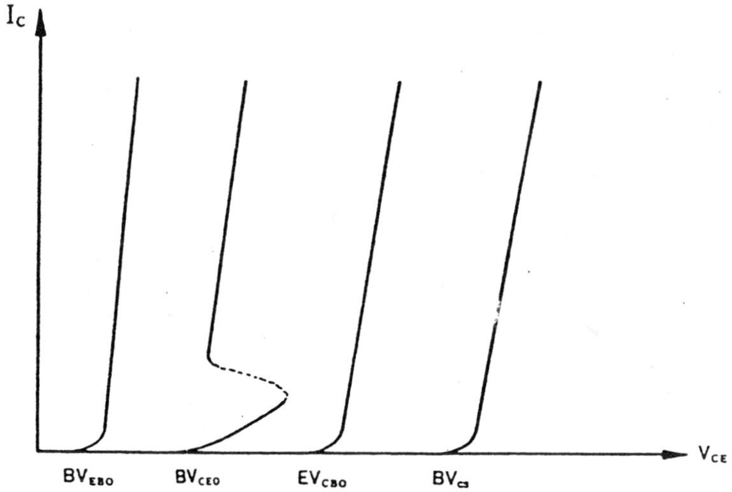

〈그림 1-34〉 트랜지스터의 항복전압

(5) 역방향 동작

그림 1-30에서의 npn 트랜지스터의 구조는 역사적으로 보아 능동영역에서 동작할 때의 전류이득 β, 동작주파수 f_T, 항복전압 BV_{CEO} 등과 같은 아날로그 회로에서의 동작특성을 최적화시키도록 만들어진 것이다. 그러나 회로의 구성에 따라서는 베이스와 컬랙터 사이에도 순방향의 전압이 걸리게 되어 트랜지스터가 포화영역에서도 동작하게 된다.

포화영역에서의 트랜지스터 동작은 원칙적으로 순방향 능동영역에서 동작하는 트랜지스터와 ($V_{BE}>0$, $V_{BC}<0$) 역방향 능동영역에서 동작하는 트랜지스터의 ($V_{BC}>0$, $V_{BE}<0$) 독립적인 특성이 중첩되어 나타난다.

따라서 이 절에서는 베이스-컬랙터 접합만을 순방향으로 동작시킨 경우, 즉 본래의 에미터를 컬랙터로, 또 컬랙터를 에미터로 사용하여 능동영역에서 동작시켰을 때의 특성만을 고찰하기로 한다.

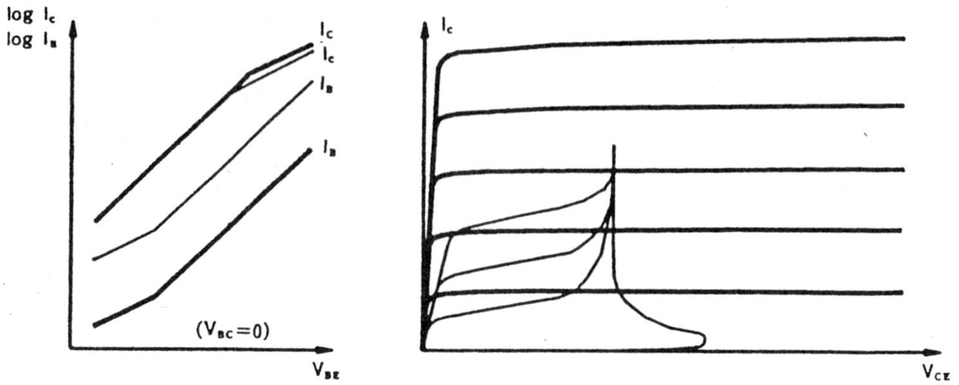

(a) $\log I_B, I_C / V_{BE}$ (b) I_C / V_{CE}

〈그림 1-35〉 트랜지스터의 전류-전압특성(— : 순방향 모드)(— : 역방향 모드)

① 먼저 low-level injection 때의 컬랙터 전류밀도를 구하는 식의 분모의 적분계산에서 베이스의 도핑 농도가 컬랙터쪽이 에미터쪽 보다 낮게 되어 있으므로 정상 모드로 동작할 때에 비하여 high-level injection이 낮게 전류 수준에서 일어난다.

② 역방향 동작에서는 공간전하층이 주로 베이스쪽으로 늘어나게 되므로 베이스와 컬랙터 사이의 역바이어스로 인한 Gummel number의 변화가 심하게 일어나서 Early 전압이 줄어든다.

③ 에미터의 전류가 에피층-메몰층-에피층 등의 경로를 통하여 흐르므로 내부저항이 커져서 외부단자의 베이스-에미터 전압이

$$\Delta V_{BE} = I_B R_B + I_E R_E \tag{1-7}$$

값만큼 전압강하에 의한 손실을 겪고 나서 내부 트랜지스터에 작용하게 된다.

④ 베이스 전류가 증가하게 된다. 이는 베이스(p)-에피층(n)-p 기판의 pnp 트랜지스터, 또 에미터로부터 직접 베이스 전극으로 흐르는 overlap 다이오드가 정상 모드에 추가로 생기기 때문이며, 에피쪽의 농도가 낮아 재결합률이 증가하는 한편 베이스-에미터 접합의 면적이 정상 모드 때보다 훨씬 증가하기 때문이다.

⑤ 트랜지스터의 항복전압이 낮아진다. 이는 주로 정상 모드의 베이스-에미터의 낮은 항복전압(BV_{EBO})이 여기서는 베이스-컬랙터의 항복전압(BV_{CBO})의 역할을 하기 때문이다.

이상의 결과를 종합하여 그림 1-35(a)에는 I_B, I_C의 특성을 V_{BE}의 함수로, 또 그림 1-35(b)에는 I_C와 V_{CE}의 함수로 나타내었다.

(6) npn 트랜지스터의 구조

지금까지의 설명은 주어진 공정(예를 들어 10μm, 20Ωcm 에피 공정)에서 npn 트랜지스터를 동작시킬 때 트랜지스터의 정특성과 동특성은 어떠하며, 어떠한 크기의 기생

소자가 생기는가에 관한 설명이었다.

이와 같은 생각을 거꾸로 하여서, 좋은 성능을 갖는 트랜지스터를 얻기 위하여 npn 트랜지스터의 구조를 새로 설계한다면, 트랜지스터 구조의 최적화를 위하여는 어떠한 과정을 거치는가에 대하여 생각한다.

공정 설계에는 기본적으로

① 트랜지스터의 DC 특성에 영향을 주는 요소
② 트랜지스터의 스위칭 특성에 영향을 주는 요소
③ 트랜지스터의 동작 전압을 제한하는 요소
④ 공정기술의 근본적인 제한 요소

등이 고려되어야 한다. 이들 요소들은 많은 경우에 소로 상반되는 조건을 요구하게 되며 이러한 경우에는 타협에 의한 최적화 과정을 따르게 된다.

먼저 이상적인 불순물 분포를 내부 트랜지스터 영역에서 일차원적으로 생각한다.

1) 전류이득

DC 전류이득을 높이기 위해서는 주어진 베이스-에미터 전압에 대하여 컬랙터 전류 I_C는 될 수 있는 대로 크게, 베이스 전류 I_B는 될 수 있는 대로 작게 만들어야 한다.

IC를 극대화시키기 위해서는 Gummel number를 최소화시켜야 한다. 베이스의 통과시간($\tau_B = w_B^2/2D_n$)을 줄이기 위해서는 전하의 이동도($\mu_n = D_n V_T$)를 감소시키지 않는 범위 내에서 적분구간(w_B)을 될 수 있는 한 줄여야 한다.

따라서 베이스 폭을 극소화시키고 베이스에서의 도핑 농도 또한 최대한으로 줄이는 것이 좋겠으나 베이스 도핑이 너무 낮으면 펀치스루가 일어나게 된다. 따라서 가능하면 베이스 영역을 포화농도의 값으로 도핑하고 펀치스루가 일어나지 않는 값까지로 w_B가 정하여지도록 확산 혹은 이온주입을 사용하여 될 수 있는 한 그림 1-36에서처럼 뾰족한 형태의 베이스 도핑 프로필을 만든다.

I_B를 최소화시키기 위해서는 재결합에 의한 전류를 줄이는 동시에 에미터-베이스 접합부분으로부터 에미터 전극으로 직접 흐르는 전달전류(I_{Bt}) 성분 역시 줄이도록 하여야 한다. 전달전류 성분을 줄이기 위해서는 에미터 영역에서의 gummel 적분값을 최대로 해야하므로 에미터 농도를 높게 하는 동시에 에미터-베이스 접합 부분을 될 수 있는 대로 깊은 곳에 형성시켜야 한다.

또 SRH 재결합 성분을 줄이기 위하여는 pn-접합 근처에서의 총농도($N_D + N_A$)를 줄여 τ_n 및 τ_p를 높여야 한다(①). 그러나 실제의 제조공정에서 깊숙한 에미터 영역 밑에 얇은 베이스층을 형성시키는 것은 매우 힘든 일이므로 보통은 다음과 같은 방법을 사용한다.

우선 실리콘 내부의 비교적 얕은 곳에 이온 주입방법을 사용하여 얇은 베이스층을 형성시킨 후에 단결정체인 실리콘 표면에 다결정 실리콘을 입힌 후(②)(①) n-형의 도핑을 시킨다. 이 후에 따르는 열처리는 도핑된 다결정 실리콘으로부터 단결정 내부로 불순물이 확산되어 x_E의 위치에 pn-접합이 형성되고, 베이스의 이온이 실리콘 원자의 위치에 치환적으로 찾아 들어가도록 하며, 또 동시에 다결정-단결정 실리콘 경계면으로부터 다결정 방향으로 단결정 구조가 퍼져 나가도록 한다.

이상의 개념을 바탕으로 설계한 도핑 프로파일을 그림 1-36에 나타내었다.

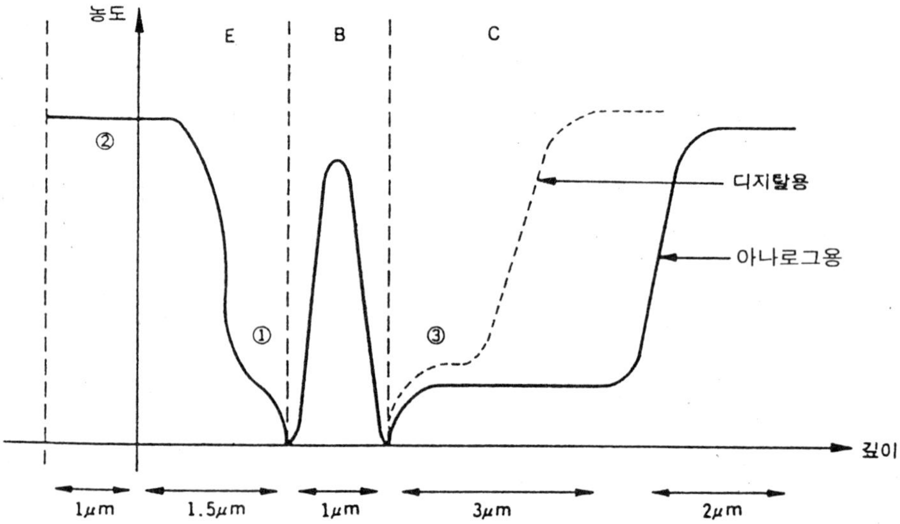

〈그림 1-36〉 npn 트랜지스터의 일차원적 도핑 프로 파일

2) 항복전압

트랜지스터의 항복전압(B_V)를 높이고 또 Early 효과를 줄이려면 베이스-컬렉터의 접합 부분 근처에 공간전하층이 충분히 늘어날 수 있도록 컬렉터쪽에 낮게 도핑된 영역이 확보되어 있어야 한다. 컬렉터쪽의 도핑이 낮아짐에 따라 컬렉터 저항(r_c)이 증가하므로 낮게 도핑된 영역이 너무 길어지지 않도록 한다(③).

3) 기생용량

확산용량(C_D)과 공간전하용량(C_j)의 관점에서는 서로 상반되는 조건이 요구된다. 즉 C_j를 낮추기 위해서는 pn-접합 부분에서 과잉 캐리어의 농도를 줄여야 하므로 도핑 레벨을 높여야 한다. 단지 대부분의 아날로그 회로의 경우에 트랜지스터 에미터쪽에 정방향, 컬랙터쪽에 역방향의 바이어스가 걸리게 된다는 것을 생각하면 에미터쪽에서는 확산용량, 컬랙터쪽에서는 공간전하용량이 작아지도록 하는 것이 필요하다.

그러나 디지털 회로의 경우에는 트랜지스터가 전류를 거의 흐르지 않게 하는 off 상태와 트랜지스터가 on 되는 포화영역의 동작상태를 오가며 동작하므로 확산용량응 줄이는 데 관심을 두어야 한다.

또 디지털 회로는 대개의 경우 비교적 낮은 공급 전압(5V 정도)에서 동작하고 또 아날로그 회로에서와 같이 높은 선형성이 요구되지 않으므로 Early 전압 또한 그렇게 클

필요가 없다.

따라서 디지털 회로의 경우에는 그림 1-36의 점선으로 표시된 도핑 프로필, 즉 비교적 높게 도핑된 얇은 에피층을 사용하는 공정이 바람직하다.

4) 외부 트랜지스터 영역

이제 플레너 공정을 사용한 경우에 2차원적 고찰을 해보자. 베이스의 저항(r_b)를 줄이기 위해서는 내부 베이스의 도핑 레벨을 올려야 하나 내부 베이스에서는 Gummel 적분치가 너무 크지 않도록 해야 하며, 외부 베이스가 될 수 있는 대로 내부 베이스에 가까이 접근하여야 한다.

그러나 주의해야 할 점은 에미터와 베이스의 측면에서 생기는 공간전하용량이 증가하지 않도록 해야 하는 것이다. 그림 1-37에 이를 위한 하나의 예를 나타내었다.

여기에서는 다결정 실리콘의 옆 벽면에 형성된 산화막의 양쪽으로부터 n^+ 및 p^+의 확산공정이 이루어져서 베이스 전극을 내부 트랜지스터에 가장 가까이 접근시키면서도 (r_b의 최소화), 접합 부분의 농도를 낮게 유지하여 C_j를 작게 하고, 또 베이스 전류의 재결합 성분도 작게 유지되도록 한다.

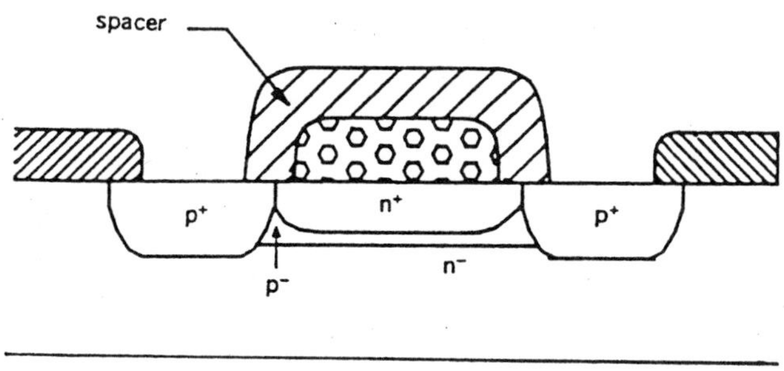

〈그림 1-37〉 산화막을 이용한 외부 베이스의 형성

항복전압에 대한 요구조건을 만족시킨다는 조건하에서 컬랙터 저항(r_c)이 최소로 되기 위해서는 내부 트랜지스터로부터 컬랙터 전극에 이르는 전류의 통로가 될 수 있는 대로 저항성분이 작도록 높게 도핑되어야 한다.

따라서 그림 1-38에서 서브컬랙터 부분인 매몰층은 결정구조를 크게 해치지 않는 한 높게 도핑되어야 하며, collector reach-through diffusion 역시 높게, 또 서브컬랙터에 이르도록 깊게 도핑되어야 한다.

이상의 개념에 바탕을 두고 내부 트랜지스터 영역과 꼭 필요한 외부 트랜지스터 영역을 제외한 나머지 부분은 절연체로 채우는 것이 바람직하다. 많은 경우에 이 목적을 위해 트랜치형 etch groove를 만들고 이 트랜치의 벽을 절연체(SiO_2)로 만든 후 그 속에 다결정 실리콘을 다시 채우는 공정을 사용한다.

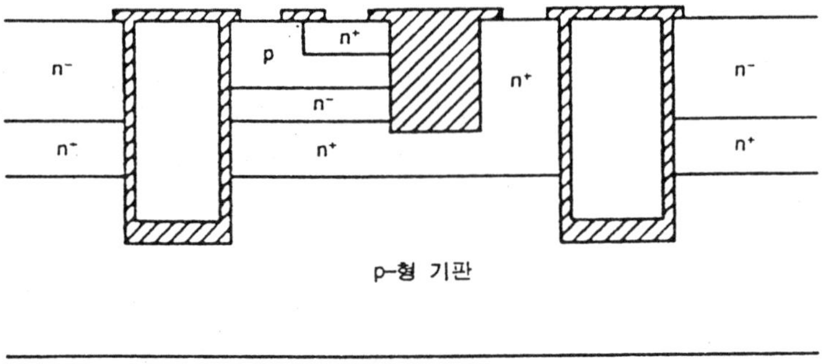

〈그림 1-38〉 트랜치 공정을 이용한 npn 트랜지스터의 구조

또 측면 자동 도핑에 의한 매몰층간의 간격이 과다하게 요구되는 것을 방지하기 위하여, 서브컬렉터도 에피 공정을 사용하기도 한다. 이와 같은 예가 그림 1-38에 도시되어 있다. 이와 같은 트랜치 공정에서는 etch groove 내에도 금속 배선을 하여 다중 배선 공정을 결합할 수도 있다.

(7) pnp 트랜지스터

공정의 여러 가지 용이성, 전자의 높은 이동도 등을 고려하여 집적회로에서는 npn 트랜지스터를 그 기본형으로 선택한다. 따라서 pnp 트랜지스터는 이 npn 트랜지스터의 제조공정에서 허용되는 확산영역에서 알맞은 영역을 택하여 구성하여야 한다.

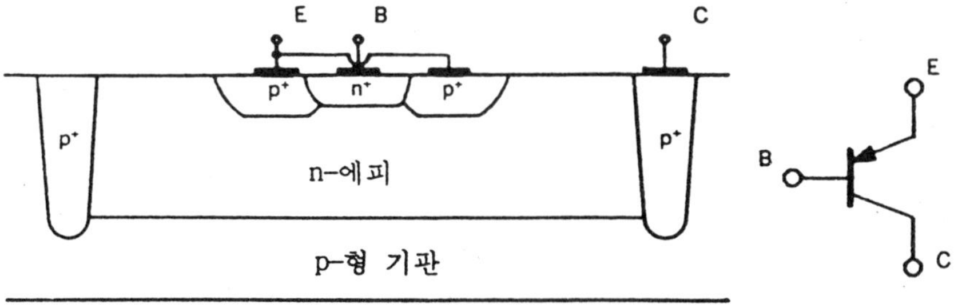

(a) 기판 트랜지스터의 구조

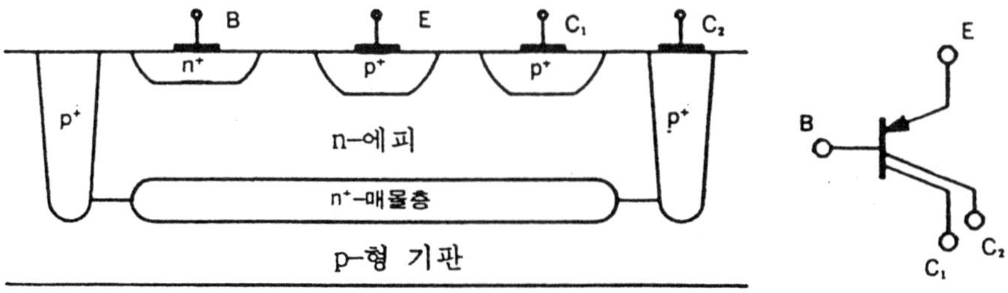

(b) 측면 pnp 트랜지스터의 구조

〈그림 1-39〉 pnp 트랜지스터의 구조

물론 이와 같이 형성된 pnp 트랜지스터는 보조소자의 성격을 갖는 용도로 쓰기 위한 것이며, 그의 전기적 특성이 npn 트랜지스터에 미치지 못하는 것은 어쩔 수 없는 현상이다.

그림 1-39는 pnp 트랜지스터의 2가지 형태를 나타내었다. 그림 (a)의 트랜지스터는 정공이 수직 방향으로 이동할 수 있도록 한 기판-pnp의 형태이고, 그림 (b)의 트랜지스터는 수평 방향으로 이동하게 만든 측면-pnp의 형태이다. 이 단면도에서 n영역과 p영역 각각의 접합 깊이는 npn 트랜지스터에서의 값 그대로이다.

기판 트랜지스터는 원칙적으로 npn 트랜지스터와 같은 방법으로 동작되지만 몇 가지의 차이점이 존재한다.

① 우선 컬렉터 영역이 모든 회로에 공통이므로 회로에서 가장 낮은 전압($-V_{EE}$)에 연결되어야 하며, 주로 에미터 폴러로 사용된다.
② 또 베이스 영역이 에피층으로 형성되어 있어서 베이스 저항이 매우 높은 값을 갖는다. 에피층의 면적사항은 내부저항값을 줄이기 위해서는 에미터와 베이스 사이의 간격을 최소로 해야 한다. 이 저항 값을 줄이기 위하여 대개 에미터 영역은 중심부분을 비운 실린더형 혹은 사각형으로 p형을 확산시킨 후에 중심부분에 n형의 베이스 확산을 시키는 방법을 택한다. 원칙적을 이 2확산은 겹치도록 하는 것이 저항값을 줄이는 데 유리하지만 이 사이 간격이 가까워짐에 따라 일어나는 낮은 항복전압(6～8V)이 문제가 될 수 있다. 이 경우에는 에미터와 베이스 사이에 적당한 거리를 두어야 한다.
③ 컬렉터쪽의 낮은 비저항 역시 회로설계시에 유의하여야 한다. 내부 컬렉터로부터 컬렉터 단자까지의 전류통로에서의 높은 저항으로 인한 전압강하는 인접한 다른 소자에서 기판과 에피층 사이에 순방향의 바이어스를 걸어주게 되고, 회로의 오동작을 유발시키는 요인이 된다. 따라서 높은 전류영역에서의 동작은 되도록 피하는 것이 좋으며, 불가피한 경우에는 컬렉터 단자를 내부 트랜지스터 가까이에 형성시켜야 한다.
④ 베이스의 도핑이 매우 낮으므로 high level injection에 의한 β의 감소 효과가 낮은 전류밀도에서부터 일어난다. 따라서 β의 선형성이 요구되는 아날로그 회로에서의 응용에는 주의가 필요하다.

측면 pnp 트랜지스터에서는 에미터와 컬렉터가 모두 표면에 위치된다.

① 베이스는 매몰층으로 형성되어 있으므로 기판 pnp에 비하여 베이스의 내부저항은 매우 작다(15Ω/□).
② npn 트랜지스터나 기판 pnp 트랜지스터에 비해 β가 매우 작다. 에미터 영역에서 주입된 캐리어는 매몰층을 통과하거나 혹은 매몰층 옆으로 비껴서 기판 및 분리영역으로 흐르게 되고, 이는 필요한 트랜지스터(EBC_1)의 동작과는 관계가 없는 트랜지스터(EBC_2)로 기생하는 트랜지스터에 의한 전류로서 손실전류의 의미를 갖

는다. 또한 넓은 베이스 영역(에피영역)에서의 재결합으로 인하여 베이스 전류가 증가하게 된다. 따라서 이와 같은 측면 pnp 트랜지스터에서 β를 높이기 위해서는 컬랙터 영역이 링 형태, 즉 에미터를 감싸는 형태로 만들고 또 에미터 영역 밑 부분은 매몰층으로서 기판과의 사이를 완전히 차단시켜야 한다. 매몰층과 분리확산 영역 사이의 거리는 항복전압의 크기에 따라서 정해진다.

③ 컬랙터 부분이 베이스 부분보다도 훨씬 높게 도핑되어 있으므로 Early 효과가 npn 트랜지스터에 비하여 매우 강하게 일어난다.

기판 pnp 트랜지스터나 측면 pnp 트랜지스터 모두 주파수 특성은 npn 트랜지스터에 비해 현저히 떨어지며 주원인은 베이스의 폭이 넓기 때문이다. 표 1-4는 npn 트랜지스터와 pnp 트랜지스터의 β 및 f_T를 비교한 것이다.

〈표 1-4〉 npn 트랜지스터와 pnp 트랜지스터의 특성 비교

트랜지스터의 형 태	β	f_T	W_B
npn	100~200	500~800MHz	0.6 μm
측면 pnp	30~50	6MHz	5 μm
기판 pnp	60~100	12MHz	5 μm

1-11 집적 다이오드 구조

일반적인 다이오드는 재결합 전류가 주성분을 이루는 재결합 다이오드와 재결합 성분을 무시할 수 있는, 즉 전달전류가 주류를 이루는 short base diode 등의 두 종류로 구분한다.

집적회로의 공정에서는 다이오드의 제조를 위하여 별도의 공정을 사용하지 않으므로, 트랜지스터의 구조에서 하나의 접합을 이용하여 다이오드를 구성하여야 한다. 구조상으로는 베이스와 에미터 접합을 다이오드로 이용할 수 있으며, 베이스와 컬랙터의 접합 또한 다이오드로 이용할 수 있다.

그러나 기판이 가장 낮은 전위를 갖도록 연결된 집적회로에서는 분리영역 속에 에미터 영역을 형성하여 만든 다이오드 이외의 모든 구조는 3개의 영역이 결부된 npn 혹은 pnp 트랜지스터 형태가 되므로 이 다이오드의 구성에서는 사용되지 않는 제3의 영역을 어떻게 처리하는가에 따라 재결합 다이오드와 short base diode로 구분하며, 그 전기적 특성도 달라진다.

그림 1-40에는 다이오드를 구성할 수 있는 6가지의 가능성을 나타내었다. 그림에서

(a)부터 (e)까지는 트랜지스터 형태를 그대로 이용한 것이고, (f)는 에미터 영역을 생략하여 만든 것이다.

그림 1-40(a)는 보통 트랜지스터 다이오드라 하며 트랜지스터의 베이스와 컬렉터를 연결시킨 형태이다. 이 구조는 베이스 영역을 그대로 short base로 사용하기 때문에 Gummel number가 가장 작게 되고, 따라서 주어진 전압에서 전류밀도가 가장 큰 값을 갖게 된다. 또 이 다이오드에서는 컬렉터쪽에는 소수 캐리어가 저장되지 않으므로 스위칭 속도도 가장 빠르다.

베이스-에미터 접합의 측면에서 양쪽에 높게 도핑된 계단형 접합이므로 아바란체 현상이 쉽게 일어나서 6~8V의 제너 다이오드로도 쓰인다. 따라서 이 다이오드는 높은 항복전압을 필요로 하는 응용 목적에는 부적합하다.

그림 1-40(b)의 구조는 베이스와 컬렉터의 다이오드를 사용한 형태로서 원칙적인 동작원리는 (a)에서와 같으나, 이 구조에서는 베이스(p) 컬렉터(n) 및 기판 또는 분리영역(p)의 pnp 트랜지스터가 애노드쪽에 병렬로 연결된 형태이다.

단지 에피쪽의 저항 성분으로 인한 전압강하 때문에 주어진 단자 전압에서 pn 다이오드 내부의 순방향 전압이 크지 않아 전류밀도의 크기는 (a)의 경우보다 훨씬 커지고 스위칭 속도는 (a)의 경우보다 10~20배 느려진다. 또 항복전압은 BV_{CBO}로서 역시 (a)의 경우보다 훨씬 크다.

따라서 이와 같은 형태는 산업용 기기나 자동차용의 전자회로 등 잡음이 많은 환경에서도 안정된 스위치 동작이 필요하고 높은 항복전압을 필요로 하는 공업분야에 적합한 형태이다.

소수 캐리어의 축적도를 더욱 늘려서 잡음에 덜 민감하게 하려면 그림 1-40(c)의 구조를 사용하면 된다. 이 구조에서는 (a)와 (b)의 소수 캐리어 축적을 더한 것과 같이 작용한다. 그러나 동작원리는 (a)와 (b)에서처럼 short base diode에 바탕을 둔 것이 아닌 재결합 다이오드에 따른 것이다.

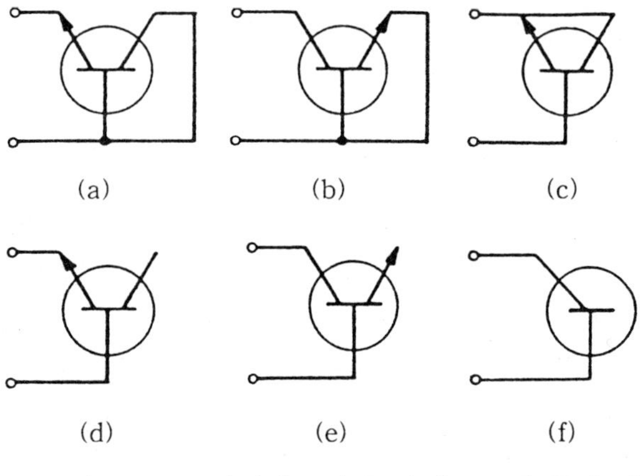

〈그림 1-40〉 집적회로에서 다이오드의 구성 방법

에미터쪽에서 컬렉터쪽으로 향한 전자와 그 반대 방향, 즉 컬렉터쪽으로부터 에미터쪽에서 향한 전자의 흐름은 서로 상쇄되고 베이스에서 소수 캐리어의 축적은 많고 스위칭 전류는 줄어들게 되므로 스위칭 속도는 (b)의 경우보다는 더욱 늦어지게 된다. 단지 항복 전압이 (a)의 경우처럼 줄어들게 되므로 응용면에서 제약을 받는다는 단점이 있다.

그림 1-40(d)와 (e)의 다이오드는 각각 (a)와 (b)의 구조에서 세 번째의 단자를 플로팅시켜 놓은 형태이다. 이 경우에는 이 세 번째의 단자에 전류가 흐를 수 없으므로 플로팅된 영역의 전위가 상대편 전위와 같아야 한다.

$$I_c = I_o\left(\exp\frac{V_{BE}}{V_T} - \exp\frac{V_{BC}}{V_T}\right) = 0 \tag{1-7}$$

이므로 거의 $V_{BE} = V_{BC}$가 되며, 다이오드의 동작은 원칙적으로 (c)의 경우와 같게 된다. 단지 회로의 응용 때 이와같은 플로팅된 단자는 피하는 것이 좋다.

그림 1-40(f)는 에미터 확산영역을 생략하고 베이스와 컬랙터 영역만을 사용한 것으로서 (b)의 경우와 비슷하지만 이 경우에는 주로 재결합전류에 의하여 다이오드 전류가 정해진다.

1-12 접합형 FET

(1) 동작원리

접합형 전계효과 트랜지스터(junction field effect transistor : JFET)는 그림 1-41에서 보는 바와 같이 pn 접합으로 둘러싸인 하나의 반도체 저항 구조이다. 그림에서 양쪽의 pn 접합에 역방향의 바이어스를 걸어주면 그 전압의 크기에 따라서 공간전하층의 폭이 변하게 되고, 따라서 저항의 단면적이 변화한다.

단지 저항과 다른 점은 양쪽의 공핍영역이 아주 좁아져서 서로 만날 정도가 되면 전류가 흐르는 채널에서 캐리어의 밀도가 보통 때의 농도보다 높아지는 축적현상이 생기고, 이와 같은 현상이 일어나면

$$\begin{aligned} I &= Aj_n \\ &= Aqvn \end{aligned} \tag{1-8}$$

에서 좁아진 단면적에도 불구하고 채널을 통과하는 캐리어의 수가 늘어나면서 소오스와 드레인 사이의 전류값은 게이트-소오스 사이에 걸린 전압에만 관계되는 전압에 의해 조정되는 전압제어 전류원(voltage controlled current source)의 역할을 한다.

접합형 FET의 동작원리에 대하여 생각하기 위하여 그림 1-41에서와 같이 소오스가 접지되어 있고 게이트 G_1과 G_2에 같은 크기의 전압 V_{GS}를 걸어 준 경우를 생각한다. V_{GS}값이 0V이고 V_{DS}값이 매우 작을 때는 공간전하층이 채널의 폭에 미치는 영향은 매우 작다. 이 때 소오스와 드레인 사이에 형성된 전계는

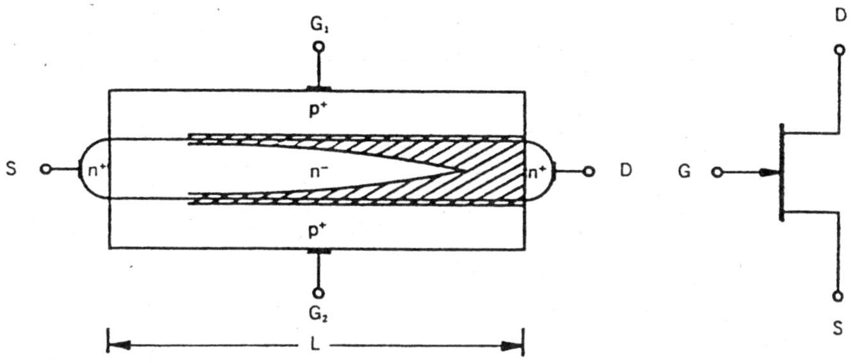

(a) 단면도 (b) 기 호

〈그림 1-41〉 n 채널 JFET

$$E=\frac{V_{DS}}{L} \tag{1-9}$$

가 된다.

또 전기전도도 σ는

$$\sigma=q\mu_n n=q\mu_n N_D \tag{1-10}$$

이므로 이 접합형 FET의 단면적을 A라고 할 때 전류는

$$I_D=A\sigma E=Aq\mu_n\frac{N_D}{L}V_{DS} \tag{1-11}$$

가 된다. 즉 V_{DS}가 증가하면 전류는 이 전압의 크기에 비례하여 증가하여 저항의 성질을 나타낸다.

이제 $V_{GS}=0$인 상태에서 V_{DS}를 증가시키면 채널 전류에 의한 전압강하의 크기가 늘어나서 그림 1-41에서 보는 바와 같이 채널 양쪽의 pn-접합에 역방향 바이어스의 크기가 높아지며, 드레인쪽의 역방향 바이어스의 크기가 V_{DS}이므로 이 값이 커짐에 따라 드레인쪽의 공간전하 영역폭은 늘어나고 채널폭은 점차 줄어들어 채널 저항이 점차 커진다. V_{DS}가 더 커지면 채널이 막히게 되며, 이때의 채널과 게이트 사이의 전압을 핀치오프 전압이라 한다. V_{DS}가 더 이상 증가해도 채널에 흐르는 전류는 일정하다.

문제는 핀치오프 전압 이후에는 채널이 없어지므로 소오스와 드레인 사이를 차단하는 공간전하영역을 통하여 어떻게 전류의 크기가 줄어들지 않고 흐를 수 있는가 하는 것이다.

수학적 방법에 의하면 소오스와 드레인 사이에 전압이 걸려 있는 한 채널은 없어지지 않으며, 채널의 폭이 좁아지는 대신에 이곳을 통과하는 캐리어 밀도가 높아져서 축적전류가 흐르며 이와 같은 현상을 그림 1-42에 나타내었다.

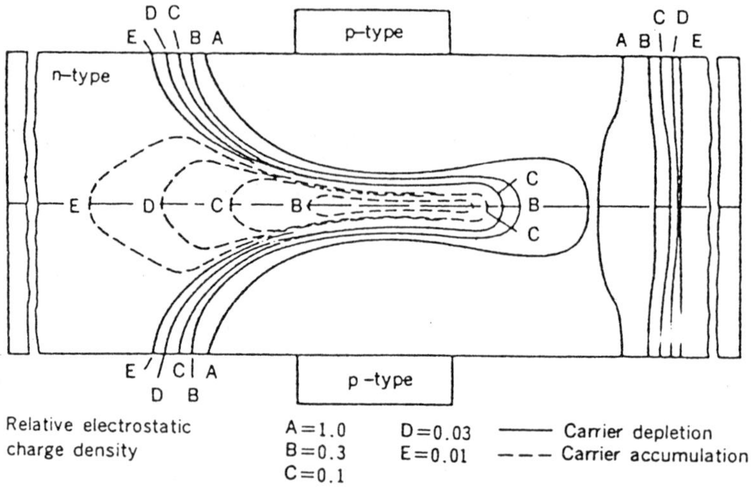

〈그림 1-42〉 V_{GS}가 핀치오프 전압보다 클 때의 캐리어 농도 분포

(2) 접합형 FET의 구조

접합형 FET는 앞에서 설명한 바이폴라 트랜지스터의 공정에서 에미터 확산을 보통의 npn 트랜지스터에서보다 더욱 깊게 시킴으로써 베이스의 도핑을 낮춘 super-β 트랜지스터의 구조로 만들 수 있다. V_p의 값을 더욱 정확하게 맞추고 전달 컨덕턴스를 높이고자 하는 경우에는 이온주입 공정을 써서 그림 1-43의 형태로 만들기로 한다.

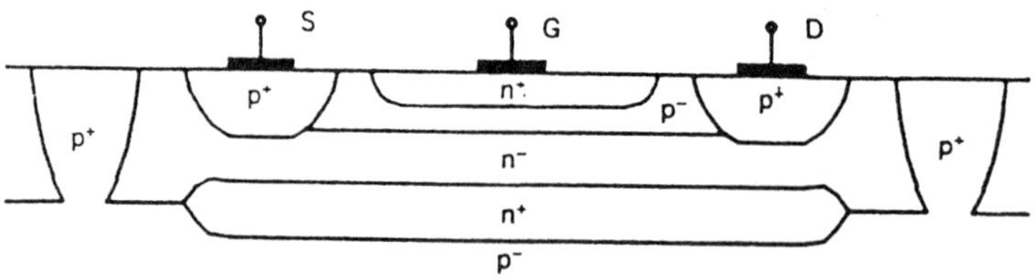

(a) 구 조

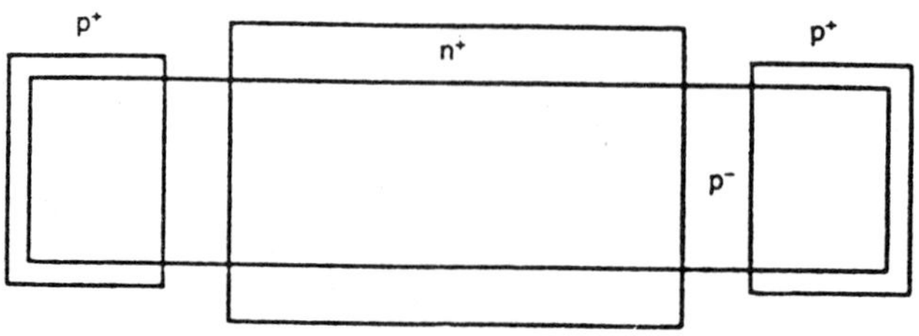

(b) 레이아웃

〈그림 1-43〉 JFET의 구조

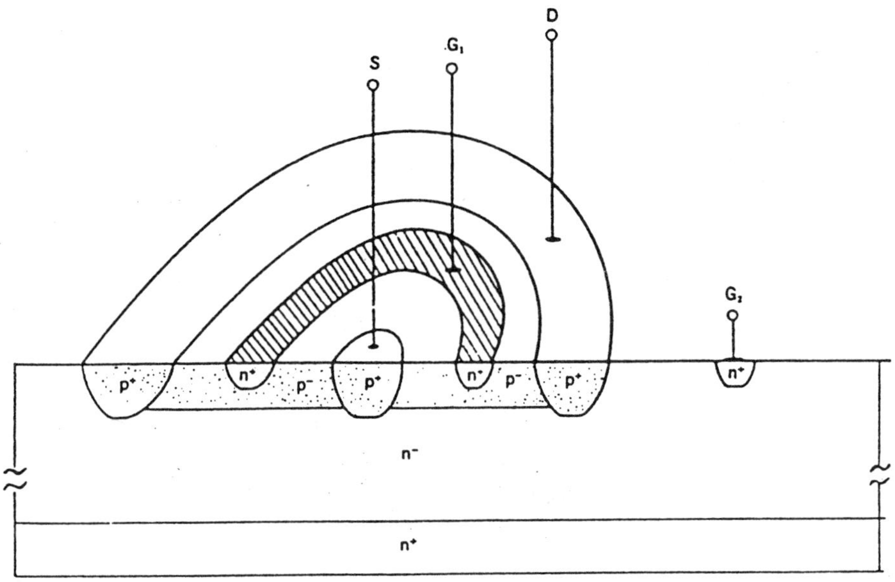

〈그림 1-44〉 링 형의 JFET

게이트와 소오스 사이의 전압변화가 채널의 폭에 효과적으로 영향을 미치게 하기 위해서는 때때로 그림 1-44에서와 같은 링 형의 구조를 사용하기도 한다. 이 경우에는 소요되는 면적은 늘어나지만 n 기판의 전압 V_{G2}는 게이트의 전압 V_{G1} 독립적으로 정해진다.

1-13 MOS 전계효과 트랜지스터

(1) 동작원리

먼저 MOS 트랜지스터의 동작을 3가지 영역으로 나누어 정성적으로 고찰하고자 한다. 게이트에 걸린 전압 V_{GS}가 V_T 보다 작은 차단영역의 경우에는 그림 1-45(a)에서처럼 반전층이 형성되지 않은 상태로서 전류 특성은 바이폴라 트랜지스터에서와 비슷하게 지수함수적 형태를 갖는다. 이때의 전류는

$$I_D = I_{O1} \exp\left(\frac{qV_{GS}}{mkT}\right) \qquad (1\text{-}12)$$

의 형태가 된다.

게이트 전압이 문턱전압보다 더 커지게 되어 반전층이 만들어진 후의 동작은 다시 2 영역으로 나눈다. 반전층이 그림 1-45(b)에서와 같이 소오스와 드레인간을 연결하는 형태로 만들어지면 이 트랜지스터는 전류 I_D가 전압 V_{DS}에 비례하는 저항으로서 그 저항값은 $(V_{DS} - V_T)$에 비례하는 전압제어저항이 된다. 따라서

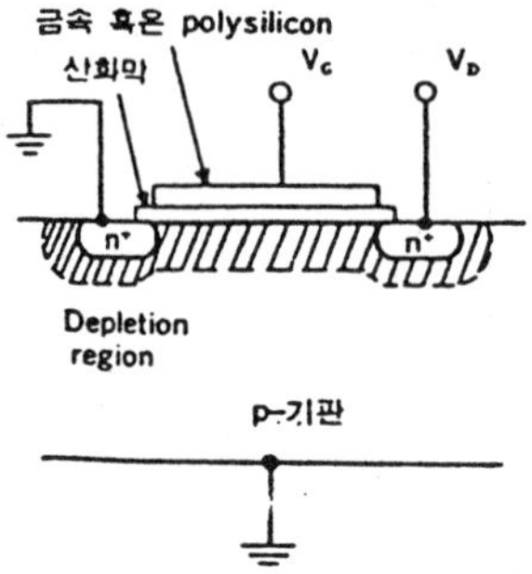

(a) $0 < V_{GS} < V_T$, $V_{GD} < V_T$ 차단영역

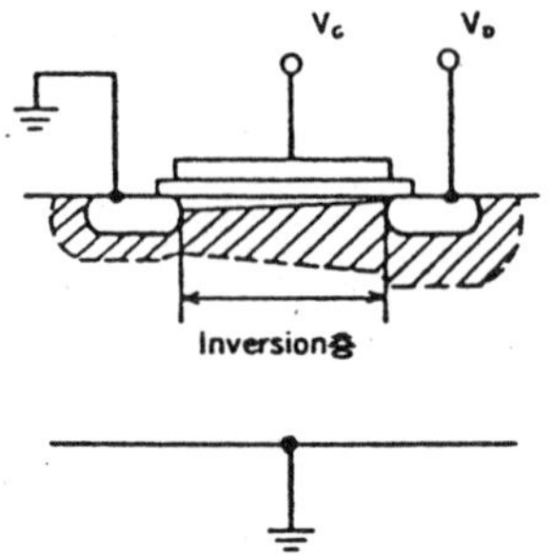

(b) $V_{GS} > V_T$, $V_{GD} > V_T$ 전압제어저항

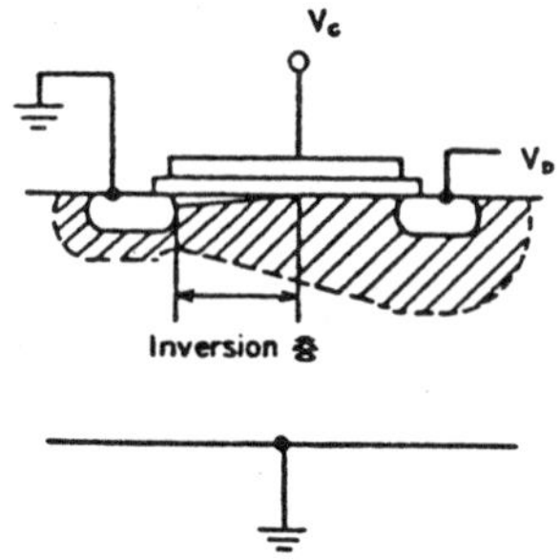

(c) $V_{GS} > V_T$, $V_{GD} < V_T$ 전압제어전류원

〈그림 1-45〉 MOS 트랜지스터의 동작점의 동작영역

$$I_D = k(V_{GS} - V_T)V_{DS} \qquad (1\text{-}13)$$

의 형태이다.

반면에, 반전층이 그림 1-45(c)에서와 같이 소오스쪽에만 형성된 경우에는 채널의 꼬리 부분에 전자가 도달하게 되면 드레인쪽의 만들어진 전계에 의하여 캐리어가 끌려가게 되므로 이때는 식 (1-13)에서 V_{DS} 값 대신에 채널이 끝나는 것의 전압과 채널의 시작점 사이의 전위차($V_{DS} - V_T$)가 들어가게 되어 드레인 전류는 게이트와 소오스간의 전압에 의하여만 정해지는 전압제어전류원으로서 동작한다. 이 때의 전류는

$$I_D = \frac{1}{2} k(V_{GS} - V_T)^2 \qquad (1\text{-}14)$$

가 된다.

(2) 전 류

1) 문턱전압

트랜지스터의 전류는 소오스쪽의 전위를 기준으로 각 단자의 전압으로 표시한다. 따라서 우선 앞에서 나온 문턱전압의 크기 V_T를 트랜지스터에 적용되는 새로운 식으로 변형시키고자 한다. $V_{BS} < 0$일 때는 V_T의 값이

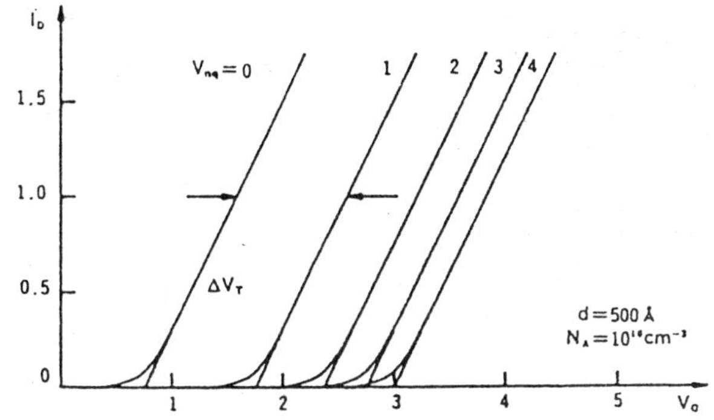

〈그림 1-46〉 back-gate 전압에 의한 V_T의 변화

$$V_T = V_{FB} - 2\psi_b + \sqrt{\frac{2\varepsilon_S q N_A(-2\psi_b - V_{BS})}{C_{ox}}} \tag{1-15}$$

로 변형되어 V_{BS}의 함수로 나타난다. 이제 식 $V_{BS}=0$일 때의 V_T의 값을 V_{TO}로 표시하고 문턱전압을

$$V_T = V_{TO} + \Delta V_T \tag{1-16}$$

로 나타내면, ΔV_T는

$$\Delta V_T = \gamma(\sqrt{|1-2\psi_b - V_{BS}|} - \sqrt{|-2\psi_b|}) \tag{1-17}$$

가 된다. 이 식에서 γ는 body factor라 하며

$$\gamma = \frac{1}{C_{ox}}\sqrt{2\varepsilon_s q N_A} \tag{1-18}$$

로서 back-gate에 인가된 전압이 V_T에 미치는 영향을 나타내는 크기이다. 그림 1-46에 back gate에 인가된 전압이 문턱전압 V_T에 미치는 영향을 도시하였다. $|V_{BS}|$ 값이 $|2\psi_s|$의 값보다 훨씬 클 경우에는 식 (1-17)에서 ΔV_T의 값은 $\sqrt{|V_{BS}|}$에 비례한다.

2) 차단전류

우선 차단영역에서의 기본적인 동작원리를 정성적으로 생각한다. 외부에서 전압을 인가하지 않은 상태에서 반도체 표면에서 소오스와 드레인 사이의 단면을 생각하면 이곳에서의 에너지대 그림은 npn 트랜지스터에서의 모양과 일치하게 된다. 이제 게이트와 드레인에 같은 크기의 (+)의 부호를 갖는 전압을 가하게 되면 $(0 < V_{GS} = V_{GS} < V_T)$ 게이트 밑부분에 공핍영역이 생기게 된다.

이때에는 그림 1-47에서와 같이 반도체의 표면부분에서는 소오스와 드레인 사이를 가로 막고 있던 에너지 장벽이 낮아져서 전자가 소오스로부터 p 영역으로 넘어갈 수 있게 되고 계속하여 드레인쪽으로 끌려가게 된다. 이는 마치 npn 트랜지스터에서 순방향의 전압을 걸어주었을 때 전자의 흐름과 같은 현상으로서, 이 때 전류의 크기는 표면전위의 변화에 따라 지수함수적으로 변화한다.

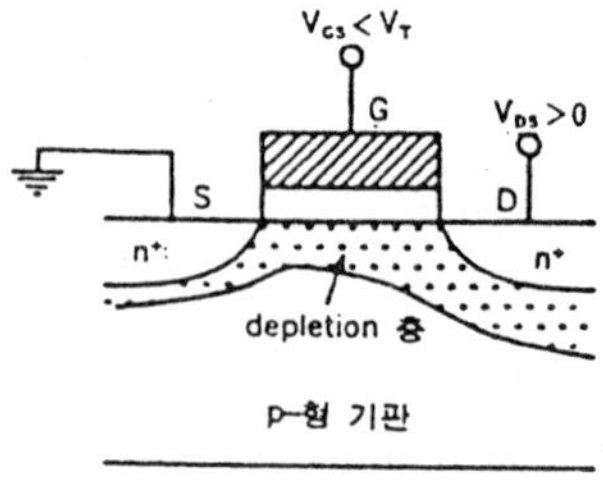

(a) 단면도

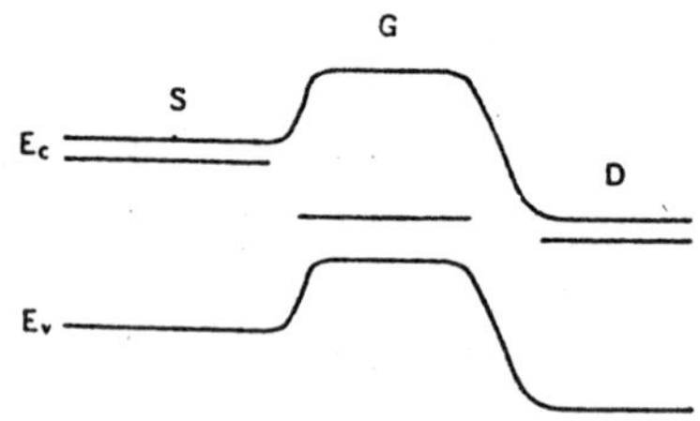

(b) 표면부위의 에너지대

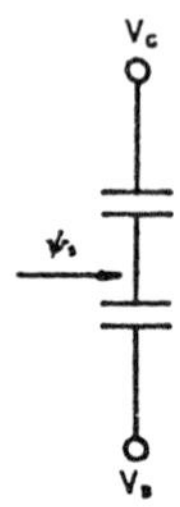

(c) 전압분할기로서의 캐패시터

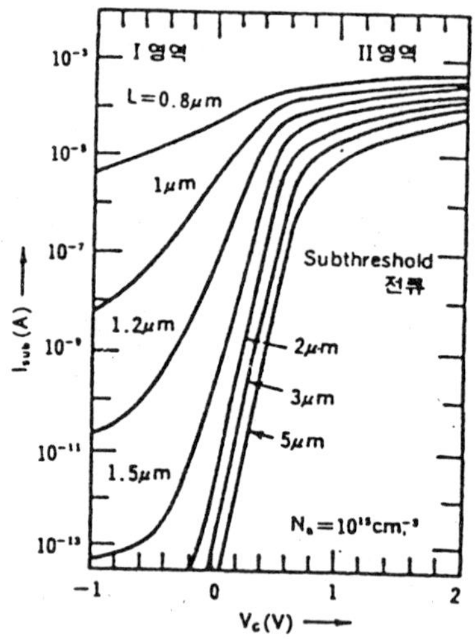

(d) 차단전류특성

〈그림 1-47〉 nMOS 트랜지스터의 에너지대($V_{GS}< V_T$, $V_{DS}>0$)

이와 같은 현상은 반도체 표면에 아직 반전층이 형성되지 않았을 때에 나타나는 전류이므로 차단전류라고 한다. 물론 MOS 트랜지스터의 구조에서는 게이트에 가한 전압의 일부분이 절연체 내부에서 전압강하를 일으키고(V_{ox}), 그 나머지 부분만이 표면전위를 변화시키므로 그 전압전류 관계가 에너지 장벽의 높이를 직접 변화시키는 바이폴라 트랜지스터에서보다 비교적 완만한 상태이다.

즉 V_{GS}의 $1/m$ 만이 이 전류에 영향을 미친다고 할 때 이 전류는 식 (1-12)의 형태가 된다. 이 식에서 I_{o1}은 이 전류가 흐르는 단면적에 공핍영역이 어느 정도의 깊이까지 관여하는가, 즉 효과 단면적이 얼마인가에 따라서 정해지는 크기이다.

m의 값은 게이트에 걸린 전압이 반도체의 표면전위에 미치는 영향의 정도를 나타내는 크기이며, C_{ox}와 C_d로부터 구할 수 있다. 즉 그림 1-47에서 절연체의 캐패시턴스를 C_{ox}, 공간전하층에서의 캐패시턴스를 C_d라고 할 때 전체 전압 V_{GS} 중에서

$$V_1 = \frac{C_{ox}}{C_{ox}+C_d} V_{GS} \qquad (1\text{-}19)$$

의 값만이 에너지 장벽을 낮추는 데 기여하게 되며, 이 기여도는 위식과 비교할 때

$$m = 1 + \frac{C_d}{C_{ox}} \tag{1-20}$$

가 된다(그림 1-47(d)의 영역 I). 따라서 C_{ox}값이 클수록, 즉 절연층의 두께가 작을수록 m값은 1에 가까와져 바이폴라 트랜지스터와 같이 동작하게 된다.

주의할 점은 이때에도 정공도 공핍된 상태에서 전자의 이동이 일어나므로 홀에 의한 전류성분은 무시할 만한 크기에 머무르며, 게이트로는 전류가 흐르지 않는다.

3) 선형동작

이제 게이트에 문턱전압 V_T보다 더 큰 전압이 걸려서 소오스와 드레인을 연결하는 반전층이 생기는 경우에 대하여 생각한다. 이때는 위에서 고려한 공간전하층을 건너 흐르는 확산전류 성분에 추가하여 이 반전층, 즉 채널을 따라 흐르는 드리프트 전류 성분이 생기게 된다.

한번 반전층이 형성되면 게이트 전압이 변하여도 공간전하 영역에는 변화를 미치지 못하고 반전층의 캐리어의 농도에만 영향을 미친다. 따라서 위에서 생각한 확산성분은 더 이상 증가할 수 없게 되고, 이 성분은 $I_D = I_{O1}\exp(qV_T/mkT)$로 일정하게 남아있게 된다. 이때의 nMOS는 그림 1-48에서와 같이 저항 npn 트랜지스터가 병렬로 연결된 회로처럼 동작하게 된다.

V_{GS}가 더욱 커져서 반전층이 본격적으로 형성되면 확산에 의한 전류성분은 드리프트 전류성분에 비하여 무시할 정도로 줄어들어 전체적으로는 저항과 같이 동작하게 되어 이때의 전류는

$$I_D = \frac{W}{L}\mu_n C_{ox}(V_{GS} - V_T) \cdot V_{DS} \tag{1-21}$$

여기서 $\mu_n C_{ox}$는 트랜지스터의 공정 파라미터에 의하여 정해지는 크기로 이는 보통 pross tranxconductance-parameter k'라 한다.

$$k' = \mu_n C_{ox} \tag{1-22}$$

또 k'의 값에 W/L의 값을 함께 고려한 값

$$k = \mu_n C_{ox}\frac{W}{L} \tag{1-23}$$

를 device transconductance parameter라고 부른다.

따라서 식 (1-21)을 이 값을 사용하여 다시쓰면

$$I_D = k(V_{GS} - V_T)V_{DS} \tag{1-24}$$

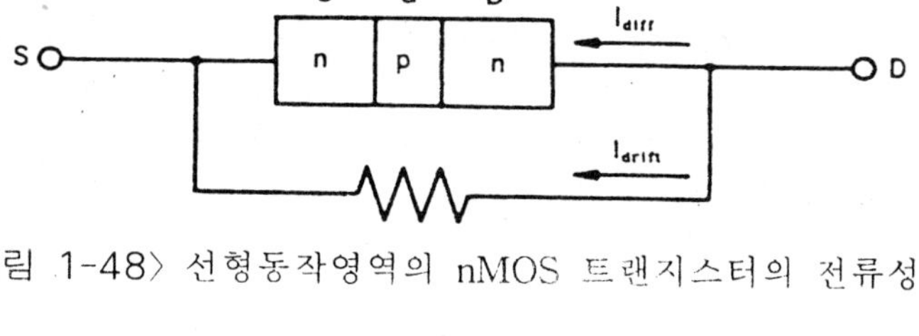

〈그림 1-48〉 선형동작영역의 nMOS 트랜지스터의 전류성분

가 되어 이 결과는 식 (1-13)과 일치한다. 따라서 이 경우의 MOS 트랜지스터의 전류는 게이트와 소오스 사이에 걸린 전압에 비례하는 저항(voltage controlled resistor)과 같고 channel conductance는

$$G_{ch}=k(V_{GS}-V_T) \tag{1-25}$$

이다.

4) 포화영역

이제 채널 영역에 반전층이 만들어진 상태에서 드레인쪽의 전압 V_{DS}를 높이면 V_{GS}의 값은 줄어들게 되고 $V_{GD}=V_T$일 때는 드레인쪽의 반전층이 없어지게 된다. 이 V_{DS}값을 더욱 높이면 이 반전층이 없어지는 점, 즉 핀치오프점이 드레인에서 멀어져서 소오스쪽으로 향하게 되며, 드레인쪽의 채널 부분이 공간전하영역으로 변하게 된다(그림 1-45(c) 참조).

이 때 채널에 형성되어 있는 반전층의 꼬리 부분에서의 전압은 $V_{GS}=V_T$의 값, 즉 $V_{DS}=V_{GD}-V_T$의 값 그대로 남아있게 된다. 따라서 전류의 크기는 소오스로부터 핀치오프가 일어나는 구간(길이 L')에서 드리프트되는 전자의 흐름에 의하여 정해지게 된다. 이 때의 전류는

$$I_D=\frac{W}{2L}\mu_n C_{ox}(V_{GS}-V_T)^2 \tag{1-26}$$

이 핀치오프점, 즉 채널의 꼬리 부분에 도달한 전자는 드레인쪽의 전계에 그대로 노출되어 있는 상태로서 그대로 드레인쪽으로 끌려가게 된다.

이와 같이 전류의 크기가 V_{DS}항에는 무관하게 V_{GS}값에 의해서만 결정되는 동작영역에서는 전류의 크기가 포화되어 일정하다는 의미이며, 포화영역이라고 한다.

게이트의 길이 L이 아주 큰 경우에는 드레인 전압에 의한 공핍층의 폭이 이 L에 비하여 무시할 만하다도 생각하여 $L=L'$로 생각한다. 이 때의 식은 식 (1-14)와 일치한다. 실제로는 길이 L'가 줄어들면 전계가 증가하므로 전류의 크기가 증가하게 된다. 따라서 $V_{GD}=V_T$ 때의 드레인 전류의 값을 I_{DO}라고 하면 드레인 전류 I_D값은 결국 V_{DS}에 의하여도 영향을 받는 크기이며 이를 근사값으로 나타내면

$$I_{DO}=\frac{k}{2}(V_{GS}-V_T)^2$$

$$I_D=I_{DO}(1+\lambda V_{DS}) \tag{1-27}$$

가 된다. 이 식에서 λ는 채널 길이가 변화하는 정도를 나타내는 factor로서 채널 길이 변조 파라미터라고 한다.

5) 트리오드 영역

이제 선형영역에서 포화영역으로 넘어가는 구간에서의 전류에 대하여 생각한다. 그림 1-49에 구하고자 하는 트랜지스터의 단면도와 전류의 유도에 사용할 좌표를 나타내었다. 이 그림에서 채널에 수직한 방향을 x, 채널에 나란한 방향을 y라 하고, 또 채널의 길이를 L, 폭을 W라 한다.

이 때의 전류는

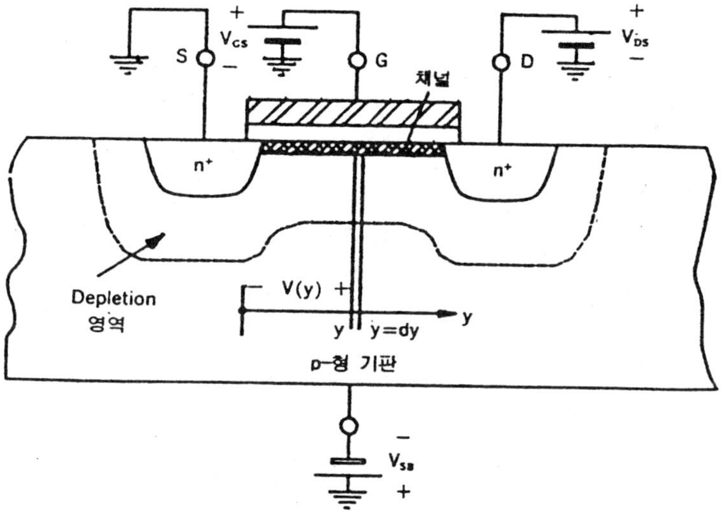

〈그림 1-49〉 전류 유도를 위한 nMOS의 단면도

$$I_D = \mu_n C_{ox}\left(\frac{W}{2L}\right)[2(V_{GS}-V_T)V_{DS}-V_{DS}^2] \tag{1-28}$$

가 된다. 이 식을 식 (1-23)의 k를 사용하여 나타내면

$$I_D = \frac{k}{2}[2(V_{GS}-V_T)V_{DS}-V_{DS}^2] \quad (V_{DS}<V_{GS}-V_T) \tag{1-29}$$

가 된다. 이 식은 V_{DS}가 아주 작을 때

$$I_D = k(V_{GS}-V_T)V_{DS}$$

로서 식 (1-24)와 일치한다. 또 전류의 최대값은 드레인 전압이

$$V_{DS} = V_{GS}-V_T \tag{1-30}$$

일 때

$$I_D = \frac{k}{2}(V_{GS}-V_T)^2 \tag{1-31}$$

이 된다. 그림 1-50(a)에 I_D값을 최대로 하는 V_{DS}와 I_D의 궤적을 점선으로 나타내었다. 드레인 전압이 $V_{GS}-V_T$에 이르게 되면 전류값은 식 (1-31)의 값으로 되고 이 값은 식 (1-26)과 일치하게 된다. 따라서 식 (1-29)는 트랜지스터가 포화영역에 이르기 전에 유효한 식으로서 이와 같은 동작영역을 트리오드 영역이라고 한다. 이상에서 설명한 전류-전압 관계를 그림 1-50(a)에 나타내었다.

6) 고전계에서의 동작

지금까지는 채널에서의 전계가 비교적 낮은 영역, 즉 캐리어의 이동속도가 전계에 비례하는 ($v=\mu E$) 영역에서 전류를 구하였다. 최근의 경향은 소자의 구조가 소형화되고 있는데 비하여 동작전압의 크기는 크게 줄어들지 않아서 채널 전계의 크기가 점차 늘어나고 있는 경향이다. 예를 들어 1μm 정도의 채널 길이에 5V 정도의 전압이 인가되면 전계는 50kV/cm로서 캐리어의 이동속도는 이미 전계의 세기와는 관계없이 V_S=100km/s에 이르게 되어 이때의 드레인 전류는

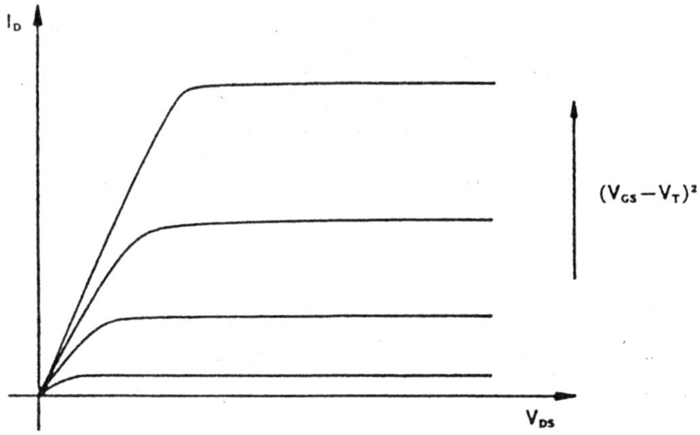

(a) 낮은 전계의 특성

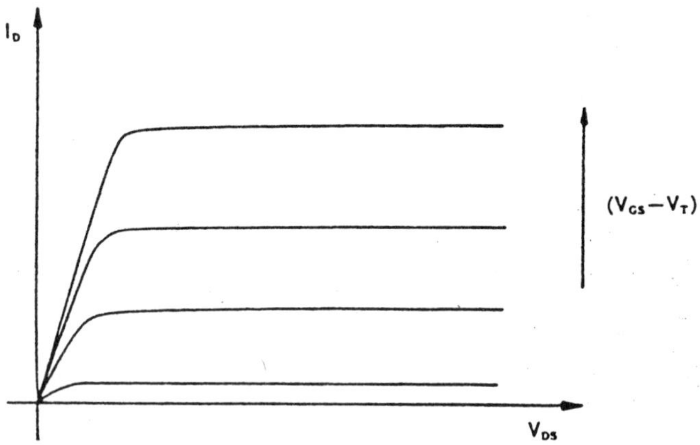

(b) 높은 전계의 특성

〈그림 1-50〉 MOS 트랜지스터의 전류 특성

$$I_D = A\rho v_s$$
$$= Aqnv_s \tag{1-32}$$

로서 n의 값에만 비례하는 크기가 된다. 여기에서도 $A = Wx_{inv}$, 또 $qnx_{inv} = |Q_n|$의 관계를 쓰면

$$I_D = W(x_{inv}qn)v_s$$
$$= W|Q_n|v_s \tag{1-33}$$

가 되고, $Q_n = -C_{ox}(V_{GS} - V_T)$의 관계를 대입하여

$$I_D = WC_{ox}(V_{GS} - V_T)v_s \tag{1-34}$$

가 된다. 따라서 캐리어의 속도가 포화되면 전류는 식 (1-26)에서처럼 $(V_{GS} - V_T)^2$에

비례하는 대신에 식 (1-34)에서와 같이 ($V_{GS} - V_T$)에만 비례하면 되어 그림 1-50(b)에서 보는 바와 같이 V_{DS}의 변화에 큰 영향을 받지 않는다.

(3) 캐패시턴스

MOS 회로에서는 전달 컨덕턴스가 비교적 낮은 값을 가지므로 캐패시턴스는 동작속도에 매우 큰 영향을 미친다. MOS 트랜지스터와 결부된 각종 캐패시턴스 성분을 그림 1-51(a)에 나타내었다. 이 그림에서 Q_C는 반전층의 캐리어에 의한 전하를 나타내며 트랜지스터 동작과 관계된 내부성분을 나타낸다.

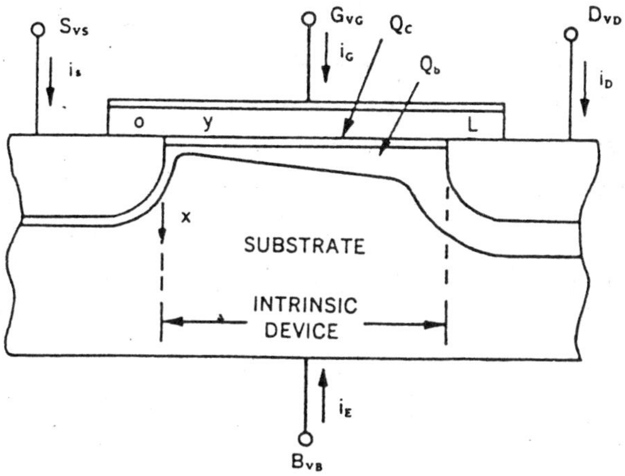

(a)

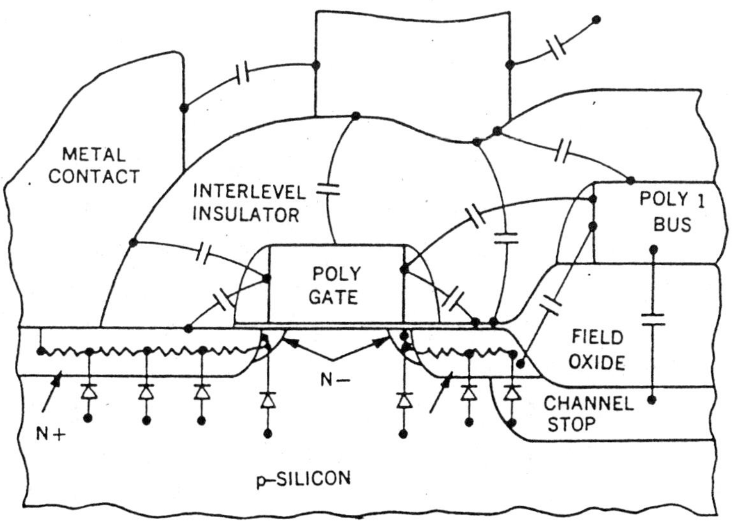

(b)

〈그림 1-51〉 MOS 트랜지스터와 관련된 여러 가지 캐패시턴스 성분

또 Q_b는 공간전하층에 노출된 이온화된 불순물에 의한 전하를 나타내며, 이 전하는 게이트의 전압에 의하여 영향을 받는 채널 및 공핍 부분의 내부성분과 게이트의 영향을 받지 않고 소오스쪽과 드레인쪽의 pn 접합과 결부된 외부성분으로 나누어진다.

트랜지스터의 크기가 작아짐에 따라서 이외의 여러 가지 성분이 기생용량으로 존재하게 되며, 그림 1-51(b)에 이들을 나타내었다.

(4) 소 형 화

MOS 트랜지스터의 기본동작은 지금까지 설명한 바와 같이 표면에서의 전류 및 전압 관계를 기본으로 하여 나타내므로 이 트랜지스터는 표면 구조를 선형적으로 줄여서 소자를 소형화(scaling down)시킬 수 있다.

그러나 이와 같은 단순한 소형화에는 물리적인 제약 조건이 따른다. 우선 소오스와 드레인 사이가 너무 가까워지면 펀치스루(punch-through) 현상이 일어날 수 있으므로 기판의 도핑 농도를 높이는 것이 요구된다.

두 번째로 일정한 동작전압에서 산화막의 두께가 너무 얇아지면 강복이 일어나게 되므로, 산화막이 너무 낮은 두께를 갖지 않도록 하는 것이 필요하다.

소형화에 관한 이론은 이미 1970년대 초에 정립되었으며 표 1-5에 이에 관한 소형화 파라미터가 정리되어 있다.

우선 산화물 강복이나 펀치스루 현상을 방지하도록 소자내의 전계가 일정하게 유지되도록 하는 고정전계 소형화에 대하여 생각하기로 한다. 이 때에는 모든 기하학적 크기와 전압을 $1/\lambda$로 선형적으로 축소시킨 경우이다.

절연체의 두께가 $1/\lambda$로 줄어들므로 트랜지스터의 기생 캐패시턴스는 λ배로 늘어나는 반면에 면적을 $1/\lambda$로 줄어들게 되고, 또 기판의 도핑이 늘어나 이동도가 일정한 값을 유지한다고 가정하며, W/L의 비는 그대로 남아 있고, C_{ox}가 λ배로 늘어나서 이 트랜지스터의 전달 컨덕턴스값은 λ배로 늘어난다.

따라서 동작전압과 문턱전압 역시 $1/\lambda$이 되며, 이 트랜지스터에서 소모되는 전력 소모량은 $1/\lambda^2$로 줄어든다. 이 트랜지스터에서 전자가 채널을 건너가는 시간, 즉 전달시간은 채널의 길이가 $1/\lambda$로 줄어들고 캐리어의 속도가 전계에 비례하지만 $E=V/L$에서 이 전계가 일정한 값을 유지하도록 소형화시켰으므로 지연시간 역시 $1/\lambda$으로 줄어든다.

그러나 실제 응용의 경우에는 이 트랜지스터의 동작전압이 회로에 요구되는 조건에 의하여 정해지므로 소자의 크기만을 $1/\lambda$배로 줄이면서 동작전압의 크기는 그대로 유지하는 경우가 실제에 더 가깝다.

따라서 전압을 제외한 기하학적 구조만이 $1/\lambda$배로 줄어들게 되면, 위에서 본 것처럼 트랜지스터의 전달 컨덕턴스가 λ배로 늘어나게 되어 주어진 전압에서 드레인 전류의 크기는 λ배로 늘어나게 된다. 트랜지스터의 지연시간은 채널이 길이가 $1/\lambda$으로 줄어든 반면, 캐리어 속도는 $v=\mu E=\mu V/L$에서 λ배로 늘어나므로 지연시간은 $1/\lambda^2$배만큼 줄어든다.

〈표 1-5〉 MOS 트랜지스터의 소형화

변　　수	full scaling	const. voltage scaling
$W,\ L,\ t_{ox}$	$1/\lambda$	$1/\lambda$
$V_{DD}\ V_{TO}$	$1/\lambda$	1
oxide cap.	$1/\lambda$	$1/\lambda$
k	λ	λ
I_{DD}	$1/\lambda$	λ
전력소모량	$1/\lambda^2$	λ
t_p	$1/\lambda$	$1/\lambda^2$

(5) MOS 트랜지스터의 각종 형태

MOS 트랜지스터는 반전층의 형태에 따라 기본적으로 4가지 형태로 나눌 수 있다. 반전층을 이루는 캐리어가 전자인 형태를 nMOS 트랜지스터, 이 캐리어가 정공으로 이루어졌을 때를 pMOS 트랜지스터라 한다.

또 이들은 각각 공핍층과 증가형으로 구분되며, 공핍형과 증가형 트랜지스터는 문턱전압 V_T의 크기는 이온 주입 공정에 의하여 조절될 수 있다. 그림 1-52는 각각의 트랜지스터의 전류-전압 특성과 이들 트랜지스터를 나타내는 기호이다.

종　류	기　호	I/V 특성	전달특성
N-CHANNEL ENHANCEMENT (NORMALLY OFF)	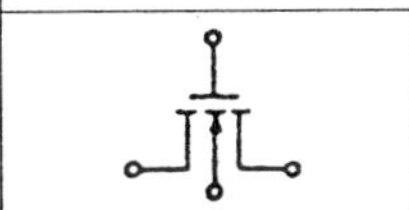	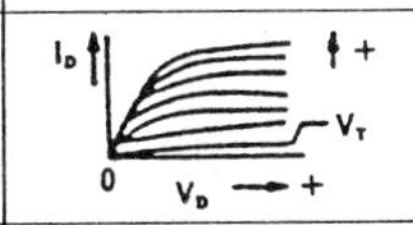	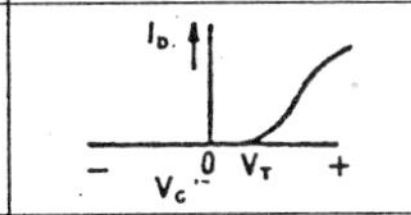
N-CHANNEL DEPLETION (NORMALLY OFF)	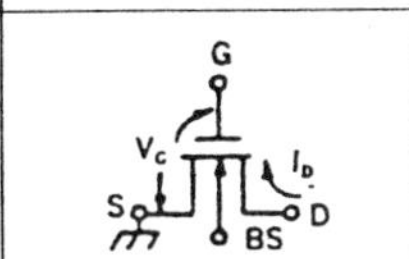	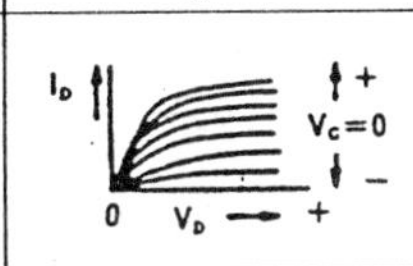	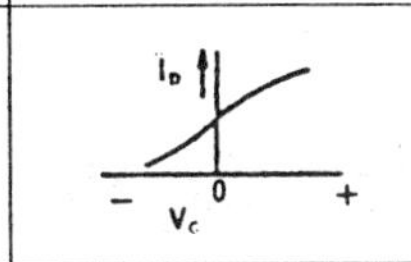
P-CHANNEL ENHANCEMENT (NORMALLY OFF)	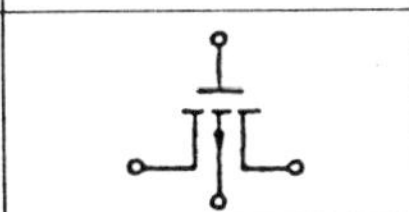	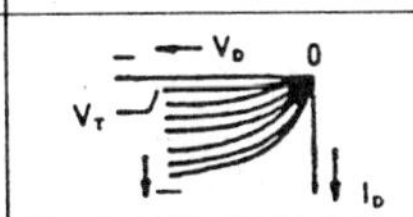	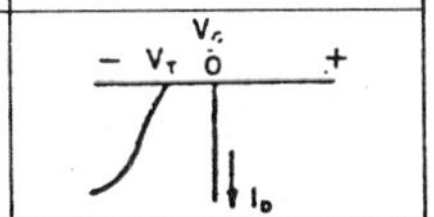
P-CHANNEL DEPLETION (NORMALLY ON)	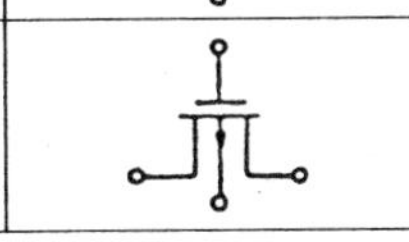	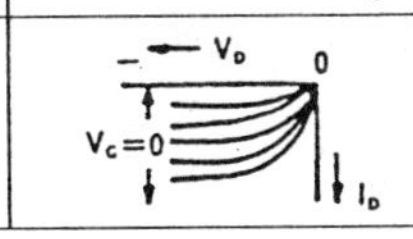	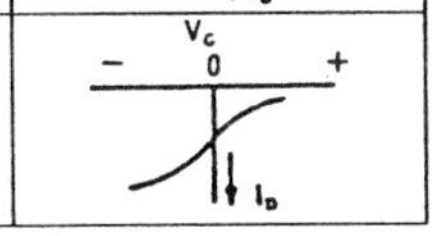

〈그림 1-52〉 각종 MOSFET의 기호와 전류-전압 특성

(6) 매몰 채널 MOS

일반적인 트랜지스터는 그림 1-53과 같이 실리콘 표면의 반전층을 이용하는 구조이다. 그러나 이와 같은 구조에서는 $Si\text{-}SiO_2$의 경계면에 생기는 여러 형태의 에너지 상태에 의하여 전자 이동도가 영향을 받게 되며, 더욱이 이 전자의 운동 방향이 게이트쪽으

로 향하여 캐리어의 표면 충돌이 계속 일어나게 되어 전자이동도 μ_n이 떨어지고, MOS 트랜지스터의 잡음에 영향을 주게 된다.

이와 같은 영향을 피하기 위한 형태가 그림 1-53에 나타낸 메몰 채널 MOS 트랜지스터이다. 이 트랜지스터는 p형의 기판 위에 에피층의 형성 혹은 이온 주입 방법에 의하여 소오스와 드레인 사이에 낮게 도핑된 영역을 형성한 것으로서 채널에 관한 그 기본 동작원리는 접합형 FET와 같다.

이 구조에서는 게이트에 관한 전압이 표면쪽에 일으키는 공핍영역의 폭을 변화하게 하는 구조상의 차이가 있을 따름이다. 그러나 접합형 FET에서와는 달리 이 트랜지스터의 게이트는 절연막을 사이에 두고 존재하며 누설전류는 매우 작다.

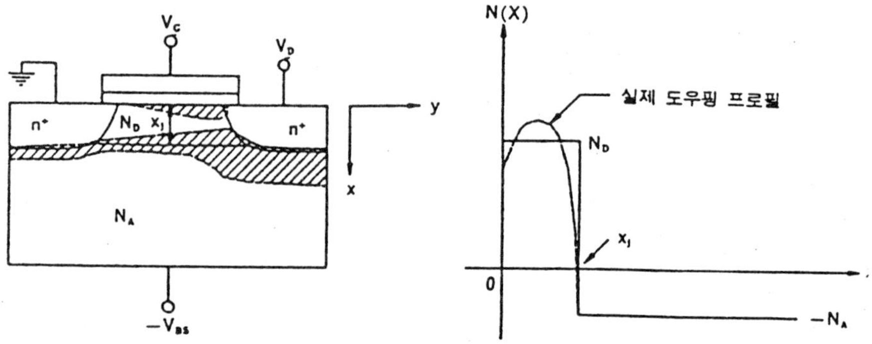

(a) (b)

〈그림 1-53〉 매몰 채널 MOS

1-14 CMOS

(1) 기본 구조

집적회로에서는 회로의 동작성능을 최적화시키기 위하여 그림 1-52의 4가지 종류의 트랜지스터를 하나의 기판 위에 형성시키는 것이 필요하며, 이를 가능하게 하는 공정이 그림 1-54에 나타낸 CMOS 구조이다.

이 그림에서는 낮게 도핑된 p형의 기판 위에 nMOS를 형성하고, pMOS는 기판의 농도 보다 조금 높게 도핑된 n영역 속에 형성하였다. 이 별도의 n영역을 n-well 혹은 n-tub라고 부르며, 이 well의 표면농도는 pMOS의 형성이 가능하게 낮은 값을 유지해야 한다.

이 CMOS 구조는 구성상 여러 가지 장점이 있지만 하나의 근본적인 문제점을 가지고 있다. 즉 그림의 단면도에서 보듯이 nMOS의 소오스(n) 및 기판(p)과 n-well(n)은 npn 구조를 이루고 있으며, pMOS의 소오스(p)-well(n)-기판(p)는 pnp 구조를 이루고 있다. 이 2트랜지스터는 그림 1-54의 등가회로에서 보는 것처럼 서로 엇물린 형태를 하고 있다.

이와 같은 구조에서는 주변회로로부터의 영향을 받거나(AC 결합), 외부로부터 캐리어 생성에 영향을 받거나(α-입자 또는 빛), 혹은 인접 트랜지스터의 드레인 쪽에 형성된 높은 전계에 의하여 캐리어가 생성될 경우, 이들 캐리어가 회로에 표시된 저항을 통과하면서 npn 혹은 pnp 트랜지스터의 에미터-베이스 접합을 순방향으로 바이어스 시킬 수 있게 된다.

어느 트랜지스터로부터 시작하든지 한번에 하나의 트랜지스터에 일정수준 이상의 전류가 흐르기 시작하면 이 전류는 상대편 트랜지스터에 일정값 이상의 전류가 흐르기 시작하고, 이 전류는 상대편 트랜지스터의 베이스 전류를 공급하여 상승작용을 일으키는 과정이 일어난다.

따라서 이 SCR에 과대한 전류가 흐르게 되는 on 상태에 이르게 되면 CMOS는 그 본래의 회로 기능을 잃게 된다. 이와 같은 현상을 latch-up 현상이라 한다. 이와 같은 latch-up 현상을 방지하려면, 첫째로 위의 등가회로에 표시된 저항 성분을 줄여서 에미터와 베이스 사이에 순방향 전압이 걸리지 않도록 하여야 한다. 이를 위해서는 기판의 도핑 농도를 높혀야 한다.

둘째로 이 바이폴라 트랜지스터에 순방향 전압이 걸릴 때에도 컬랙터 전류를 낮게 하여야 한다. 따라서 이 기생 트랜지스터의 Gummel number가 가능한 한 커야 한다. 이를 위해서는 기판의 농도가 높아지거나 nMOS와 pMOS 사이의 간격을 띄어야 한다. 그림 1-55에 나타낸 트랜치 공정 또한 이를 위한 것이다.

셋째로, 외부로부터 빛이나 α-입자의 영향을 받아 전류가 생성되는 것을 방지하도록 소수 캐리어의 수명을 줄여야 한다. 이 목적을 위해서는 높게 도핑된 기판을 사용하는 것이 유리하다.

먼저 well의 모양에 대하여 생각하기로 한다. CMOS에서는 n-well과 p-well의 2가지 공정이 가능하다.

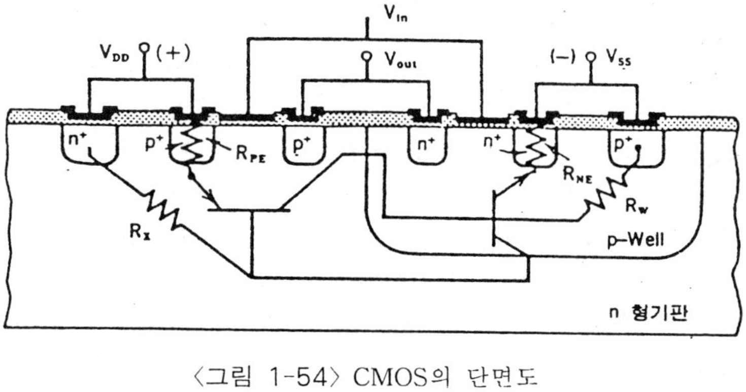

〈그림 1-54〉 CMOS의 단면도

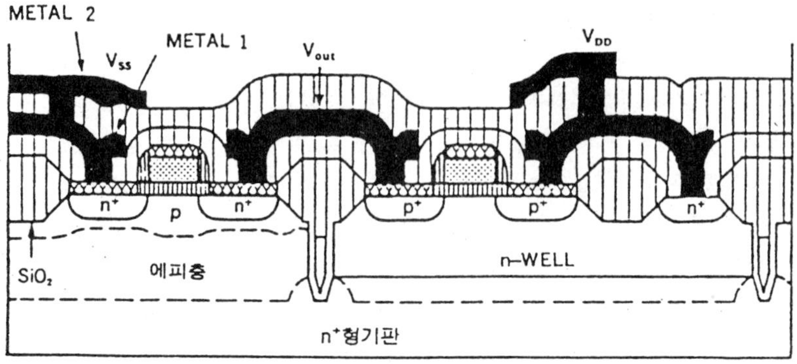

〈그림 1-55〉 트랜치 공정을 이용한 twin-tub 공정

집적회로 개발의 초기 단계로부터 70년대 중반까지는 위의 n-well 구조와는 대칭적 형태인 p-well CMOS 공정이 well의 표면농도를 낮게 하여 접합 깊이를 늘이기에 용이하다는 이유에서 대부분을 이루었다.

그러나 회로의 집적도가 높아짐에 따라 소자의 크기가 줄어드는(scaling down) 과정이 진행됨에 따라서 pMOS를 위한 기판의 농도의 증가는 nMOS의 문턱전압을 조절하는데 어려움이 있을 뿐만 아니라 또 이와 같은 well 농도의 드레인 쪽에 높은 전계가 발생시켜 캐리어의 충돌 이온화의 가능성을 증가시켰다.

따라서 이와 같은 소형화된 CMOS 회로에서는 latch-up 현상이 빈번하게 되었으며, 한동안 CMOS 공정 개발이 주춤한 상태에 있었다. 그러나 대규모 집적회로의 추세가 계속 지행됨에 따라서 칩의 전력소모가 집적도를 제한하게 되었고, 전력소모량을 허용치 이내로 묶어 두기 위해서는 CMOS가 다시 본격적으로 개발되기 시작했을 때에는 이미 nMOS 공정이 성숙 단계에 이른 상태이다.

따라서 80년대에 들어서는 이미 최적화된 nMOS 트랜지스터의 동작 특성을 그대로 유지하면서 pMOS를 보조 소자로 사용할 수 있도록 많은 회사에서 p-well 공정보다는 n-well 공정에 관심을 갖게 되었고 현재도 이 경향이 계속되고 있다.

n-well 구조는 p-well 구조에 비하여 다음과 같은 장점을 가지고 있다.

① 우선 공정상 n-well의 표면 부분에 산화막이 형성될 때 인(P)이 pile-up 현상을 일으키므로 산화 공정 중 보론이 공핍되는 p-well 공정에서와는 달리 별도의 channel stop용 이온 주입이 필요 없게 된다.

② 전자에 의한 이온화율보다는 정공의 이온화율이 훨씬 작으므로 p-well 구조에서 npn 기생 트랜지스터가 on될 확률보다는 n-well에서 pnp 트랜지스터가 on될 확률이 줄어들어서 latch-up의 위험성이 적다.

③ 역시 이온화율의 측면에서 hot electron에 의한 문턱전압의 노쇠현상 보다는 hot hole에 의한 노쇠현상이 훨씬 줄어들게 되어 장기적인 신뢰도면에서 n-well이 더 유리하다.

그러나 소형화가 계속 진행됨에 따라 각각의 트랜지스터 특성을 최적화시킬 수 있도록 nMOS를 위한 기판 농도와 pMOS를 위한 well의 표면 농도를 overcompensation에 의하여 맞추는 것은 n-well 혹은 p-well 어느 구조에서도 힘들게 되었다.

따라서 최근에는 아주 낮게 도핑된 기판에 nMOS용의 p-well과 pMOS용의 n-well을 낮게 도핑된 에피층에 독립적으로 형성시키고 latch-up 현상을 방지할 수 있도록 높게 도핑된 기판을 사용하는 twin-tub 공정이 점점 일반화되는 경향이다. 이 공정의 한 예를 그림 1-55에 나타내었다.

이 공정에서는 아주 높게 도핑된 n형의 기판 위에 아주 낮게 도핑된 n형의 에피층을 키우고 있어서 여기에 n-well과 p-well을 형성하여 각각의 표면 도핑 농도를 독립적으로 조정할 수 있게 한다.

이 구조에서 낮게 도핑된 기판만을 사용할 경우에는 그의 비저항이 매우 높아서 국부적으로 생성된 캐리어에 의한 미세한 전류의 흐름에도 큰 전압 강하가 일어나고, 인접한 곳의 pn 접합을 순방향으로 바이어스시켜서 latch-up을 일으킬 위험성이 크다.

따라서 twin-tub 공정에서는 높게 도핑된 n^+형의 기판을 사용하여서 생성된 소수 캐리어의 수명을 줄이고 기판 전류에 의한 전압 강하를 적게 한다.

이 구조에서는 추가로 트랜치 구조로서 pMOS와 nMOS 사이의 Gummel number를 늘리는 방법을 사용하였고, Ti silicide를 사용하였다.

(2) 변형된 구조

앞의 CMOS 구조에서 기판의 농도를 늘이는 한편, 트랜치 공정을 써서 latch-up 가능성이 줄어들도록 하였으나 아직 원칙적으로는 이의 위험성이 상존하고 있다. 근본적으로 이 위험성을 피하기 위해서는 기생소자로서의 npn 트랜지스터와 pnp 트랜지스터를 공간적으로 분리시키는 것이 바람직하다.

그림 1-56에 이와 같은 목적으로 변형된 구조의 2가지 예를 들었다. 그림 (a)의 구조에서는 기판의 실리콘을 사용하는 대신에 절연막 위에 형성된 단결정을 사용하는 구조이다.

이 그림과 같은 구조에서는 절연막 위에 폴리실리콘을 입히고 이를 재결정화시킨 형태를 나타냈으나 경우에 따라서는 실리콘 기판을 그대로 사용하면서 표면 위로부터 깊숙한 곳에 산소 이온을 주입시키며 SiO_2를 만들 수도 있고, 또는 처음부터 실리콘과 격자상수가 거의 같은 절연기판(예 : sapphird, spinel)을 써서 그 위에 실리콘의 단결정막을 키우고 이 막에 트랜지스터를 만들 수도 있다. nMOS와 pMOS의 완전한 분리를 위해서는 트랜지스터 영역만을 남겨놓고 그 위에 모든 부분을 에칭시키는 것이 이러한 구조의 예이다.

그림 1-56(b)는 CMOS 인버터를 3차원화된 형태로 구성한 형태로서 폴리실리콘을 재결정화시키고 하나의 폴리실리콘 영역이 nMOS와 pMOS에 동시에 게이트로 작용하도록 하여 집적도를 높힌 구조이다. 따라서 이 구조에서도 nMOS와 pMOS가 공간적으로 완전히 분리시켜져 있다.

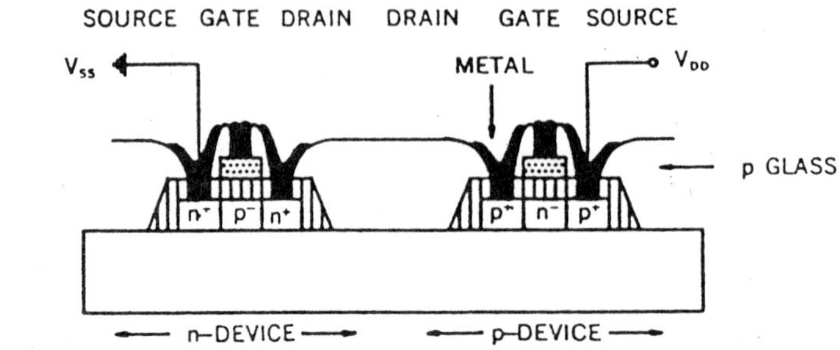

(a) SOI(sillicon on insulator)를 사용한 MOS

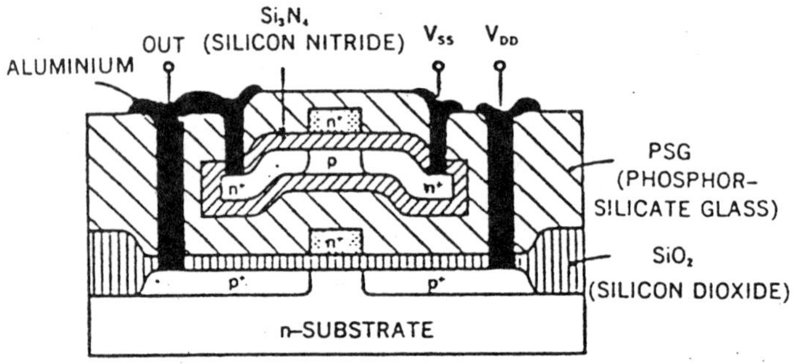

(b) Common poly-Si 게이트를 사용한 3차원적 CMOS

〈그림 1-56〉 변형된 CMOS 트랜지스터

1-15 기억소자

기억소자에 쓰이는 IC(memory IC)에는 크게 나누어 사용상태에서 판독, 기록이 가능한 RAM(Random Access Memory)이라는 IC와 사용상태에서는 판독만이 가능한 ROM(Read Only Memory)이라 부르는 IC가 있다.

또 ROM 중에서 제조시에 기억소자에 기록을 해놓는 mark ROM과 특수한 방법으로 기록이 가능한 PROM(Programmable ROM)이 있다.

PROM 중에도 1회만 기록이 가능한 것과 자외선을 쏘여줌으로써 그 내용을 지울 수 있고, 재기록이 가능한 EPROM(Erasable PROM)이란 ROM이 있다. 플립플롭을 기억소자로서 이용하는 RAM은 전원을 끊지 않는 한 그 내용이 보존되므로 Static RAM이라 부른다.

콘덴서에 전하를 축적시킴으로써 기억을 시키고 기억소자는 시간이 경과함에 따라 전하가 방전되고 그 내용이 지워지므로 다이나믹(Dynamic) RAM이라 부른다. 다이나믹 RAM은 일정한 시간 내에 리플래쉬(refresh)해야 한다.

전원을 끊었을 때 그 내용이 지워지는 기억소자를 휘발성의 기억소자, 내용이 보존되는 기억소자를 불휘발성 기억소자라 부른다. RAM은 거의 휘발성이고, 코어 메모리는 불휘발성이다.

또한 판독함으로써 기억소자의 내용이 지워지는 판독법을 파괴판독, 지워지지 않는 판독법을 비파괴판독법이라 한다. 코어 메모리나 일부 다이나믹 기억소자는 파괴판독이다.

(1) SRAM

SRAM의 요소는 그림 1-57과 같이 MOSFET로 된 F-F 회로이다. 이와같은 기억소자의 기본단위는 기억세포라 한다.

기억소자는 그림 1-57의 점선으로 나타낸 스위치 SW를 붙여 그림 1-58, 1-59와 같이 나열하여 구성한다. 물론 스위치 SW는 FET 등의 스위칭 소자를 사용한다. 그림 1-58은 단어선택방식이라는 기억소자로서 가로로 나열된 4개의 기억세포로서 한 단어를 형성한다.

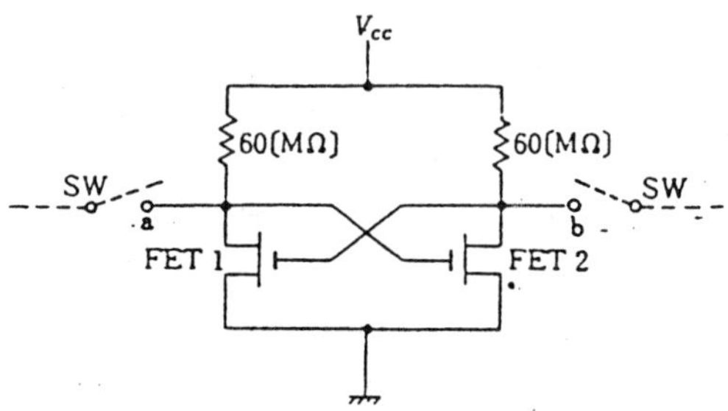

〈그림 1-57〉 기억세포

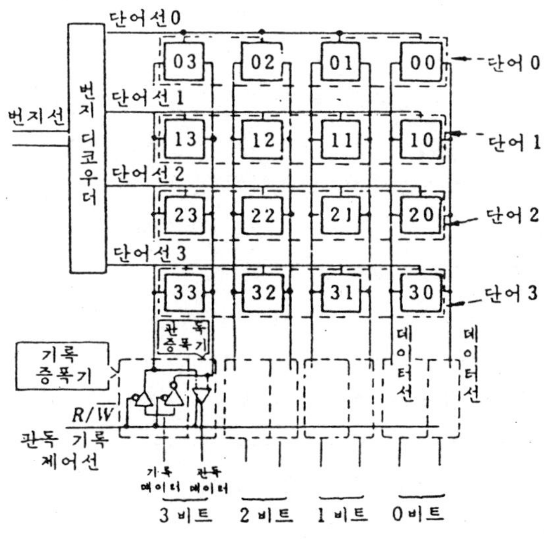

〈그림 1-58〉 단어 선택방식 기억소자

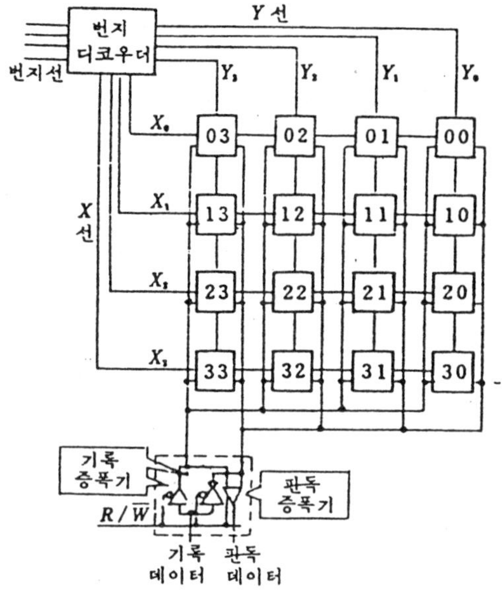

〈그림 1-59〉 XY 선택방식 기억소자

단어는 컴퓨터에서 정보의 기본단위로 1단어가 몇 개의 기억세포를 형성되는가 하는 것은 컴퓨터에 따라 다르다. 일반적으로 4, 8, 16, 32, 64개의 기억세포로된 경우가 많다. 그림의 기억소자는 4단어를 수용하고 있으므로 단어선이 4개 단어선을 지정하는 address선은 2선으로 되어 있다.

그림에 나타낸 단어-2의 내용을 판독하려면 판독기록 제어선 $R/\overline{W}$에 판독신호를 가하고 번지선에 10을 가하면 번지는 번지 디코더에 의하여 읽혀져 단어선-2가 선택된다.

단어선이 선택되면 기억세포 23에서부터 20까지의 내용이 데이터선에 출력되어 판독증폭기로 차동증폭되며 판독 데이터로 되어 나온다.

기록을 하는 경우는 기록증폭기의 입력으로 데이터를 넣고, $R/\overline{W}$선에 기록신호 L(Low) 레벨을 가하면서 번지선에 번지를 지정하면, 23~20 기억세포로 데이터가 기록된다. 기록증폭기나 판독증폭기에 접속되어 있는 판독 기록제어선은 각각 증폭기의 출력과 출력선을 접속하든가 차단하든가를 제어한다. 그림의 기록증폭기는 그와 반대이다. 차단상태는 고임피던스 상태라고도 한다.

XY 선택방식 기억소자의 경우는 번지선에 가해진 번지 지정번호로 X선 및 Y선중 각각 1개의 선에 신호가 나오도록 디코드한다.

예를 들어 X_2, Y_1에 신호가 출력된 경우는 기억세포 21이 선택된다.

그림 1-60은 기억세포의 구성을 나타낸다. 단어선의 선택을 위한 신호가 들어오면 FET가 on되어(스위치 역할) F-F에 축적되어 있던 데이터를 데이터선으로 내놓기도 하고 데이터선의 데이터를 넣기도 한다.

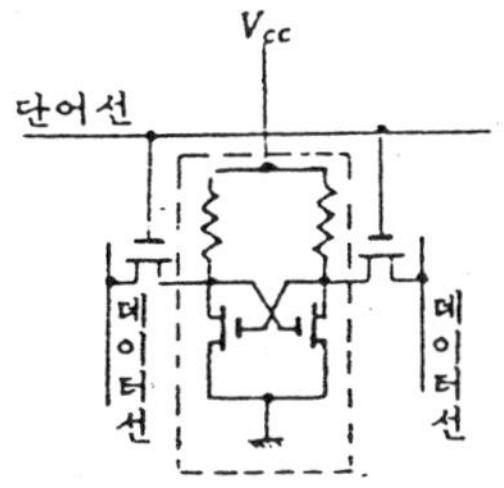

(a) 단어선택 방식 기억세포

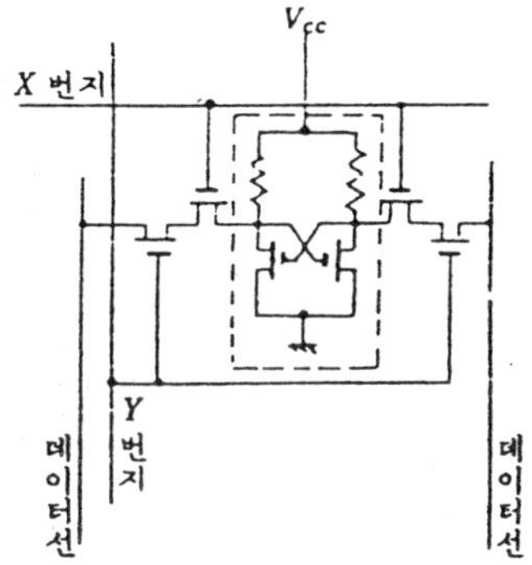

(b) XY 선택 방식 기억세포

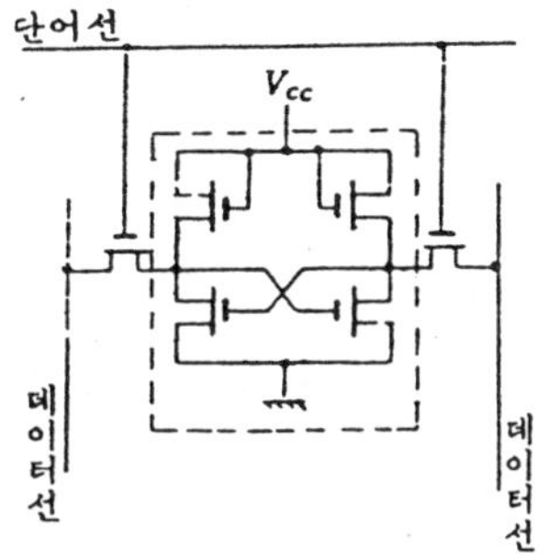

(c) FET를 저항 대신 쓴 기억세포

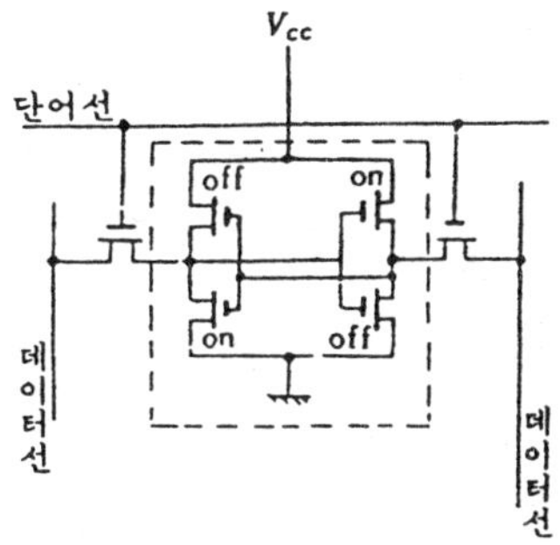

(d) C-MOS 기억세포

〈그림 1-60〉 MOS 기억소자

그림 1-60(b)는 *XY* 선택방식의 기억소자이다. 스위치 역할을 하는 FET가 *X*, *Y*번지 지정선에 2개씩 4개 접속되어 있다. 이 선에 신호가 오면 각각 FET를 통전(on)시킨다. 또, 그림 1-60(b)의 저항 대신에 그림 1-60(c)와 같이 게이트와 드레인을 접속한 FET를 사용하는 일이 많다.

그림 1-60(d)는 C-MOS(Complementary MOS)로 된 기억세포이다. 이것은 위, 아래 FET가 한쪽이 on일 때 다른 하나는 off로 되므로 전류가 거의 흐르지 않아 전력소비가 적고 열의 발생도 적다.

그림 1-61은 멀티 에미터 트랜지스터를 사용한 기억세포이다. 이 기억세포가 선택되지 않은 때는 단어 선택선이 *L*레벨이 된다. 이때는 트랜지스터를 흐르는 전류는 단어 선택선 쪽으로 흐르고, 데이터선 쪽으로는 흐르지 않는다. 기억세포의 내용을 읽어내려면 단어 선택선과 $R/\overline{W}$선을 H레벨로 한다.

그러면 트랜지스터를 흐르는 전류는 데이터선 쪽으로 흘러 저항 *R*에서 전압강하를 일으키고 이 전압이 판독증폭기의 입력전압이 된다.

기록은 $R/\overline{W}$선을 *L* 레벨로 하고 데이터선의 레벨을 기록증폭기에 의하여 강제적으로 *H* 또는 *L*로 함으로써 수행한다.

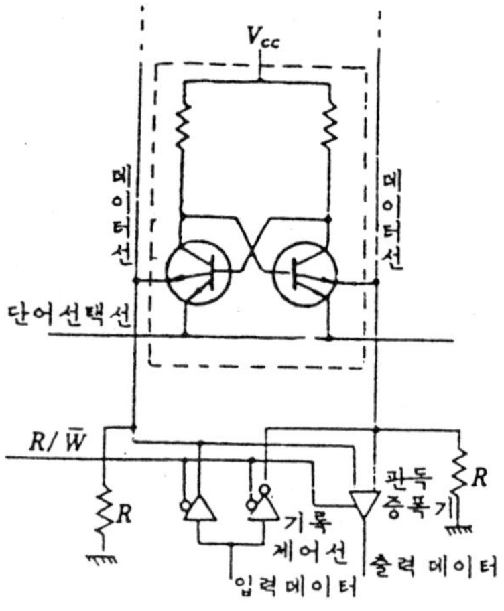

〈그림 1-61〉 멀티 에미터 Tr을 쓴 기억세포

(2) DRAM

다이나믹 RAM의 내용은 시간이 경과함에 따라 지워진다. 그 때문에 리플래쉬 회로를 두고 일정시간 내에 항상 재기록을 하지 않으면 안 된다.

리플래쉬 회로와 그 타이밍은 부담이 되나 기억소자를 구성하는 FET 수가 적어도 되므로 같은 면적의 반도체 칩에다 대용량의 기억소자를 만들 수 있는 이점이 있다.

그림 1-62는 다이나믹 기억세포를 보인 것이다.

정보의 축적은 콘덴서 C에 전하를 축적함으로써 이루어진다. 기록은 FET 1을 on시킴으로써 C에 전하를 축적하고, 판독은 FET 3을 on시킴으로써 C에 축적되어 있던 정보가 전기적으로 FET 2에서 증폭되어 판독 데이터선에 나타낸다. 콘덴서 C는 FET 2의 게이트-소오스간 용량이 이용된다.

그림 1-63은 FET 1개로 된 기억세포이다. 단어 선택선에 의하여 FET를 on하면, 콘덴서 C의 전하가 데이터선에 흘러 정보의 판독이 이루어진다. 또 이때 데이터선에 데이터를 가해주면 기록도 가능하다.

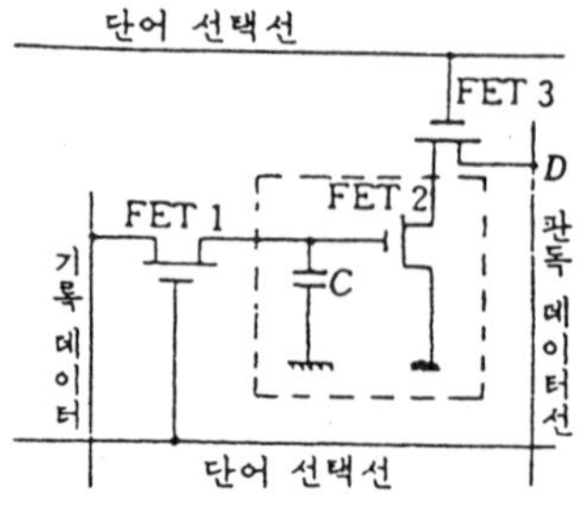

〈그림 1-62〉 다이나믹 기억세포

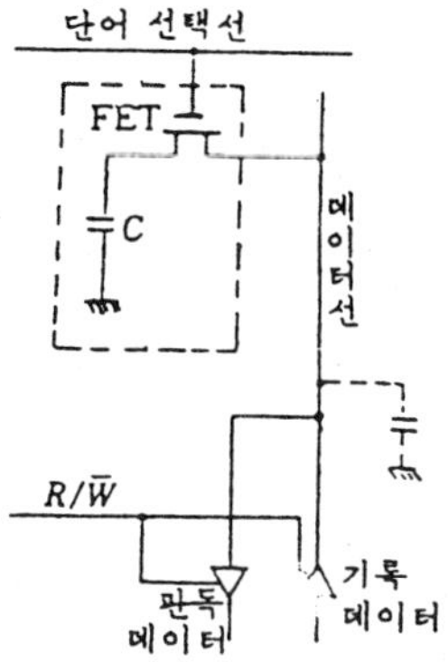

〈그림 1-63〉 1개의 FET를 쓴 다이나믹 기억세포

단, 판독에 있어서는 C의 전하가 데이터선의 표유용량에 분배되어 판독전압이 적어지므로 판독증폭기의 설계는 충분한 배려가 필요하다. 또 판독에 의하여 C에 축적되어 있던 전하가 방출되므로 파괴판독이 된다.

(3) 기억소자의 구성법

보통 IC 기억소자는 1비트×1K, 8비트×125라는 등의 구성으로 그림 1-64에 보인 DIP 형상의 IC로 만들고 있다.

처음 숫자는 1단어의 길이, 다음 숫자는 단어 수이다. 4단어를 식별하기 위해서는 00, 01, 10, 11의 2개의 번지선이 필요하다. 1K의 단어를 식별하려면 10개의 번지선, 4K에는 12선, 64K에는 16선의 번지선이 필요하게 된다($2^{10}=1024$).

1비트×1K의 IC 기억소자를 써서 4비트×4K의 기억소자를 구성하면 그림 1-65와 같다. 각 IC 기억소자의 10개의 번지 단자를 나란히 접속하고, 각각의 번지선은 fan-out이 충분히 되도록 버퍼를 통해서 구동시킨다.

〈그림 1-64〉 DIP형 기억소자용 IC

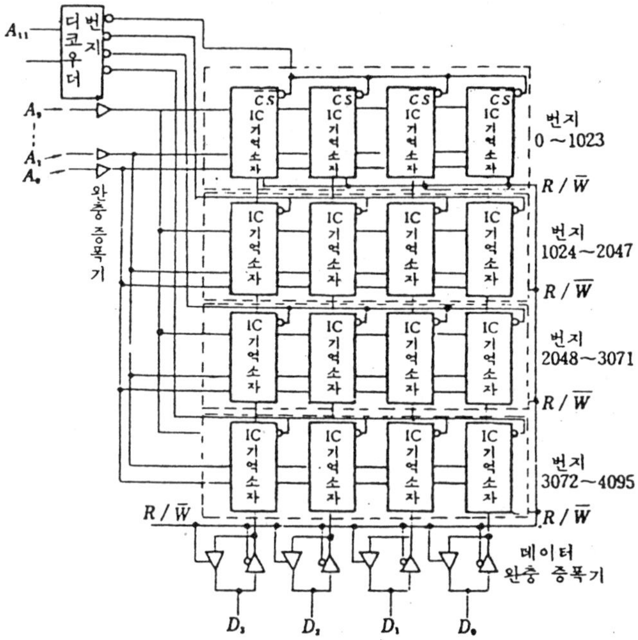

〈그림 1-65〉 4비트×4K 기억소자의 구성

위쪽의 번지 A_{10}, A_{11}은 디코더를 통하여 0~1023, 1024~2027, 2028~3051, 3052~4075의 범위를 디코드하고, 각각을 그림과 같이 IC의 칩 선택 단자인 $\overline{CS}$ 단자에 가한다.

$\overline{CS}$ 단자는 그 기억소자 칩을 유효하게 하기 위한 신호를 입력하는 단자로서 $\overline{CS}$에 논리 0(L)이 가해지면, A_0~A_9에 의한 번지 지정이 유효하게 되어 IC 칩 내의 1비트가 선택된다.

데이터 단자도 그림과 같이 세로로 나란히 접속하고 버퍼를 통하여 입출력 데이터선으로 한다.

기억소자에 기록, 판독을 하는 것을 기억소자에 액세스한다고 한다. 기억소자에서 데이터를 판독하려면 기억소자에 번지를 지정한다. 번지를 지정하고부터 안정한 데이터가 나오기까지의 시간을 번지 입·출력시간이라 한다.

또, $\overline{CS}$ 단자에 신호를 가하고서부터 안정한 데이터가 나오기까지의 시간을 칩 인에이블 액세스 타임이라 한다. 번지와 $\overline{CS}$는 동시에 주어질 수 있으므로 보통 기억소자의 액세스 타임이라 할 때는 어드레스 액세스 타임(번지 입출력 시간)을 가리킨다.

그림 1-66은 기억소자에의 기록시간의 예이다. 번지 A_0~A_9와 $\overline{CS}$로서 기억소자가 선택되고, 기록 판독제어신호 $R/\overline{W}$가 L로 될 때 기록이 이루어진다. $R/\overline{W}$ 신호의 시간은 중요하다. 정확한 기록이 이루어지기 위해서는 번지가 가해져 기억세포가 선택되고 충분히 안정이 되고 나서 $R/\overline{W}$를 L로 하지 않으면 안 된다.

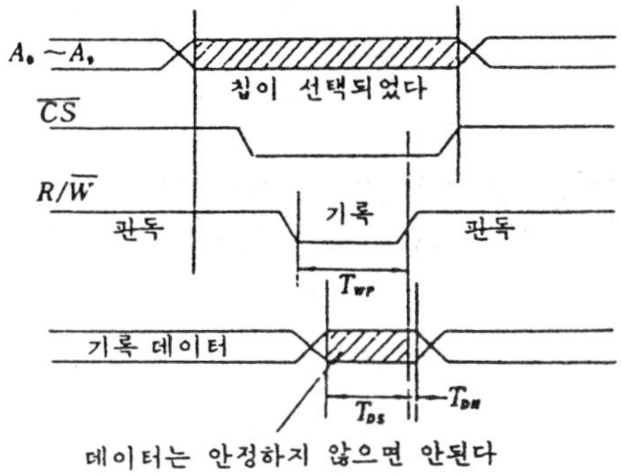

〈그림 1-66〉 기억소자에 의한 기록시간

또, 기록이 된 후 $R/\overline{W}$는 번지가 변화하는 일정시간 전에 H로 되어 있어야 한다.

물론 기록 데이터는 $R/\overline{W}$가 L이나 H로 돌아가기 전의 일정시간(T_{DS}), 돌아가고 나서 일정시간(T_{DH}), 안정하지 않으면 안 된다.

T_{DS}를 데이터 설정시간, T_{DH}를 데이터 유지시간이라 한다.

(4) EPROM/PROM의 구조

PROM 중에서는 최근 특히 많이 사용하는 것은 EPROM이다. EPROM 중에서 많이 쓰이는 것은 그림 1-67에 보인 FAMOS(Floating gate Avalanche injection MOS)이다. 기본적으로는 FET로서 FET의 게이트 대신에 SiO_2 절연층 속에 플로팅 게이트(floating gate)라 부르는 게이트가 파묻혀있다.

플로팅 게이트 속에 전극의 애벌런치 강복을 이용하여 전자를 넣어 놓으면(주입), 플로팅 게이트는 절연물로 둘러싸여 있으므로 그 속의 전자는 애벌런치 강복이 끝난 후 이므로 빠져나갈 수 없다.

플로팅 게이트에 전자가 대전되면 이 대전에 의하여 N형 반도체 속에 그림과 같이 채널이 생겨 전기전도가 되고, 단자 a와 b가 통전된다. 즉 기억소자의 기록이 완료된다. 기억소자의 내용을 지우려면 플로팅 게이트에 자외선을 쏘인다. 그러면 플로팅 게이트 내의 전자는 이전되어 빠져나가므로 채널이 없어지고 단가 a, b가 off된다.

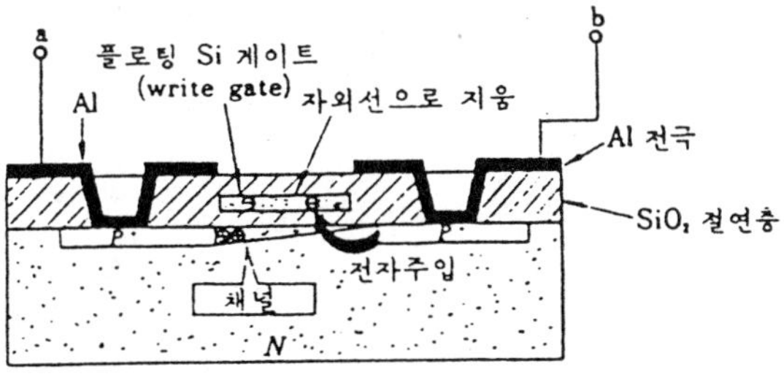

〈그림 1-67〉 EPROM-FAMOS

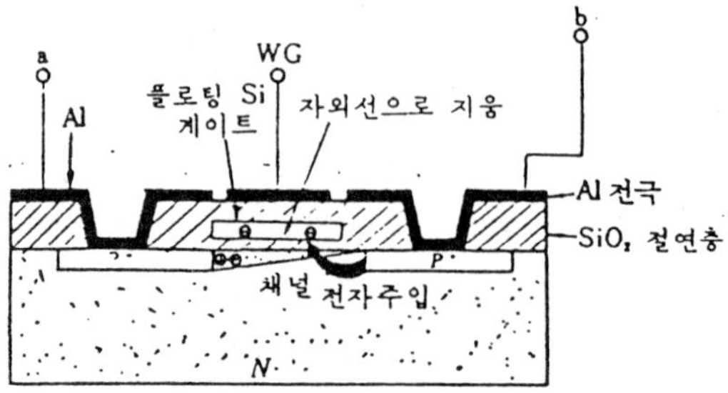

〈그림 1-68〉 EPROM-SAMOS

FAMOS의 기록시간을 빠르게 하기 위해 그림 1-68과 같이 WG를 만들어 WG에 (+)전압을 가함으로써 애벌런치 강복전압을 낮추면서 전자를 플로팅 게이트쪽으로 유인하는 SAMOS(Stacked gate Avalanche injection type MOS)라고 하는 EPROM도 있다. 이들은 모두 애벌런치 강복으로 기록을 하기 때문에 기록할 때 고전압이 필요하고, 평상시의 상용상태에서는 판독만하고 기록은 하지 못한다.

그림 1-69(a)는 퓨우즈 용단형 PROM, 그림 1-69(b)는 다이오드 파괴형의 PROM이다. 퓨우즈 용단형은 대전류, 다이오드 파괴형은 고전압으로 퓨우즈나 다이오드를 파괴하여 기록한다. 이들은 물론 지우고 재기록하는 것이 불가능하나 판독이 고속이므로 특히, 고속을 필요로 하는 마이크로 프로그램 방식 컴퓨터의 기억소자로 이용되는 일이 많다.

ROM의 이용은 주조 조합논리회로로 설계되는 코드 변환기 등에 쓰인다. 2진 코드를 그레이 코드로 변환하는 것이다. 8421 코드로 7세그먼트 LED를 구동시키는 디코더나 문자 발생장치로서 문자와 숫자를 음극선관에 나타내는 데 쓰이고, 또 항상 계산이 요구되는 삼각함수를 비롯하여 지수함수와 같은 초월함수는 ROM을 이용하여 항상 이용할 수 있도록 만드는 데 쓰인다.

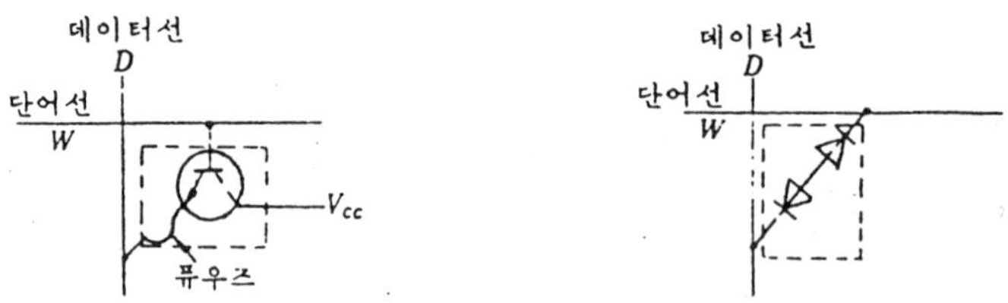

(a) 퓨우즈 용단형　　　(b) 다이오드 파괴형

〈그림 1-69〉 PROM

1-16 전하결합소자

(1) 원　　리

전하결합소자는 CCD(charge coupled device)라고 하며, 아날로그적인 전하량을 공간적으로 차례차례로 전송할 수 있는 소자로서 반도체 표면 근처에 전위의 우물을 형성하고 여기에 저장된 전하를 인접시킨 전위의 우물로 이동시키는 데 따라서 이송하는 소자이다.

그림 1-70(a)에서 표시한 것처럼 n-Si 기판에 절연층(SiO_2)을 개재해서 전극(Al)을 직렬로 줄지어 놓는다. 전극의 일부에 다른 전극(V_1)보다 큰 역바이어스(경사선) V_2를 가하면 전극 바로 아래 부분의 n-Si 부분에 전위의 우물이 형성된다. 이 우물 부분에 조사광에 의해 일어난 전하를 넣으면 전위장벽으로 인해 이동이 되지 못하고 축적되는 상태로 된다.

그 다음 그림 1-70(b)에서 표시한 것처럼 인접된 전극에 V_2보다 큰 역바이어스 V_3을 인가하면 이 부분의 전위의 우물이 깊어지게 되어 전하의 이동이 일어난다.

그 다음 전하의 이동이 된 부분의 역바이어스를 V_2로 되돌리면 (a)에서 표시한 초기 상태로 되돌아간다. 이것을 반복하면 전하의 이송을 할 수 있다. 보통 송전압이 V_1, V_2, V_3인 3개의 전극을 1조로 해서 바켓리레이 식으로 전하의 이송을 행하며 텔리비카메라의 촬영장치 등에 이용한다.

또한 전하결합소자(CCD)와 수광소자(Photo-diode)를 한 장의 실리콘 기판상에서 집적화한 반도체 소자를 CCPD(charge couple photo diode device)라고 하며, 그림 1-71에서 표시한 것과 같은 기본구조를 지니고 있고 수광부에 저장되고 있는 광신호에 의한 축적전하를 CCD에서 이송해서 순차신호로 해서 잡아낸다. CCD를 대신해서 MOS 다이오드에서 신호를 이송, 검출하는 소자도 있으며 각종 이미지 센서로서 사용된다.

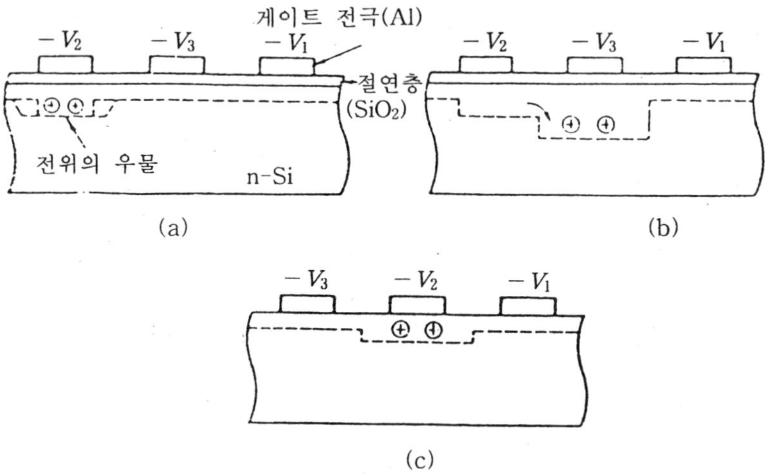

(a)　　(b)

(c)

〈그림 1-70〉 CCD의 구조

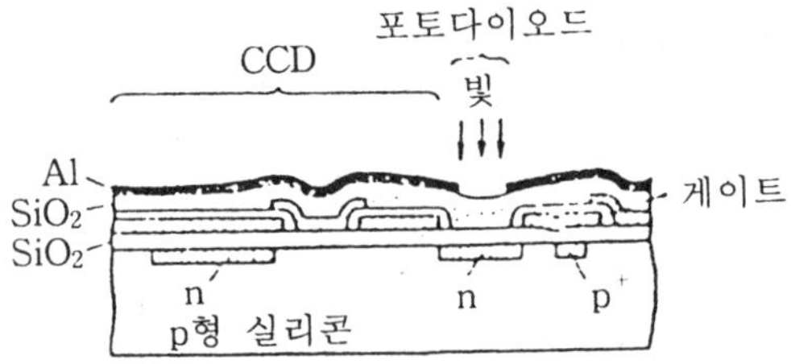

〈그림 1-71〉 CCPD의 구조

〈그림 1-72〉 화상처리 유니트

(2) 응　　용

전하결합소자(CCD)는 복사기, 팩시밀리, 비디오카메라 등 각종제품에 널리 응용되고 있는바 시각검사를 대신하는 외관검사장치의 눈으로서도 이용되고 있다.

〈표 1-6〉 CCD 리니어 이미지 센서 예

형　명	화소수(bit)	화소 사이즈(μm)	감도(V/1x.sec)
TCD104D	128	32×28	5.0
TCD132D	1024	14×14	12.0
TCD142D	2048	14×14	6.0
TCD141C	5000	7×7	2.5

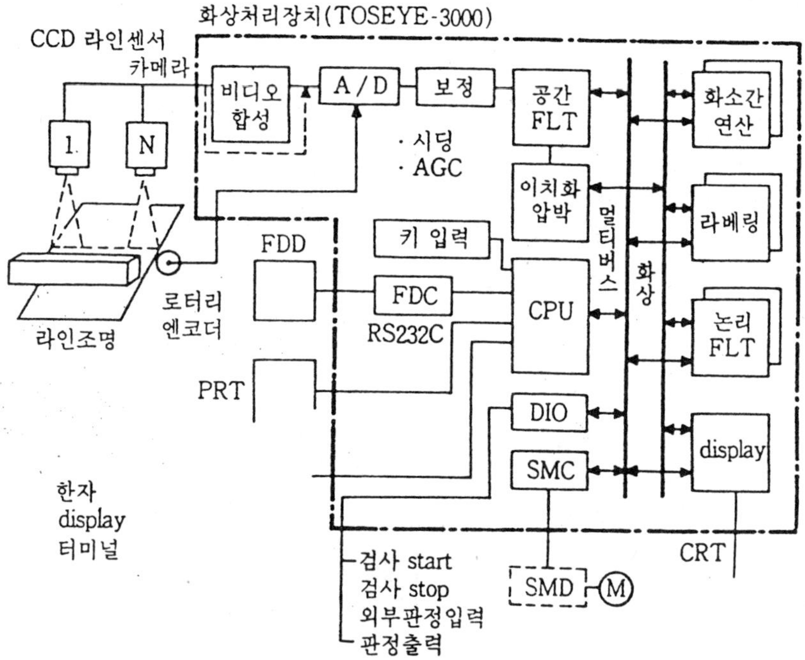

〈그림 1-73〉 기능 구성

일반적으로는 area 센서 카메라로 촬영한 화상을 메모리에 입력하여 하드 또는 소프트로 화상처리를 하여 결함을 검출하는 방법이 취해지고 있다. 그러나 area 센서는 화소수가 600×500 정도(최대 1320×1035 정도)이기 때문에 분해능이 문제되는 일이 많고, 또 콘베이어 위를 연속해 흘러오는 제품에 대해서는 스트로 보조명과 전자 셔터 부착 카메라를 사용해야만 한다. 이에 대해서 라인 센서의 경우는 화소수가 최대 5000(최근은 10000 정도의 것도 있다)이어서 분해능을 높일 수 있다.

또, 조명도 라인상태의 것으로도 좋기 때문에 area에 비하면 광강도가 균일한 것을 얻기 쉽다. 또한 시트 상태의 제품에 대해서는 연속적으로 화상을 입력할 수 있어 유리하다.

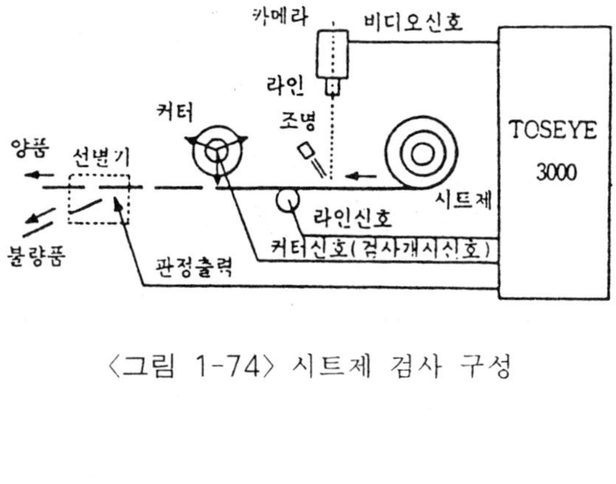

〈그림 1-74〉 시트제 검사 구성

〈표 1-7〉 성능 사양

기 능	항 목	내 용
화상입력	카메라	128~5000bit 라인센서 카메라
	카메라 접속대수	최대 8대
	처리하소수	1라인 최대 8192bit
농담화상 보 정	AGC 쉐딩 데이터 보정	조명얼룩 조명노화, 렌즈취차 보정
	공간 필터	미분, 평활화, 희미함 수복, 강조 등
화상처리	2치화	64계조
	전처리	smoothing, 반전, 화상압박 등
	논리 필터	3×3…13단 파이프라인 처리 4×4…2단결함 검출(특징 축출)
	라베링	형상판정 기능, 리라벨 기능 최대 라벨수 2048점
	화소간연산	논리연산처리(AND, OR, XOR 등)
표 시	농담계조	최대 4096색(1화면내 256색)
	영상 메모리	1k×1k×1bit×8브레인(다치, 2치)
외부 I/F	RS232C	2ch
	DI/O	입력 24점(할입 8점), 출력 24점 트럭킹 출력 4점

화상처리장치는 이 라인 카메라에서의 화상을 리얼타임으로 처리하여 외관검사를 하는 것이다.

화상처리장치 TOSEYE-3000은 취입한 화상에 대해 논리 필터링, 라베링, 화소간 연산 등의 처리를 하여 미리 설정해 놓은 설계룰에 위반한 부분을 검출하는 특징 추출법(디자인룰 방식)을 채용하고 있다.

이 방법은 비교법과 달라 기준 패턴이 불필요하며, 피검사물의 정밀한 위치결정과 화상의 위치 틀림, 수축 보정의 필요도 없어 동일설계 기준에서 설계된 패턴이라면 설정변경없이 검사가 가능하다.

특징(결함)은 대상물에 따라 다른데 제품의 흠, 더러움, 이물, 회로 패턴 등의 빠짐과 좁아짐, 또는 대상물상에 있는 정규의 크기의 구멍 수 이상 등이다.

검사대상물이 작동에 동기하여 카메라에서의 비디오 신호를 디지털양으로 변환(A/D)후, 파고의 일정화(AGC), 쉐딩 보정, 2치환 smoothing 및 압축 등의 일차처리를 행한다. 또 미분, 평활화, 흐릿함수복, 강조 등을 행하는 공간 필터도 이것들의 처리에 직렬적으로 접속할 수 있다.

논리 필터는 다단 파이프 라인 처리가 가능하여 smoothing, 반전, 세선화 등의 처리 필터 및 단점 검출, 부근검출 등의 결함검출 필터를 결함 종류에 따라 구별지어 사용한다.

라베링은 화상 데이터의 고립점에 대해 라벨을 붙인 후에 지정한 범위의 크기인 것만을 추출하여 그 덩어리의 위치와 크기를 리얼타임으로 구한다. 또, 지정범위 외의 불합격 라벨에 관해서는 이 라벨 번호를 재이용하는 리·라벨기능을 내장하고 있다.

화소간 연산 모듈은 화상 데이터에 대해 논리연산처리(AND, OR, XOR 등)를 행한다. 이것들의 처리는 연속적으로는 리얼타임으로 병렬처리가 행해지며, 또 판정 결과는 라인 동작에 동기하여 출력할 수 있기 때문에 이 신호를 불량품 선별기구에 접속하면 불량품 배출도 가능하다.

1-17 논리회로 소자

(1) DTL

DTL(Diode Transistor Logic)이란 다이오드와 트랜지스터를 조합시켜 만든 논리회로 소자를 말한다.

DTL은 주로 AND, OR, NAND 게이트 등에 사용되는 데 잡음특성이 양호하며, 소비전력이 비교적 적고, TTL(Transistor-Transistor Logic)과의 호환성을 가지며, 가격이 싸고, wired OR의 결선을 할 수 있다는 장점을 가지고 있으나 팬아웃(fan-out) 수가 적다(8개 이하 정도).

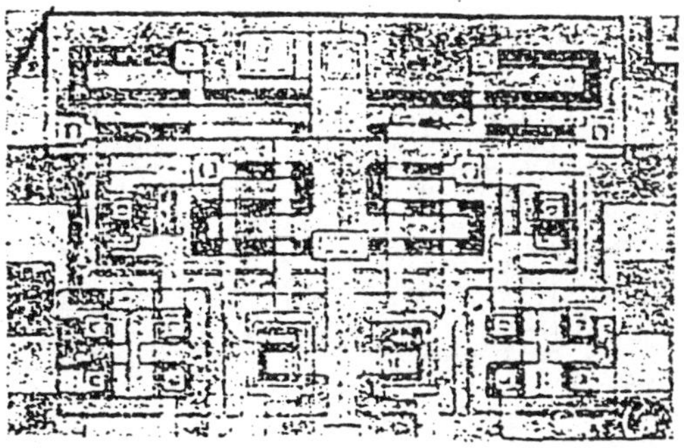

〈그림 1-75〉 DTL 게이트의 칩

1) DTL AND 회로

그림 1-76은 다이오드와 에미터 접지형 트랜지스터를 사용하여 구성한 DTL AND 회로의 일예이다.

회로에서 입력 A, B, C, D가 모두 논리 1일 때는 베이스(B)에 전압이 걸리고 트랜지스터가 도통하여 에미터 안정저항 R_E 양단에 $V \fallingdotseq I_E \cdot R_E$의 전압강하가 발생하므로 출력전압이 나타난다. 그러나 입력 A, B, C 중에서 어느 하나라도 논리 0가 되면 전원으로부터의 전류가 R_1과 0입력에 연결된 다이오드를 통하여 흐르고, 베이스는 영(0) 전위로 되어 트랜지스터는 비도통되며 출력은 0가 된다. 이 회로에서 D_1, D_1, D_3는 트랜지스터를 on, off시키는 스위치 역할을 한다.

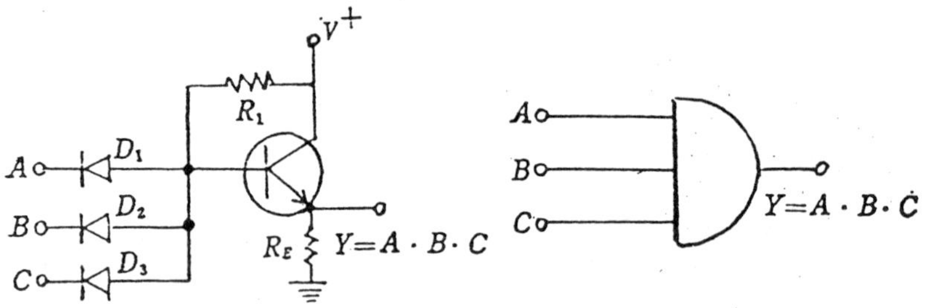

(a) 회 로 (b) 심 벌

〈그림 1-76〉 DTL AND 회로

2) DTL OR 회로

그림 1-77(a)는 DTL OR 회로의 일 예이며, (b)는 심벌을 나타낸다. 이 회로의 동작을 알아보자, 우선 회로에서 입력 A, B, C가 모두 논리 0인 경우 트랜지스터의 베이스는 영전위로 되고, 트랜지스터는 비도통되므로 출력 Y는 0가 된다.

다음에는 입력 A, B, C중 어느 하나라도 논리 1이 된다면 해당 다이오드와 R_1을 통하여 전류가 흐를 것이고, 베이스 단자에 전위가 걸리게 되어 트랜지스터를 도통시킨다. 따라서 에미터 저항 R_E 양단에 $V \fallingdotseq I_E \cdot R_E$의 전압강하가 발생하므로 출력 Y가 나타난다.

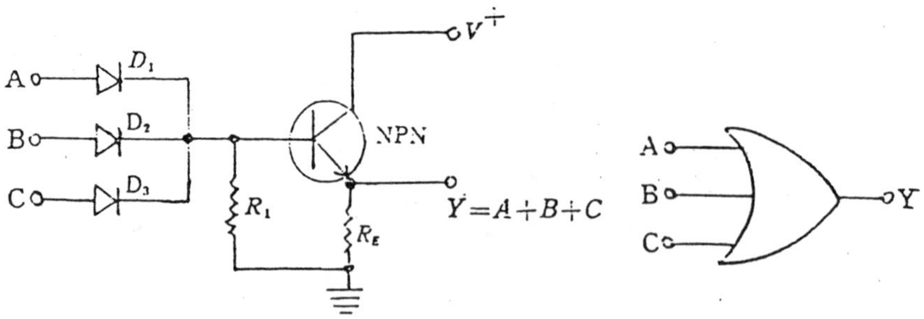

(a) 회 로 (b) 심 벌

〈그림 1-77〉 DTL OR 회로

3) DTL NAND 회로

DTL NAND 회로란 다이오드와 트랜지스터를 써서 논리회로를 구성하되 그림 1-78과 같이 AND 회로와 NOT 회로를 조합해 놓은 형태의 회로이다.

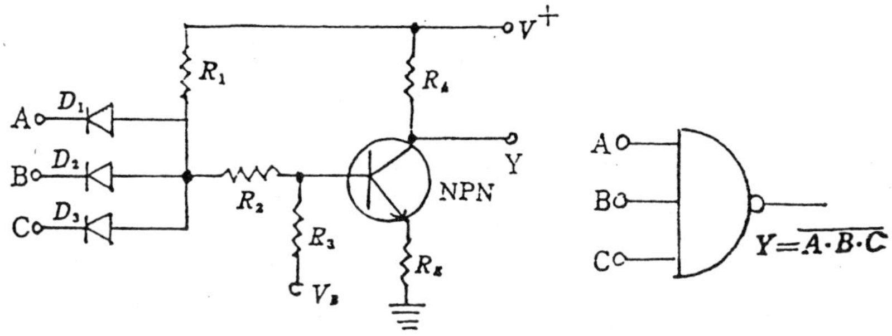

(a) 회 로 (b) 심 볼

〈그림 1-78〉 DTL NAND 회로

그림 1-78의 회로에서 입력 A, B, C가 모두 논리 1인 경우에는 전원 V^+로부터의 전류에 의해 트랜지스터의 베이스 단자에 전위가 걸려서 트랜지스터는 도통되고 출력 Y는 0이다.

그러나 입력 A, B, C중 어느 하나라도 논리 0가 되면 전원 V^+로부터의 전류는 신호원을 향하여 흐르게 될 것이고, 트랜지스터의 베이스 전위는 부전위(−)로 되어 트랜지스터가 비도통된다. 즉 출력 Y가 나타난다.

(2) RTL과 RCTL

1) RTL

RTL(Registor-transistor Logic)은 저항과 트랜지스터를 조합하여 구성한 논리회로로 IC 논리회로로서는 맨처음 선을 보인 것이다. 이 게이트는 대부분 NOR 게이트로 사용되며, 소비전력이나 가격면에서 매우 유리하지만 DTL 또는 다음에 설명하는 TTL과 비교할 때 잡음 특성이 떨어지고, 팬아웃 수가 매우 적어(보통 5개 이하) 현재에는 거의 사용되지 않고 있는 회로이다.

그림 1-79는 RTL을 NOR 게이트에 이용한 예이다. 이 예의 회로에서 입력 A, B, C가 모두 논리 0일 경우에는 2개의 트랜지스터는 모두 차단상태로 되고 따라서 출력 Y가 나타난다.

그러나 3개의 입력 A, B, C 중에서 어느 하나 이상이 논리 1인 경우에는 2개의 트랜지스터가 모두 동작하고, T_1과 T_2의 컬랙터 전위가 영전위에 가까워지기 때문에 출력 Y는 0가 된다.

2) RCTL

RTL을 사용하였을 때 가장 문제가 되는 점은 트랜지스터의 스위칭 시간이 길고 이에 따라 지연시간이 길어진다는 것이다. 이것을 방지시키기 위하여 그림 1-79의 점선으로 나타낸 것과 같이 R_i(보호저항)과 병렬로 콘덴서(C_i)를 접속시켜 이에 의해 충전속도를 가속시켜 사용하는 회로가 RCTL(Resistor-Capacitance-transistor Logic) 회로이다.

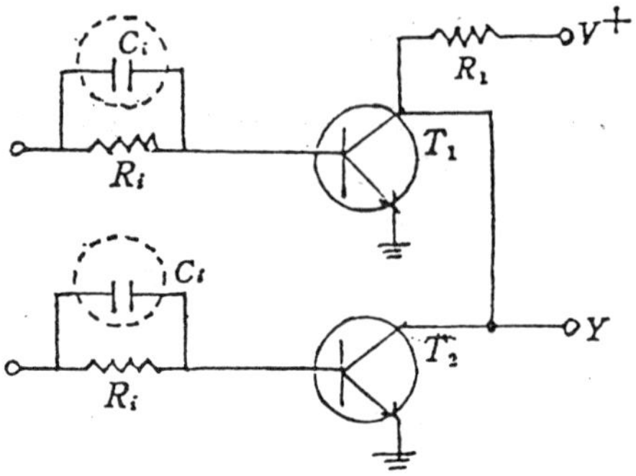

〈그림 1-79〉 RTL을 쓴 NOR 회로

단, 보호저항 R_i라 함은 전류에 대한 보호용이다.

(3) TTL

트랜지스터를 조합하여 만든 논리회로를 TTL(transistor transistor Logic)이라고 말하며 NAND 게이트에 주로 사용된다.

TTL 게이트는 DTL인 경우의 스위칭 시간이 지연되는 단점을 개선시키기 위한 회로로서 1960년대 초에 고안된 것으로, DTL에 있는 입력 다이오드 대신에 멀티(multi) 에미터 트랜지스터로 바꾸어 놓은 것으로 멀티에미터 트랜지스터(multi emitter transistor)의 E-B간은 다이오드로 작용시키고, B-C 간은 레벨을 shift시키는 작용을 한다.

이 회로의 팬아웃 수는 10개 정도까지 되며, 잡음 특성이 다른 방법에 비교하여 양호하고, 고속동작이 가능하며, DTL과의 호환성이 있고, 멀티에미터이므로 IC화 하였을 때 집적도가 높다는 장점을 가지므로 가장 많이 사용되고 있는 논리 게이트 중의 하나이다.

그림 1-80은 TTL(T^2L이라고도 함)을 이용한 NAND 게이트의 예이다. 이 회로의 동작을 조사해 본다.

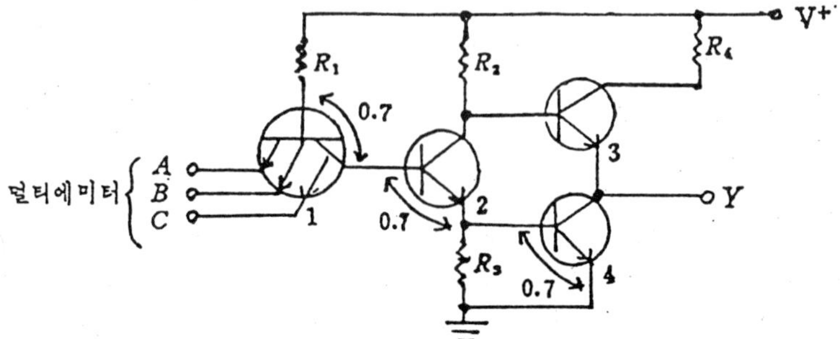

〈그림 1-80〉 TTL NAND 게이트

회로에서 만일 입력 A, B, C가 모두 논리 1이라면 트랜지스터 1의 E-B는 역 바이어스로 되고, 따라서 트랜지스터 1은 비도통된다. 그러므로 트랜지스터 2가 동작하고, 트랜지스터 4가 동작하여 출력 Y는 0가 된다.

그러나, 3개의 입력 A, B, C 중에서 어느 하나라도 논리 0가 되면 트랜지스터 1의 베이스 전압은

$$\begin{aligned} V_{bi} &= V_{be} + V_i \\ &\fallingdotseq 0.7 + 0.2 \\ &= 0.9\,\text{V} \end{aligned}$$

로 된다. 그러나 트랜지스터 1, 2, 4가 동작되려면 베이스 전압 V_b가

$$\begin{aligned} V_b &= V_{be1} + V_{be2} + V_{be4} \\ &\fallingdotseq 0.7 + 0.7 + 0.7 \\ &= 2.1\,\text{V} \end{aligned}$$

이상이 되어야 하므로 트랜지스터 2.4는 off 상태로 되고, 출력 Y가 나타난다.

TTL은 그림과 같이 멀티에미터 트랜지스터를 사용하므로 입력 A, B, C가 모두 논리 1인 경우에 V_{be1}은 역바이어스로 되어 $V_{cc} \to c_1 \to b_1 \cdots$의 경로로 전류가 흐르고 있는데, 만일 입력 A, B, C중 어느 하나라도 논리 0로 되면 트랜지스터 1의 에미터 전류는 V_{cc}에서 논리 0인 에미터로 흐르는 전류가 역방향으로 가해져 더해지므로 매우 증가하게 되고, 이때 역방향으로 가해지는 전류는 트랜지스터 2의 역바이어스 전류이므로 트랜지스터 2의 축적시간을 감소시켜 고속 스위칭을 시킬 수 있다.

이상 설명한 TTL 회로를 표준 TTL 회로라고 부르며, SSI 기술을 이용하여 많은 종류의 게이트가 공급되고 있다. TTL은 표준 TTL 이외에도 몇 가지의 형식이 있다.

예를 들면 저전력 TTL(low power TTL), 고속 TTL(high speed TTL), 쇼트키 TTL(schottky TTL), 저전력 STTL 등이 있다.

저전력 TTL은 33ns/게이트의 지연시간과 10mW/게이트의 소비전력을 가지는 특색이 있다. 고속 TTL은 6ns의 지연시간과 22mW/게이트 정도의 소비전력을 가지고 있고, 쇼트키 TTL과 저전력 STTL을 각각 3ns와 10ns의 지연시간과 22mW, 20mW의 소비전력을 가지며, 나머지 성질은 위에 설명한 TTL과 동일하다.

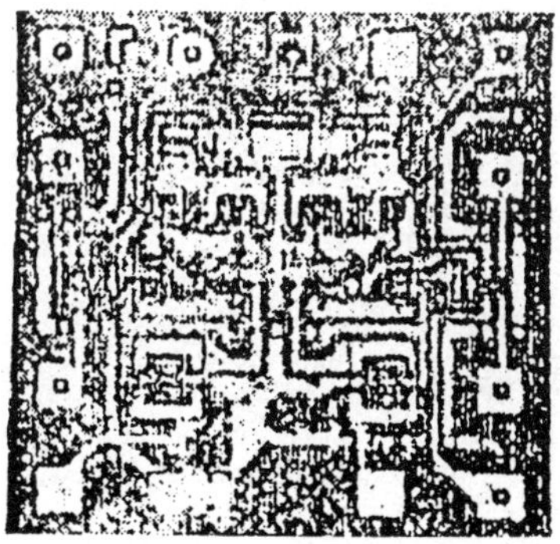

〈그림 1-81〉 TTL 게이트의 칩

그림 1-81은 TTL 게이트 칩의 일예이다.

(4) ECL

차동증폭기는 아날로그 장치에서 뿐만 아니라 디지털 장치에서도 매우 유용하게 사용된다. 그림 1-82는 에미터 결합 차동증폭회로를 이용한 에미터 결합 논리회로(Emitter-Coupled Logic : ECL)의 일예를 보인 것이다.

이 회로의 기본적인 구성은 차동증폭회로, 바이어스 회로, 에미터 폴로워로 되어 있으며 차단영역과 포화영역 사이의 능동영역에서 동작하는 논리회로이다.

따라서, 이 회로는 본질적으로 불포화형 논리회로로서 동작하기 때문에 축적전하의 영향이 거의 없어서 지금까지 설명한 모든 논리 게이트 중에서 고속 동작을 한다는 면에서 매우 유리하다고 할 수 있겠다.

그러나 R_E로 인하여 게이트당 소비전력이 매우 증가하고(약 50mW 정도) 다른 논리회로와의 상호 호환성이 없다는 단점이 있다.

이 회로의 동작을 생각해 보자.

입력 A, B가 모두 논리 0인 경우에는 트랜지스터 1과 2는 입력전위가 0이므로 off 상태로 되어 출력 Y_2가 나타난다. 그러나 트랜지스터 3은 on 상태로 되므로 V_{CC}로부터의 전류에 의해 포화상태로 되므로 출력 Y_1은 0가 된다.

다음에는 입력단자 A, B에 모두 논리 1인 신호가 인가되는 경우에 대하여 생각한다. 이 때에는 트랜지스터 1, 2는 on 상태로 되므로 Y_2에는 0가 나타난다. 그러나 트랜지스터 3은 off 상태로 되어 출력 Y_1이 나타난다.

따라서 Y_1에 대해서는

$$A=0,\ B=0 \rightarrow Y=0$$
$$A=1,\ B=0 \rightarrow Y=1$$
$$A=0,\ B=1 \rightarrow Y=1$$

로 되어 OR 회로로 동작한다. 그러나 Y_2에 대해서는

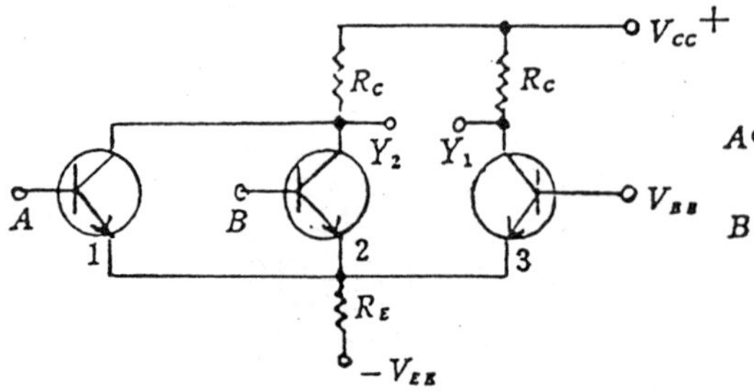

(a) 회 로

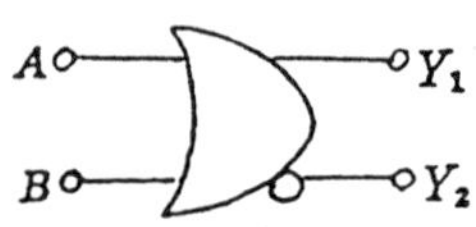

(b) 심 벌

〈그림 1-82〉 ECL

$A=0$, $B=0$ → $Y=1$

$A=1$, $B=0$ → $Y=0$

$A=0$, $B=1$ → $Y=0$

로 되어 NOR 회로로 동작한다. 따라서 이 회로 전체적으로 볼 때는 OR/NOR의 동작은 한다.

그림 1-82(a)에서 V_{BB}는 약 1.2V 정도로 하여 threshold 전압의 기준으로 하며, 이 회로의 단점은 입·출력의 전압의 크기가 약간 다르다는 단점을 가지고 있다. 그러므로 이 회로를 실제 사용하고자 할 때에는 이 회로에 에미터 폴로워를 추가시켜 입·출력의 전압의 크기를 조정하여 사용한다. 이 회로를 Emitter follower output driving 회로라고 부른다.

(5) DCTL

DCTL(didrect-coupled transistor logic) 논리회로는 IC화 논리회로가 맨처음 나왔을 때 많이 사용하던 논리 게이트의 하나로 현재에는 거의 사용되지 않고 있으며, RTL과 거의 같지만 단지 트랜지스터를 사용하는 데 있어서 베이스 저항을 사용하지 않는다는 점만이 다르다.

이 회로는 주로 NOR 게이트에 쓰였었는데, 이 회로의 사용이 중지된 주된 이유는 회로적으로는 간단하여 IC화 하였을 때 집적도가 높고 고속동작을 가진다는 장점이 있으나, 트랜지스터의 특성이 서로 다르기 때문에 Current Hogging을 일으킨다는 점, 즉 입력전압의 최소값에 따라서 각 트랜지스터의 동작전류가 다르다는 아주 큰 단점을 가진다는 것이다.

그림 1-83은 DCTL 논리 게이트를 NOR 회로에 이용한 예이다.

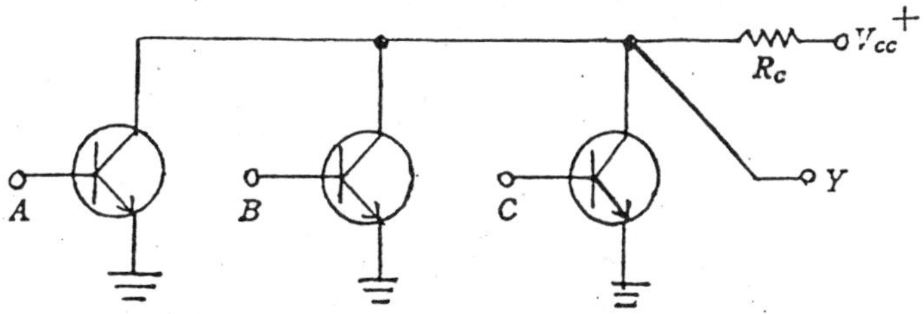

〈그림 1-83〉 DCTL NOR 회로

(6) MOS를 쓴 논리회로

MOS IC는 고속은 되지 못하지만 입력 임피던스가 높고, 소비전력이 적으며, 소형이고 값이 싸므로 대규모 IC 회로에서는 MOS IC를 사용하는 경우가 많다. 그러나, 동작속도가 느리기 때문에 대부분 저속 디지털 시스템에 사용되며, D Type flip-flop을 구성할 수도 있다.

1) PMOS NOT 회로

그림 1-84는 MOSFET를 쓴 NOT 회로와 그 출력특성이 한 예를 나타낸다. 회로에서 2개의 FET가 쓰였는 데 각각의 역할은 F_1이 구동원으로 F_2가 부하로서 작용한다.

또, 이 회로는 p채널형 FET를 사용하였기 때문에 V_{DD}는 부(−)로 되고 고레벨 및 저레벨은 모두 부(−)전압을 사용한다.

이 회로의 동작을 생각해 보자.

그림 1-84(b)에서는 −4V와 −9V의 전압이 한계로 된다. 따라서 입력이 −4V 이상 되면 F_1은 off되고, 출력은 부(−)로 된다. 또, 입력이 −9V 이하가 되면 on되어 출력은 영전위가 되므로 이 회로는 NOT 회로로 작용된다.

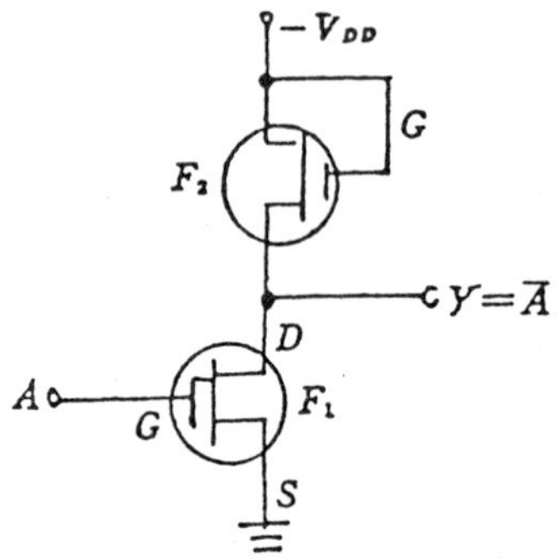

(a) 회　　로

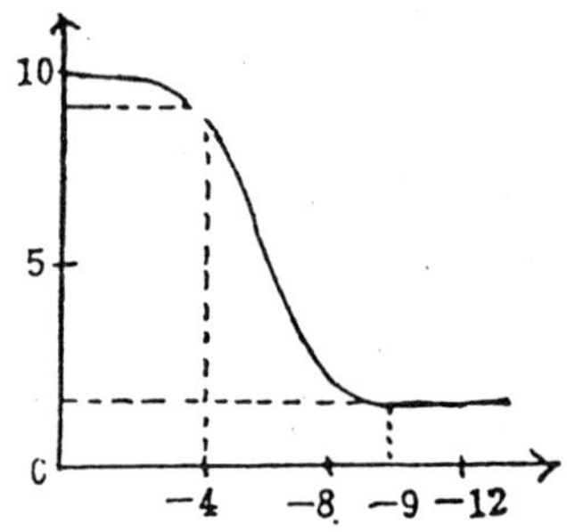

(b) 입·출력 특성

〈그림 1-84〉 PMOS NOT 회로

2) CMOS NOR 회로 및 NAND 회로

CMOS란 Complementary MOS의 약자로 PMOS와 NMOS를 써서 상보회로로서 동작시키고 있다. 그림 1-85는 CMOS NOR 회로의 일예이다. 여기서는 증가형(enchancement type) FET를 사용하고 있다.

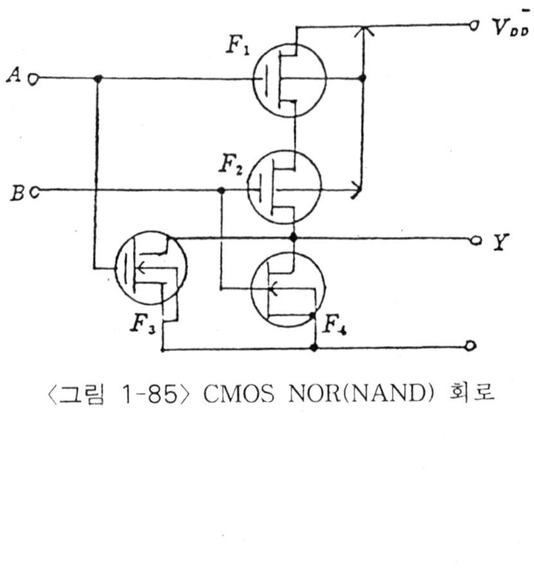

〈그림 1-85〉 CMOS NOR(NAND) 회로

이 회로를 보면 F_1과 F_2는 p채널형이고, F_3와 F_4는 n채널형으로 항상 p채널과 n채널이 직렬로 접속된 상태로 되어 있어 이 회로는 NOR 회로로 작용한다.

CMOS 회로는 PMOS 회로보다 소비전력은 적지만 고가이고, 출력에 용량성의 부하가 있으면 동작속도가 길어진다는 단점이 있다.

그림 1-85의 회로에서의 논리표현은

$$Y=\overline{A+B}$$

이다. 또 회로의 F_1, F_2와 F_3, F_4를 치환시키면 NAND 게이트로 동작한다.

1-18 OP-Amp

(1) 원 리

연산증폭기는 고이득 직결증폭기로서 하나 또는 그 이상의 차동증폭기로 구성되며, 그 후단에 레벨 변환회로와 출력단 등으로 구성된다. 출력단은 일반적으로 푸시풀 또는 푸시풀 상보대칭쌍으로 구성된다. 대부분의 OP-Amp는 한 개의 IC 패키지로 만들어져 있다.

OP-Amp는 직류로부터 교류신호까지 증폭할 수 있는 다양한 디바이스이며, 가산·감산·승산·미분·적분 등의 수학적인 기능을 계산하기 위하여 만들어졌다. 또한 적당한 부귀환 소자를 외부에 첨부시키면 그 응용성이 매우 다양해질 수 있으며 그 예로는 필터, 발진기, 비교기, 정전압회로 등 무수히 많다.

이 블록도에서 입력단은 차동입력, 평형출력, 차동증폭기이다. 이 단은 일반적으로 OP-Amp의 전압이득을 결정하며, OP-Amp의 입력저항도 결정한다.

중간단은 보통 차동입력, 불평형출력 차동증폭기이며, 첫단에 의해 구동되고 보통 첫단의 직결합으로 연결된다. 따라서 중간단의 출력 직류전압은 0V 보다 크게 된다. 그러므로 보통 레벨 변환회로가 둘째단과 출력단의 사이에 삽입되어 중간단의 출력 DC 레벨을 0V로 만든다.

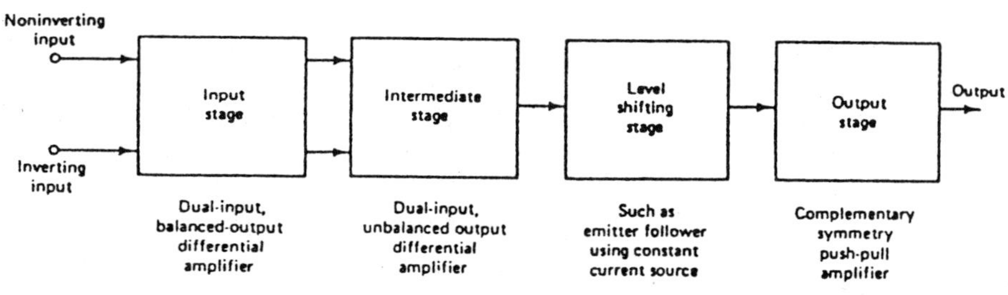

〈그림 1-86〉 OP-Amp의 블록도

마지막은 보통 상보대칭형 푸시풀 증폭기가 사용된다. 따라서 이 단은 출력전압의 스윙을 크게 하고, OP-Amp의 공급전류를 크게 해주는 역할을 한다.

(2) 심벌 및 패키지 타입

그림 1-87은 OP-Amp의 심벌을 나타내며, 여기에서

V_1 : 비반전 입력단자의 전압

V_2 : 반전 입력단자의 전압

V_0 : 출력전압

A : 대신호 전압이득

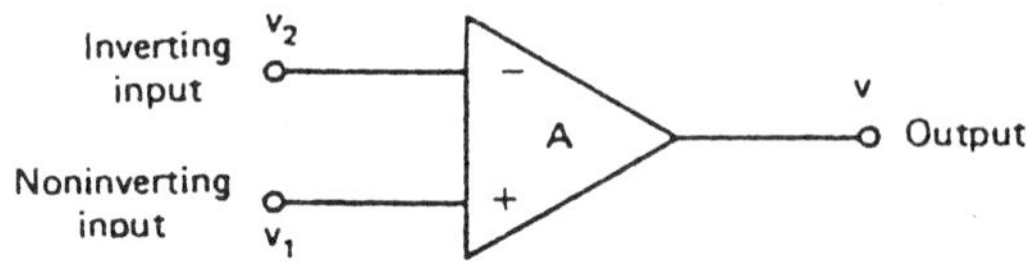

〈그림 1-87〉 OP-Amp의 심벌

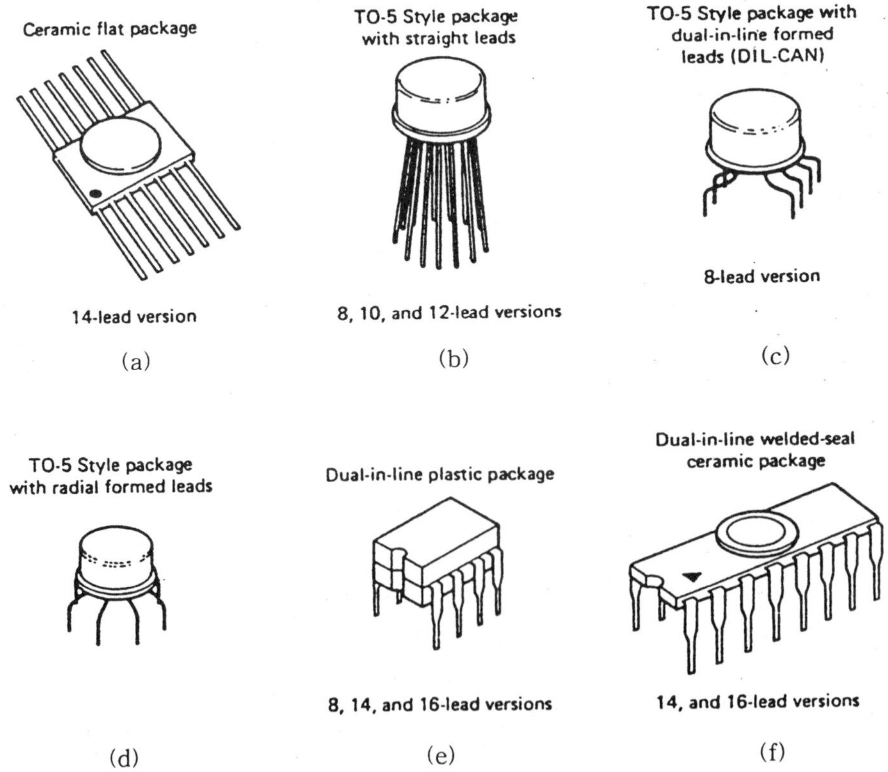

〈그림 1-88〉 OP-Amp의 패키지 타입

이다. 또한 그림 1-88은 OP-Amp의 패키지 타입을 나타내고 있다. 여기에는 다음과 같은 3가지 종류가 있다.

① flat pack
② metal can 또는 transistor pack
③ dual-in-line pack

DIP형은 실험을 할 때나 breadboard를 사용할 때 또는 프린트 기판에 주고 사용되며, 여기에는 세라믹 DIP형과 플라스틱 DIP형이 있고 일반적으로 세라믹 DIP형이 발열이 더 잘된다. flat package는 DIP형 보다 가볍고 신뢰성이 있으며, 공중에 띄워서 배선할 때 편리한 방법이며, metal can 타입은 고전력에 적합한 방법이다.

그림 1-89에는 여러 가지 패키지의 팬 배열을 나타내었다.

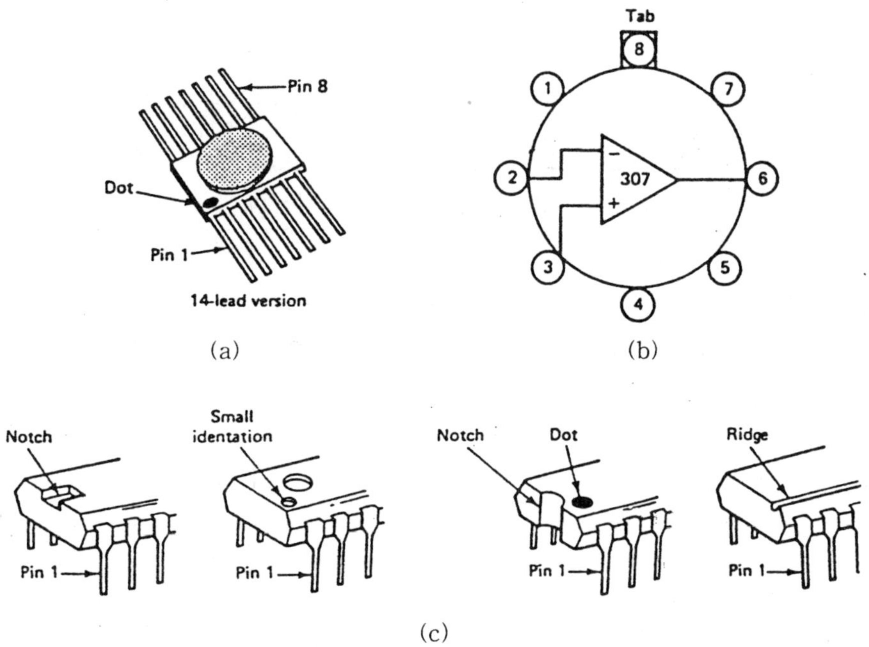

〈그림 1-89〉 여러 가지 패키지에서의 핀 배열

(3) OP-Amp의 회로 예

그림 1-90은 MC1435 OP-Amp의 등가회로이다. 이 등가회로를 자세히 살펴보면 4개의 부분으로 구성되었음을 알 수 있다. 그림에서는 이 4개의 부분을 점선으로 표시하였다. 회로의 동작은 다음과 같다.

트랜지스터 Q_1과 Q_2는 첫 차동증폭단이며, Q_3와 저항들로 정전류 바이어스 회로를 구성하여 사용하고 있다. 첫단은 반전/비반전 입력을 가지고 있으므로 1입력 또는 2입력을 가하여 사용할 수 있다. Q_4와 Q_5에 의해 구성되는 두번째단은 에미터 바이어스를 사용하고 있으며, 첫째단의 출력에 의해서 구동된다.

둘째단의 출력은 트랜지스터 Q_6와 15kΩ 저항에 의해 구성되는 에미터 폴로워를 동작시킨다. 에미터 폴로의 출력은 Q_7과 Q_8로 구성되는 상보대칭형 증폭기를 구동시켜서 마지막 출력을 얻고 있다.

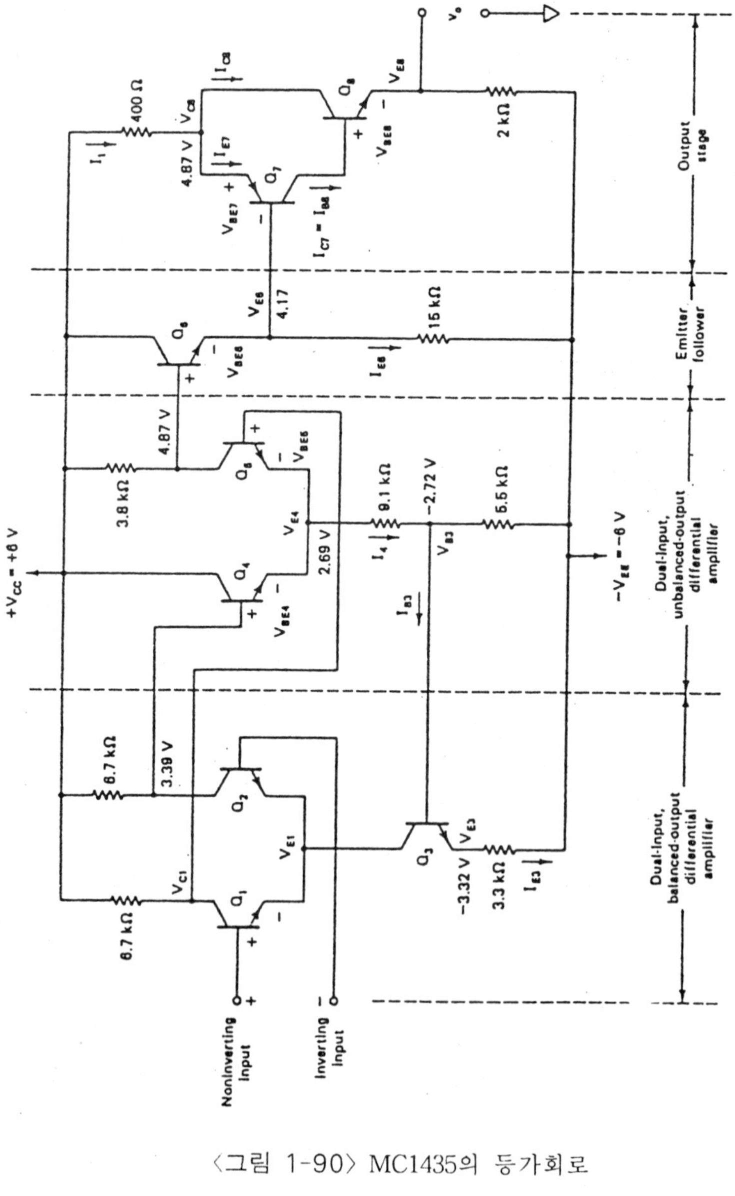

〈그림 1-90〉 MC1435의 등가회로

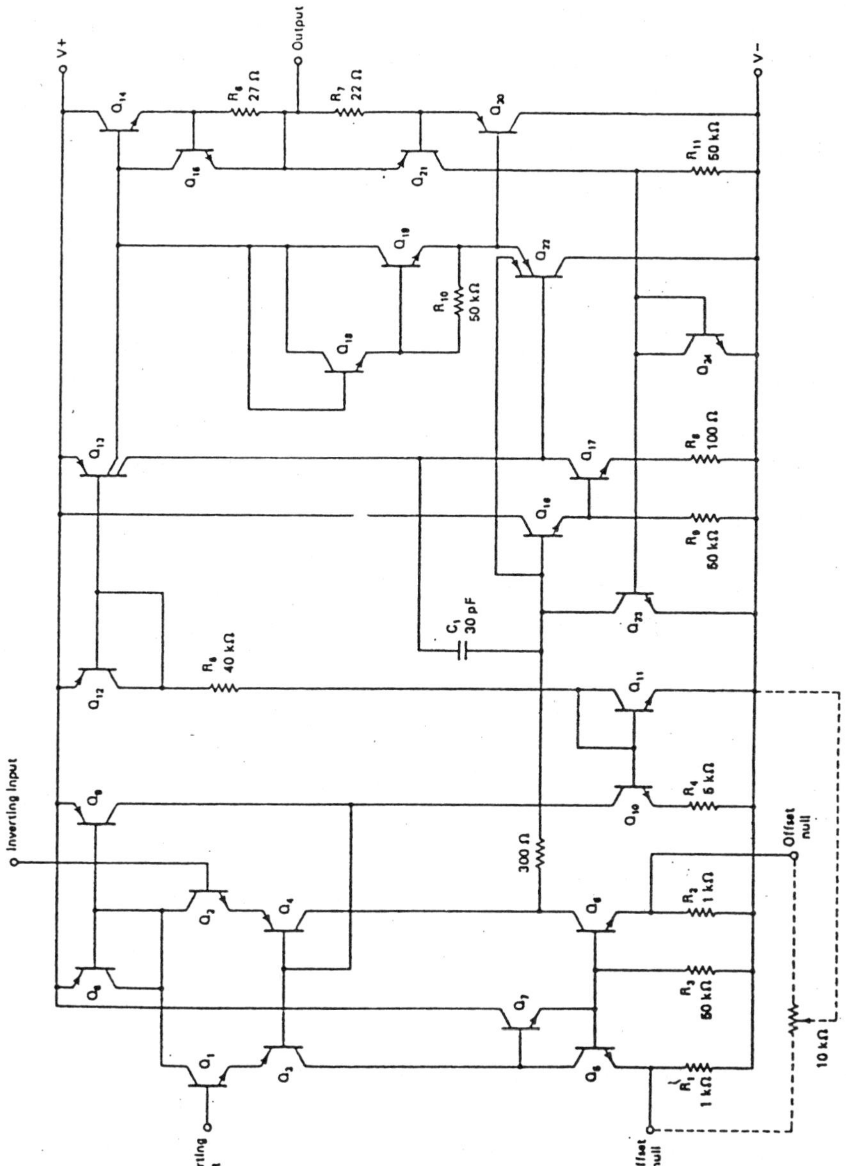

〈그림 1-91〉 741 OP-Amp의 등가회로

그림 1-91는 산업의 표준용으로 많이 사용되고 있는 741 OP-Amp의 등가회로이다.

741은 전압이득이 높고 안정한 증폭기이며 내부보상회로를 가지고 있는 OP-Amp이다. 고주파에서의 위상제어는 칩 위에 만들어져 있는 30pF의 캐패시터를 통하여 이루어진다.

Q_1-Q_2와 Q_3-Q_4로 입력 차동증폭단이 구성되며, 차동입력신호는 Q_1과 Q_2의 베이스

에 가해진다. 입력증폭단에 가할 수 있는 최대 입력신호의 크기는 PNP 트랜지스터 Q_2와 Q_4에 의하여 결정되며, Q_3와 Q_4의 일정한 베이스 전류는 트랜지스터 Q_2와 Q_{10} 및 다이오드로 연결된 트랜지스터 Q_8과 Q_{11}에 의해서 공급된다. Q_3와 Q_4의 이 일정한 베이스 전류가 입력차동단의 동작전류를 결정한다.

다이오드로 연결된 Q_8과 Q_{11}은 각각 Q_{10}와 Q_{11}의 베이스 전류를 안정하게 해주는 역할을 한다.

또한 트랜지스터 Q_5와 Q_6, R_1, R_2, R_3에 의하여 제어전류원이 만들어져 있다. 그러나 Q_5와 Q_6의 에미터 전류는 offset 단자 사이에 연결된 10kΩ 포텐쇼미터에 의해 변화될 수 있다.

트랜지스터 Q_7은 Q_5와 Q_6의 베이스 전류를 공급하며, Q_5와 Q_6은 같은 트랜지스터이므로($R_1 = R_2$) 베이스 전류는 같고, 따라서 컬랙터 전류도 동일하다.

Q_5의 컬랙터 전압은 Q_7의 동작을 제어하며, 즉 Q_5의 컬랙터 전압이 변화하면 Q_7을 통하여 Q_5와 Q_6의 컬랙터 전류로 변화한다.

차동입력단의 출력은 Q_4와 Q_6의 접합점에서 취해지며 상보대칭형 증폭기로 작용한다. 예를 들면, Q_1과 Q_2에 인가된 차동입력신호는 Q_1, Q_3, Q_5의 컬랙터 전류를 증가시키는 원인이 되고, Q_2와 Q_4의 컬랙터 전류를 감소시키게 된다.

또한 이 차동입력신호는 15의 컬랙터 전압을 증가시키고, 따라서 Q_5와 Q_6의 컬랙터 전류는 증가된다. 그러므로 Q_4와 Q_6의 접합에서의 출력은 차동입력신호의 크기에 비례한다.

차동입력단의 출력은 Q_{16}와 R_9로 구성되는 컬랙터 접지증폭기에 가해진다. Q_{16}의 출력은 Q_{18}과 Q_{19}의 바이어스원인 에미터 접지증폭기 Q_{16}을 구동시킨다. 에미터 접지 증폭기는 Q_{17}과 R_8 그리고 Q_{13}에 의해 형성되는 정전류 부하로 구성된다.

트랜지스터 Q_{12}와 Q_{13}은 Q_{17}, Q_{18}, Q_{19}에 흐르는 전류를 결정하는 전류 미러를 형성한다. 사실상 Q_{13}의 컬랙터 전류는 R_5에 흐르는 전류와 같다. Q_{18}, Q_{19}, R_{10}으로 구성되는 회로는 Q_{14}, Q_{20}으로 구성되는 상보대칭형 출력단과 저항 R_6, R_7을 선형영역에서 바이어스하기 위한 것이다.

또한 이 트랜지스터들은 Q_{14}와 Q_{20}의 베이스를 2 다이오드 드롭으로 유지시키며, 따라서 Q_{14}와 Q_{20}에 온도 보상된 전류를 제공한다.

트랜지스터 Q_{22}는 2가지 기능을 수행한다. Q_{22}는 Q_{17}과 Q_{20} 사이의 버퍼로서 작용하며, Q_{16}에 부귀환을 걸어준다. Q_{15}, Q_{21}, Q_{23}은 출력 상보대칭형 회로의 전류를 제한하는 작용을 한다.

만일 출력전류가 안정한 한계값을 넘어서면 R_6, R_7에서의 전압강하가 증가하고, Q_{15}와 Q_{21}이 ON되어 Q_{23}을 on시킨다. 그러나 이 때에 Q_{16}과 Q_{17}은 off되고, Q_{22}의 에미터 전류를 감소시킨다. Q_{22}의 에미터 전류가 감소하면 Q_{18}과 Q_{19}의 전류가 감소하고 Q_{14}와 Q_{20}의 전류가 감소된다. 다이오드로 연결된 Q_{24}는 트랜지스터 Q_{23}의 온도보상용 다이오드이다.

(4) OP-Amp용 전원

대부분의 OP-Amp에는 하나 또는 그 이상의 차동증폭기가 사용되며 차동증폭기에는 양전원이 필요하다. 즉 OP-Amp에는 (+)와 (−)의 전원이 사용된다. 그러나 일부의 초기에 나온 OP-Amp는 (+)와 (−)의 전원전압의 크기가 다른 것도 있으며(예 : 702 OP-Amp), 어떤 OP-Amp은 (+)전원만 필요한(예 : 324 OP-Amp) 경우도 있다.

일반적으로 OP-Amp에 필요한 전원전압은 +15V와 −15V이다.

전원의 표시방법은 회사에 따라 다르며, 예를 들면, fairchild의 경우에는 V^+, V^- 등과 같이 표시하고, motorola의 경우에는 $+V_{CC}$, $-V_{EE}$ 등과 같이 표시한다. 그림 1-92와 같이 741/351의 경우에는 핀 7번이 (+)공급전압의 핀이고, 4번 핀이 (−)공급전압의 핀이다.

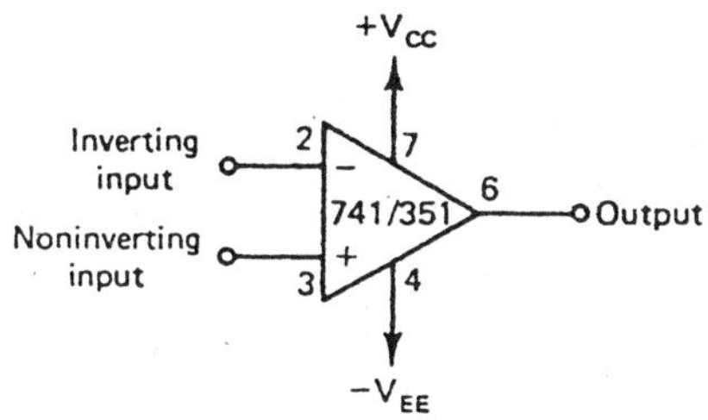

〈그림 1-92〉 741/351의 전원전압 핀 번호

2개의 별도로 된 공급전원을 사용하는 대신 $+V_{CC}$와 $-V_{EE}$를 얻기 위하여 그림 1-93과 같이 하나의 전원공급기를 써서 양(+)전원을 얻을 수도 있다.

그림 1-93(a)에서 $2R \geq 10k\Omega$이어야 하며 전원 V_S로부터 큰 전류를 흘리지 않아야 한다. 또 여기에서 2개의 캐패시터는 전원의 바이패스용이고, 0.01∼10μF가 일반적으로 사용된다.

그림 1-93(b)에서는 대칭공급전원을 얻기 위해 제너 다이오드가 사용되었으며, 저항 R_S는 제너다이오드가 아바란체 영역에서 동작할 수 있도록 충분한 전류를 흘려야 한다. 그림 1-93(c)의 경우에는 포텐쇼미터가 사용되었으며, 여기에서 다이오드 D_1과 D_2는 V_S의 (+)와 (−) 전원이 역으로 되었을 때 OP-Amp를 보호해주는 역할을 한다.

(5) OP-Amp와 관련된 용어

1) 입력 offset 전압

입력 offset 전압은 OP-Amp의 출력전압을 0으로 하기 위하여 두 입력단자에 인가해야 될 전압이다. 그림 1-94에서 V_{dc1}과 V_{dc2}는 직렬전압이며, R_S는 신호원의 저항이다. 입력 offset 전압은 V_{io}로 표시하며 (+) 또는 (−)일 수 있다.

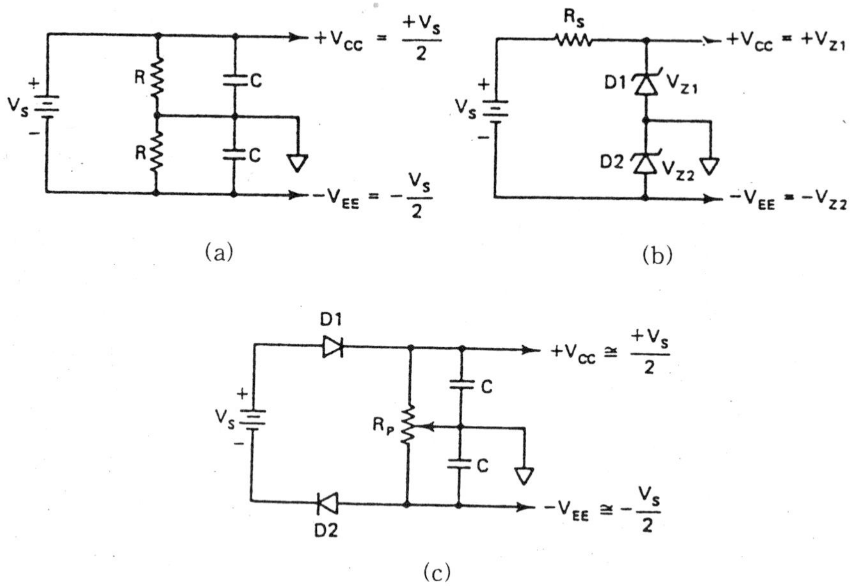

〈그림 1-93〉 OP-Amp용 양전원을 얻는 방법

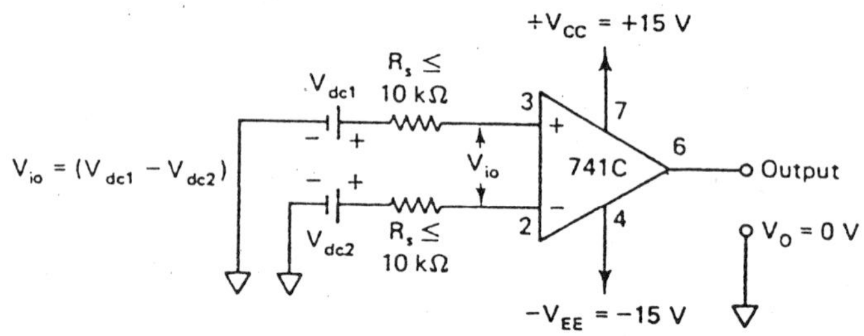

〈그림 1-94〉 V_{io}의 정의

2) 입력 offset 전류

OP-Amp의 반전입력단자와 비반전입력단자 사이에 흐르는 전류의 대수차를 입력 offset 전류 I_{io}라고 하며 $I_{io} = |I_{B1} - I_{B2}|$ 이고, 이 식에서 I_{B1}은 비반전단자의 전류이고, I_{B2}는 반전단자의 입력전류이다.

두 입력단자 사이의 매칭이 정확할수록 I_{io}는 작아진다.

3) 입력 바이어스 전류

입력 바이어스 전류 I_B는 OP-Amp의 반전 입력단자와 비반전 입력단자에 흐르는 전류의 평균치로서 $I_B = (I_{B1} + I_{B2})/2$로 표시한다.

4) 차동 입력저항

차동 입력저항 R_i는 OP-Amp의 반전 또는 비반전단자를 접지시키고, 다른 단자와 접지 사이에서 측정한 저항이다. 741의 경우는 2MΩ 정도이며, FET 입력 OP-Amp인 μAF771 등에서는 1000GΩ 정도이다.

5) 입력용량

OP-Amp의 입력용량 C_i는 반전 또는 비반전 단자를 접지하고 다른 단자에서 측정한 용량으로 그 값이 매우 작아 data sheet에 표시하지 않는 것이 보통이며, 741C의 경우 C_i는 약 1.4pF이다.

6) 동상신호 전압 범위

OP-Amp의 양입력단자에 같은 크기의 신호가 인가되었을 때 이를 동상신호전압 V_{cm}이라고 하며, 이 때 OP-Amp는 동상신호 모드에 있다고 한다. 이 전압은 OP-Amp의 기능을 저해하지 않고 양입력 단자에 가할 수 있는 전압의 크기를 말하며, 741C의 경우는 ±13V이다.

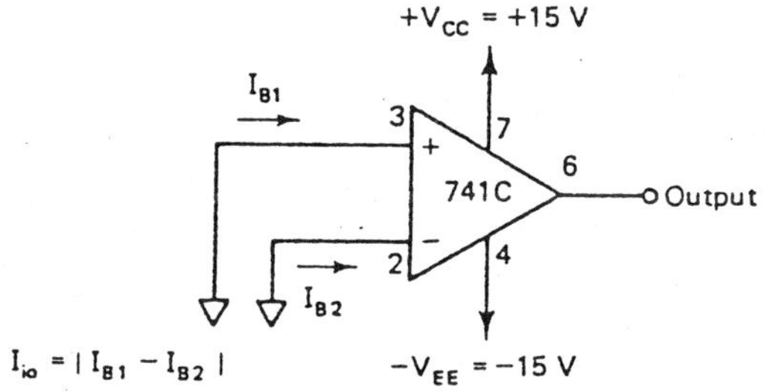

〈그림 1-95〉 I_{io}의 정의

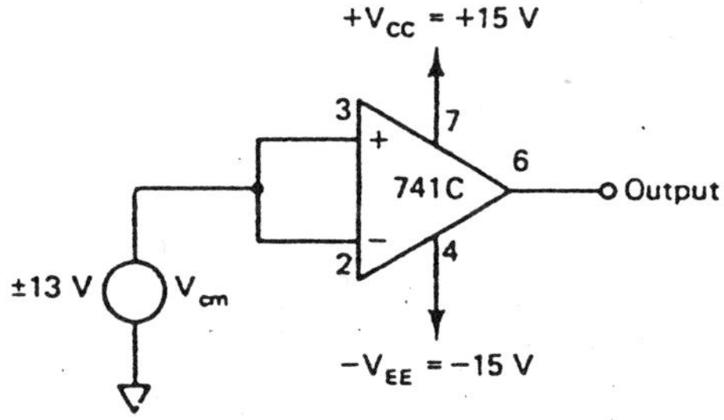

〈그림 1-96〉 동상 모드

7) 동상신호 제거비

동상신호 제거비는 CMRR(common mode rejection ratio)이라고 하며 일반적으로 동상신호 전압이득에 대한 차신호 전압이득의 비로 정의되고, CMRR$=A_d/A_c$로 나타낸다. 또한, CMRR은 보통 dB로 나타내는 것이 일반적이며, CMRR의 측정은 $R_S \leq 10\text{k}\Omega$의 조건에서 측정한다.

8) 전원전압 제거비

전원전압의 변화에 대하여 OP-Amp의 입력 offset 전압이 변화하는 비율은 전원전압 제거비 SVRR(supply voltage rejection ratio)라고 하며, PSRR(power supply rejection ratio) 또는 PSS(power supply sensitivity)라고도 한다.

PSRR은 μV/V 또는 dB로 나타내는 것이 일반적이며, SVRR$=\Delta V_{io}/\Delta V_S$로 표현되

고, PSRR이 적을수록 좋은 OP-Amp이다. 어떤 OP-Amp에서는 (+)전원에 대한 PSRR과 (-)전원에 대한 PSRR을 나누어 표시하기도 한다.

9) 대신호 전압이득

OP-Amp는 두 입력신호전압의 차이를 증폭하므로 $A = V_o / V_{id}$로 나타내며, 이때 차신호 전압이득에 대한 출력전압의 비율을 대신호 전압이득이라고 한다. 대부분의 경우 $R_L \geq 2(2k\Omega)$의 조건으로 측정한다.

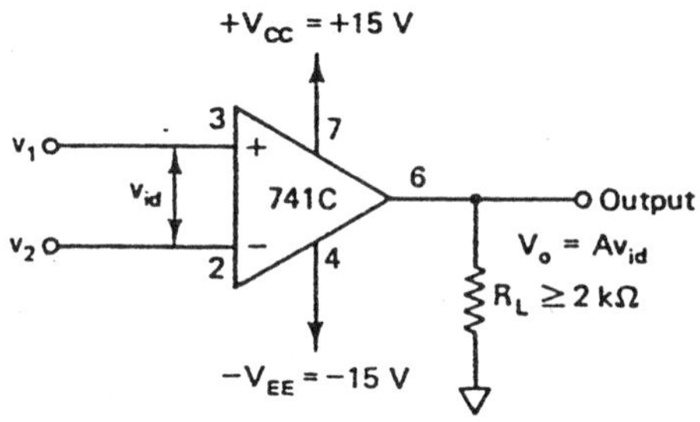

〈그림 1-97〉 대신호 전압이득의 측정

10) 출력전압 스윙

V_{omax}으로 표시하며, 출력이 왜곡되지 않는 OP-Amp의 최대 출력전압으로 OP-Amp의 (+)와 (-)의 포화전압의 값이다. V_{omax}은 OP-Amp의 전원전압 $+V_{CC}$와 $-V_{EE}$를 초과할 수 없다.

11) 출력저항

OP-Amp의 출력단자와 접지 사이에서 측정할 수 있는 등가저항으로 741C 경우는 75 Ω이다.

12) 출력 단락회로 전류

I_{SC}로 표시하며 출력단자가 접지에 단락되었을 때 견딜 수 있는 전류값을 말한다.

13) 전원전류

전원전류 I_S는 전원공급장치에서 OP-Amp로 흘러들어오는 전류값으로 대부분의 경우는 OP-Amp의 data sheet에 나타내지 않는 것이 보통이다.

14) 소비전력

소비전력 P_S는 OP-Amp가 동작할 때의 전력소비량을 말하며, 741C의 경우에는 85mW이다.

15) 과도응답

OP-Amp의 과도응답은 OP-Amp의 출력이 정상상태에 도달하기 전의 응답으로 상승시간과 오버슈트로 나타낸다. 여기에서 상승시간은 OP-Amp의 출력이 정상값의 10%에서 90%까지 올라가는 데 걸리는 시간이고, 오버슈트란 출력이 정상값에서 벗어나는 최대의 양을 말한다.

이 파라미터는 OP-Amp를 AC에서 응용할 때에 매우 주요한 파라미터로서 상승시간이 적을수록 대역폭이 넓어진다.

16) slew rate

slew rate SR은 단위시간당 OP-Amp 출력전압의 최대 변화량으로 V/μs로 표시한다. 이것은 입력주파수의 변화에 대하여 OP-Amp의 출력이 얼마나 빨리 반응하는가의 정도를 나타내며, SR$=dVo/dt|$ max V/μs로 표시된다.

SR은 전압이득에 따라서 변화하며 보통은 전압이득이 1인 때를 기준으로 하여 표시한다. 이 파라미터는 특히 고주파의 응용에서 매우 중요한 파라미터이다.

17) GB적

GB적이란 OP-Amp의 전압이득이 1일 때의 대역폭을 말한다. GB적과 같은 용어로는 closed loop bandwidth, unity gain bandwidth, small signal bandwidth 등이며, 741C OP-Amp의 경우는 약 1MHz이다.

18) I_{io}(V_{io})의 평균 온도계수

이 용어는 평균 입력 offset 전압(전류)의 드리프트와 같은 용어로서 온도가 1℃ 변화할 때에 입력 offset 전압(전류)의 평균 변화분을 의미한다. 보통 $\Delta V_{io}/\Delta T \mu$V/℃ 또는 $\Delta I_{io}/\Delta T$PA/℃로 표시한다.

19) I_{io}, V_{io}의 장기 안정도

OP-Amp를 1주일 또는 1달간 계속 사용할 때에 I_{io}, V_{io}의 변화분의 평균치를 의미하며, 보통은 1주일을 기준으로 한다. 이 파라미터는 아주 적으므로 보통 data sheet에는 나타내지 않는다.

20) 채널 분리

이 파라미터는 Dual 또는 Quad OP-Amp의 data sheet에 나타내는 것으로서 동일한 칩 위에 접적된 OP-Amp 사이의 전기적 결합력을 나타내는 파라미터이다. 이의 측정은 보통 1개의 OP-Amp에만 입력을 가하고 다른 OP-Amp에서 나타나는 출력을 측정한다.

표 1-7은 OP-Amp를 AC 또는 DC에 사용할 때의 파라미터들이다.

〈표 1-7〉 OP-Amp의 파라미터

For ac applications	For dc applications
Input resistance Output resistance Large-signal voltage gain Output voltage swing Average input offset voltage and current drifts Long-term input offset voltage stability Gain-bandwidth product Transient response Slew rate Equivalent input noise voltage and current	Input resistance Output resistance Large-signal voltage gain Output voltage swing Input offset voltage and input offset current Average input offset voltage and current drifts Long-term input offset voltage stability

(6) 이상적인 OP-Amp

이상적인 OP-Amp는 다음과 같은 전기적 특성을 갖는다.

① 전압이득 A가 ∞이다.

② 입력저항 R_i가 ∞이다. 그러므로 거의 모든 신호원에 의해 구동될 수 있고 전단의 부하가 되지 않는다.

③ 출력저항 R_o가 0이다. 그러므로 매우 많은 수의 디바이스를 구동할 수 있어야 한다.

④ 완전평형, 즉 입력전압이 0일 때 출력전압도 0이어야 한다.

⑤ 대역폭이 ∞이어야 한다. 그러므로 직류신호에서부터 고주파까지 왜곡없이 증폭할 수 있어야 한다.

⑥ CMRR이 ∞이어야 한다. 따라서 입력전압을 가하자마자 출력전압의 변화가 동시에 일어나야 한다.

이와 같은 조건을 만족하는 OP-Amp를 이상적인 OP-Amp라고 하며, 그림 1-98과 같은 전달특성을 갖는다.

그림 1-99는 OP-Amp의 등가회로이며, 여기에서

A : 대신호 전압이득

V_{id} : 차신호 입력전압

이다.

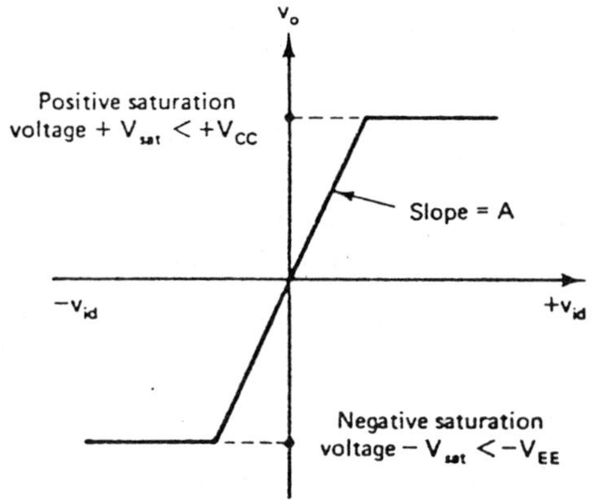

〈그림 1-98〉 이상적인 OP-Amp의 전달특성

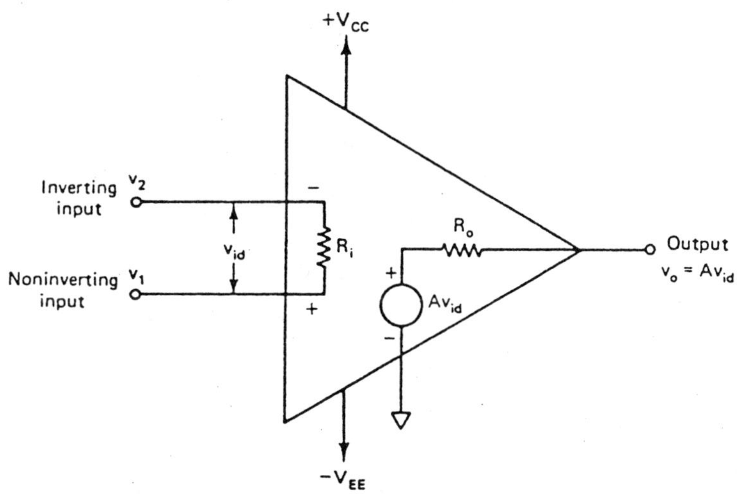

〈그림 1-99〉 OP-Amp의 등가회로

실제의 OP-Amp는 두 입력단자가 접지되어도 약간의 DC 출력전압을 가지며 이를 출력 offset 전압이라고 한다. 출력 offset 전압은 에러 전압이 되고, 실제로 불필요한 것이다.

또한 OP-Amp의 효율을 증가시키기 위해서는 부가적인 회로를 첨가할 필요가 있으며, 부귀환의 원리를 사용하여야 한다. 이하 실제적인 OP-Amp와 OP-Amp의 응용회로에 대해서는 이 책의 후반부에서 언급될 내용이므로 여기에서는 언급하지 않는다.

1-19 Array

Array란 하나의 IC 내부에 여러 개의 트랜지스터나 MOSFET 등을 집적시켜서 필요에 따라 이들을 연결하여 사용할 수 있는 IC를 말한다.

그림 1-100은 CA3086 트랜지스터 Array로서 트랜지스터만 필요할 때에는 분리된 트랜지스터 Q_3, Q_4, Q_5 등을 연결하여 사용하고, 다이오드가 필요할 경우에는 트랜지스터 Q_3, Q_4, Q_5 등의 단자를 묶어서 사용한다. 또 차동증폭기 등에 이용할 경우에는 트랜지스터 Q_1과 Q_2를 이용하며 다링톤 회로가 필요할 때에는 그림 1-100(b)의 Q_3와 Q_4를 이용한다.

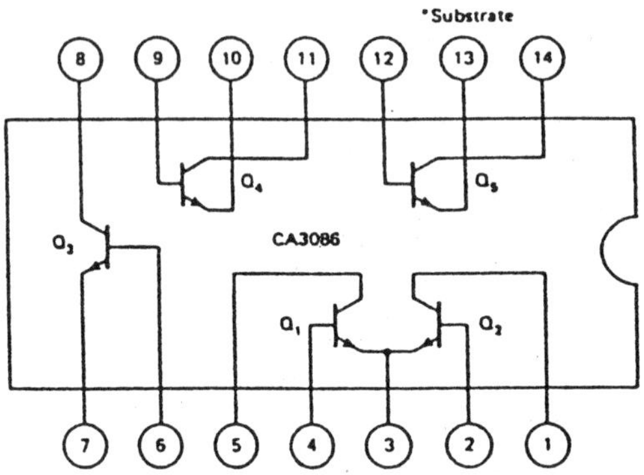

(a) CA3086 트랜지스터 Array

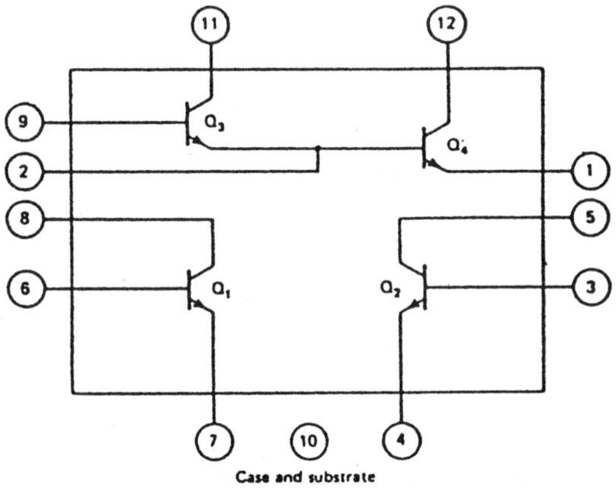

(b) CA3018 트랜지스터 Array

〈그림 1-100〉

그림 1-101은 4007 CMOS Array의 한 종류와 등가회로를 나타내었다.

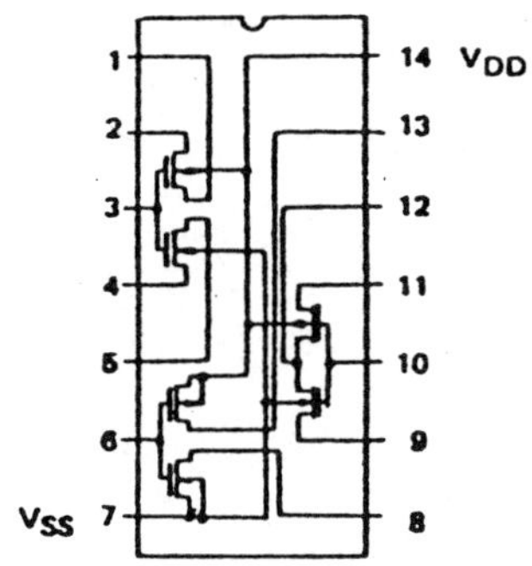

(a) 핀 접속도

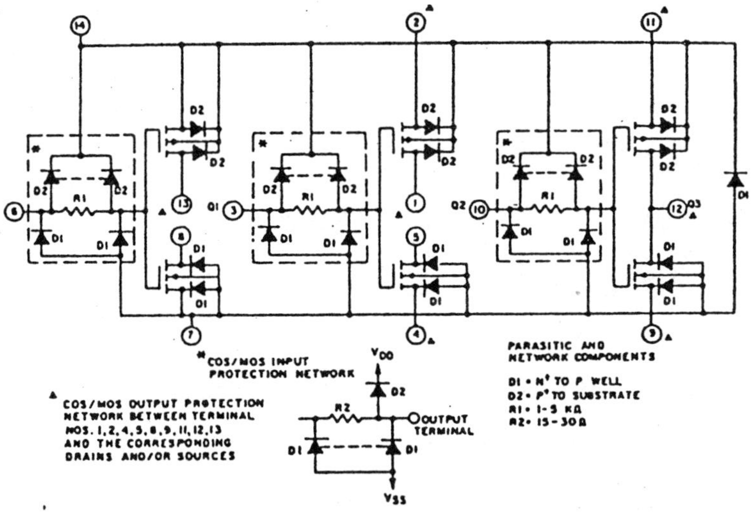

(b) 등가회로

〈그림 1-101〉 4007 CMOS Array

연습문제

1-1 프린트 배선 기판의 구성재료 및 제작법에 대하여 설명하여라.

1-2 IC화 하였을 때의 장점을 들어라.

1-3 집적회로를 구성, 기능, 제조법, 규모에 따라 분류하고 간단히 설명하여라.

1-4 모노리틱 IC와 LSI의 제조과정의 차이는 어떤점인가 들어라.

1-5 모노리틱 IC의 제조공정을 간단히 설명하여라.

1-6 막집적회로의 제작방법을 설명하여라.

1-7 집적회로 방식에서 저항과 용량의 구성방법을 모노리틱 IC와 막 IC로 나누어 설명하여라.

1-8 박막도선의 형성 및 그 재료에 대하여 설명하여라.

1-9 Ta 박막 콘덴서의 특징을 써라.

1-10 모노리틱 IC를 Si으로 만드는 이유를 써라.

1-11 물질이 박막이면 저항율이 상승하는 이유를 써라.

1-12 LSI의 문제점에 대하여 써라.

1-13 다음을 간단히 설명하라.
① Scribing ② Pellet bonding ③ Lead bonding

1-14 박막 IC와 후막 IC의 차이점을 써라.

1-15 전자장치를 소형화 하였을 때의 장단점을 써라.

1-16 리니어 IC를 구조, 기능, 동작, 용도별로 분류하고 간단히 설명하여라.

1-17 ROM, RAM의 종류를 들고 설명하여라.

1-18 CMOS를 써서 NOR, NAND 게이트를 구성하여라.

1-19 OP-Amp의 패키지 타입에 대하여 설명하여라.

1-20 slew rate에 대하여 설명하여라.

1-21 이상적인 OP-Amp의 조건을 써라.

1-22 전하결합소자의 원리를 쓰고 설명하여라.

제 II 부 IC 응용

1장 기초이론

1-1 펄스의 기초

(1) 펄스(pulse)에 관계된 용어

정상상태로부터 진폭이 생겨서 일정한 기간동안 그 진폭이 지속되고 난 후에 원래의 상태로 되돌아가는 파형을 일반적으로 펄스라고 부른다.

펄스에는 그림 1-1에 나타난 것과 같이 여러 가지 종류가 있지만 이 중에서 가장 아름다운 모양을 갖는 것은 역시 방형 펄스이고, 디지탈 회로에서 사용되는 펄스도 역시 방형 펄스로 생각하면 된다.

여기에서는 방형 펄스에 대하여 여러 가지 용어를 알아보기로 한다. 그림 1-2에 방형 펄스의 예를 나타내었다.

어느 회로에 그림 1-2의 점선과 같은 펄스가 입력되어, 실선과 같은 펄스가 출력되었다고 하자. 이때 펄스에 대하여 다음과 같은 여러 가지 용어들이 있다.

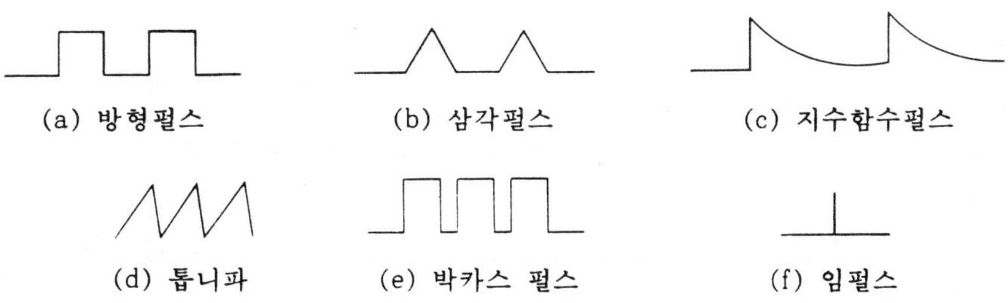

〈그림 1-1〉 펄스의 종류

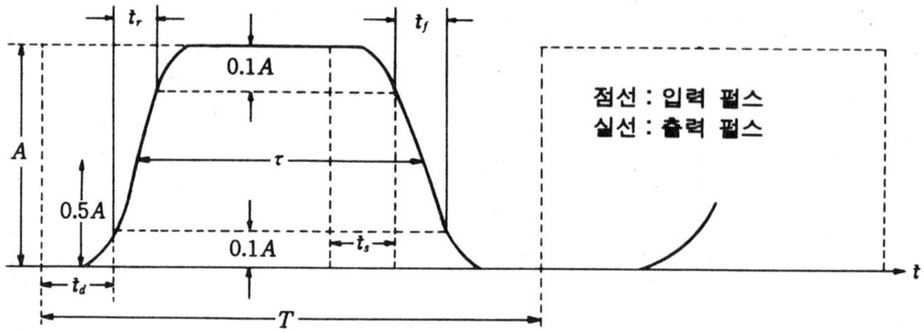

〈그림 1-2〉 펄스의 형태

1) 반복주기(T) : 하나의 펄스가 시작되어 소멸하고 다시 새로운 펄스가 시작될 때까지의 시간으로 보통 0.5~5[μs]가 사용된다.
2) 반복주파수(f) : 1 / T로 나타낸다.
3) 펄스폭(τ) : 시간폭이라고도 하며 진폭이 앞부분에서 50%에 도달한 때부터 50% 감소할 때까지의 시간으로 나타낸다.
4) 충격계수(D) : 펄스 점유율이라고도 하며

$$D = \tau / T$$

로 나타내고, 보통 1 / 10~1 / 1000을 사용한다.
5) 진폭(A) : 펄스의 높이를 말한다.
6) 상승시간(t_r) : 펄스의 진폭이 최대진폭 A의 10%에서 90%까지 올라가는데 걸리는 시간을 말한다.
7) 하강시간(t_f) : 진폭이 최대진폭 A의 90%에서 10%까지 떨어지는데 걸리는 시간을 말한다.
8) 새그(S) : Sag의 약자로 펄스 우측의 하강도를 나타내는 척도이며

$$((A-S) / A) * 100(\%)$$

로 크기를 나타낸다[그림 1-3].

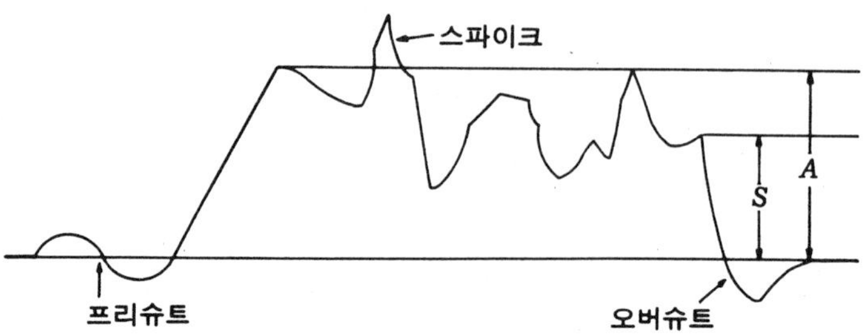

〈그림 1-3〉 찌그러진 펄스의 예

9) 턴온 시간(turn on time : t_{on}) : t_d와 t_r를 합한 시간이다.
10) 턴오프 시간(turn off time : t_{off}) : t_f와 t_s를 합한 시간이다.
11) 지연시간(delay time : t_d) : 입력 펄스가 들어온 후 출력 펄스의 진폭이 펄스 진폭 A의 10%까지 도달할 때까지의 시간이다.
12) 축적시간(storage time : t_s) : 입력 펄스가 끝난 후 출력 펄스의 진폭이 펄스 진폭 A의 10%까지 감소하는데 걸리는 시간이다.
13) 오버슈트(over shoot) : 펄스 변화 직후에 펄스와 반대방향으로 생기는 변화를 말한다.
14) 프리슈트(pre shoot) : 펄스 변화 직전에 펄스와 반대방향으로 생기는 변화를 말한다.
15) 스파이크(spike) : 펄스폭에 비해 충분히 짧은 펄스가 혼입된 형태이다.
16) 링깅(ringing) : 펄스 파형 속에 감쇠진동을 하는 파형이 혼입된 경우를 말한다.
17) 짓터(jitter) : 펄스열에 진폭, 주기, 위상, 폭이 여러 가지 조건의 변화로 인하여 불규칙적으로 변동하는 경우를 말한다.

(2) 펄스와 디지탈 공학

공학에서는 정보를 취급하기 때문에 펄스의 역할은 매우 크다고 하겠다. 최근의 정보처리 기계는 정보 활동을 모델로 하므로 펄스 없이는 정보처리가 거의 불가능하다고 말해도 좋겠다. 특히, 디지탈 시스템에서는 펄스의 역할이 막중하여 펄스를 모르고 디지탈 공학을 배울 수는 없으며, 디지탈 공학에서는 고립 펄스가 아닌 연속 펄스가 사용된다.

그림과 같은 회로에 1의 펄스 입력이 인가되면 출력이 나오지만, 0인 펄스 입력이 가해지면 출력은 나오지 않는다. 일반적으로

1 1 0 1 0 1 1 1

을 펄스열로 나타내면 그림 1-5와 같은 순서로 된다. 어쨌든, 펄스는 디지탈 공학에서

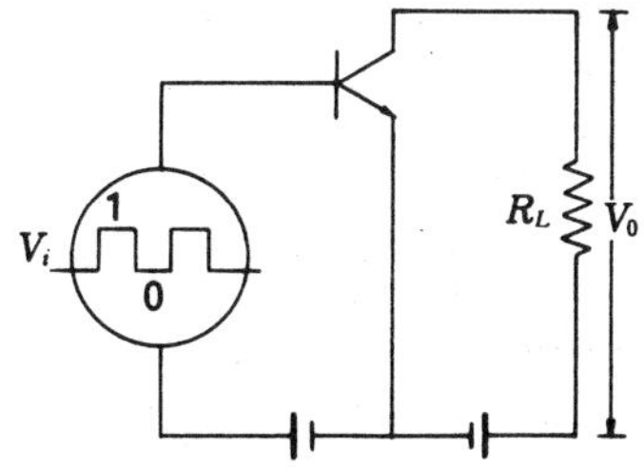

〈그림 1-4〉

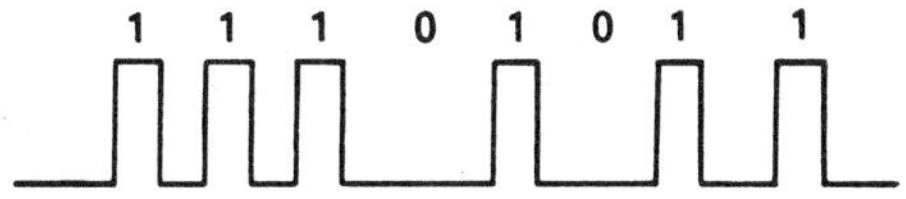

〈그림 1-5〉 펄스열의 표시

빼놓을 수 없는 존재이며, 최근 디지탈 공학의 첨단이라 부르는 마이크로프로세서에서도 펄스의 역할은 지대한 것이다.

(예제 1-1) 2진수 101011000을 펄스열로 나타내어라.

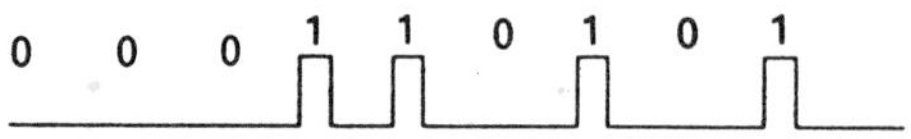

1-2 다이오드 스위치와 트랜지스터 스위치

(1) 다이오드 스위치

다이오드는 순방향의 저항이 수(Ω) 정도로 매우 적기 때문에 순방향 전압을 인가시켰을 때에는 다이오드 자체의 전압강하가 매우 적으므로 스위치의 ON 상태로 생각할 수 있다.

그러나 역방향의 저항은 매우 크기 때문에 역방향의 전압을 인가시켰을 때에는 다이오드 자체의 전압강하가 매우 크고, 따라서 스위치의 OFF 상태로 생각할 수 있다.

그림 1-6에 대하여 생각해 보면 스위치를 a의 위치에 두면 ON상태, 스위치를 b의 위치에 두면 역방향이 되어 OFF상태가 된다.

따라서, 스위치를 a에 두었다가 갑자기 b로 바꾸면 다이오드의 P-N 접합부에 있는 전하가 재결합에 의해 소멸될 때까지 어떤 시간이 걸리게 되는데 이 시간을 역방향 회복시간(T_{rr})이라고 말한다. 다이오드의 접합시정수를 T_s, 회복시정수를 T_r이라고 한다면 역방향 회복시간(T_{rr})은

$$T_{rr} = T_s[\ln(1+i_f / i_R) - \ln(1+T_r / T_s)]$$

로 나타내어진다.

그러므로, 논리회로에 다이오드를 스위칭 소자로 사용할 때에는 T_{rr}이 문제가 된다.

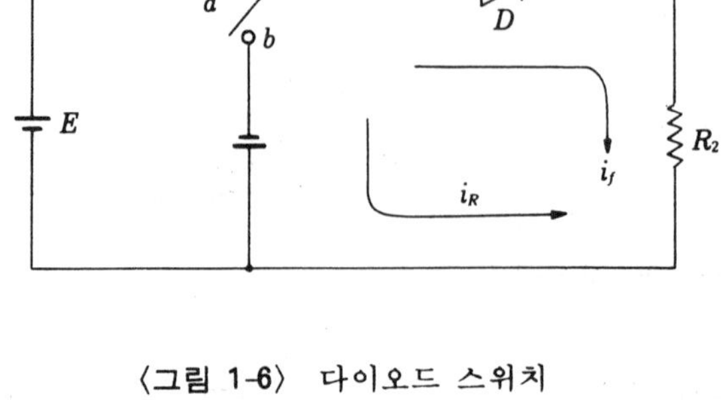

〈그림 1-6〉 다이오드 스위치

따라서 이때에는 외부 회로로부터 순간적으로 역방향전압을 인가하여 역방향 전류 i_R을 증가시켜줌으로써 스위칭 시간을 가속시키는 방법이 많이 사용된다.

또, 다이오드에서는 전압-전류관계의 비직선 특성으로 인하여 논리회로에 사용할 때 여러 개의 입력신호를 사용하지 못한다는 단점이 있다.

(2) 트랜지스터 스위치

그림 1-7(a)와 같은 에미터 접지 트랜지스터 회로에 스위치가 a에 있으면 베이스(B)의 전위가 에미터(E)의 전위보다 더 높게 된다. 그러므로 트랜지스터는 도통하게 되고 $I_B > (I_C / h_{fe})$의 조건이라면 I_C는 $I_C = (V_{CC}/R_L)$로 대략 결정되며 컬렉터와 에미터 사이의 전압 V_{ce}는 그림 (b)의 x점이 되고 이때의 전류는 M점이 된다.

이때 (b)에서 원점 0와 x사이의 전압을 컬렉터 포화전압이라고 부른다.

즉, 트랜지스터가 포화되었으므로 이때는 ON 상태에 있는 것이다. 또, 스위치를 b의 위치에 놓으면, 베이스(B) 전위가 에미터(E) 전위보다 낮게 되어 트랜지스터는 비도통상태로 되고, 이때 컬랙터에는 컬랙터 차단전류(I_{CEO})만이 흐르므로 V_{ce}는 매우 커져서 그림 (b)의 y점이 된다.

이때 I_C는 매우 낮아 그림 (b)에서 N점으로 되고 트랜지스터는 차단상태로 된다. 따라서, 그림 (b)에서 3이하의 영역을 차단영역, 2와 3사이의 영역을 능동영역, 2이상의 영역을 포화영역이라고 부른다.

트랜지스터를 스위치로 사용할 때에는 그 사용되는 동작영역의 범위에 따라서 다음과 같이 2가지로 나눈다.

1) 포화형 스위치 3점에서 2점까지 왕복하는 스위치를 포화형 스위치라고 하며, 포화형 스위치를 사용한 논리회로, 즉 포화상태와 차단상태를 논리 0과 논리 1에 대응시킨 회로를 포화형 논리회로하고 말한다.

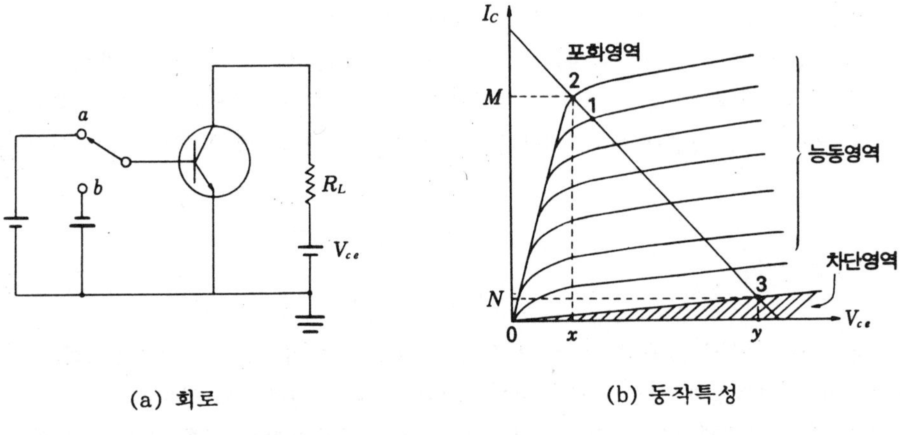

(a) 회로 (b) 동작특성

〈그림 1-7〉 트랜지스터 스위치

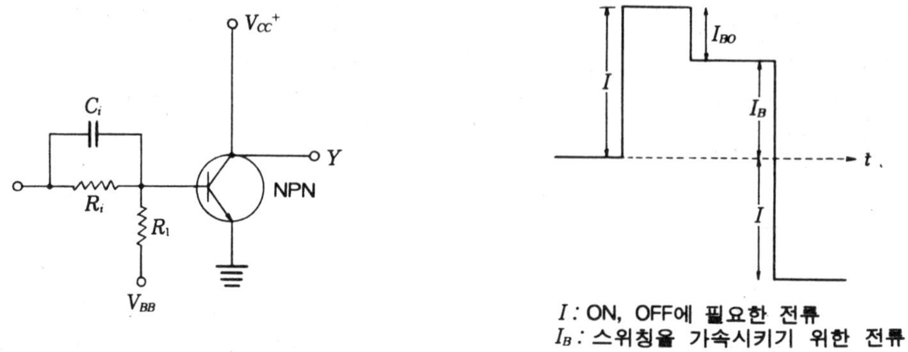

(a) 회로 (b) 동작

〈그림 1-8〉 트랜지스터 스위치와 스위칭 시간을 가속시키는 방법

대부분의 논리회로는 포화형 논리회로를 사용하며 일반적으로 값이 싸고 간단하게 될 수 있다는 장점이 있으나 지연시간이 길어 다음에 설명하는 방법에 의해 지연시간을 단축시킬 수는 있지만 오히려 회로가 더욱 복잡해질 수도 있다.

2) 불포화형 스위치 3점에서 2점미만, 즉 1점까지 왕복하는 스위치를 불포화형 스위치라고 하며, 불포화형 스위치를 사용하는 논리회로를 불포화형 논리회로라고 말한다.

불포화형 논리회로는 트랜지스터가 포화영역까지 들어가지 않으므로 동작속도가 빨라 고속 디지탈 회로에 적합하다.

이러한 트랜지스터를 논리회로에 사용하고자 할 때에 가장 문제가 되는 것은 다이오드의 경우와 마찬가지로 스위칭 속도이다. 스위칭 속도의 계산에는 스파크(sparks)의 방법이 가장 많이 사용되며, 상승시간 t_r, 하강시간 t_f는

$$t_r = t_f = 2.2 / (2\pi(1-\alpha)f_\alpha)$$

로 대략 계산된다. 이 식에서 알 수 있는 바와 같이 f_α가 클수록 스위칭 시간이 빨라지므로 논리회로에 사용되는 스위치는 f_α가 큰 것이어야 하겠다.

스위칭 시간을 인위적으로 가속시키기 위한 방법으로 그림 1-8과 같이 베이스(B)에 저항과 컨덴서를 넣어 t_{ON} 시간에는 일정한 크기의 베이스 전류를 흘려 트랜지스터를 빨리 포화시키고, t_{OFF} 시간에는 그 전류를 반대방향으로 흘려 빨리 차단시켜주는 방법이다.

(3) 포화형 스위치

그림 1-9는 PNP 트랜지스터를 사용한 포화형 스위칭 회로의 기본형이다. 이 회로는 출력파형이 입력파형과 역위상이 되니까 인버터(inverter)라고도 한다.

처음 OFF 상태에서는 베이스는 V_{BB}에 의해서 역바이어스 되어 있으나 컬랙터는 아주 적은 역포화전류밖에 흐르지 않는다. 이 전류는 보통 다음 식으로 나타낸다.

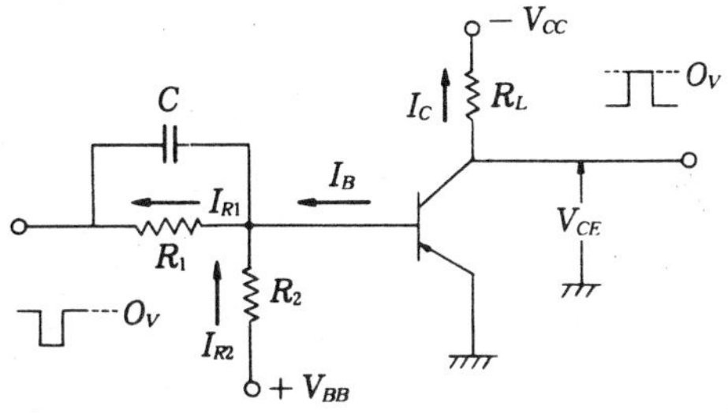

〈그림 1-9〉 트랜지스터 스위칭 회로

$$I_{CEO} = I_{CO}(1-\alpha_R) / (1-\alpha_F\alpha_R) \tag{1-1}$$

단, α_F는 정상적인 α이고 α_R은 에미터와 컬렉터를 뒤바꾸었을 때의 α이다. 만약 역바이어스 V_{BB}를 가하지 않는다면 역포화전류는 $I_{CEO} = I_{CO}\alpha_F / (1-\alpha_F)$가 되어 먼저보다 커지며 특히 온도가 높을 때 현저해진다. 다음 입력 펄스가 들어오면 Tr는 on이 되는데 이때 I_C는

$$I_C(\text{on}) = (V_{CC} - V_{CE}(\text{sat})) / R_L = V_{CC} / R_L \tag{1-2}$$

on off의 과도시에는 필요한 스위칭 시간을 얻기 위해 앞에서 설명한 것과 같은 파형의 I_B를 흘려야 하므로 적당한 값의 R_1과 C를 넣어야 한다. 그림 1-9의 회로에서 on의 정상시에 R_1을 흐르는 전류를 I_{R1}이라 한다면 $I_{R1} = I_B + I_{R2}$이므로

$$R_1 = (V_1 - V_{BE}) / (I_B + I_{R2}) \tag{1-3}$$

또 컬렉터 암전류를 적게 하기 위해 베이스를 역바이어스시킨다. 그 역바이어스 전류 I_{R2}는 R_2를 경유해서 공급되며 이것은 I_{CO}보다 커야 한다. 따라서 다음과 같이 R_2의 값을 택해야 한다.

$$V_{BB} / R_2 = I_{R2} \geq I_{CBO} \tag{1-4}$$

또 I_B의 앞뒤에 스파이크 전압을 발생시키기 위한 C의 값은 다음 식에서 구할 수 있다.

$$C = (I_{B1} - I_{B2})t_s / V_1 \tag{1-5}$$

단, t_s는 V_1 파형의 상승 또는 하강시간이다. I_{B1}과 I_{B2} 등은 정해진 I_C를 요구되는 시간에 상승 또는 하강시키는데 필요한 값으로서 트랜지스터의 특성표 등에 기재되어 있다.

(4) 불포화 스위치

전하축적시간 t_s는 트랜지스터의 스위칭 시간에서 가장 큰 부분을 차지하기 때문에 축적시간의 원인이 되는 포화현상을 막는 방법이 몇 가지 고안되어 있다.

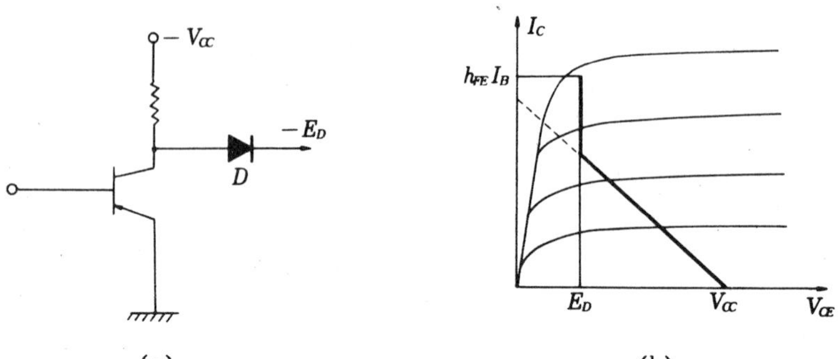

(a) (b)

〈그림 1-10〉 컬렉터 전압제한에 의한 방법

1) 컬렉터 전압 제한에 의한 방법

그림 1-10에 있는 것처럼 컬렉터에 다이오드 D를 넣고 E_D를 걸어둔다. V_{CE}가 증가하여 E_D와 같아지면 D가 on이 되어 V_{CE}는 이 전압보다 더 하강하지는 못한다. 다만 I_C는 $h_{FE}I_B$에 따라 계속하는 까닭에 그 부하특성은 그림 (b)와 같이 절선모양이 된다. 이 회로는 V_{CE}의 하강을 제한함으로써 컬랙터 접합이 순바이어스 되는 것을 막을 수는 있으나 I_C는 제한하지 못하는 까닭에 그리 큰 응답속도는 기대하지 못한다.

2) 베이스 전류 제한에 의한 방법

그림 1-11과 같이 하면 I_C가 포화하지 않도록 I_B를 제한할 수가 있다. 그림 (a)에서는 D_1을 Si형 다이오드, D_2를 Ge형 다이오드를 사용해야 한다. 먼저 V_1에 의해 R_1과 D_1의 직렬회로에 전류가 흐를 때 D_2는 차단상태에 있다. 따라서 I_C도 상승하지만 이것과 동시에 V_{CE}가 상승하여 이 값이 j점의 전압 V_j보다 높아지면, 즉 D_2가 정방향으로 바이어스 되면 D_2가 on이 되어 R_1을 통과한 전류는 D_1과 D_2로 분류해서 흐르게 된다. D_1과 D_2를 그림처럼 Si형과 Ge형을 쓴다면 트랜지스터의 컬랙터·베이스 사이의 전압은 $V_{CB} = 0.7 - 0.3$

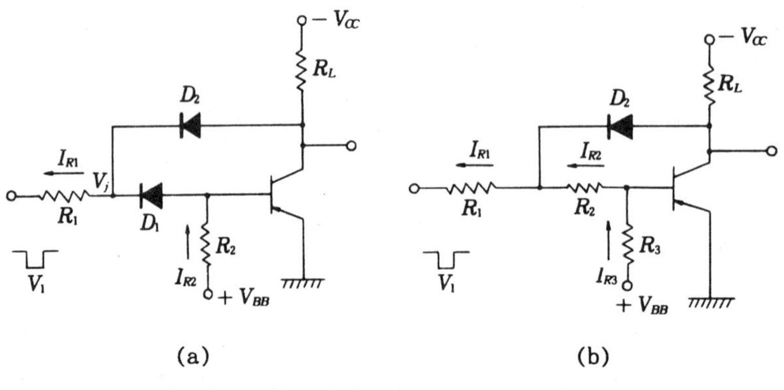

(a) (b)

〈그림 1-11〉 베이스 전류제한에 의한 방법

$=0.4\text{V}$가 되어 트랜지스터는 불포화상태에서 쓸 수가 있게 된다. 트랜지스터를 요구하는 스위칭 시간으로 응답시키기 위해서 필요한 구동전류 I_{B1}, I_{B2}는 알고 있으니까 t_r의 요구로부터 R_1이, t_f의 요구로부터 R_2가 정해진다.

그림 (b)는 D_1 대신에 저항을 사용하는 것인데 동작원리는 (a)와 같다. 단, 펄스인가시의 준안정상태일 때의 R_2양단의 전압강하는 D_2양단의 전압강하보다 더 커야 한다.

(예제 1-2) 축적시간을 거의 무시할 수 있는 회로로서 $t_r=t_f=0.4\mu s$로 하여 $I_C=10\text{mA}$를 스위칭할 수 있는 회로를 설계하여라. 단 입력 펄스 전압은 $V_1=-5\text{V}$라고 한다.

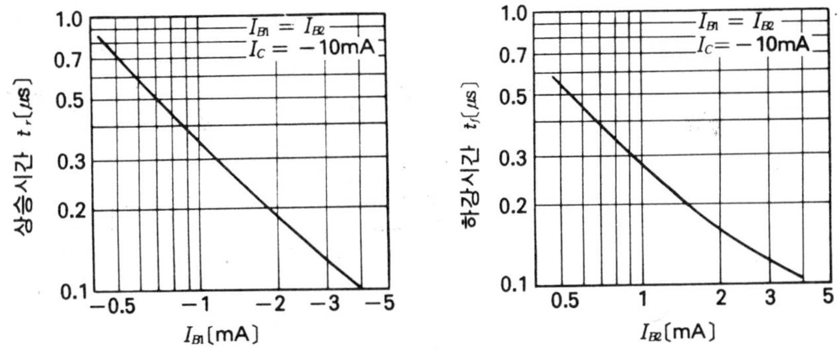

〈그림 1-12〉 2SA207의 $I_{B1}-t_r$ 특성 및 $I_{B2}-t_r$ 특성

(해) 회로구성은 그림 1-11과 같게 하고 트랜지스터는 2SA207을 채용한다. 이것을 $t_r=t_f=0.4\mu s$로서 응답시키는 데 필요한 I_{B1}, I_{B2}는 그림 1-8(a)(b)로부터 $I_{B1}=0.9\text{mA}$, $I_{B2}=I_{B2}=0.7\text{mA}$가 된다. 또 $I_C=-10\text{mA}$일 때의 V_{BE}는 약 0.18V로 알려져 있다. D_1으로서는 1S306, D_2로서는 SD17을 채용하면 $V_{FD1}=0.7\text{V}$, $V_{FD2}=0.3\text{V}$이므로 $I_C=-10\text{mA}$로 하는 V_{CC}와 R_L의 조합은 여러 가지가 있으나 $V_{CC}=-6\text{V}$, $R_L=600\Omega$이라고 하면 $V_{CE}=V_{BE}+V_{FD1}+V_{FD2}=-0.18-0.7+0.3=-0.58\text{V}$. 따라서 전압진폭은 $V_{C1}=V_{CC}-V_{CE}=-6+0.58=-5.42\text{V}$

(5) 상보 스위칭 회로

지금까지는 스위치의 부하로서 단순히 저항만인 경우를 생각했는데 실제에 있어서는 위에 설명한 여러가지 전자 스위치의 출력 단자에는 다음 단의 전자소자가 접속되는 것이 보통이고, 이 경우 이들 소자가 가진 입력용량의 영향을 무시할 수 없다. 이들 용량은 스위치의 부하용량 C_{load}로서 작용하여 스위치가 on일 때는 충전전하가 축적되고 off될 때는 그 전하가 방전되느라고 출력전압에는 상승시간과 하강시간이 생겨서 스위칭 속도를 느리

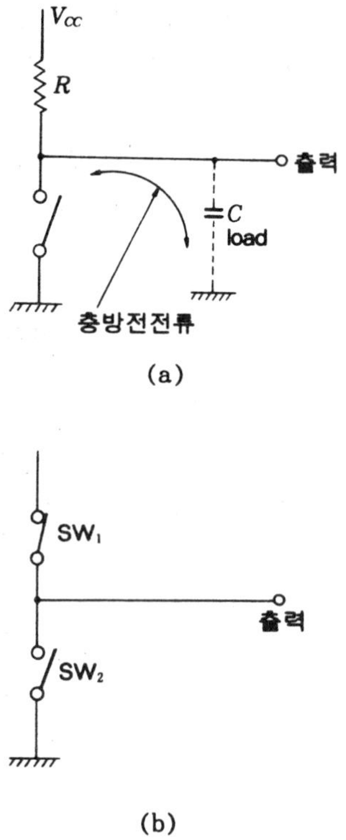

〈그림 1-13〉 상보 스위칭의 원리

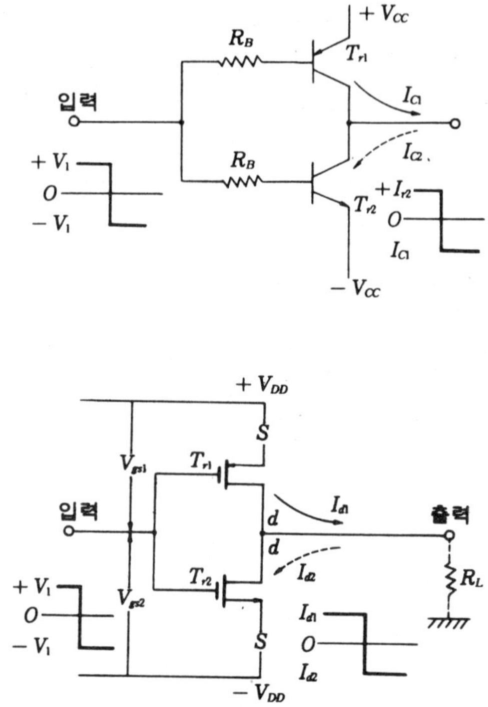

〈그림 1-14〉 상보대칭형 스위칭 회로

게 한다. 이것을 방지하기 위해서 그림 1-13(b)처럼 또하나의 스위치 SW_2를 전원쪽에 넣어서 SW_1이 off될 때 on시키고, SW_1이 on될 때 off시킨다. 보통전원의 내부 임피던스는 대단히 작으므로 SW_1의 부하는 스위치의 상태에 관계없이 언제나 스위치의 단락저항과 같이 낮아서 고속동작을 할 수 있게 된다.

이 회로를 트랜지스터로서 실현시키려면 그림 1-14와 같이 상보대칭형 회로를 구성하면 된다.

그림 1-14(a)는 바이포오러형을 사용하는 경우인데, R_B는 각각의 트랜지스터의 베이스에 정방향으로 입력신호 V_1이 인가되었을 때 과대전류가 흘러서 트랜지스터를 손상시키지 않도록 하기 위한 것이다. 이 회로는 SEPP회로와 동작원리가 같으므로 설명은 생략한다.

그림 1-14(b)는 MOSFET를 사용한 경우이다. n-channel MOS는 V_{gs}가 정이 되어야 전류가 흐른다(즉 on이 된다). 그리고 그 드레인 전류의 방향은 드레인에서 소오스 방향이다. p-channel MOS는 V_{gs}가 부가 되었을 때 on이 되며 그 드레인 전류방향은 소오스에서 드레인 쪽으로 흐른다. 즉, 이 두 MOS는 완전히 대칭인 셈이다. 지금 입력 펄스가 $+V_1$이면, T_{r1}의 p-channel MOS는 V_{gs}가 감소하여 0이 되며, 따라서 I_{d1}은 off가 된다. 반

면 T_{r2}의 게이트 전압 V_{gs2}는 소오스(s)를 기준으로 할 때 부(−)로 증가하는 것이 되니까 I_{d2}는 on이 되며 파선방향의 전류가 흐른다. 다음 입력이 $-V_1$이 되면 T_{r1}의 게이트 전압이 소오스를 기준으로 할 때 정방향으로 바이어스 되는 셈이 되므로 T_{r1}과 T_{r2}는 교대로 on이 되어 실선 화살표 방향으로 I_{d1}이 흐른다. 즉, T_{r1}과 T_{r2}는 교대로 on off된다. 그리고 이 출력단자에 R_L이 접속되어 있다면 A점의 전위는 I_{d1}과 I_{d2}에 따라 정, 부로 변화하여 V_1과 같은 파형을 재현해 줄 것이다.

이제 이 R_L 대신에 또 다른 MOSFET가 접속되었다고 하자. MOSFET의 게이트는 절연되어 있으므로 $R_L \approx \infty$로 볼 수 있고, 따라서 I_d는 거의 흐르지 않고 A점에 전압만이 나타난다는 것을 알 수 있다. 그리고 T_{r1}과 T_{r2}는 교대로 on off되므로 $+V_{DD}$에서 $-V_{DD}$로 흐르는 관통전류도 거의 0이다. 따라서 이 회로의 전체 전력소모는 거의 없다는 것도 알 수 있다. 또한 그림 1-14(a)의 경우처럼 R_B라는 저항을 넣을 필요도 없다. 이 두 가지 특징을 집적회로, 특히 LSI(Large Scale IC)를 구성하는데 대단히 큰 이점이 된다. 즉, 적은 반도체 칩 속에 방대한 숫자의 소자를 집적시키는 경우, 각 소자가 발생하는 열은 열량/면적의 관점에서 볼 때 대단히 큰 값이 되어 칩의 온도를 크게 상승시키는 까닭에 집적의 한계는 거의 이 문제로부터 정해진다.

MOSFET의 상보대칭회로는 전류가 거의 흐르지 않는 까닭에 열발생이 거의 없으므로 CMOS(complementary symmetry MOS)의 통칭으로 LSI에 많이 사용되고 있다(또한 전류가 거의 흐르지 않는 까닭에 전류도 절약이 되므로 손목시계 등의 LSI에는 특히 적합하다). 그러나 결점으로는 게이트 용량이 큰 까닭에 이것을 방, 충전시키는 시간이 길어서 스위칭 속도가 느리다(약 100μs 정도, 바이폴라트랜지스터는 약 1μs).

1-3 단일 시정수회로(single time constant circuits)

단일 시정수(STC) 회로망은 하나의 리액턴스 소자(인덕턴스나 캐패시턴스)와 하나의 저항으로 구성된(혹은 줄여질 수 있는) 회로망이다. 인덕턴스 L과 저항 R로 형성된 STC 회로망은 시정수가 $\tau = L / R$이다. 캐패시턴스 C와 저항 R로 구성된 STC회로의 시정수는 $\tau = CR$로 주어진다.

STC회로망은 아주 간단하지만, 선형 및 디지탈 회로의 설계와 해석에 중요한 역할을 한다. 이런 이유로, 우리는 사인파에 대한 그리고 계단파나 펄스파(step or pulse waveforms)와 같은 신호파에 대한 STC회로망의 응답을 계산하는 과정을 훑어 볼 것이다. 계단파나 펄스파는 일부 증폭기 응용에서도 다루어지지만, 디지탈 회로를 포함한 스위칭 회로에서 더욱 유용하게 사용된다.

(예제 1-3) 그림 1-15의 회로를 STC회로로 줄이고 그 시정수를 구하여라.

(해) 줄이는 과정을 그림 1-15에 나타냈다. 이 과정은 테브난 정리의 반복적용으로 구성된

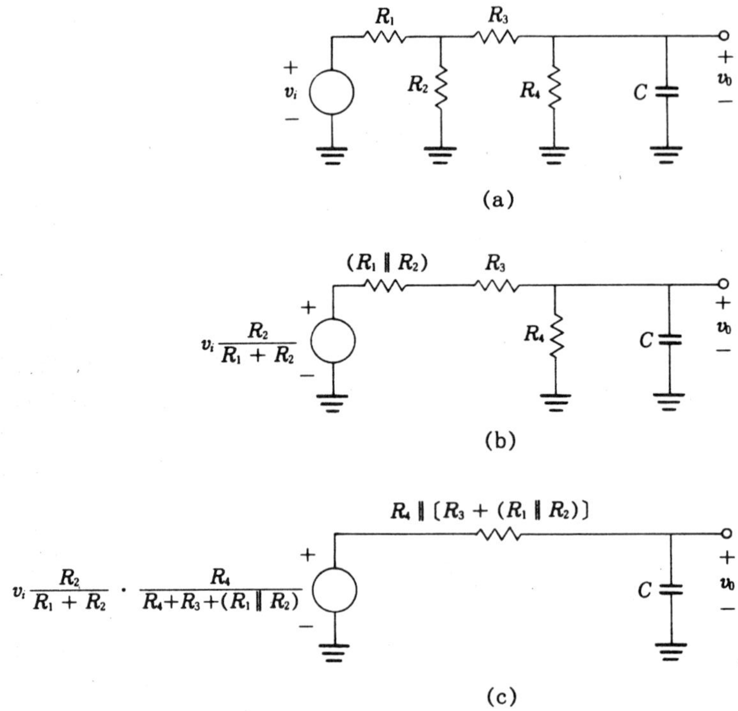

〈그림 1-15〉 테브난 정리를 반복 적용하여 (a)에 있는 회로망을 (c)의 STC 회로망으로 줄임

그림 1-15(c)의 최종회로로부터 다음과 같은 시정수를 얻는다.

$$\tau = C\ \{R_4 \parallel [R_3 + (R_2 \parallel R_1)]\} \tag{1-6}$$

(1) τ의 값을 빨리 구하는 방법

많은 경우에 주어진 STC회로망의 시정수 τ를 빨리 구하는 것이 중요하다. 이 목적을 수행하기 위해서는 우선 여기(excitation)를 0으로 만들어야 한다. 즉, 전압원이 있으면 그것을 단락시키고 전류원이 있으면 개방시킨다. 그리고 회로망이 리액턴스 소자 한 개와 여러 개의 저항소자로 구성되어 있으면 리액턴스 소자 양단자에서 본 등가저항 R_{eq}를 구한다. 이때 시정수는 L/R_{eq} 또는 CR_{eq}가 된다. 예를 들어 그림 1-15(a)에서는 캐패시터 C에서 볼 때 R_4는 R_3와 $R_1 \parallel R_2$의 직렬 합성저항과 병렬로 연결되어 있다. 따라서 R_{eq}는 다음과 같이 주어지며,

$$R_{eq} = R_4 \parallel [\,R_3 + (R_2 \parallel R_1)\,] \tag{1-7}$$

시정수는 CR_{eq}가 된다.

어떤 경우에는 회로망이 한 개의 저항소자와 여러 개의 캐패시턴스나 여러 개의 인덕턴스로 구성된다. 이런 경우에는 반대 절차를 밟는다. 즉, 저항소자의 양단자에서 본 등가 캐패시턴스 C_{eq} 또는 등가 인덕턴스 L_{eq}를 구한다. 이때 시정수는 $C_{eq} \cdot R$ 또는 L_{eq}/R이 된다. 예제 1-4에서 이 과정을 설명한다.

(예제 1-4) 그림 1-16에 나타낸 회로의 시정수를 구하여라.

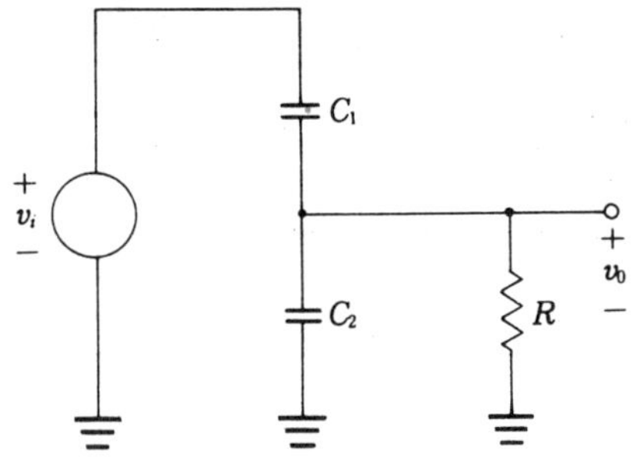

〈그림 1-16〉 예제 1-4에 해당되는 회로

(해) 전압전원을 단락시킨 후, 저항의 양단에서 바라본 등가 캐패시턴스는 C_1+C_2가 된다. 따라서 시정수 τ는 다음과 같이 주어진다.

$$\tau = (C_1 + C_2)R \tag{1-8}$$

어떤 경우에는 STC회로망이 여러 개의 저항소자와 여러 개의 캐패시턴스 소자 또는 인덕턴스 소자로 구성된다. 이런 경우에는 회로를 단순화 시키기 위한 몇 가지 처리를 먼저해 주어야 한다. 이것이 예제 1-5에 설명되어 있다.

(예제 1-5) 여기서 우리는 그림 1-17(a)에 나타낸 회로망의 응답을 STC회로망 해석방법으로 구할 수 있다는 것을 보일 것이다.

(해) 해석단계를 그림 1-17에 나타냈다. 그림 1-17(b)에서는 회로망이 두 개의 똑같은 전압원에 의해 여기되고 있다. 그림 (a)의 회로망과 그림 (b)의 회로망이 등가라는 것을 독자들 스스로 확인해 보기 바란다. 회로를 그림 (b)와 같이 배열하는 기법은 아주 유용한 것이다.

XX'선을 중심으로 양쪽회로에 각각 테브닌 정리를 적용시키면 그림 (c)를 얻는다. 이 회로는 선형이므로 회로응답은 중첩의 원리(superposition principle)에 의해 구해질 수 있다. 특히, 출력전압 v_o는 v_{o1}과 v_{o2}의 합이다. v_{o1}은 오른쪽 전압원을 단락시킨 상태에서의 왼쪽 전압전원에 의한 출력이다. v_{o1}을 계산하기 위한 회로를 그림 1-17(d)에 나타냈다. 시정수는 다음 식으로 주어진다.

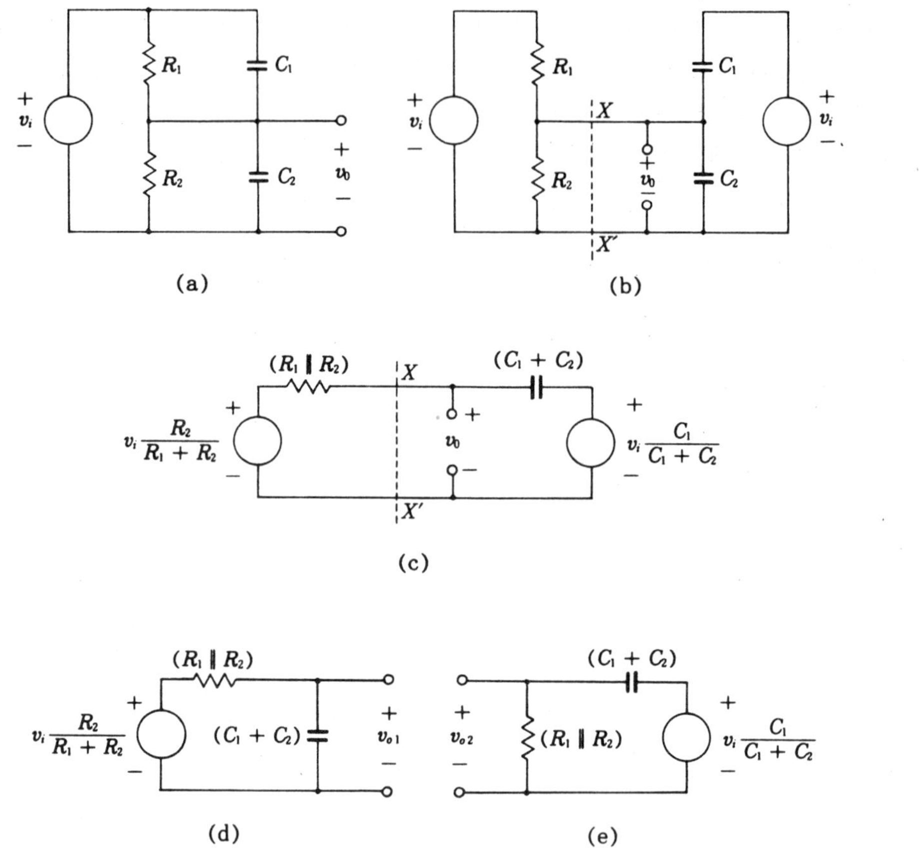

〈그림 1-17〉 예제 1-5를 위한 그림

$$\tau = (C_1 + C_2)(R_1 \parallel R_2) \tag{1-9}$$

v_{o2}는 왼쪽 전압전원을 단락시킨 상태에서의 오른쪽 전원에 의한 출력이다. v_{o2}는 그림 (e)로부터 계산된다. 시정수는 위와 같다.

(2) STC회로망의 분류

STC회로망은 저역-통과(low pass) 회로망과 고역-통과(high pass) 회로망 두 종류로 구분된다. 이 두 종류의 회로망은 완전히 다른 신호 응답을 나타낸다. STC회로망이 고역-통과 회로망인지 아니면 저역-통과 회로망인지 알아내는 방법은 여러 가지가 있다. 그 중에 가장 간단한 것은 주파수 영역 응답을 이용하는 것이다. 특히, 저역-통과 회로망은 직류(주파수가 0인 신호)는 통과시키고 고주파 성분은 차단시킨다. 주파수가 무한대인 성분은 완전히 차단된다. 따라서 회로망을 구분하기 위해서는 주파수가 0인 성분과

〈표 1-1〉 STC회로망의 형을 찾는 법칙

테스트 주파수	대체	회로망이 LP일 조건	회로망이 HP일 조건
$\omega = 0$	C by o.c. L by s.c.	출력이 무한대	출력이 0
$\omega = \infty$	C by s.c. L by o.c.	출력이 0	출력이 무한대

무한대인 성분에서만 실험해 보면 된다. 주파수가 0일 때는 캐패시터는 개방회로($1/j\omega C = \infty$)가 되고, 인덕터는 단락회로($j\omega L = 0$)가 된다. 출력이 0이면 회로망은 고역-통과형이고, 출력이 무한대이면 저역-통과 회로망이다. 또한, 주파수가 무한대인 경우에 대해서도 실험해 볼 수 있다. 이때는 캐패시터는 단락회로($1/j\omega C = 0$)가 되고 인덕터는 개방회로 ($j\omega L = \infty$)가 된다.

만약 출력이 무한대이면 고역-통과 회로망이고, 출력이 0이면 저역-통과 회로망이다.

표 1-1에 위의 방법을 정리해 두었다. 표에서 s.c.는 단락회로, o.c.는 개방회로를 의미한다.

그림 1-18은 저역-통과 STC회로망의 예를 나타낸다. 그리고 그림 1-19는 고역-통과 STC회로망을 나타낸다. 각각의 회로에 입·출력 변수를 표시해 두었다. 주어진 회로망이 입·출력 변수에 따라서 고역-통과형 또는 저역-통과형이 될 수 있다는 점에 주목하기 바란다. 표 1-1에 표시되어 있는 방법을 사용해서 그림 1-18과 그림 1-19의 회로들을 확실히 구분할 수 있는지 확인해 두기 바란다.

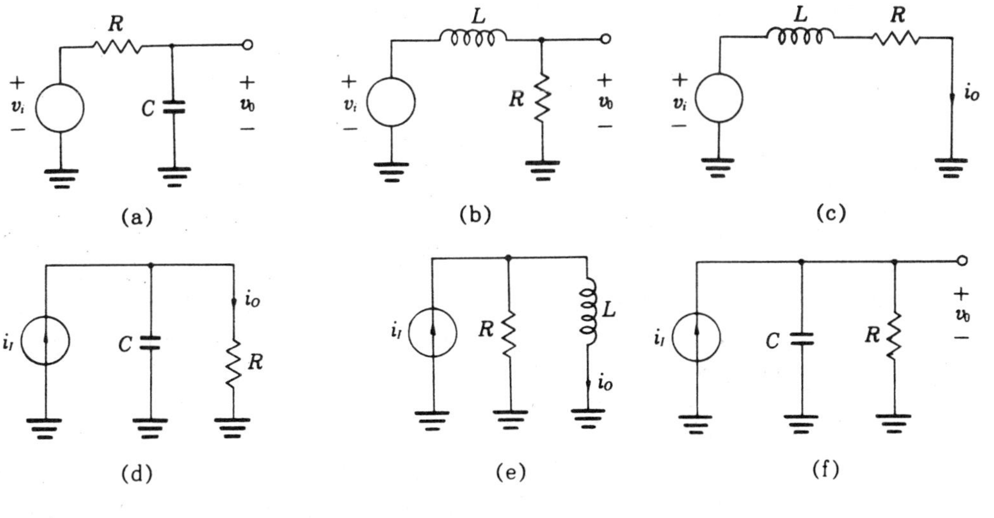

〈그림 1-18〉 저역-통과형인 STC회로망

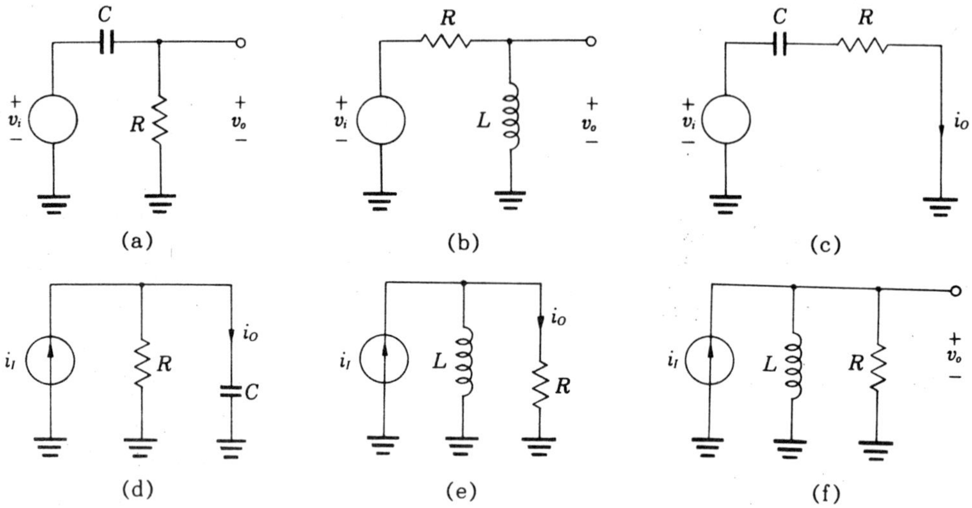

〈그림 1-19〉 고역-통과형인 STC회로망

1-4 STC회로의 주파수 응답

(1) 저역-통과회로

STC저역-통과 회로망의 전달함수는 어떤 경우이든 다음과 같이 나타낼 수 있다.

$$T(j\omega) = \frac{K}{1 + j(\omega / \omega_0)} \quad (1\text{-}10)$$

여기서 K는 주파수가 0(dc)일 때의 전달함수의 크기이고, ω_0는

$$\omega_0 = 1 / \tau$$

로 정의된다. 여기서 τ는 시정수이다. 따라서 진폭응답은 다음과 같이 주어진다.

$$| T(j\omega)| = \frac{K}{\sqrt{1+(\omega / \omega_0)^2}} \quad (1\text{-}11)$$

위상응답은 다음과 같이 주어진다.

$$\phi(\omega) = -\tan^{-1}(\omega / \omega_0) \quad (1\text{-}12)$$

그림 1-20은 STC회로망의 진폭응답과 위상응답을 도시한 것이다. 그림 (a)에 나타낸 진폭응답은 식 (1-11) 함수의 그래프이다. 진폭은 직류이득 K로 정규화되어 있으며 dB로 나타내어져 있다. 즉, 대수단위의 주파수 축에 대해 20log $| T(j\omega) / K |$를 그린 것이다. 주파수 변수도 ω_0로 정규화되었다. 그래프에 보인 바와 같이, 진폭응답은 두 개의 직선 점근선으로 근사시킬 수 있다. 저주파 점근선은 0dB에 있는 수평직선이다. 고주파 점근선의 기울기를 알기 위해 식 (1-11)을 생각해 보자. $\omega / \omega_0 \gg 1$이라고 하면 진폭응답은 다음과 같이 된다.

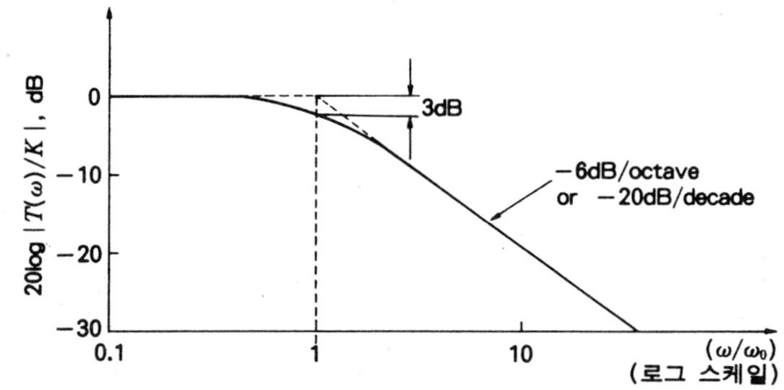

(a) 진폭응답

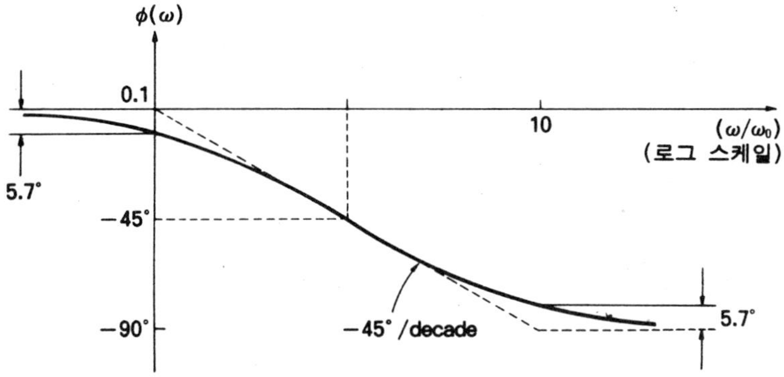

(b) 응답

〈그림 1-20〉 저역-통과 STC회로망

$$| T(j\omega) | \simeq K\frac{\omega_0}{\omega} \tag{1-13}$$

주파수가 두 배로 되면 진폭은 반으로 줄어든다. 대수단위로 나타낸 주파수 축에서는 ω의 2배수들이 등간격으로 표시된다. 각각의 간격을 옥타브(octave)라고 한다.

진폭함수의 진폭이 반으로 줄어드는 것은 dB단위에서는 6dB가 떨어지는 것에 해당된다(20log 0.5 = −6dB). 따라서 고주파 점근선의 기울기는 −6dB / octave이다. 이것은 −20dB / decade로도 표시된다. 여기서 디케이드(decade)는 주파수가 10배 증가한 것을 말한다.

두 개의 직선점근선은 "코너 주파수(corner frequency)" 또는 "차단 주파수(break frequency)"라고 불리는 ω_0에서 만나게 된다. 실제의 진폭응답 곡선과 점근선 응답과의 차이는 차단 주파수에서 가장 크며, 그 값은 약 3dB정도이다. 이 값이 정확하다는 것을 확인하기 위해 $\omega = \omega_0$를 식 (1-11)에 대입해 보자. 그러면 다음 식을 얻는다.

$$| T(j\omega_0) | = \frac{K}{\sqrt{2}} \tag{1-14}$$

즉, $\omega = \omega_0$에서는 이득이 직류이득에다 $1/\sqrt{2}$를 곱해준 것이 된다. 이것은 이득이 3dB 떨어진 것에 해당된다. 이런 연유로 해서 차단 주파수를 3dB 주파수라고 하기도 한다.

진폭응답과 마찬가지로 위상응답 그래프도 두 개의 직선 점근선으로 근사시킬 수 있다. 차단 주파수에서는 위상이 $-45°$이고 $\omega \gg \omega_0$에서는 위상이 $-90°$에 가까워진다.

(예제 1-6) 그림 1-21(a)에 대해 고찰한다. 이득(μ)이 -100인 이상적인 전압 증폭기가 자신의 귀환경로에 용량이 작은(10pF) 캐패시턴스를 가지고 있다. 이 전압 증폭기는 내부저항이 100kΩ인 전압원에 의해 여기되고 있다. 주파수 응답 V_o/V_s가 STC회로망의 주파수 응답과 같음을 보여라. 그리고 진폭응답을 스케치하여라.

(해) 밀러 이론에 의하면 귀환 캐패시턴스 C_f는 입력단에서 캐패시턴스 C_1으로 대체된다.

$$C_1 = C_f(1+\mu) = 1010\text{pF}$$

또는 출력단에서는 C_2로 대체된다.

$$C_2 = C_f(1+1/\mu) \simeq C_f = 10\text{pF}$$

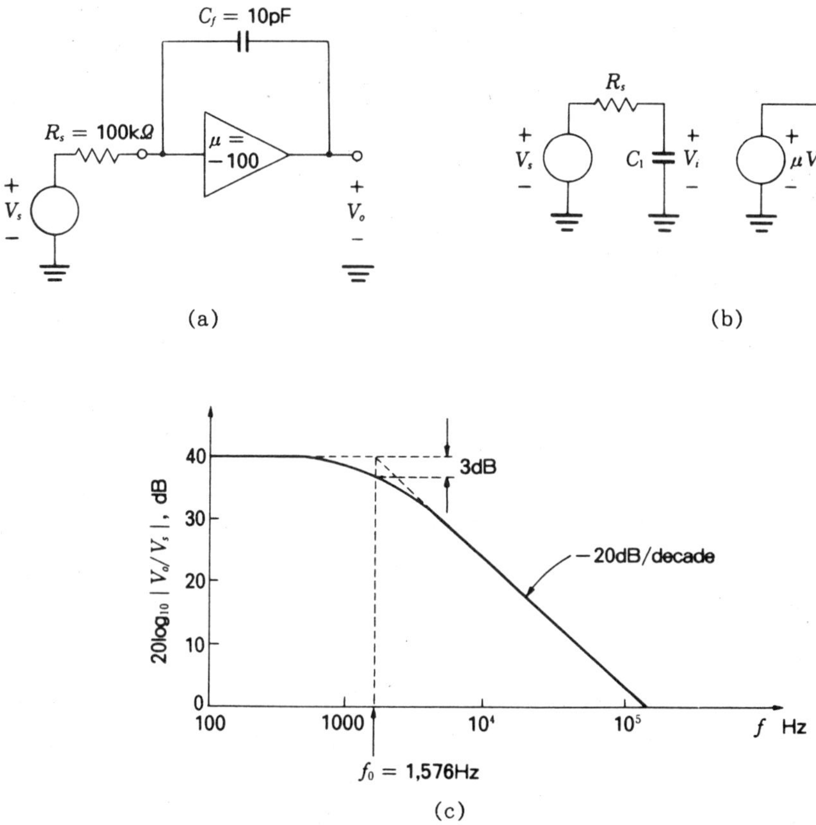

〈그림 1-21〉 예제 1-6을 보아라

따라서, 등가회로는 그림 1-21(b)와 같이 된다. 이 그림으로부터 입력단이 RC 저역-통과 회로망이라는 것을 곧 알 수가 있다. 증폭기 전달함수는 다음과 같이 주어진다.

$$\frac{V_o}{V_s}=\frac{V_i}{V_s}\frac{V_o}{V_i}=\frac{V_i}{V_s}\mu$$

여기서 $V_i\,/\,V_s$는 R_s와 C_1으로 구성된 회로망의 전달함수이다. 증폭기의 출력이 이상(ideal) 전압원이기 때문에 C_2는 전달함수 $V_o\,/\,V_s$에 아무런 영향을 주지 않는다. 여기서 입력 RC회로망의 직류 전송(dc transmission)은 1이다. 따라서

$$\frac{V_o}{V_s}=\frac{\mu}{1+j\omega\,/\,\omega_o}$$

가 된다. 여기서 $\omega_0=1\,/\,C_1\cdot R_s=0.99\times10^4\text{rad/s}$이다. 위 식으로부터 증폭기의 응답이 저역-통과 STC회로망의 응답이라는 것을 알 수 있다. 따라서 진폭응답은 그림 1-21(c)와 같이 간단히 그려진다.

(2) 고역-통과회로

고역-통과 회로망의 전달함수 $T(\omega)$는 항상 다음과 같은 형태로 나타내어진다.

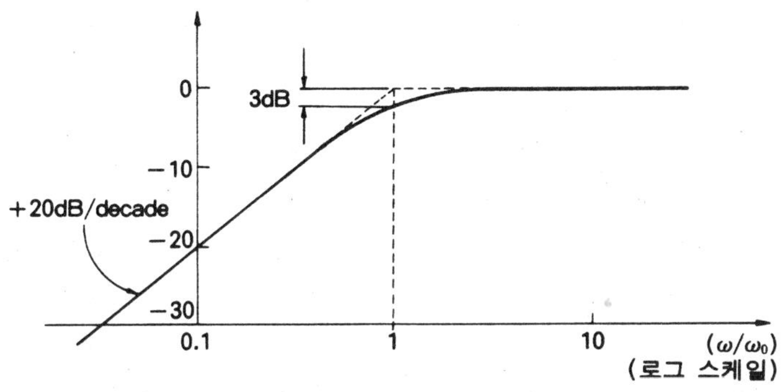

(a) 진폭응답

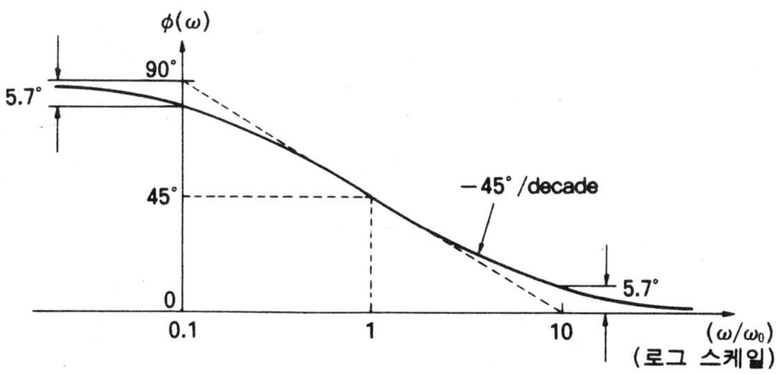

(b) 위상응답

〈그림 1-22〉 고역-통과 STC회로망

$$T(j\omega) = \frac{K}{1 - j\omega_0/\omega} \tag{1-15}$$

여기서 K는 주파수가 무한대로 접근할 때의 이득을 나타내고, ω_0는 시정수 τ의 역수이다.

$$\omega_0 = 1 / \tau$$

진폭응답은 다음과 같이 주어진다.

$$|\ T(j\omega)| = \frac{K}{\sqrt{1+(\omega_0/\omega)^2}} \tag{1-16}$$

위상응답은 다음과 같이 주어진다.

$$\phi(j\omega) = \tan^{-1}(\omega_0 / \omega) \tag{1-17}$$

진폭응답과 위상응답을 그림 1-22에 나타냈다. 저역-통과 회로망에서와 같이 위상응답은 각각 두 개의 직선 점근선으로 근사시킬 수 있다. 고역-통과 회로망에 대한 설명은 저역-통과 회로망에 대한 설명과 유사하기 때문에 더 이상 언급하지 않는다.

1-5 STC회로의 계단응답

이 절에서 우리는 STC회로망의 계단함수 신호에 대한 응답을 고찰한다. 계단함수 신호를 그림 1-23에 나타냈다. 계단응답을 알면, 펄스나 구형파 등과 같은 스위칭 신호에 대한 응답도 쉽게 알 수 있다.

(1) 저역-통과회로

높이가 S인 계단 입력신호에 대한 응답에 있어서, 저역-통과 STC회로망은 그림 1-24에 나타낸 파형을 출력시킨다. 그림으로부터, 입력은 $t=0$인 순간에 S로 변하지만 출력은 이런 순간적인 변화를 따라가지 못하고, 단지 입력의 최종값인 S를 향해 지수적으로 증가한다는 것을 알 수 있다. 좀 긴 시간이 지나면, 즉 $t \gg \tau$이면 출력은 직류값 S에 가

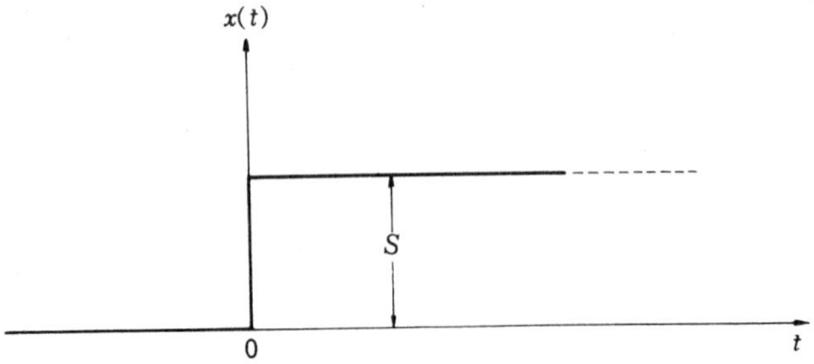

〈그림 1-23〉 높이가 S인 계단함수 신호

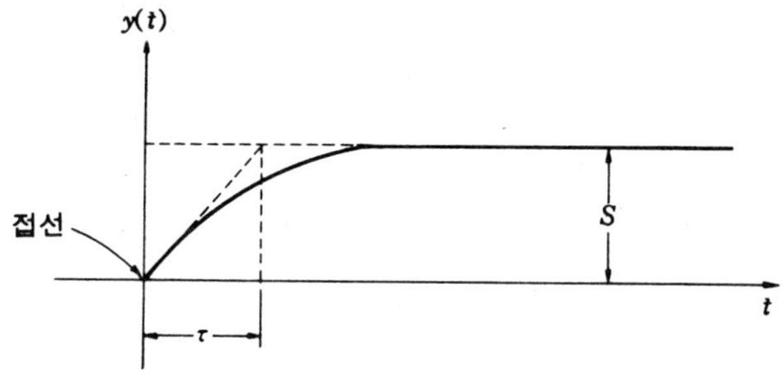

〈그림 1-24〉 높이가 S인 계단함수로 여기된 저역-통과형 STC회로망의 출력 $y(t)$

까워진다. 이는 저역-통과 회로망이 직류성분을 잘 통과시킨다는 사실을 보여주는 것이다. 출력파형의 방정식은 다음과 같이 나타내어진다.

$$y(t) = Y_\infty - (Y_\infty - Y_{0+})e^{-t/\tau} \qquad (1\text{-}18)$$

여기서 Y_∞는 출력의 최종값을 나타내며 $Y_{0\pm}$는 $t = 0$ 직후의 출력값을 나타낸다. 이 방정식을 보면 알 수 있듯이, 임의의 시간 t에서의 출력은 최종값 Y_∞와 초기값이 $Y_\infty - Y_{0\pm}$이고 지수적으로 감소하는 항과의 차이이다. 여기서는 $Y_\infty = S$, $Y_{0+} = 0$이므로 출력은 다음과 같이 주어진다.

$$y(t) = S(1 - e^{-t/\tau}) \qquad (1\text{-}19)$$

그림 1-24에서 $t = 0$에서의 $y(t)$의 기울기에 주목하기 바란다.

(2) 고역-통과회로

높이가 S인 입력 계단함수 신호에 대한 고역-통과 STC회로망의 응답을 그림 1-25에 나타냈다. 고역-통과 회로망은 입력의 갑작스런 변화는 통과시키지만 직류는 차단시킨다.

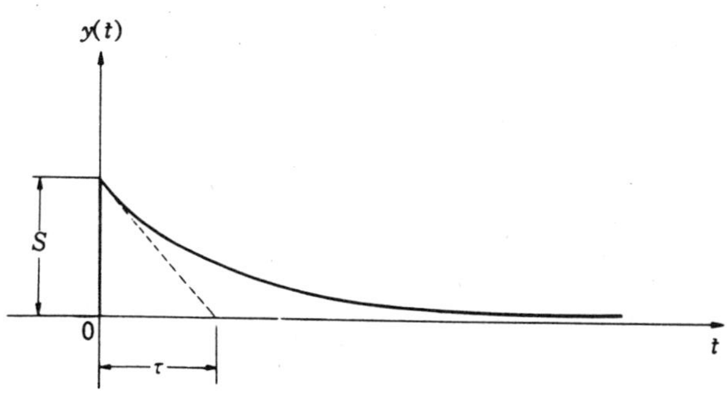

〈그림 1-25〉 높이가 S인 계단함수에 대한 고역-통과 STC회로망의 응답

따라서 $t = 0$에서 출력은 Y_{0+}와 S이고 시간이 지남에 따라 $Y_\infty = 0$이 된다. 식 (1-18)에 Y_{0+}와 Y_∞를 대입하면 출력은 다음과 같이 주어진다.

$$y(t) = Se^{-t/\tau} \tag{1-20}$$

그림 1-25에서 $t=0$에서의 $y(t)$의 기울기에 주목하기 바란다.

(예제 1-7) 이 예제는 예제 1-5의 연속이다. 입력이 10V 계단함수일 때, 출력이 완전한 계단함수가 되려면 어떤 조건이 만족되어야 하는가?

(해) 예제 1-5의 해석 결과로부터 다음을 얻을 수 있다.

$$V_{o1} = k_r[10(1 - e^{-t/\tau})]$$

여기서

$$K_r \equiv \frac{R_2}{R_1 + R_2}$$

이다. 그리고

$$V_{o2} = K_c(10e^{-t/\tau})$$

여기서

$$K_c = \frac{C_1}{C_1 + C_2}$$

이다. 시정수 τ는 다음과 같다.

$$\tau = (C_1 + C_2)(R_1 \parallel R_2)$$

따라서

$$V_o = V_{o1} + V_{o2}$$
$$= 10K_r + 10e^{-t/\tau}(K_c - K_r)$$

따라서 출력이 $10k_rV$의 완전한 계단함수가 되려면 $K_c = K_r$이 되어야 한다. 즉, 저항 전압 분배비와 캐패시턴스 전압 분배기의 분배비가 같아야 된다.

1-6 STC회로의 펄스 응답

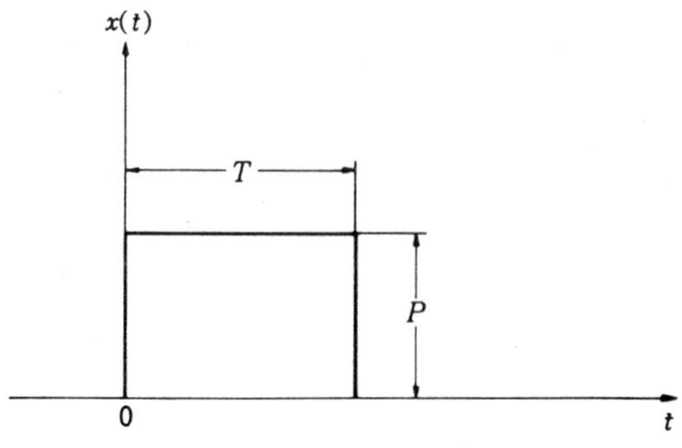

〈그림 1-26〉 높이가 P이고 폭이 T인 펄스 신호

그림 1-26에 높이가 P이고 폭이 T인 펄스 신호를 나타냈다. 우리가 알고 싶은 것은 이러한 파형에 대한 STC 회로망의 응답이다. 여기서 주지해야 할 사실은 펄스 신호를 두 개의 계단함수의 합으로 생각할 수 있다는 점이다. 즉, 그림의 펄스 신호를 높이가 P이고 $t=0$에서 시작되는 계단함수와 높이가 $-P$이고 $t=T$에서 시작되는 계단함수의 합으로 생각할 수 있다. 따라서 펄스 신호에 대한 응답은 두 개의 계단함수의 응답을 더한 것과 같게 된다.

(1) 저역-통과회로

그림 1-27(a)에 그림 1-26과 같은 형태의 입력 펄스에 대한 저역-통과 STC회로망의 응답을 나타냈다. 여기서 우리는 시정수 τ가 펄스의 폭 T와 같은 범위 안에 있다고 가정한다. 이미 밝힌 바와 같이, 저역-통과 회로망은 펄스의 상승구간의 갑작스런 변화를 따라가지 못한다. 그보다는 출력이 P의 최종값을 향해 지수적으로 증가해간다. 그러나 이러한 지수적 상승은 입력이 하강하는 $t=T$에서 멈추게 된다. 여기서 다시 출력은 입력

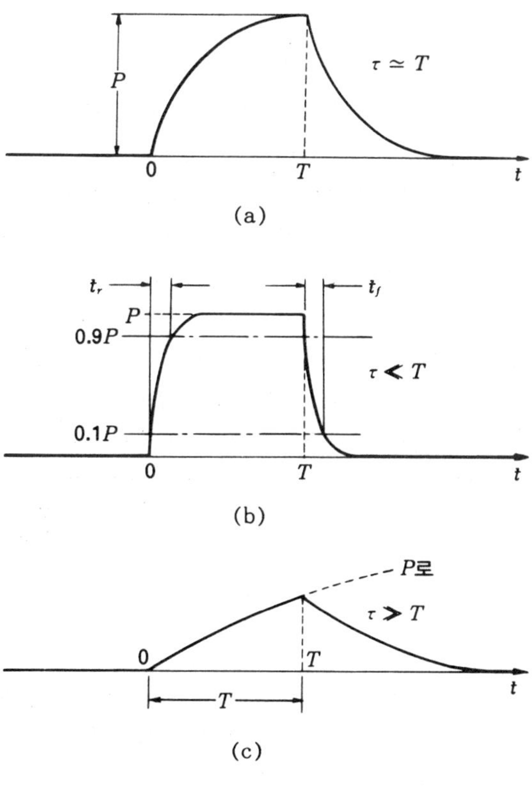

〈그림 1-27〉 저역-통과 STC회로망의 펄스 응답

의 최소값(0)을 향해 지수적으로 감소하게 된다. 끝으로, 저역-통과 회로망이 직류성분을 잘 통과시키므로, 출력파형의 면적과 입력파형의 면적이 같아진다는 점에 유의하기 바란다.

펄스 신호를 전자 시스템의 한 부분에서 다른 부분으로 연결시킬 때 일반적으로 저역-통과 회로망은 신호가 발생되는 시스템의 출력단 등가저항(테브난 등가저항)과 신호가 가해지는 시스템의 입력단 등가 캐패시턴스로 이루어진다. 이러한 피할 수 없는 저역-통과 여파기는 그림 1-27(a)와 같은 형태로 펄스 신호를 통과시킨다. 아주 잘 설계된 시스템에서는 시정수 τ가 펄스의 폭 T보다 매우 작아서 파형의곡이 적다. 이러한 경우 그림 1-27(b)에 나타낸 바와 같이 펄스의 양단이 약간 둥글게 된다. 그럼에도 불구하고, 펄스의 양끝이 여전히 지수적이라는 점에 주목하기 바란다.

기생(parasitic) 저역-통과 회로에 기인하는 파형의 의곡은 상승시간(rising time)과 하강시간(falling time)으로 측정한다. 상승시간이란 펄스의 진폭이 최종치의 10%에서 90%까지 증가하는데 걸리는 시간을 가리킨다. 마찬가지로, 하강시간은 펄스의 진폭이 최대값의 90%에서 10%로 떨어지는데 걸리는 시간을 말한다. 이러한 정의를 그림 1-27(b)에 나타냈다. 출력파형의 상승구간과 하강구간에 해당하는 지수방정식을 사용하면, 다음과 같은 결과를 얻는다. $t_r = t_f \simeq 2.2\tau$가 되고, 이것은 $f_o = \omega_o / 2\pi = 1 / 2\pi\tau$을 사용하여 표시하면 다음과 같이 된다.

$$t_r = t_f \simeq \frac{0.35}{f_o} \tag{1-21}$$

끝으로, 모든 시스템에 반드시 존재하는 불필요한 저역-통과 현상이 시스템의 동작속도를 떨어뜨린다는 점에 유의하기 바란다. 결과적으로, 신호의 의곡을 어느 한도 이내로 하기 위해서는(주어진 시정수에 대해) 폭이 긴 펄스를 사용해야 한다.

다른 극단적인 경우, 즉 τ가 T보다 무척 길 때는 그림 1-27(c)에 예시되어 있다. 출력이 최종값 P를 향해 지수적으로 증가하기는 하지만, $\tau \gg T$이므로 $t=T$에서 출력값은 P보다 매우 작아진다. $t = T$에서 출력파형은 0을 향해 지수적으로 감소하게 된다. 입력파형과 출력파형의 모양이 전혀 다른 점에 주목하기 바란다. 또한, $\tau \gg T$이기 때문에 $t = 0$에서 $t = T$ 사이의 지수함수가 거의 직선이 되는 점에 주목하기 바란다. 이 직선함수의 기울기는 입력 펄스의 높이에 비례하므로, 출력파형을 시간으로 적분한 것과 비슷하게 된다. 즉, 시정수가 긴 저역-통과 회로망은 적분기(integrator)의 역할을 하게 된다.

(2) 고역-통과회로

그림 1-28(a)는 그림 1-26의 입력 펄스에 대한 고역-통과 STC회로망의 출력을 보여준다. 여기서 τ와 T 값은 비슷하다. 이미 밝힌 바와 같이, 입력 펄스의 상승구간의 갑작스런 변화는 고역-통과 회로망의 출력에서 그대로 재현된다. 그러나 고역-통과회로는 직류를 차단시키기 때문에 출력파형은 막바로 0을 향해 지수적으로 감소하게 된다. 이런

감소는 입력이 하강하는 $t = T$에서 그치게 되고, 고역-통과회로는 입력의 갑작스런 하강을 그대로 재현시킨다. 따라서 $t = T$에서 출력파형은 언더슈우트(undershoot)하게 된다. 그리고 다시 0을 향해 지수적으로 감소하게 된다. 결과적으로 0축 위의 출력파형의 면적과 축 아래의 면적이 같아진다. 이것은 고역-통과 회로망이 직류성분을 차단시킨다는 사실과 일치한다.

여러 가지 응용에 있어서 고역-통과 STC회로망은 시스템의 한 부분에서 다른 부분으로 펄스를 결합시키는데 사용된다. 이와 같은 응용에 있어서 펄스의 의곡을 될 수 있는 한 작게 하는 것이 좋다. 그러기 위해서는 시정수 τ를 T보다 가능한 크게 잡아야 한다.

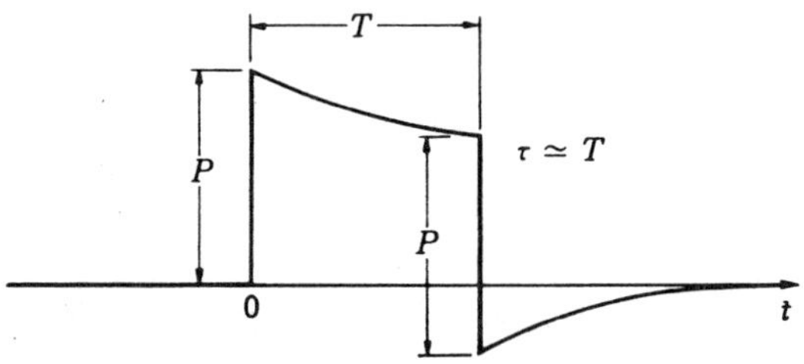

(a)

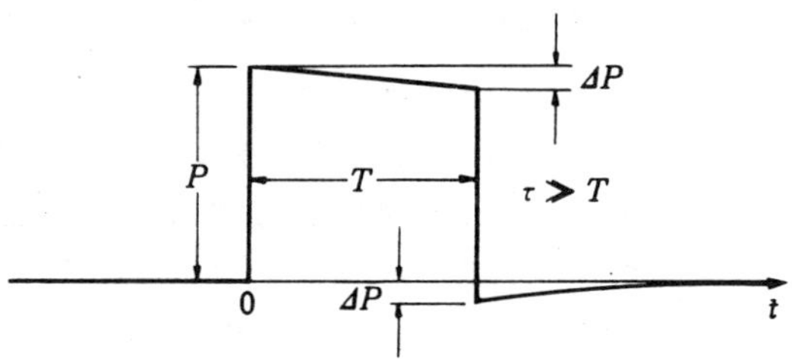

(b)

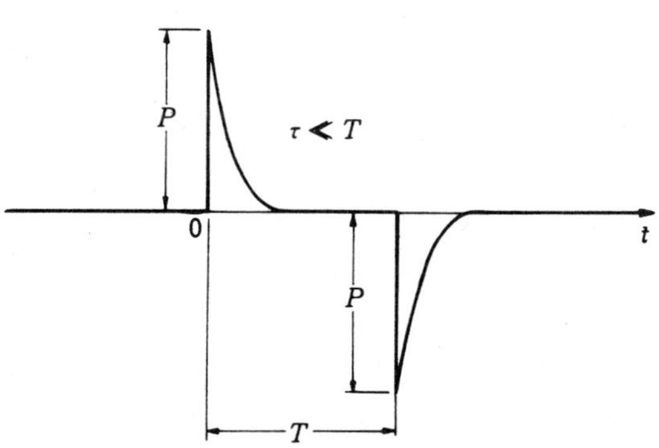

(c)

〈그림 1-28〉 고역-통과 STC회로망의 펄스 응답

만약 이렇게 할 경우 그림 1-28(b)와 같이 펄스의 주기 T 동안에는 진폭의 손실이 매우 작아진다. 그럼에도 불구하고 파형은 여전히 음(−)의 쪽으로 내려가게 되고, 음의 부분의 면적과 양의 부분의 면적이 같게 된다.

그림 1-28의 파형을 생각해 보자. τ가 T보다 매우 크기 때문에 $t = 0$에서 $t = T$ 사이의 지수함수는 거의 직선이며, 이 직선의 기울기는 $t=0$에서의 지수함수와 같다. 이 기울기의 값은 P/τ인데 이것은 진폭손실 ΔP를 계산하는데 사용된다.

$$\Delta P \simeq \frac{P}{\tau} \tag{1-22}$$

입력 펄스에 대한 고역-통과 회로망의 의곡효과는 펄스 높이의 퍼센트 손실로 나타낸다. 이것은 출력 펄스의 감소를 나타내는데 사용된다.

$$\text{퍼센트 처짐} = \frac{\Delta P}{P} \times 100 \tag{1-23}$$

따라서

$$\text{퍼센트 처짐} = \frac{T}{\tau} \times 100 \tag{1-24}$$

마지막으로, $t = T$에서의 진폭의 처짐(sag)이 ΔP와 같다는 점에 주목하기 바란다.

극단적인 또 한 경우, 즉 그림 1-28(c)와 같이 $\tau \ll T$일 때는 지수적 감소가 매우 빠르게 진행된다. 따라서 출력파형은 펄스의 상승구간을 조금 넘어서자마자 거의 0이 된다. 펄스의 하강구간에서는 출력이 거의 P와 같은 크기만큼 음의 쪽으로 내려가게 된다. 그 다음에 빠른 속도로 0에 가까워진다. 그림 (c)로부터 알 수 있듯이, 출력파형은 입력파형과는 전혀 다른 모양을 하고 있다. 출력파형은 상승구간의 스파이크(spike)와 하강구간의 스파이크로 구성된다. 출력파형이 입력 펄스의 시간 미분과 거의 비슷하다는 점에 주목하기 바란다. 즉, $\tau \ll T$인 고역-통과 STC회로망은 미분기 역할을 한다. 그러나 이 미분기는 이상적인 것이 못된다. 즉, 이상적인 미분기는 두 개의 임펄스(impulse)를 만든다. 그럼에도 불구하고, τ가 짧은 고역-통과 STC회로망은 입력파의 변이부분에서 예리한 펄스나 스파이크를 만드는데 이용된다.

[연 습 문 제]

1-1 고속 스위칭 소자로서 요구되는 조건을 쓰시오.

1-2 펄스의 충격계수를 설명하시오.

1-3 포화형 스위치와 불포화형 스위치를 그리고 그 차이점을 설명하시오.

1-4 P찬넬과 N찬넬 FET를 써서 상보 스위칭 회로를 구성하는 원리를 설명하시오.

1-5 RC회로의 시정수와 상승시간 또는 하강시간의 관계식을 쓰고 설명하시오.

1-6 고역통과 RC회로에 펄스를 입력하였을 때의 출력파형을 그리시오.

1-7 저역통과 RC회로에 step파형을 인가하였을 때의 출력파형을 그리시오.

1-8 2진수 101100101을 펄스열로 나타내시오.

1-9 그림 1-29에 나타낸 저역통과 STC회로망에 대하여 차단주파수 f_0와 직류전송, 그리고 $f = 3\text{MHz}$ 전송을 구하시오.

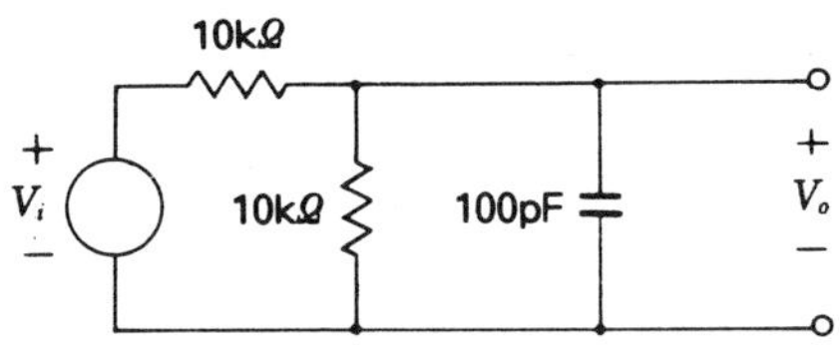

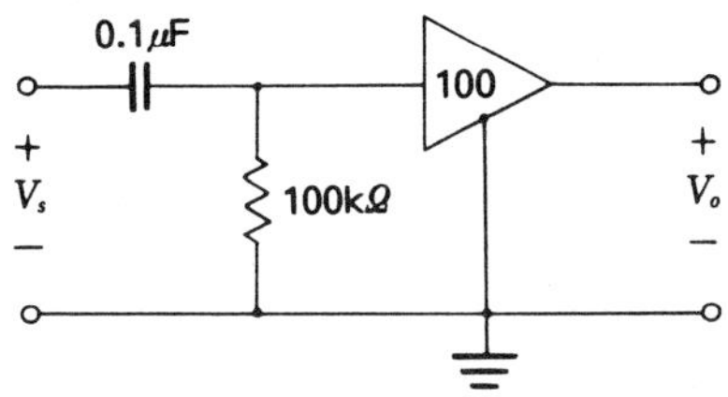

〈그림 1-29〉

1-10 캐패시턴스로 결합된 그림 1-29의 증폭기에서 고주파이득, 3dB 주파수 그리고 $f = 1\text{Hz}$에서의 이득을 구하시오.

1-11 그림 1-30과 같은 회로에서 i_1이 3mA의 계단함수이고, $R = 1\text{k}\Omega$, $C=100\text{pF}$일 때 $v_o(t)$를 구하시오.

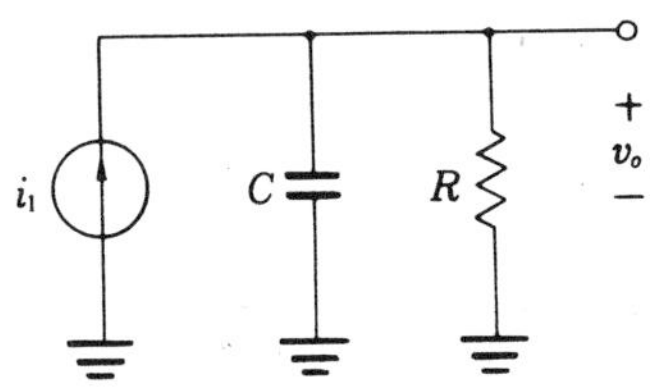

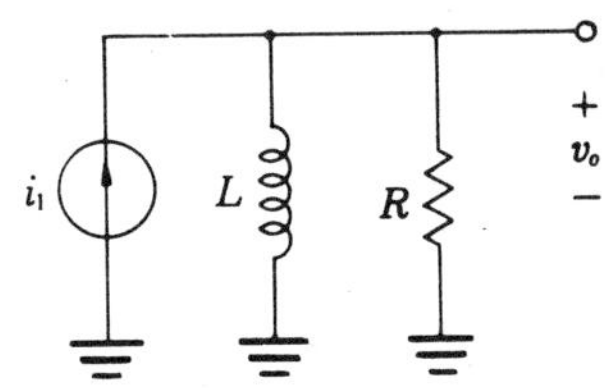

〈그림 1-30〉

1-12 그림 1-30과 같은 회로에서 i_1이 2mA의 계단함수이고, $R = 2\text{k}\Omega$, $L = 10\mu\text{H}$일 때 $v_o(t)$를 구하시오.

1-13 차단주파수가 10MHz인 저역통과 RC회로망을 1μs의 펄스가 통과하였을 때 출력 펄스의 상승시간과 하강시간을 구하시오.

1-14 어떤 증폭기의 출력단이 캐패시턴스를 통해 다음단에 연결되어 있다. 첫번째단의 출력저항이 1kΩ이고 두번째단의 입력저항이 4kΩ일 때 10μs의 펄스가 1%이하의 처짐을 나타내려면 C의 최소값이 얼마인지 계산하시오.

1-15 높이가 10V이고 폭이 10μs인 펄스로 시정수가 10μs인 고역통과 STC회로망을 구동시킨다. 이때 출력파형이 언더슈트하는 크기를 구하시오.

2장 다이오드 응용

2-1 적분회로

입력신호의 시간적 적분치에 비례하는 출력을 얻기 위한 회로를 적분회로(Integrating Circuit)라고 하며 이 회로는 입력신호파의 미소한 변동을 평활화(smoothing) 할 때 또는 입력신호파의 평균출력을 얻으려고 할 때 사용된다. 그림 2-1(a)는 가장 많이 사용되는 RC적분회로이다.

그림에서

$$v_i = v_o + iR = \frac{1}{C}\int idt + iR$$

$$v_o = \frac{1}{C}\int idt$$

$R \gg \frac{1}{\omega C}$ 이면, 즉 CR이 매우 크다면 $v_o \ll iR$이므로 $v_i \simeq iR$

따라서 출력전압 v_o는

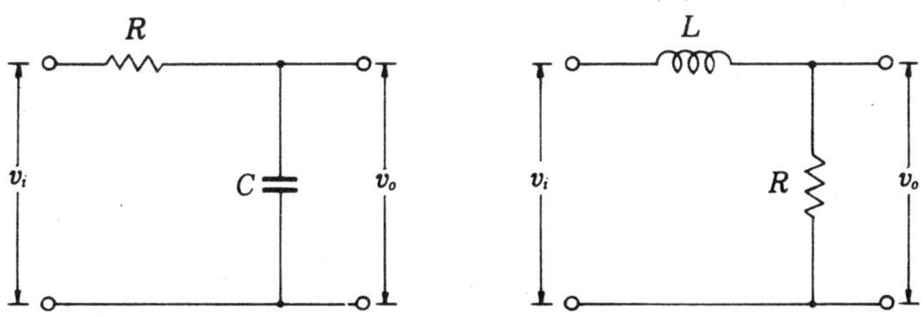

(a) RC형 (b) LR형

〈그림 2-1〉 적분회로

〈그림 2-2〉 RC 적분회로의 입출력

$$v_o = \frac{1}{C}\int i dt = \frac{1}{CR}\int v_i\, dt \tag{2-1}$$

이므로 출력전압 v_o는 입력전압 v_i의 적분값에 비례한다.

이 회로에 그림 2-2(a)와 같은 방형파 전압을 가하면 출력파형은 그림 2-2(b)와 같다. 이 곡선은

$$v_o = v_i(1 - e^{-t/CR}) \tag{2-2}$$

와 같은 선을 그리는 것으로서 충분히 긴 시간이 경과하면 v_o는 v_i와 같아진다. 즉 시정수가($\tau = CR$) 작을수록 빨리 전압이 상승되고, 시정수가 매우 커지면 삼각파와 비슷한 모양이 된다.

그림 2-1(b)는 LR형 적분회로이고, 이 회로에서도

$$v_i = L\frac{di}{dt} + Ri$$

$\omega L \gg R$이면

$$v_i = L\frac{di}{dt}$$

$$i = \frac{1}{L}\int v_i dt$$

따라서 출력전압 v_o는

$$v_o = Ri\,\frac{R}{L} = \int v_i dt \tag{2-3}$$

로 되어 v_o는 입력전압 v_i의 적분값에 비례된다.

(예제 2-1) 그림 2-3과 같은 회로에 단위 step 입력이 인가되었을 때의 등가 통과 대역폭 f를 구하여라.

(해) $f = \dfrac{R}{2\pi L}$

$\tau = L / R$

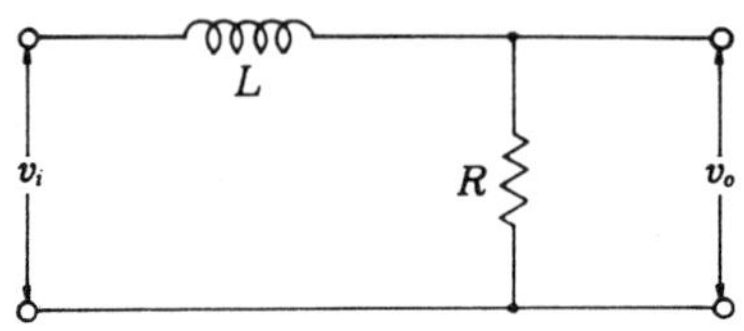

〈그림 2-3〉

(예제 2-2) RL 직렬회로의 시정수는 얼마인가?

(해) $v_o = Ve^{-Rt/L}$ 이므로

$\tau = L/R$이다.

2-2 Miller 적분회로

그림 2-4와 같은 회로에서 증폭기의 이득 A_v가 (−)로 대단히 크다고 하면 (Ex:OP AMP)

$$v_i = V - Ri$$

$$v_o = v_i - \frac{1}{C}\int idt$$

$$v_o = -A_v v_i \qquad (2\text{-}4)$$

에서 $A_v = -v_o / v_i$이므로 $v_i \simeq 0$로 무시할 수 있고

$$i = V/R$$

로 되어

$$v_o = \frac{-1}{C}\int idt = \frac{-1}{C}\int \frac{V}{R}dt = \frac{-1}{CR}\int Vdt \qquad (2\text{-}5)$$

가 얻어진다. 즉 입력에 방형파를 인가하면 시간에 따라 직선적으로 증가(또는 감소)하는 톱니파가 얻어지며, 이와 같은 적분기를 Miller 적분기라고 부른다. 이와 같은 회로에 사용되는 증폭기는 입력 임피던스가 높고 출력 임피던스가 낮을 것이 요구되며, 따라서 OP AMP가 적당하다. 단지 귀선기간이 길어질 염려가 있으므로 이를 방지하기 위해서는 그림 2-4(b)와 같이 다이오드 D를 경유하여 입력신호를 공급하므로써 입력이 0 또는 +인 경우에는 다이오드가 도통하여 C의 전하를 급격히 방전시켜 출력을 0으로 하므로써 귀선기간을 짧게 하는 방법이 흔히 쓰인다. 이 회로를 특별히 Miller run amplifier라고도 부른다.

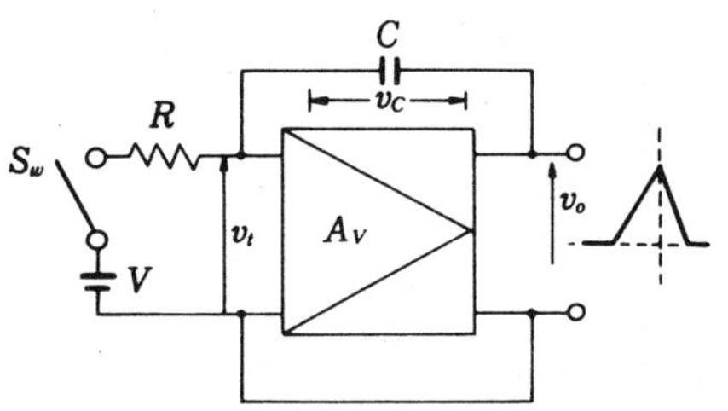

(a)

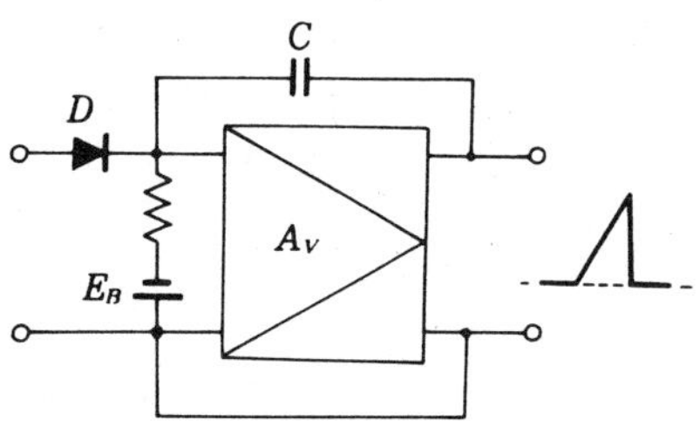

(b)

〈그림 2-4〉 Miller 적분기

2-3 미분회로

신호파형에서 급격히 변화하는 부분을 강조하여 분리할 때 또는 방형파에서 spike파를 얻으려고 할 때에는 미분회로(differential circuit)를 사용한다.

그림 2-5와 같은 회로에서 출력전압 v_o는 입력전압 v_i의 미계수에 근사적으로 비례하므로 이 CR소자를 이용한 것이 가장 기본적인 미분회로라고 할 수 있다.

그림 2-5(a)의 회로에서

$$v_i = \frac{1}{C}\int idt + Ri$$

$$i = \frac{dq}{dt}\ ,\ q = \int_0^t idt \tag{2-6}$$

만일 $1/\omega C \gg R$, 즉 시정수 CR이 매우 적다면

$$v_i = \frac{1}{C}\int idt = \frac{q}{C} \tag{2-7}$$

이므로

$$v_o = iR\left(= R\frac{dq}{dt}\right) = CR\frac{dv_i}{dt} \tag{2-8}$$

로 되어 출력전압은 입력전압의 미분값에 비례한다. 물론 CR이 너무 적어지면 출력전압도 적어진다는 점을 주의하여야 한다.

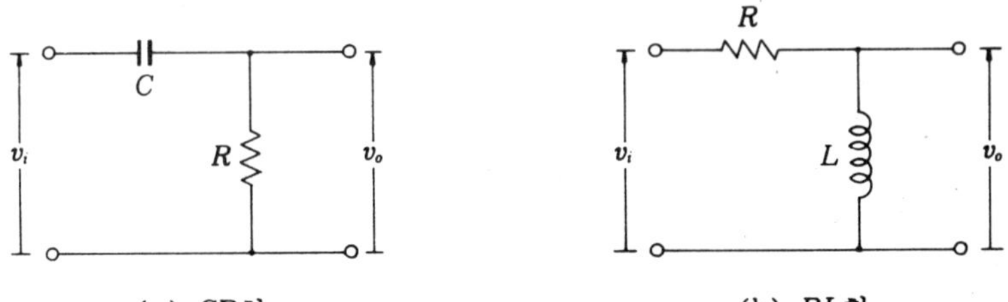

(a) CR형 (b) RL형

〈그림 2-5〉 미분회로

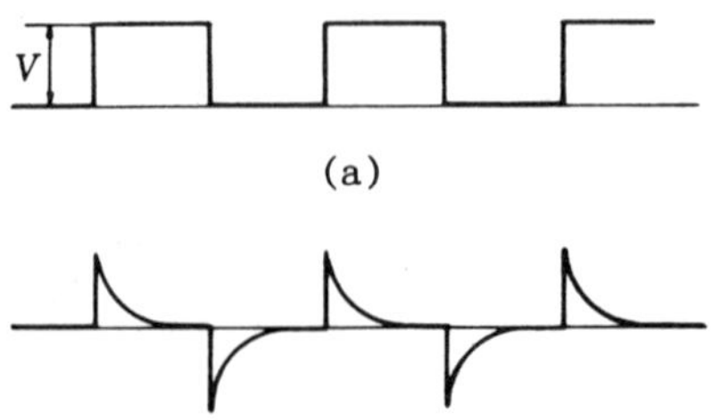

(a)

(b)

〈그림 2-6〉 CR미분회로의 입력과 출력

이 회로의 입력에 그림 2-6과 같은 방형파를 인가하면 출력은 그림 2-6(b)와 같이 (+)(−)의 spike파형이 된다. 이 spike파의 파형은

$$v_o = Ve^{-t/CR} \tag{2-9}$$

로 되며 여기서 V는 방형파 입력전압이다.

그림 2-5(b)와 같은 회로에서도

$$v_i = iR + L\frac{di}{dt} \tag{2-10}$$

L/R이 매우 적다면

$$v_i = iR \tag{2-11}$$

이므로 출력전압은

$$v_o = L\frac{di}{dt} = \frac{L \cdot dv_i}{R \cdot dt} \tag{2-12}$$

로 되어 출력전압 v_o는 입력전압 v_i의 미분값에 비례한다.

(예제 2-3) 그림 2-7(a)와 같은 미분회로에 $v_i = E(1-\exp(-t/\tau))$인 구형파를 입력에 인가하였을 때 출력전압을 Laplace 변환을 이용하여 계산하여라.

(해) 먼저 회로방정식을 구하면

$$v_i(t) = E(1-\exp(-t/\tau)) \quad \cdots\cdots\cdots ①$$

$$v_i = i(t)R + L\frac{di(t)}{dt} \quad \cdots\cdots\cdots ②$$

①②를 Laplace 변환하면

$$v_i(s) = E\left(\frac{1}{s} - \frac{1}{s+\left(\frac{1}{\tau}\right)}\right)$$

$$v_i(s) = i(s)R + sLi(s)$$

따라서

$$i(s) = \frac{E}{L}\left(\frac{1}{s\left(s+\frac{R}{L}\right)} - \frac{1}{\left(s+\frac{R}{L}\right)\left(s+\frac{1}{\tau}\right)}\right)$$

$$v_o(s) = sL \cdot i(s) = E\left(\frac{1}{s+\frac{1}{\tau}} - \frac{s}{\left(s+\frac{1}{\tau}\right)\left(s+\frac{1}{\tau}\right)}\right)$$

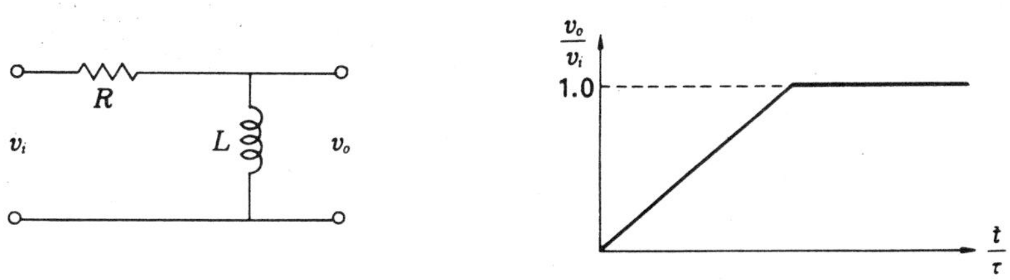

(a) (b)

〈그림 2-7〉

따라서 이에 대한 역변환은

$$v_o(t)=E\left[\frac{t}{\tau}\right]\exp(-t/\tau)$$

2-4 클리핑 회로

클리핑(clipping) 회로는 입력신호인 임의의 파형을 출력단에서 어느 기준 레벨의 상 또는 하로 일부분만 나타나게 하는 역할을 한다. 그러므로 클리핑 회로는 전압(또는 전류) 리미터, 진폭 선택기 또는 슬라이서(slicer)라고도 한다.

예컨대 반파정류 회로도 일종의 클리핑 회로이지만, 실제 많이 사용하는 클리핑 회로는 다음과 같은 꼴로 만들어서 사용한다. 그림 2-8(a)는 클리핑 회로의 가장 간단한 예이다. 이 회로의 전달 특성은 다이오드 D의 piece wise linear model을 사용하면 그림 2-8(b)와 같이 된다. 즉, D가 차단될 때에는 다이오드 전압 $v < V_r$이고 입력전압 $v_i < V_r + V_R$로 되어서 저항 R에는 전류가 흐르지 않을 것이므로 출력전압 $v_o = v_i$로 된다.

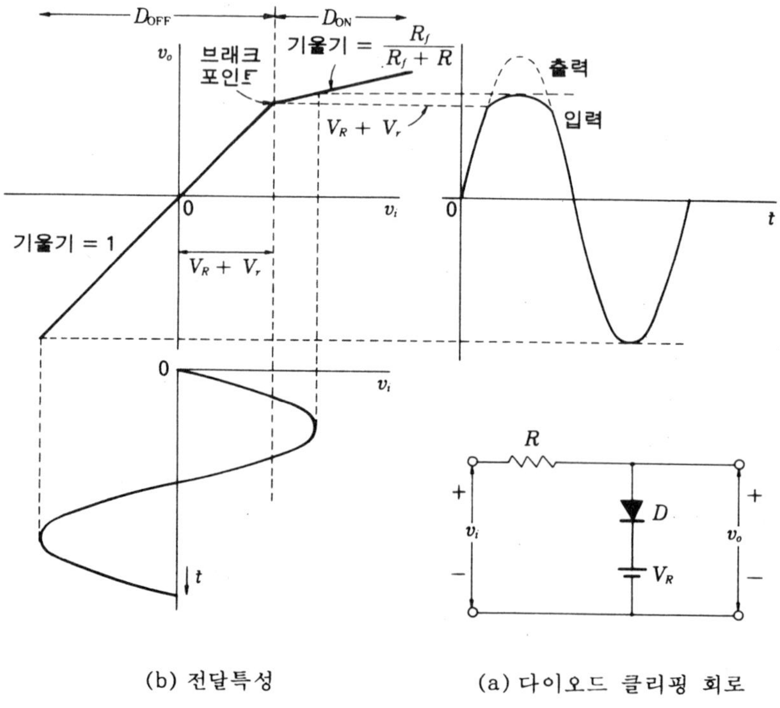

(b) 전달특성 (a) 다이오드 클리핑 회로

〈그림 2-8〉

그러나 $v_i > V_r + V_R$일 때에는 그림 2-8(b)에서처럼 다이오드는 도전하고 파형은 거의 차단상태로 된다. 따라서 이 회로의 전달특성은 $v_i \leq V_r + V_R$인 범위에서 입력전압과 같아지지만 $v_i \geq V_r + V_R$인 범위에서는 더 이상 크게 증가하지 못하고 증분 Δv_i에 대하여 출력은 $\Delta v_o = R_f \Delta v_i / (R_f + R)$만큼 증가한다. 따라서 이 범위에서 $v_i - v_o$ 곡선의 기울기는 $R_f / (R_f + R)$로 된다.

이때 $R_f \ll R$가 되도록 회로를 구성하면 $v_i > V_r + V_R$인 부분은 엄격히 제한 될 것이다. 이때에 $v_i \cong V_r + V_R$로 되어 출력은 양의 peak가 클립(또는 sliced off)되어 나타나게 된다.

다음에는 다이오드 방향이 반대로 접속된 그림 2-9(a)와 같은 클리핑 회로를 고찰하자. 이 회로의 전달특성은 전과 같이 piece wise linear model을 사용하여 그림 (b)에 표시하였다. 즉, 이 회로에서는 입력이 $V_R - V_r$보다 양으로 될 때에 감쇠없이 전달되는 것을 알 수 있다. 그러나 $V_R - V_r$보다 적은 양의 부분에서는 그림에서와 같이 크게 억제된다.

입력이 출력으로 전달되는 영역에서는 다이오드의 역저항 R_r이 저항 R보다 $R_r \gg R$($R_r = kR$, k는 큰 수)인 것이 필요하며, 반대로 감쇠영역에서는 $R \gg R_f$($R = kR_f$)로 되어야 한다. 이 두 관계로부터 $R = \sqrt{R_f R_r}$ 가 성립하도록 R의 값을 선정하는 것이 합리적이다.

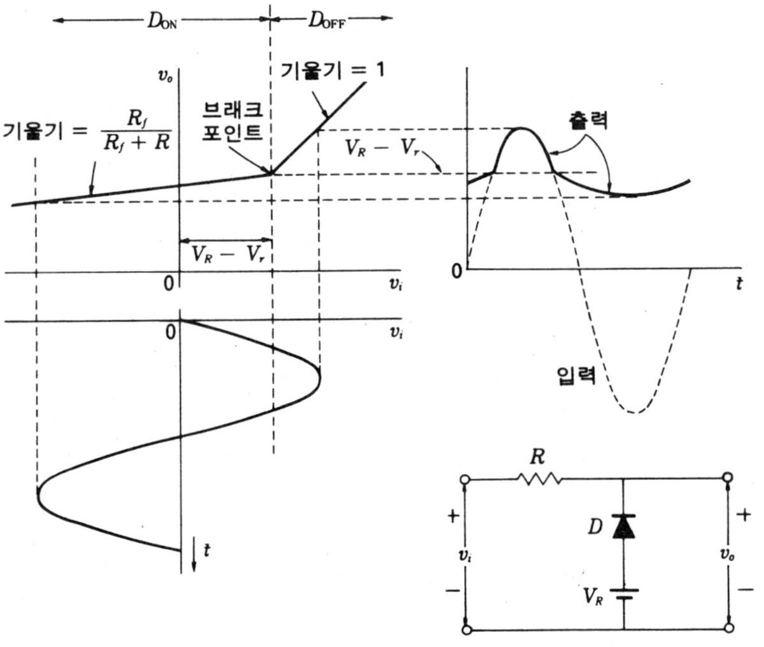

(b) 전달특성 (a) 다이오드 클리핑 회로

〈그림 2-9〉

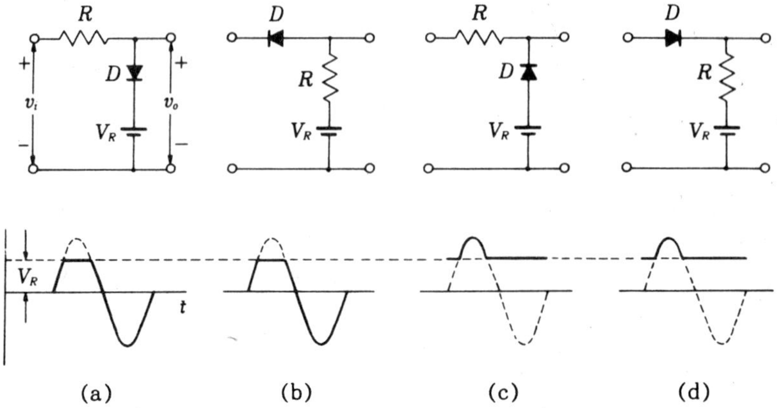

〈그림 2-10〉 각종 클립퍼

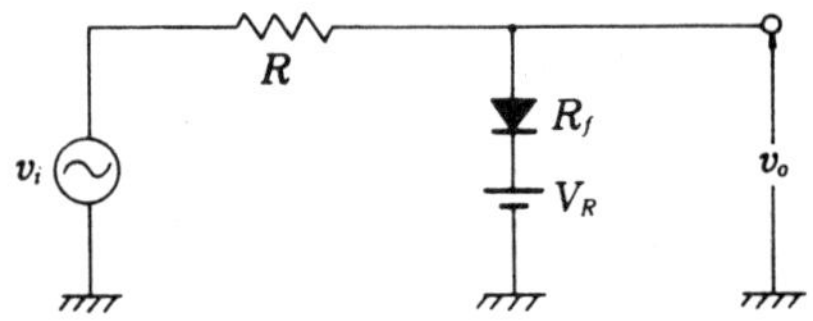

〈그림 2-11〉

다음에 여러가지 꼴의 다이오드 클리퍼 회로와 파형을 표시하므로 참고하기 바란다(그림 2-10).

참고 : 그림 2-11과 같은 회로에서 클리핑 특성이 좋게 하기 위한 조건을 구하면 다음과 같다. 회로에서 R은 (+)반파시에 D를 통하여 전류가 흐르는데 이때 I가 적게 흐르고 $V_o = V_R$가 되기 위해서는 $R \gg R_f$이어야 한다.

(예제 2-4) 그림 2-12와 같은 클리핑 회로에서 입력에 정현파 전압을 인가하였을 때의 출력파형을 그려라. 단, $v_i = V_m \sin\omega t$이며 $V_m > E$인 관계에 있다.

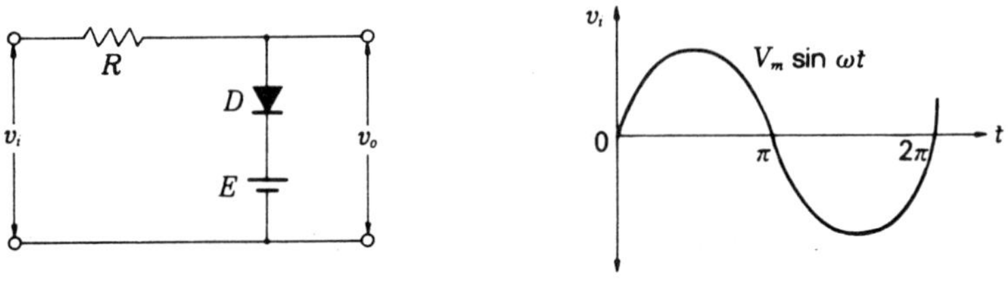

〈그림 2-12〉

(해) $v_i > E$: 다이오드는 순바이어스로 도통되며 출력전압은 거의 E로 고정되고,

$v_i < E$: 다이오드는 역바이어스로 출력전압은 v_i와 거의 같다. 따라서 이에 대한 출력전압파형은 그림 2-13과 같다.

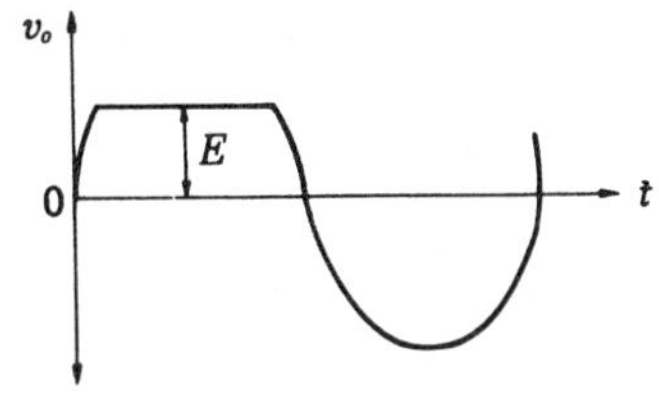

〈그림 2-13〉

2-5 리미터 및 슬라이서 회로

슬라이서(slicer)란 입력파형 중에서 두 레벨 사이의 신호만을 뽑아내는 회로를 말하며 슬라이서의 폭이 크면 진폭을 제한한 것과 같아지는데 이와 같은 회로를 리미터(limitter)라고 한다.

그림 2-14(a)는 병렬형 슬라이서 회로이다. 이 회로에서 직류전원 E_1을 E_2보다 더 크게 해두면 입력전압 v_i가 E_1보다 더욱 클 때에는 다이오드 D_1에는 순방향전압이 인가되고 다이오드 D_2에는 역방향전압이 인가되므로 출력전압 v_o는 E_1과 거의 같아진다. 한편 입력전압 v_i가 E_2보다 더욱 작을 때는 다이오드 D_1은 역방향, 다이오드 D_2는 순방향 전압이 인가되어 출력전압은 E_2와 거의 같게 된다.

따라서 입력전압이 E_2보다 크고 E_1보다 작은 동안에는 다이오드 D_1과 D_2는 모두 역방향 전압이 인가되어 동작되지 않으므로 출력전압은 입력전압과 같아져서 입력전압 중에서 E_1과 E_2 사이의 부분만을 추출해 낼 수 있다.

그림 2-14(b)는 직렬형 슬라이서 회로의 예이다. 이 회로는 2개의 클리퍼 회로를 조합시켜 놓은 것으로 그 동작은 병렬형의 경우와 동일하다. 또 그림 2-14(c)는 제너다이

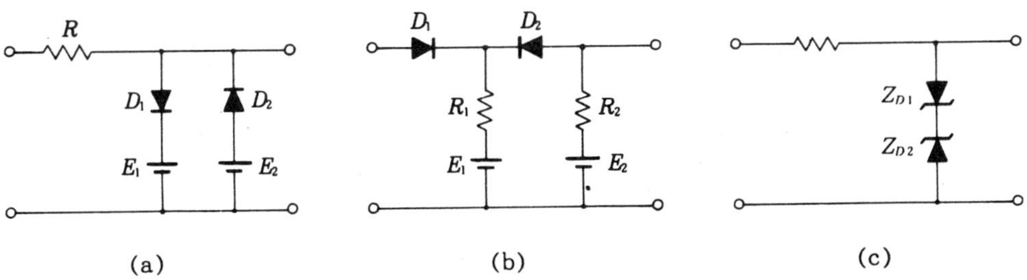

〈그림 2-14〉 슬라이서

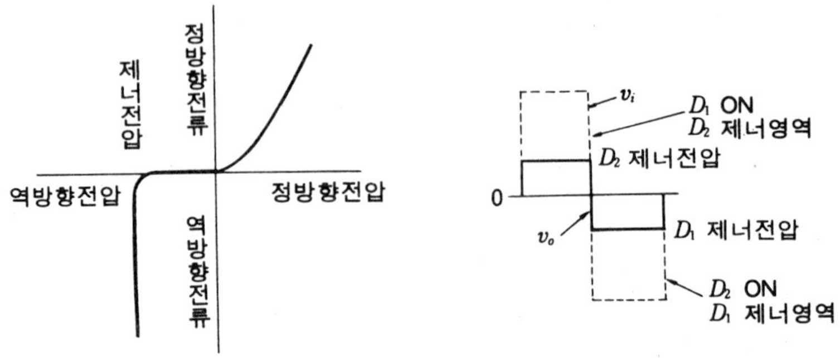

(a) 제너다이오드의 V-I 특성 (b) 그림 2-14(c)의 입출력 파형

〈그림 2-15〉

오드를 써서 슬라이서 회로를 구성한 예이다. 제너다이오드는 그림 2-15와 같은 전압-전류특성을 가지고 있으므로 역방향전압이 어느값에 달하면 갑자기 전류가 흐른다. 이 영역을 제너영역이랴고 하며 제너영역에서 이 다이오드의 전압은 전류와 무관하다. 제너영역에서는 이 다이오드의 전압을 제너 전압이라고 말한다.

그림 2-14(c)와 같이 2개의 제너다이오드를 서로 반대방향으로 연결하면 (+)의 반파에서 D_1은 순방향전압이 인가되지만 D_2가 제너영역에 도달할 때까지는 이 회로에 전류가 흐르지 않으며 따라서 입력전압은 그대로 출력전압이 된다.

그러나 D_2가 제너영역에 들어가면 D_1, D_2는 모두 도통되며 따라서 출력전압은 거의 D_2의 제너 전압과 같게 된다. (−)반파에서의 동작은 (+)반파인 경우와 반대로 생각하면 되므로 이 회로의 입력에 방형파가 인가되었을 때 그 출력파형은 그림 2-15(b)와 같다.

(예제 2-5) 그림 2-16(a)와 같은 회로에 있어서 $v_i - v_o$의 특성곡선을 그려라. 단, $E_2 > E_1$이다.

(해) $v_i > E_2$면 $v_o = v_i$

$v_i < E_1$면 $v_o = v_i$

$E_1 < v_i < E_2$면 $v_o = 0$이므로 출력파형은 그림 2-16(b)와 같다.

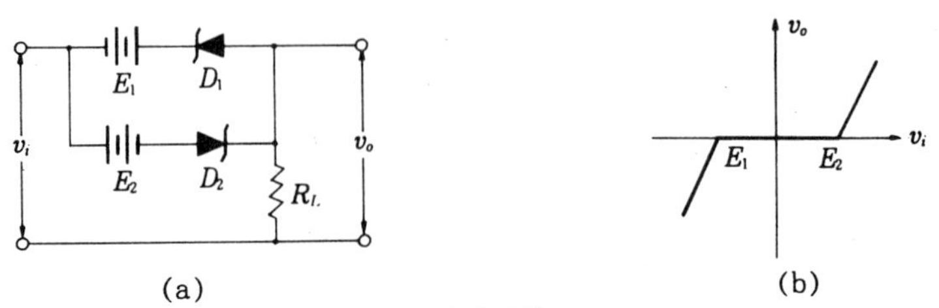

(a) (b)

〈그림 2-16〉

2-6 클램프 회로

클램프 회로(clamp circuit)란 입력파형의 기준 레벨의 위치를 변경시키는 회로를 말한다. 클램프 회로에도 여러 가지 종류가 있으며 그림 2-17(a)는 부첨두치 클램프 회로의 예이다. 이 회로에 방형파를 인가하면 C의 단자전압은 순간적으로 변화할 수 없으므로 입력전압의 변화는 그대로 출력전압의 변화로 나타나며 다이오드 D에는 순방향전압이 인가되므로 다이오드 D를 통하여 C에 충전전류가 흐르기 시작한다.

또, 방형파가 끝나는 순간에 대하여 생각하면 이때에도 입력신호전압은 0으로 급격한 변화를 하나 C의 전압은 순간적으로 변화할 수 없으므로 입력전압의 변화가 C를 통하여 그대로 출력전압의 변화로 나타나서 출력전압이 저하된다. 또, 이때 다이오드는 비도통되므로 C의 전하는 R를 통하여 방전한다. 이때 R은 다이오드의 순방향저항보다 크므로 방전시정수 CR은 충전시정수보다 크게 된다.

따라서 그림 2-17(b)와 같이 충전시정수는 짧아 파형이 급격히 하강하고 방전시정수는 커서 파형이 완만하게 하강하므로 입력신호전압은 몇 개의 pulse를 통과시키면 출력전압은 0을 기준 레벨로 하여 (−)의 첨두치 pulse레벨로 된다.

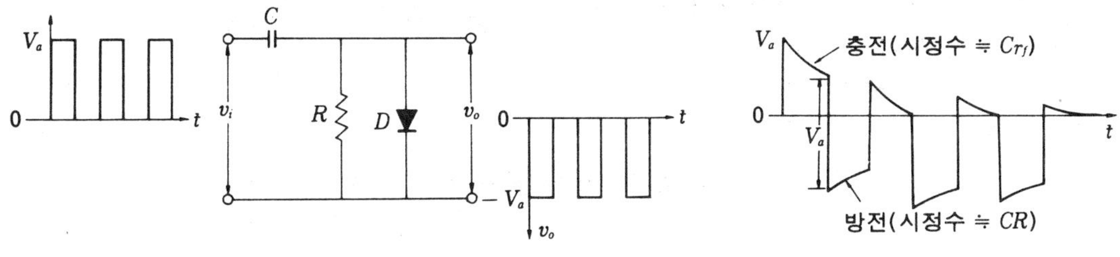

(a)회로와 입출력 레벨 (b)동작의 설명

〈그림 2-17〉 (−)첨두치 클램프 회로와 그 동작

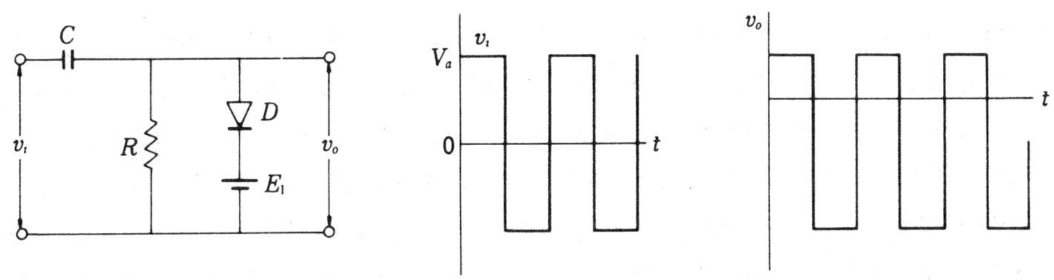

(a) (b) (c)

〈그림 2-18〉 직류부가 클램프 회로와 그 동작

그림 2-18의 회로는 2-17의 회로에 직류전원을 부가한 클램프 회로이다. 한편 이 회로에서 입력전압 v_i가 E_1보다 클 때에 D를 통하여 C가 (V_a-E_1)까지 충전되며 따라서 출력전압은 E_1이 된다. 한편 v_i가 E_1보다 작을 경우에 다이오드는 역방향전압이 인가되므로 도통되지 않고 출력전압은

$$v_o = v_i - (v_a - E_1) = -v_a - v_a + E_1 \tag{2-13}$$

으로 되어 (+)의 첨두치 보다 E_1만큼 낮아진 위치가 0레벨이 되는 회로이다.

(예제 2-6) 그림 2-19(a)와 같은 회로의 입력에 정현파를 인가하였을 때의 출력파형을 그려라. 여기서 $v_i = V_m \sin\omega t$이다.

(해) ① 입력전압의 $0 \sim \pi/2$까지 : v_i는 0에서 V_m까지 증가하므로 D는 순바이어스로 되고 $v_o = 0$이며 이때 C양단의 전압은 v_i와 같은 형태로 증가된다.

② 입력전압의 $\pi/2 \sim \pi$까지 : v_c는 v_i에 따르지 못하여 다이오드는 역바이어스되고 $v_o = v_i - v_c$로 된다. 이때 v_c는 입력전압의 최대치까지 충전된 상태로 방전되지 못한다. 따라서 출력전압은 그림 2-19(b)와 같은 파형이다.

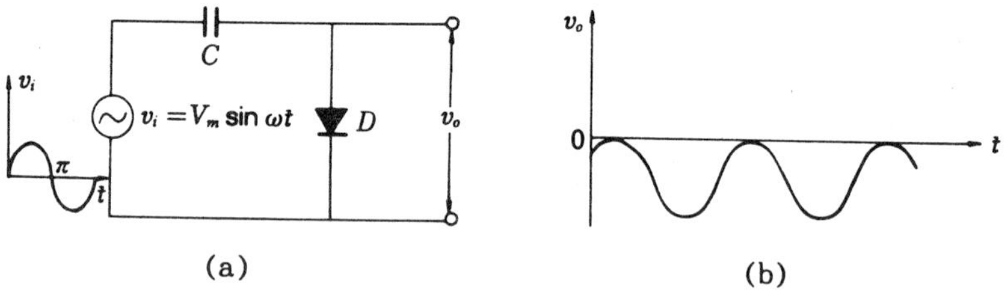

〈그림 2-19〉 예제의 회로

2-7 게이트 회로

게이트 회로는 입력파형 중에서 선택한 시간동안의 범위만 출력측으로 전송하고 그 외의 파형은 0으로 되게 하는 전송회로를 말한다. 또 이 회로는 입력측에 방형파를 공급하여 전기적으로 회로를 개폐하는 동작을 가지고 있으므로 자동전기 스위치라고도 한다.

그림 2-20(a)는 다이오드 2개를 사용하여 입력신호가 (+)이고 게이트 신호가 있을 때만 출력이 나오는, 즉 단극성 다이오드 스위칭시키는 회로이다. 게이트 신호가 없을 때는 $V \to R_3 \to R_4 \to D_1 \to R_1 \to V$로 회로가 구성되어 다이오드 D_1은 도통상태로 되므로 D_1, D_2접합점 P의 전위는 (−)로 되고 이때의 등가회로는 그림 2-20(b)와 같아서 $v_i < V_p$인 경우에 D_2에는 역방향전압이 인가되므로 출력 v_o는 0이 된다. $v_g > V_p$인 경우에는 D_1에 역방향전압이 인가되므로 P점의 전위는 0으로 되며 이때의 등가회로는 그림 2-20(c)와

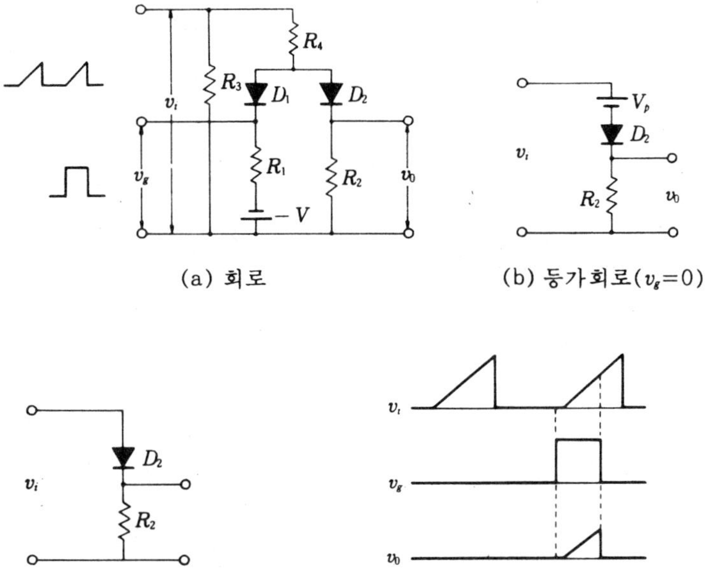

(a) 회로 (b) 등가회로(v_g=0)

(c) 등가회로(v_g=v_p) (d) 파형

〈그림 2-20〉 단극성 다이오드 스위치

같다. 따라서 이때에는 입력신호전압 v_i가 그대로 출력신호로 나타난다. 따라서 이 회로는 게이트 신호전압 v_g가 있을 때만 출력전압 v_o가 나타난다.

이에 대하여 그림 2-21의 회로는 입력신호가 (+)이든지, (−)이든지 게이트 신호만 있으면 항상 출력이 나오는 회로이며, 이와 같은 회로를 쌍극성 다이오드 스위칭 회로라고 부른다.

한편 그림 2-22는 다이오드 4개를 사용하여 브리지 회로를 구성한 예이다. 이 회로

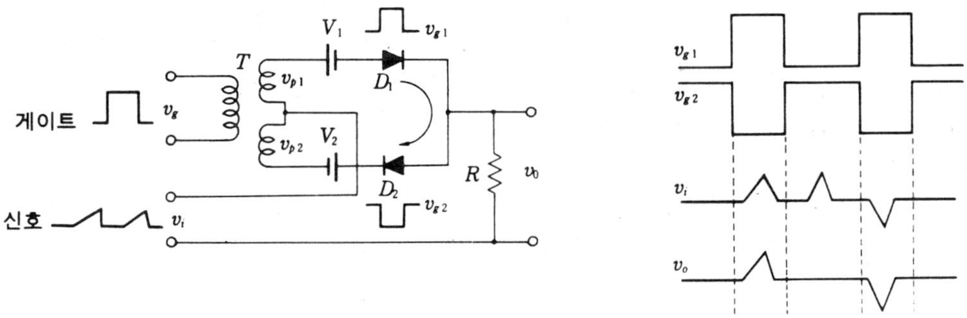

(a)회로 (b)파형

〈그림 2-21〉 쌍극성 다이오드 스위치

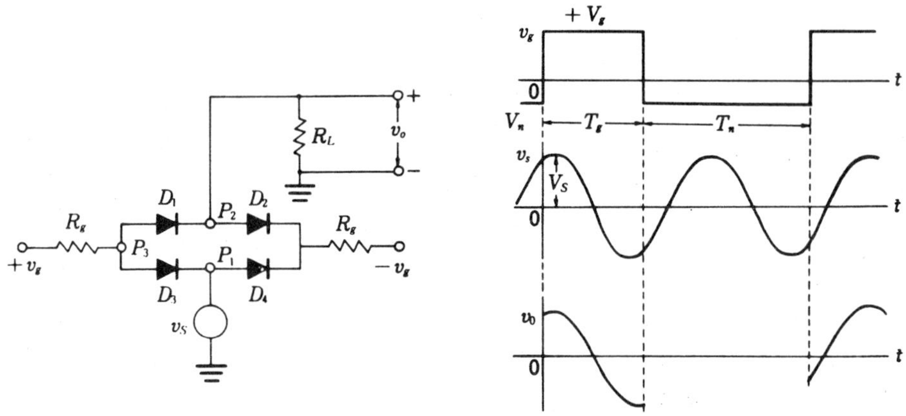

(a) 4개의 다이오드로 된 브리지 샘플링게이트 (b) 제어파 v_g, 신호파 v_s 및 출력전압 v_o

〈그림 2-22〉 브리지로 구성한 게이트 회로

에서 v_s는 신호원전압, v_g는 게이트 제어전압이며 출력전압은 부하저항 R_L양단에서 얻도록 되어 있다. 그림 2-22(b)는 이 회로의 동작파형이며 설명은 다음과 같다.

$v_g = V_g$인 시간 T_g 동안에는 4개의 다이오드가 모두 도통되어 P_1과 P_2의 전위는 같고 $v_o = v_s$이다. 따라서 출력은 선택된 시간 T_g 동안에는 입력전압과 같은 파형이 된다. $v_o = -V_n$인 T_n 동안에는 D_1, D_2, D_3, D_4가 모두 차단상태로 되므로 출력전압은 0이다. 따라서 이 회로는 게이트신호가 있을때에만 출력이 나오는 게이트 회로이다.

2-8 표본화회로

표본화회로는 펄스변복조 또는 A/D 변환기 등에 많이 사용되는 회로로서 연속된 입력신호의 파형에서 어떤 시간각격마다 샘플링을 빼내서 정열하는 회로이다. 이때 검출시간은 신호의 주기에 대하여 대단히 짧게 하며 검출에 사용되는 펄스를 표본화 펄스(sampling pulse)라고 부른다.

그림 2-23(a)는 그 가장 간단한 회로의 예를 보인 것으로 여기에서는 쌍극성 다이오드 스위치 회로를 이용하고 있다. 회로에서 표본화 펄스의 진폭을 V_s, 신호파를 v_i라 하면 대략

$$i_1 = \frac{(v_i + V_s) - V_D}{R} \tag{2-14}$$

$$i_2 = \frac{(v_i - V_s) + V_D}{R} \tag{2-15}$$

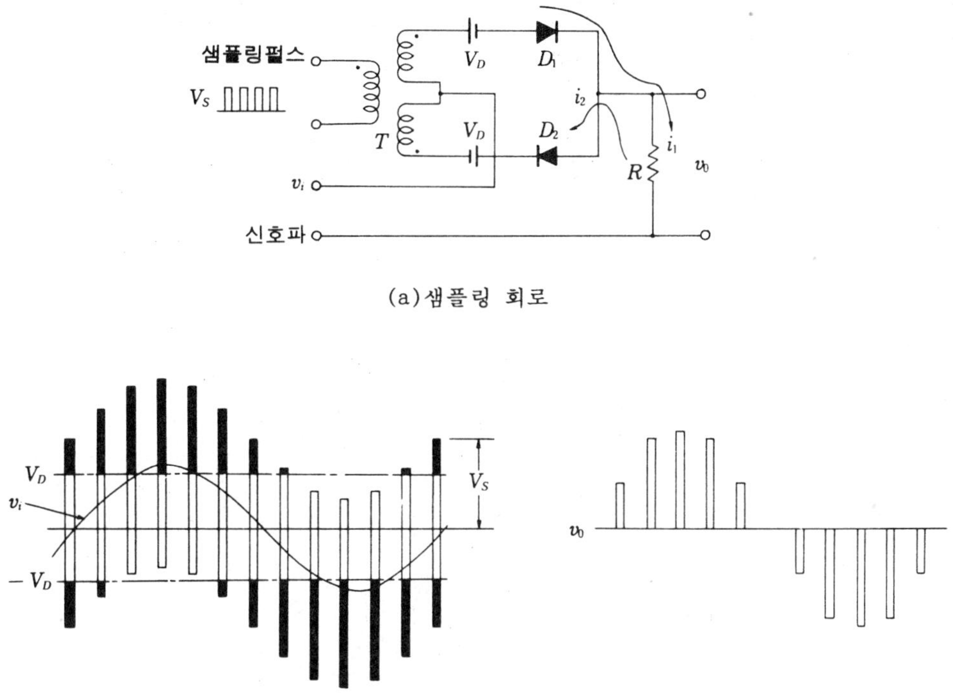

(a)샘플링 회로

(b)v_i+샘플링 펄스

(c)출력

〈그림 2-23〉 표본화회로

의 관계가 성립되므로 그림 2-23(b)의 검게 칠한 부분에 비례하는 전류가 흘러

$$v_o = (i_1 - i_2)R \tag{2-16}$$

인 출력전압이 나타난다. 그림 2-23(c)가 출력전압을 나타내며 이것은 표본화된 펄스 진폭변조파가 된다. 특히 이 회로는 양극성 표본화회로를 사용하여 대칭구조이므로 비직선 일그러짐이 적어서 펄스 통신을 하는 경우에 변복조회로로 널리 쓰이는 것이다.

(예제 2-7) 그림 2-24(a)와 같은 회로의 출력파형을 그리고 그 동작을 간단히 설명하여라.

(해) 이 회로는 FET 스위치와 컨덴서 C를 조합하여 입력신호를 표본화한 다음 다음 표본화 기간까지 그대로 유지시키기 위한 표본화 유지회로(Sample hold 회로)를 구성한 것으로 그 동작은 다음과 같다.

만일 이 회로에서 표본화 게이트의 제어용신호와 FET의 게이트 신호를 동기시켜 주면 입력신호가 표본화되는 기간동안 FET가 ON상태로 되어 있으므로 컨덴서 C는 표본화된 전압으로 출력되고 표본화 기간 이외에는 FET가 OFF되어 다음의 표본화 기간까지 표본화된 출력을 그대로 유지하게 된다. 따라서 이 회로의 출력파형은 그림 2-24(b)와 같다.

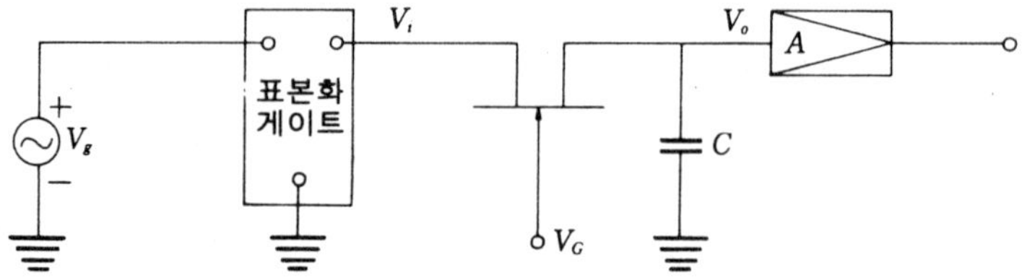

(a)

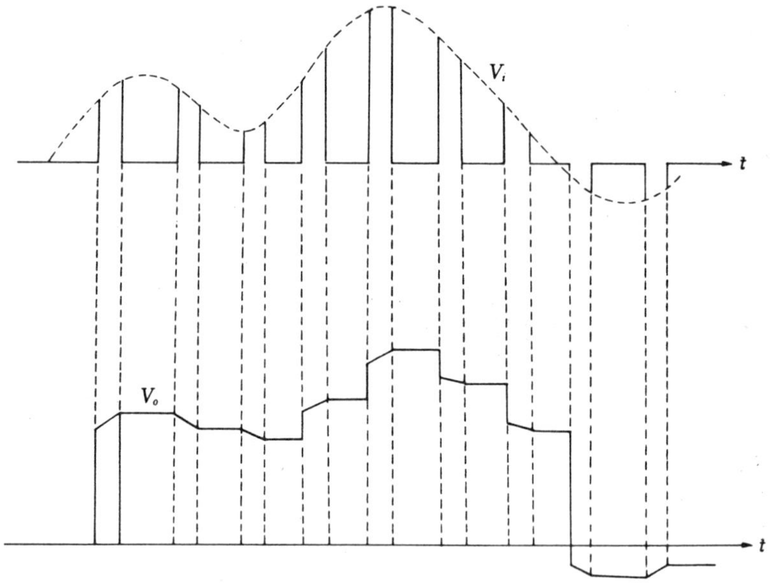

(b)

〈그림 2-24〉

2-9 클램프트 캐패시터와 직류복원

피이크 전류기의 기본회로에서 출력을 캐패시터 양단에서가 아니라 다이오드 양단에서 취하면, 직류 복원기(dc restorer)라 불리는 회로가 된다. 이 회로에 구형파가 인가된 것을 그림 2-25에 나타냈다. 다이오드의 극성 때문에 캐패시터는 입력신호의 (−)최대 피이크치와 같은 v_c 전압으로 충전될 것이다. 다음에 다이오드는 차단되고 캐패시터는 영원히 그 값을 유지하게 된다. 예를들어, 구형파 입력이 −6V와 +4V의 레벨(level)이라면, v_c는 6V가 된다. 출력전압은 $v_o = v_C + v_i$로 주어지므로, 출력파형은 v_c만큼 위로 이동된 것을 제외하고는 입력파형과 동일할 것이다. 따라서 출력은 0V와 10V의 레벨을 갖는 구형파가 될 것이다.

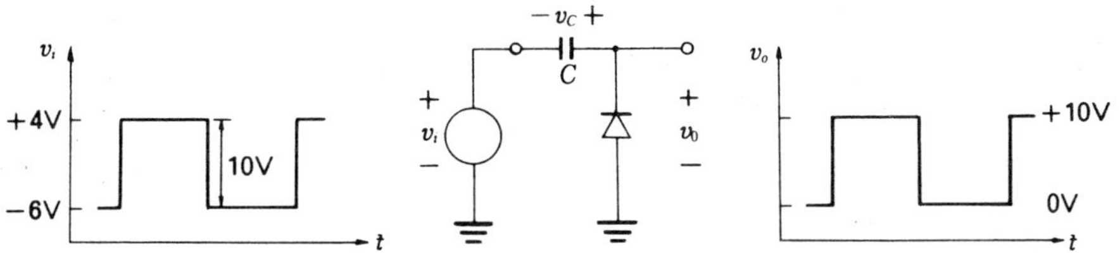

〈그림 2-25〉 부하가 없는 클램프트 캐패시터
또는 직류 복원기에 구형파가 인가된 경우

그림 2-25 회로의 동작을 설명하는 또 다른 방법은 다음과 같다. 그림과 같은 극성으로 다이오드가 출력단에 연결되어 있으므로, 출력전압은 0V이하로 내려가지 못한다. 그 이유는 다이오드를 도통시키고 캐패시터를 충전시켜 출력을 0V 이상으로 상승시키기 때문이다. 그러나 이 회로는 v_o의 (+)값은 제한하지 않는다. 따라서 출력파형은 0V에 클램프되는 최저 피이크치를 갖는다. 이것이 이 회로를 클램프트 캐패시터(clamped capacitor)라고 부르는 이유이다. 다이오드의 극성을 바꾸면, 최고 피이크치가 0V에 클램프되는 출력파형을 얻을 수 있다. 어느 경우든 출력파형은 평균값 또는 직류 성분을 갖는다. 이 직류 성분은 입력파형의 평균값과는 전적으로 무관하다. 한 가지 응용 예로서, 캐패시터 결합된(또는 교류 결합된) 시스템을 통해 전송되는 펄스 신호에 대해서 생각해 본다. 캐패시터 결합으로 인해 펄스열(pulse train)이 원래 가지고 있던 직류 성분을 잃게 된다. 결과적인 펄스 파형을 클램핑 회로에 인가시킴으로써 원하는 직류성분을 갖는 펄스 파형을 얻는다. 이 과정을 직류 복원(restoration)이라고 한다.

직류를 복원하는 것은 유용하다. 왜냐하면, 직류 성분이 듀티 사이클의 효과적인 척도가 되기 때문이다. 펄스 파형의 듀티 사이클(duty cycle)은 변조(펄스폭 변조:PWM)될 수 있고, 또한 정보를 운반하게 할 수도 있다. 이러한 시스템에서는, 수신된 펄스 파형을 직류 복원기에 인가시킨 다음, 간단한 RC 저역 여파기를 사용하여 부가되어진 펄스로부터 출력파형의 평균치를 분리시킴으로써 손쉽게 검파 또는 복조를 행할 수 있다.

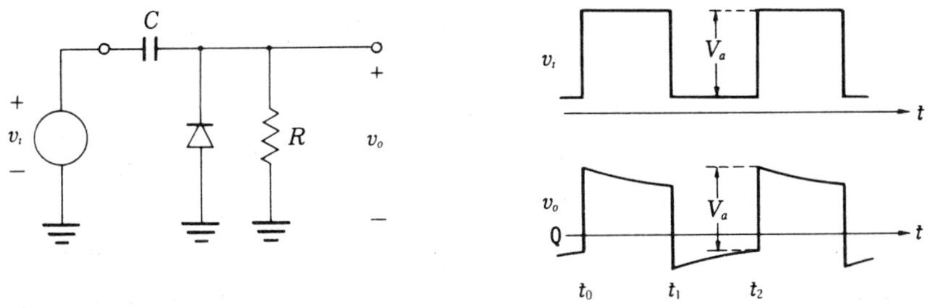

〈그림 2-26〉 부하저항 R을 갖는 클램프트 캐패시터

그림 2-26에서 보는바와 같이 클램프 회로의 다이오드 양단에 부하저항 R이 연결되면 중요한 변화가 일어난다. 출력전압이 접지보다 높은 동안은 순 직류전류(net dc current)가 R을 통해 흐르게 된다. 이때 다이오드는 차단 상태이므로 이 전류는 분명히 캐패시터로부터 온다. 따라서 이 전류는 캐패시터를 방전시키고 출력전압을 떨어뜨린다. 입력에 구형파가 인가되었을 경우의 예를 그림 2-26에 나타냈다. t_0에서 t_1기간 동안 출력전압은 시정수 RC로 지수함수적으로 감소한다. $t_1 \sim t_2$의 끝에서는 출력전압이 (−)십분의 몇 볼트(이를테면 −0.5V)가 된다. t_2에서 입력이 V_a 볼트만큼 올라가면 출력도 따라 올라간다. 그리고 주기가 반복된다. 정상상태에서는 $t_0 \sim t_1$ 동안에 캐패시터에서 방전된 전하가 $t_1 \sim t_2$ 동안에 회복(recover)된다. 이러한 전하의 평형(equilibrium)이 출력파형 뿐만 아니라 평균 다이오드 전류를 계산할 수 있게 해준다.

2-10 파형 성형회로

다이오드를 저항과 함께 사용하여 임의의 비선형 전달특성을 갖는 2-포트 회로망을 합성할 수 있다. 이런 2-포트 회로망은 파형 성형(waveform shaping)(주어진 입력신호의 파형을 바라는 형태의 파형으로 출력시키는 것)에 이용된다. 이 절에서는 구체적인 예(정현파 성형기(sine-wave shaper))를 들어 이런 응용을 설명할 것이다. 정현파 성형기는 삼각파 입력신호를 정현파로 바꾸는 회로이다. 단순하기는 하지만 이 정현파 성형기는 함수 발생기에서 폭넓게 사용되는 실용적인 빌딩 블록(building block)이다. 물론 정현파 신호를 발생시키기 위한 좀더 직접적인 기법도 있다. 이런 직접적인 기법은 매우 낮은 주파수에서는 불편하며, 이 장에서 설명할 간단한 대안, 즉 안정된 삼각파형을 생성시킨 다음 이 신호를 정현파 성형기로 처리하는 방법을 더 많이 사용한다.

그림 2-27(a)의 회로는 완전한 대칭 전압원 $+V$, $-V$에 연결된 저항의 사슬로 구성되어 있다. 이 전압 분배기의 목적은 전달특성에서 브레이크포인트(breakpoint)를 결정하는데 사용될 기준전압들을 만드는 데에 있다. 기준전압은 $+V_2$, $+V_1$, $-V_1$, $-V_2$로 표시되어 있다. 전체적인 회로는 완전히 대칭이며, 대칭 삼각파에 의해 구동되어 대칭 정현파를 발생시킨다. 회로는 세 개의 직선 분절(segment)로 삼각파의 각 1/4 주기를 정현파의 각 1/4 주기로 근사시킨다. 직선 분절로 근사시키는데 있어서 이런 분절들 사이의 브레이크포인트는 기준전압 V_1과 V_2에 의해 결정된다.

회로는 다음과 같이 동작한다. 입력을 그림 2-27(b)의 삼각파라 하고 0과 1로 표시된 두 점으로 규정되는 첫번째 1/4 주기를 고려한다. 입력신호가 V_1보다 작을 때는 어느 다이오드도 도통되지 않는다. 따라서 R_4를 통해 흐르는 전류는 없고, B의 출력전압은 입력전압과 같아진다. 그러나 입력이 V_1 이상으로 상승함에 따라 D_2(이상적인 다이오드라고 가정한다.)가 도통되기 시작한다. 도통되는 D_2가 단락회로처럼 동작한다고 가정하면 $v_i > V_1$에 대해

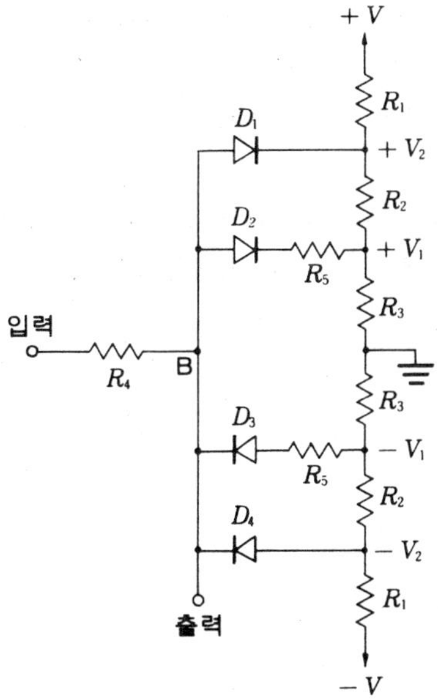

(a)삼분절 정현파 성형기

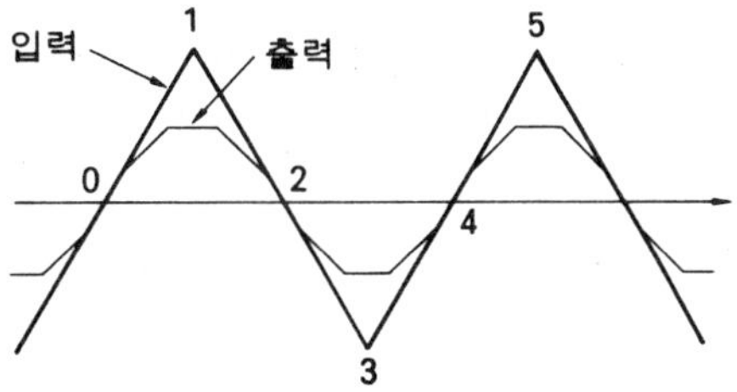

(b)삼각파형의 입력과
정현파형에 근사하는 출력

〈그림 2-27〉

$$v_o = V_1 + (v_i - V_1)\frac{R_5}{R_4 + R_5} \qquad (2\text{-}17)$$

임을 알 수 있다. 이 사실은 입력이 V_1이상으로 계속해서 상승함에 따라 출력은 줄어든 기울기로 상승함을 의미한다. 이것은 그림 2-27(b)에 나타나 있듯이 출력파형에 있어서 두번째 분절을 형성한다. 이 식을 전개하는데 있어, 전압 분배기의 저항이 적은 값(V_1과 V_2 전압이 입력으로부터 들어오는 전류에 무관한 상수가 되게 할 정도로)을 갖는다고 가정했음에 주의하라.

다음은, B점의 전압이 V_2에 의해 결정되는 두번째 브레이크포인트에 도달했을 때 무슨 일이 일어나는가를 살펴본다. 이 점에서 D_1이 도통되어 출력 V_B를 다시 V_2에 제한시킨다(물론 다이오드가 이상적이 아니라고 한다면 D_1의 전압강하를 더해야 한다). 이것은 출력파형의 세번째 평평한 분절을 형성한다. 결과는 파형을 "구부려" 정현파의 첫번째 1/4 주기로 근사시킨 것이 된다. 입력이 삼각파의 피이크를 지난 다음에는 입력전압이 감소하며, 과정이 전개됨에 따라 출력은 점차적으로 입력과 비슷해진다. 끝으로 입력이 충분히 (−)로 갈 때, 과정은 (−)의 반주기에 대해 $-V_1$과 $-V_2$에서 반복하기 시작한다.

회로는 비교적 간단한 반면에 그 성능은 놀라울 정도로 훌륭하다. 우수성의 척도로 보통 사용되는 것은 백분율 전체 조화 의곡(total harmonic distortion:THD)을 명세하는 것으로, 출력 정현파의 순수성의 정도를 양적으로 알 수 있다. 이것은 기본 주파수(입력 삼각파의 주파수)의 RMS 전압에 대한 기본 주파수 사이의 모든 조화성분의 RMS 전압의 백분율이다. 다이오드 성형기가 성능이 좋은 한 가지 이유는 다이오드의 비이상적인 $i-v$ 특성(순방향 도통상태로 감에 따라, 접합 다이오드의 특성이 지수적으로 급격히 변화하는 부분)에 의해 초래되는 효과 때문이다. 이것에 의해 한 직선 분절로부터 그 다음 분절로의 변화가 비교적 부드럽게 된다.

지금까지 논의한 회로는 다이오드 함수 발생기(diode function generator)로 알려진 회로군의 한 가지 예이다. 정밀도를 높이기 위하여, 이런 회로는 흔히 연산증폭기를 사용한다.

[연 습 문 제]

2-1 회로의 응답이 다음과 같이 주어졌을 때 그 시정수를 계산하시오.

$$v_o = V(1-e^{-0.2t})$$

2-2 양방향 다이오드 클립퍼의 동작원리를 설명하고 그 이용도를 말하시오.

2-3 그림 2-28과 같은 회로에서 v_i가 정현파일 때의 전달특성을 그리시오. 단 $R_f < R$이다.

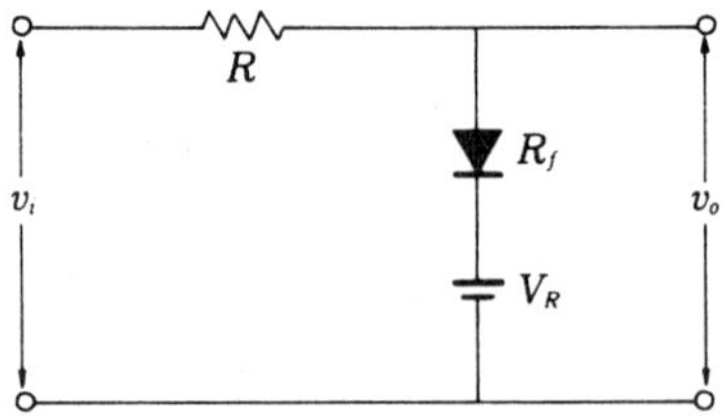

〈그림 2-28〉

2-4 위 문제에서 v_i가 정현파일 때 출력전압 v_o의 파형을 그리시오.

2-5 그림 2-29와 같은 회로에서 $v_o(t)$의 평균값을 구하시오. 단, 여기서 다이오드는 이상적이라고 생각한다.

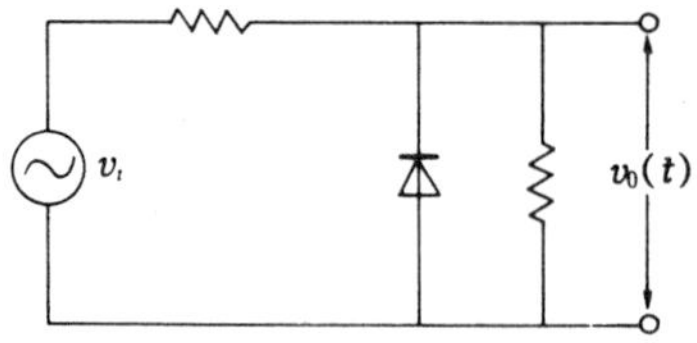

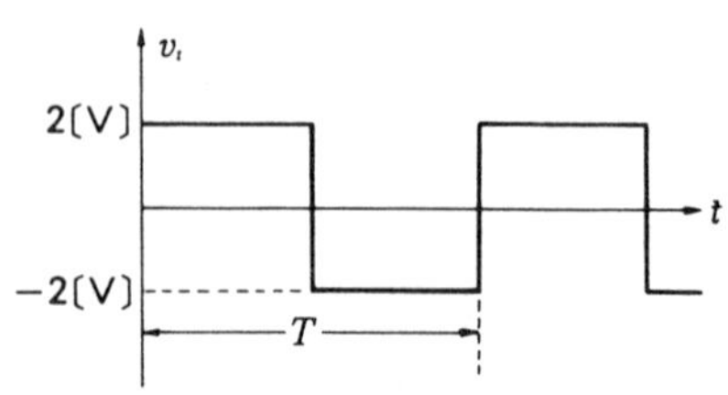

〈그림 2-29〉

2-6 위 회로의 출력전압 $v_o(t)$의 파형을 그리시오.

2-7 리미터와 슬라이서의 차이점을 말하시오.

2-8 그림 2-30과 같은 미분회로의 입력에 장방형파 e_i가 공급될 때 출력 e_o의 파형을 그리시오. 단 $RC/t_p \ll 1$이다.

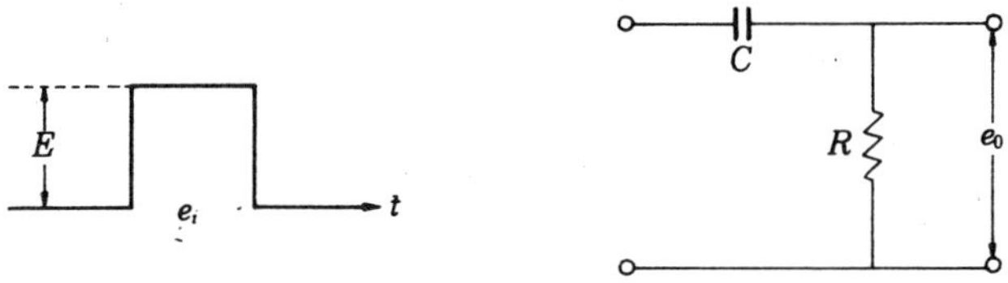

〈그림 2-30〉

2-9 그림 2-31과 같은 회로의 전달특성을 그리시오.

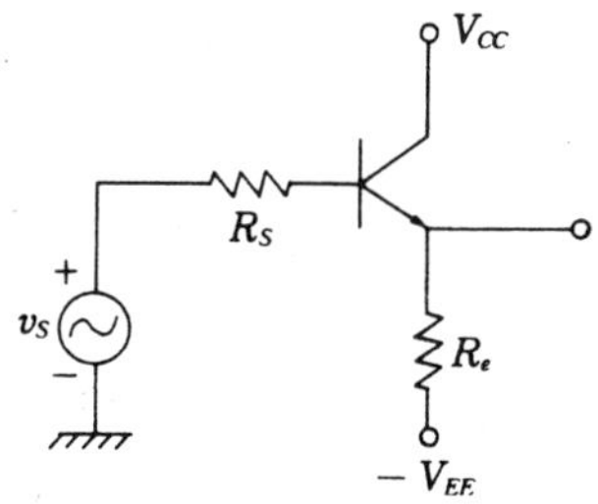

〈그림 2-31〉

2-10 그림 2-32는 저주파에서의 다이오드의 등가회로이다. 여기서 D를 이상적 다이오드라고 가정한다면 이 회로의 V-I 특성은 어떻게 되겠나 그리시오.

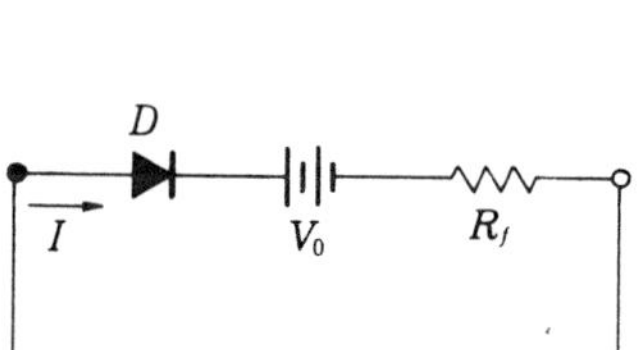

〈그림 2-32〉

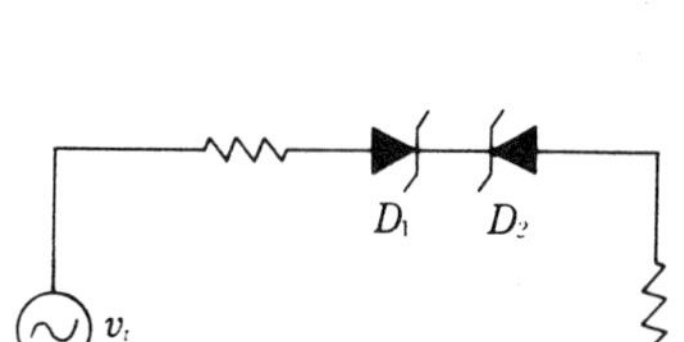

〈그림 2-33〉

2-11 그림 2-33과 같은 회로에서 D_1과 D_2가 모두 off가 되는 조건을 구하시오.

2-12 브리지형 게이트 회로를 그리고 그 동작을 설명하시오.

2-13 10μF의 캐패시터, 10kΩ의 부하저항과 다이오드를 이용한 클램프트 캐패시터 회로에서 다이오드 전류와 출력전압의 최대값과 최소값을 계산하시오. 여기서 다이오드는 로그 함수적인 모델로 나타내어지며 1mA에서의 전압강하는 0.7V이다. 또한, 회로는 (a) 10μs의 지속시간을 갖는 10V의 (+) 펄스 (b) 10μs의 지속시간을 갖는 10V의 (−)펄스에 의해 구동된다.

3장 트랜지스터 응용

3-1 멀티바이브레이터

일반적으로 외부로부터 자극이 없으면 그 상태로 안정되어 있는 회로 상태를 안정상태라고 한다. 이와같은 안정상태가 그림 3-1(a)와 같이 2개 존재하고 외부로부터의 트리거펄스에 의하여 이 2개의 상태 중에서 어느 한 상태로부터 다른 하나의 상태로 번갈아 바꿀 수 있는 회로를 쌍안정회로(bistable circuit)라고 한다. 또, 그림 3-1(b)와 같이 안정상태가 하나만 존재하고 외부로부터의 트리거펄스에 의하여 이 회로상태로부터 벗어났을 때에는 회로정수에 의하여 정해지는 시간이 경과한 후 다시 처음의 안정상태로 돌아가는 회로를 단안정회로(monostable circuit)라고 부르며, 그림 3-1(c)와 같이 안정상태가 하나도 존재하지 않고 외부로부터 트리거펄스를 가하지 않아도 항상 어떤 하나의 상태로부터 다른 하나의 상태로 번갈아 바꾸어가는 회로를 비안정회로(astable circuit)라고 부른다.

그림 3-2는 트랜지스터를 사용하여 멀티바이브레이터의 기본회로를 구성한 것이다.

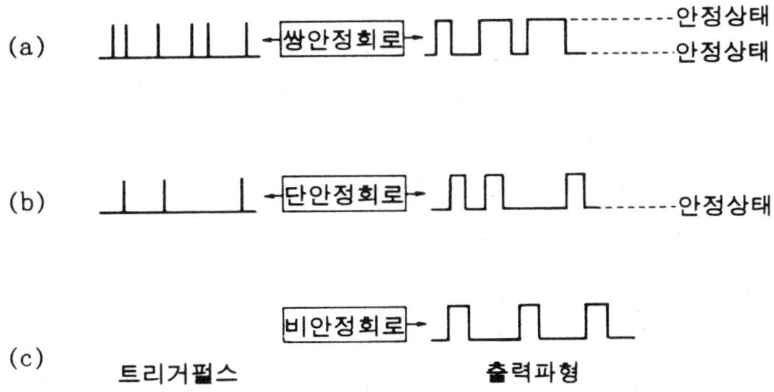

〈그림 3-1〉 단안정, 비안정, 쌍안정회로의 설명

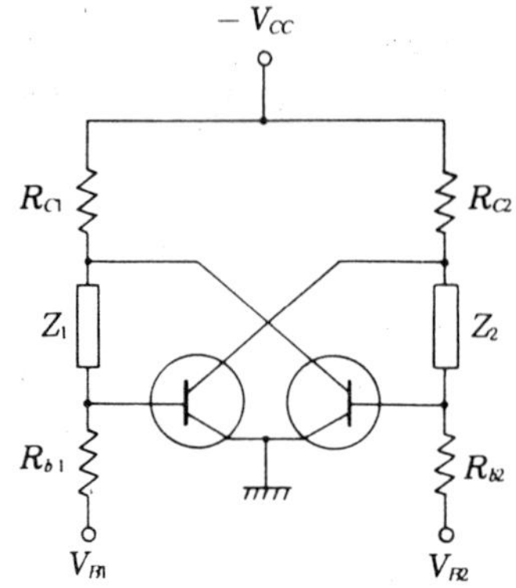

〈그림 3-2〉 멀티바이브레이터의 기본회로

이 회로에 의해 비안정, 단안정, 쌍안정을 설명하면 다음과 같다.

① **비안정회로** Z_1과 Z_2가 모두 컨덴서이고 각각 R_{b1}, R_{b2}와 교류적인 결합회로를 형성한다.

② **단안정회로** Z_1과 Z_2 중에서 하나는 저항, 하나는 컨덴서이며 각각 R_{b1}, R_{b2}와 직류 및 교류적 회로를 형성한다.

③ **쌍안정회로** Z_1과 Z_2가 모두 저항으로 구성되며 각각 R_{b1}, R_{b2}와 직류적인 결합회로를 형성한다.

다음 절에서는 비안정, 단안정, 쌍안정 멀티바이브레이터를 트랜지스터를 사용하여 구성하고 각각의 동작에 대하여 자세히 알아보자.

3-2 비안정 멀티바이브레이터

비안정 멀티바이브레이터(multivibrator)는 자주 멀티바이브레이터라고도 하며 Abraham과 Block에 의해 1919년에 발표된 이래 방형파 또는 주기 펄스의 발생회로로서 널리 사용되고 있는 회로이다.

그림 3-3은 비안정 멀티바이브레이터의 예로서 T_{r1}과 T_{r2}는 교대로 on, off를 되풀이 한다. 지금 $t=0$일 때에 T_{r1}이 on, 즉($V_{be1}>0$)이고 T_{r2}가 off($V_{be2}<0$)로 되어 있다고 하자. 이것은 C_1에 그림에서와 같은 극성의 전하가 충전되어 있기 때문인데 이 전하는 시간이 경과함에 따라서 R_{B1}을 통해서 방전하여 $t=t_1$에서 $V_{be2}=0$이 된다. t_1을 지나고 나면 R_{B1}에 의해서 $V_{be2}>0$이 되어 T_{r2}는 off에서 on상태로 바뀐다. T_{r2}가 on이 되면 off 기간중에 C_2가 R_{C2}를 통해서 E_C까지 충전되어 있기 때문에 이것이 T_{r1}의 V_{be1}이 되어 T_{r1}을 off시킨다.

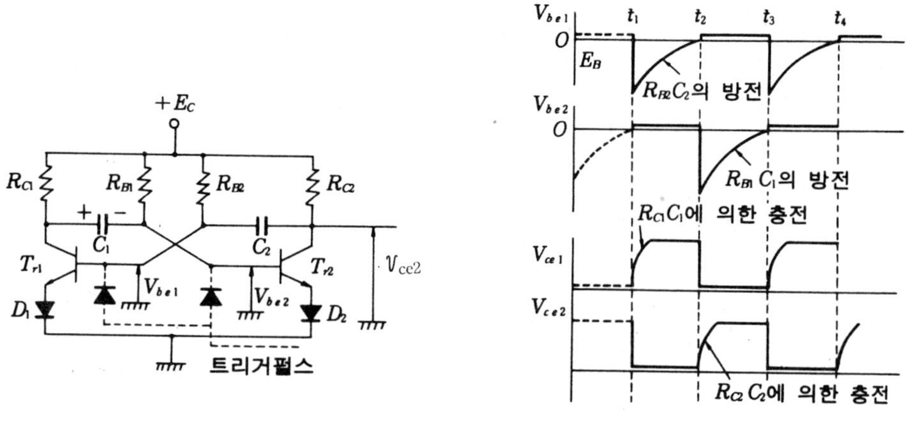

(a)회로 (b)동작파형

〈그림 3-3〉 컬렉터 결합 비안정 멀티바이브레이터

T_{r1}의 off 상태는 C_2의 충전전압에 의한 것인데 이 전압은 R_{B2}를 통해서 방전이 진행되어 $t=t_2$에서 $V_{be1}=0$이 된다. 이때 T_{r1}은 off에서 on 상태로 바뀐다.

위와 같은 동작이 자동적으로 되풀이 되는데 그 반복주기는 C_1R_{B1}, C_2R_{B2}의 방전시정수에 의해서 결정된다는 것을 알 수 있다. 여기서 D_1, D_2는 T_r이 off가 되는 순간에 큰 역방향전압이 B-E 사이에 걸려서 T_r가 파괴되는 것을 방지하기 위한 것이다.

다음에는 반복주기를 결정하기 위해서 T_{r1}이 off되어 있는 기간을 구하여 보자. 그림 3-4(a)에서 V_{be1}은 다음 식으로 나타난다. 단 $t=0$에서 S가 닫히고(T_{r2}가 on이 된다.) 그 순간에 C_2는 그림의 방향으로 충전되어 있었다고 한다.

$$V_{be1}=E_c(1-e^{-t/R_{B2}C_2})-E_Ce^{-t/C_2R_{B2}} \qquad (3\text{-}1)$$

윗 식에서 $V_{be1}=0$이 되는 시각(t_{01})에 T_{r1}은 off가 되므로

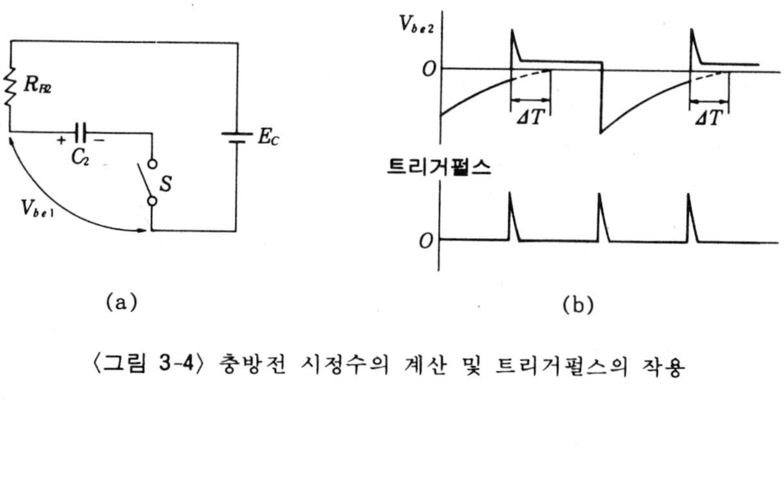

(a) (b)

〈그림 3-4〉 충방전 시정수의 계산 및 트리거펄스의 작용

$$0=1-2e^{-t_{01}/R_{B2}C_2}$$

여기서 t_{01}을 구하면

$$t_{01}=-R_{B2}C_2\ln 0.5\approx 0.693\ R_{B2}C_2 \tag{3-2}$$

같은 방법으로 하여 T_{r2}가 off인 시각(t_{02})은

$$t_{02}\simeq 0.693\ R_{B1}C_1$$

따라서 구형파의 반복주기는

$$T=t_{01}+t_{02}\simeq 0.693\ (R_{B1}C_1+R_{B2}C_2) \tag{3-3}$$

이 식의 주기를 바꾸려면 R_B나 C의 값을 바꾸면 되고, $R_{B1}C_1$과 $R_{B2}C_2$를 각각 다른 값으로 하면 충격계수가 다른 펄스파를 만들 수 있다.

(예제 3-1) 발진주파수가 250〔kHz〕인 대칭형 멀티바이브레이터를 설계하여라. 단, 트랜지스터의 정격은 $I_C=8$〔mA〕에서 $V_{CE(S)}=0.2$〔V〕, $V_{BE(S)}=0.7$〔V〕, $h_{fE}=30$이고 전원전압은 5〔V〕이다.

(해) $I_{C1}=I_{C2}=8$〔mA〕로 한다면

$$R_{C1}=R_{C2}=\frac{E_c-V_{CE(S)}-V_{D(F)}}{I_C}\fallingdotseq\frac{5-0.2}{8\times10^{-3}}=600〔\Omega〕$$

$$R_{B1}=R_{B2}=\frac{E_c-V_{BE(S)}}{I_c}h_{fE}\fallingdotseq\frac{5-0.7}{8\times10^{-3}}\times30=1.61\times10^4〔\Omega〕$$

발진주기 T는 4×10^{-6}〔s〕이므로 반주기는 $\frac{T}{2}=2\times10^{-6}$(s)이다. 따라서

$$C_1=\frac{T_1}{0.69\times R_B}=\frac{2\times10^{-6}}{0.69\times1.61\times10^4}=1.8\times10^{-10}〔\text{F}〕$$

3-3 단안정 멀티바이브레이터

단안정 멀티바이브레이터는 one shot Multivibrator라고도 하며 앞서 설명한 것처럼 외부에서 입력신호가 가해지지 않는한 안정상태를 유지하나 입력 펄스가 하나 인가되면 그 펄스에 동기되어 정해진 펄스폭의 구형파를 하나 만든다.

그림 3-5는 컬랙터 결합형 단안정 멀티바이브레이터로서 입력에 트리거펄스가 들어오지 않는 상태에서의 T_{r1}은 E_B와 R_{B2}에 의해서 off 상태가 되어 있고, T_{r2}는 E_C와 R_{B1}에 의해서 on상태로 고정되어 있다. 즉, 이 상태가 안정상태이다.

그림 3-6에서처럼 (−)의 트리거펄스가 들어오면 T_{r2}의 V_{be2}가 감소하여 V_{ce2}가 급격히 상승하고 그 변화가 C_s를 통해서 T_{r1}에 인가되므로 $V_{be1}>0$이 되어 그 컬랙터 전류는 증가한다. 즉 T_{r1}이 on 되고 T_{r2}가 off 되는데 이때를 준안정상태라고 한다.

T_{r1}이 on되면 C_1에 충전되어 있던 전하가 R_{B1}을 통하여 방전하기 시작하는데 이 방전기간 동안은 R_{B1}에 의한 전압강하 때문에 계속 T_{r2}는 off 되어 있고 T_{r1}은 on 되어 있다. 방전이 끝나면 T_{r2}에 다시 (+)bias가 걸리므로 T_{r2}는 on이 되고 T_{r1}은 off가 된다.

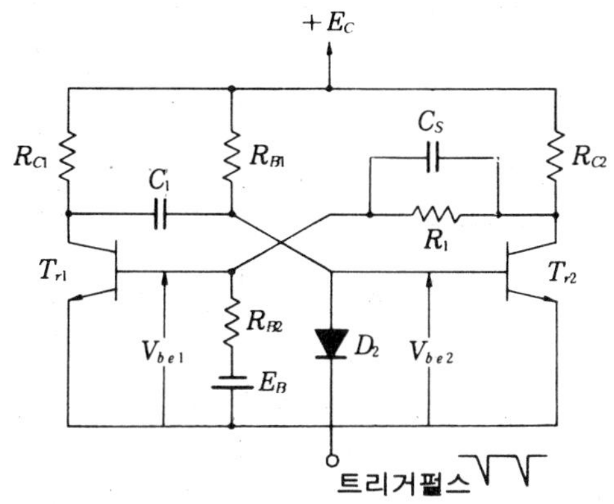

〈그림 3-5〉 동작파형

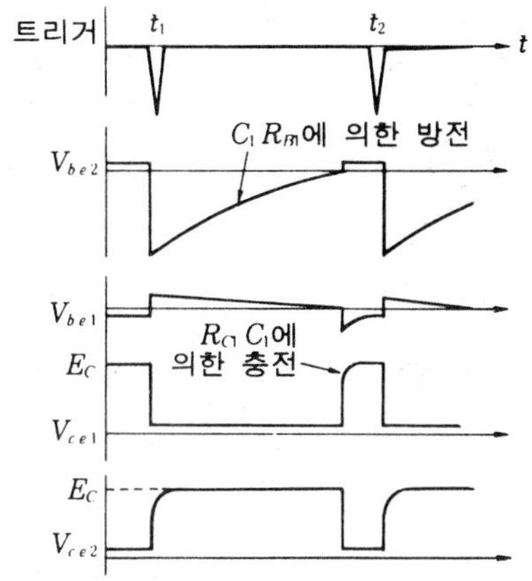

〈그림 3-6〉 단안정 멀티바이브레이터

준안정상태의 지속시간은 C_1이 R_B를 통해서 방전되는 시간에 의해서 결정되는데 비안정 멀티바이브레이터의 경우에서와 같이

$$T = 0.69\ C_1R_{B1} \tag{3-4}$$

가 된다. 이 기간은 그림 3-6에서 보다시피 이 회로가 발생하는 펄스의 폭에 해당된다. 이 동안에는 트리거 펄스가 들어오더라도 V_{be2}가 (−)이므로 상태변화는 없다. 또, 트리거펄스를 컬랙터에 인가하는 방법도 있다.

3-4 쌍안정 멀티바이브레이터

쌍안정 멀티바이브레이터에는 대칭형과 비대칭형의 2가지가 있다. 대칭형은 T형 flip-flop에 상당하는 회로로 2개의 트리거 단자를 1단자로 묶어 놓은 경우를 말하며, 비대칭형이란 RS flip-flop에 상당하는 회로로 2개의 각각 다른 단자를 통하여 트리거펄스를 인가하는 경우이다.

그림 3-7은 대칭형의 대표적인 구성이다. 이 회로는 입력에 (−)의 트리거펄스가 들어올 때마다 2 트랜지스터의 on, off 상태가 서로 반전되며 그 결과 컬랙터에서 구형파를 얻을 수 있다. 트리거 펄스가 들어오지 않을 때 회로는 대칭이므로 전원 스위치를 넣으면 어느 한쪽의 트랜지스터가 on상태가 된다. 지금 T_{r1}이 on이 되었다고 한다면 $V_{cc1} \fallingdotseq 0$이므로 V_{be2}는 E_B에 의해 (−)가 되고 T_{r2}는 off 상태가 된다. 트리거펄스가 없으면 언제까지나 이 상태로 되어 있다. t_1에서 트리거펄스가 들어온다면 그 (−)전압은 D_2를 통하여 T_{r2}의 컬랙터에 인가되고 V_{cc2}를 순간적으로 강하시킨다. 이 변화는 C_S, R_{B2}를 통해서 T_{r1}의 베이스에 전달되고 T_{r1}의 I_{C1}은 감소하기 시작한다. I_{C1}이 감소하면 V_{be1}은 상승하고

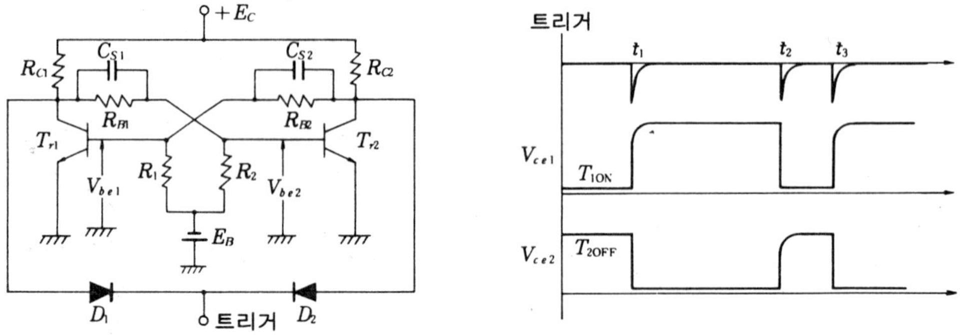

(a)회로 (b) 동작파형

〈그림 3-7〉 쌍안정 멀티바이브레이터

그 변화는 C_{S1}, R_{B1}을 통하여 T_{r2}의 베이스에 전달되어 T_{r2}의 I_{C2}를 증가시켜 V_{ce2}를 강하시킨다.

이런 변화는 트리거펄스가 들어오면 순간적으로 일어나기 때문에 t_1의 시점에서는 T_{r1}과 T_{r2}의 상태가 반전하여 T_{r1}이 off, T_{r2}가 on이 된다. 다음 t_2에 트리거펄스가 인가되면 그 (−)전압은 D_1을 통해서 T_{r1}의 컬렉터에 전달되므로 다시 반전이 일어난다.

그림 3-7은 E_C와 E_B의 두 전원을 필요로 한다. 이것은 불편하기 때문에 그림 3-8과 같은 단일전원회로가 흔히 사용된다. 이 회로는 T_{r1} 또는 T_{r2}의 어느 한쪽 T_r이 정상상태에서는 반드시 에미터 전류가 흐르고 있으므로 이것이 R_E에 발생시키는 전압을 이용하는 것이다. C_E는 T_r이 반전되는 과도상태에서도 그 변화를 흡수하여 R_E의 양단의 전압이 되도록 일정하게 하기 위한 것이다.

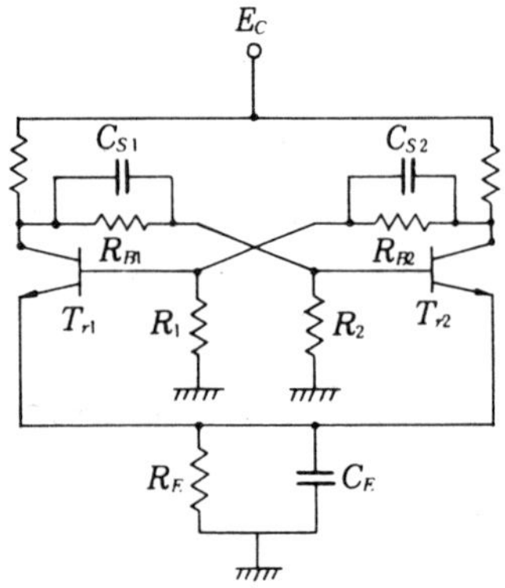

〈그림 3-8〉 단일전원 쌍안정회로

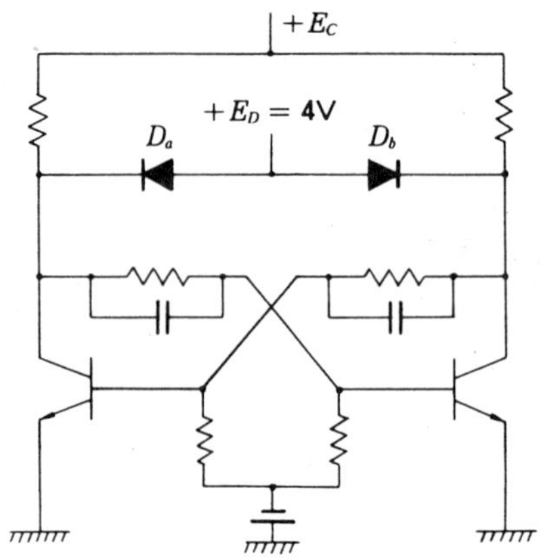

〈그림 3-9〉 컬랙터 클램프형 쌍안정회로

그림 3-8의 멀티바이브레이터는 트리거펄스가 들어올 때마다 상태의 반전이 일어나는데 트리거펄스의 주파수가 높아지면 반전이 일어나지 않게 된다. 이 최고주파수를 높게 하려면 불포화형 스위칭 동작을 시켜야 한다. 그림 3-9의 회로는 컬랙터 전압 클램프법이다. 여기서 D_a와 D_b는 컬랙터 전압이 4〔V〕 이하로 내려가는 것을 막아서 그 트랜지스터의 동작점이 포화영역에 들어가지 않게 해준다. 이렇게 하면 트랜지스터가 on으로부터 off로 변화했을 때의 캐리어 축적시간이 적어져서 고속동작이 가능해진다.

3-5 UJT를 이용한 SCR 위상제어회로

(1)UJT의 구조

단일접합 트랜지스터(UJT:Unijunction Transistor)의 물리적 구조, 기본구조 및 기호는 그림 3-10· 같다. 그림 (a)와 같이 저밀도로 도핑된(비교적 저항이 크다) n형 S_i 막대에 A1(3가 원소:P형) 막대를 합금시켜 에미터(Emitter)를 만들고 실리콘 막대 양단자에 도선을 접합시켜 한쪽을 베이스 1(Base 1:B_1), 다른 한쪽을 베이스 2(B_2)를 만든 구조로 되어 있다. 그러므로 그림 (b)와 같이 A1 막대와 n형 반도체간에 pn 접합이 형성된다. 기호는 그림 (c)와 같다.

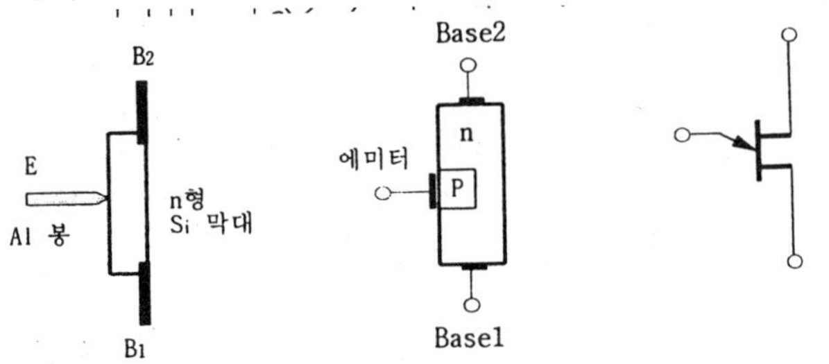

(a) UJT의 물리적 구조 (b) UJT의 기본구조 (c) 기호

<그림 3-10> UJT의 물리적 구조와 기호

(2)UJT의 동작원리

UJT는 저밀도로 도핑된 n형 S_i 막대(0.03×0.2×0.9㎜)이므로 B_1 B_2는 하나의 저항체(4~12kΩ)이다. 에미터인 Al(3가 원소)봉과 n형 반도체간은 pn 접합이 형성되므로 다이오드로 대체시키면 등가회로는 그림 3-11(a)와 같다. B_1측이 B_2측 보다 낮게 도핑되어 있으므로 B_1측의 저항 R_{B1}이 B_2측의 저항 R_{B2}보다 높다. 그림 (b)와 같이 B_1-B_2 양단자에 전원 V_{BB}를 인가하면 R_{B1} 양단의 전압 V_{RB1}은 다음 식과 같다.

$$V_{BB1} = \frac{R_{B1}}{R_{B1}+R_{B2}} V_{BB} \equiv \frac{R_{B1}}{R_{BB}} \cdot V_{BB} \equiv \eta V_{BB} \quad \cdots\cdots (3\text{-}5)$$

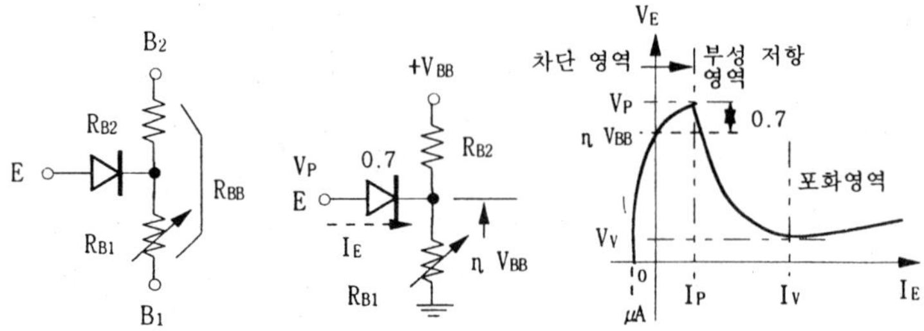

(a)UJT의 등가회로 (b)UJT의 전압 분포 (c)UJT의 VE-IE 특성곡선

<그림 3-11> UJT의 등가회로와 특성곡선

단, R_{BB}는 n형 막대의 전체 저항이며, η는 0.5~0.75의 값을 가지는 진성 이탈비이다. 에미터에 전압이 인가되지 않은 상태에서 V_{BB}가 인가되는 경우 UJT는 단순히 저항값이 R_{BB}(4~12kΩ)인 저항체에 불과하다. 그러나 에미터에 pn 접합을 순 바이어스시킬만한 전압 V_p가 인가되면 에미터에서 B_1쪽으로 캐리어가 주입되어 E-B_1간의 전도도가 증가하여 저항이 급격히 감소한다. 전형적인 UJT의 경우 I_E가 0에서 50μA로 변할 때 R_{B1}은 5kΩ에서 50Ω 정도로 급격히 감소한다. 그림 (c)에서와 같이 I_E가 I_p에서 I_V까지 감소하는데 이 영역을 부성저항 영역이라고 한다. 저항을 급격히 감소시키는 에미터의 전압 V_p는 그림 (b)에 표시한 바와 같이 식 (3-5)의 ηV_{BB}보다 pn 접합의 커틴 전압 V_r만큼 높으면 된다는 것을 알 수 있다. 즉 다음 식과 같다.

$$V_p = \eta V_{BB} + V_r = \eta V_{BB} + 0.7 \quad \text{(3-6)}$$

(3)이장발진기

UJT는 비정현파 발진기, 톱니파 발생회로, 트리거 회로 등에 응용된다. 동작 원리를 쉽게 이해할 수 있는 대표적인 응용회로가 그림 3-12(a)와 같은 이장발진기(relaxatidn oscillator)이다.

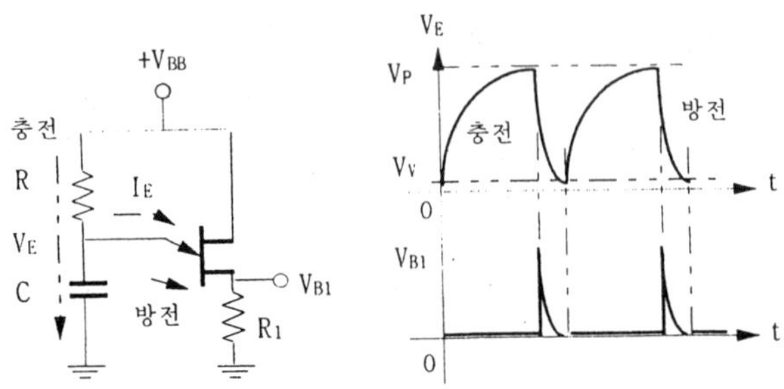

(a)UJT 이장 발진기 (b)그림(a)의 VE, VB1 의 파형

<그림 3-12>이장발진기와 각부분 파형

이장발진기의 동작원리는 다음과 같다.

전원이 인가된 순간 UJT는 차단 상태에 있으므로 콘덴서 C는 저항 R을 통해 그림에 표시한 바와 같이 충전을 시작한다. 충전곡선은 이미 적분기에서 배운 바와 같이 지수함수적으로 증가한다. 그 특성식을 다시 한번 확인하면 다음식과 같다.

$$V_C = V_{BB}(1-e^{-\frac{t}{RC}}) \quad \cdots\cdots (3\text{-}7)$$

콘덴서 충전전압 V_E가 UJT의 피이크 전압 V_p보다 높아지는 순간($V_E \geq V_p = \eta V_{BB}+0.7\text{V}$) UJT가 턴온(Turn-on)되어 에미터 전류 I_E가 급격히 증대한다. 이 전류에 의해 B_1저항 R_1에는 그림 (b)와 같이 펄스 모양의 전압이 형성된다. 이 펄스를 SCR의 게이트 트리거 신호와 같은 트리거 신호로 사용한다. UJT가 턴온 되면 R_{B1}의 저항이 급격히 낮아져 콘덴서 충전전하가 그림에 표시한 방향으로 방전하여 전압이 낮아진다. 그 결과 에미터 전압이 ηV_{BB}보다 훨씬 낮아져 UJT가 차단(E-B_1 간이 역바이어스되므로)된다. UJT가 차단된 후 콘덴서는 다시 충전하므로 위 상태는 반복되어 그림 (b)와 같은 연속적인 파형을 발생한다. 단, UJT가 Turn-On, Turn-OFF 상태를 반복하기 위해서는 다음 그림과 같이 동작점이 특성곡선 상의 부성저항 영역에 있도록 R값을 설정해야 한다.

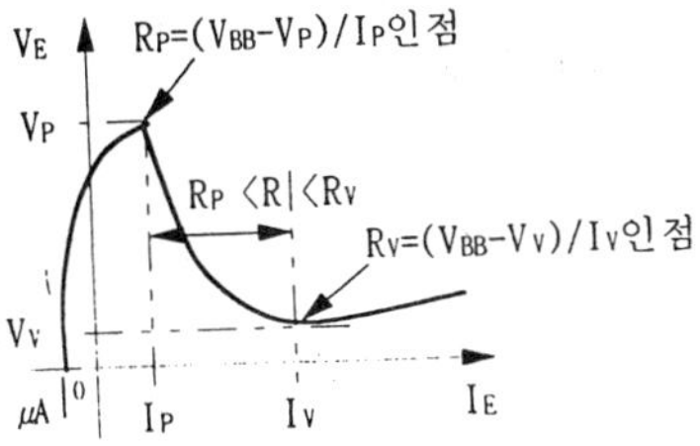

(c) UJT의 동작점은 부성저항 영역에 있어야 한다($R_p < R < R_r$)

Turn-on시 저항 R을 흐르는 전류는 최소한 I_p 이상 유지시켜야 한다. 이때 R을 흐르는 전류는 $(V_{BB}-V_p)/R_1$이므로 다음 식을 만족해야 한다.

$$\frac{V_{BB}-V_p}{R} < I_p \quad \therefore R > \frac{V_{BB}-V_p}{I_p} \quad \cdots\cdots (3\text{-}8)$$

Turn-on된 UJT가 계곡점에서 Turn-off되기 위해서는 R을 통해 공급되는 전류가 계곡점 전류 I_V보다 적어야 한다.

$$\frac{V_{BB}-V_V}{R} < I_V \quad \therefore R > \frac{V_{BB}-V_V}{I_V} \quad \cdots\cdots (3\text{-}9)$$

위 식에서 명백한 바와 같이 동작점이 부성저항에 있기 위한 저항 R값은 다음식과 같다.

$$\frac{V_{BB}-V_V}{I_V} < R < \frac{V_{BB}-V_V}{I_p} \quad \cdots\cdots (3\text{-}10)$$

그러므로 그림 3-12의 회로가 이장발진기로 동작하려면 저항 R값이 위 식 (3-10) 만족해야 한다.

이 회로의 방전시간은 충전시간에 비해 매우 적으므로 발진주파수는 거의 충전시간에 의해 결정되며 다음과 같이 근사시킬 수 있다.

$$f = \frac{1}{T} \cong \frac{1}{RC\ln\frac{1}{1-\frac{V_p}{V_{BB}}}} \cong \frac{1}{RC\ln\frac{1}{1-\eta}} \quad \left(if\eta = 0.65,\ f \cong \frac{1}{RC}\right) \quad (3\text{-}11)$$

(4)SCR 위상제어회로

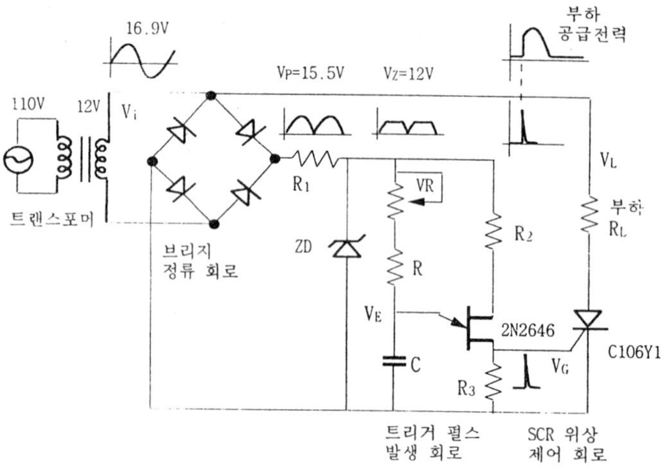

<그림 3-13> (a) 실험회로의 회로 각 부분 전압 및 파형

트랜스포머의 2차측 12V는 최대값이 $12\sqrt{2} = 16.9$V가 된다. 이 전압은 SCR의 A-K 단자와 브리지 전파정류회로에 공급된다. 그러나 $t=0$에서 SCR에 게이트 펄스가 공급되지 않기 때문에 SCR은 차단상태에 있다. 전류회로의 출력은 $16.9V-2V_r = 16.9V-1.4V = 15.5V$가 된다. 이 전압을 제너 다이오드 ZD에 의해 12V로 안정화되어 트리거 펄스 발생회로에 공급된다. 저항 R_1은 전류 제한의 기능을 한다. 가변저항 VR은 UJT 펄스 발생회로의 발진주파수를 가변하는 기능을 하며 UJT 이장발진기에서 설명한 바와 같이 저항 R_3에는 그림에 표시한 바와 같이 펄스가 생성된다. 이 펄스가 SCR의 게이트에 공급되는 순간 SCR이 트리거되어 부하 R_L의 회로에 표시한 것과 같은 파형의 전력이 공급된다.

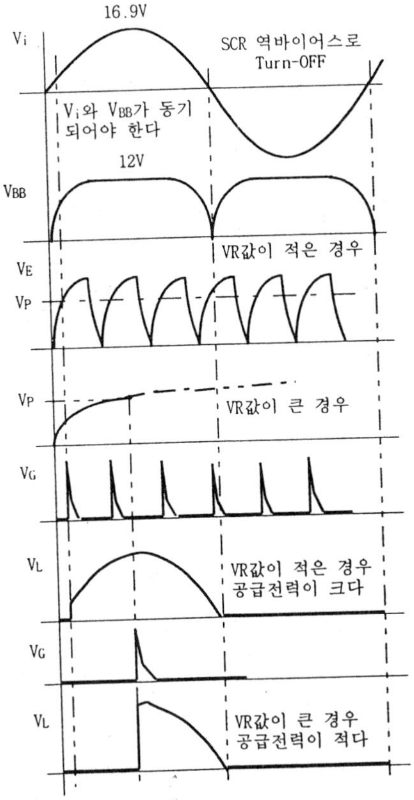

(b) VR값의 증감에 따른 부하공급 전력의 위상제어(V_i와 V_{BB}가 반드시 동기되어야 한다.)

VR의 값을 낮게 조정하면 콘덴서 C의 충전전압이 빨리 증가(발진주파수가 증가)하여 UJT의 에미터 전압이 빨리 V_p에 이르므로 UJT의 Turn-on이 빨라져 입력신호의 낮은 전압 구간에서도 트리거펄스가 발생한다. 그 결과 SCR의 도통시간이 빨라져 전력 공급이 증가한다. 반대로 VR의 값을 높게 조정하면 반대의 동작을 하므로 전력 공급이 감소한다(SCR 도통각이 감소한다). 여기서 반드시 이해해야 할 사항은 SCR의 공급 전압 위상과 트리거 펄스 발생회로의 트리거 펄스 발생 위상이 동기된다는 사실이다.

3-6 슈미트트리거 회로

슈미트트리거 회로(schmitt trigger circuit)는 입력전압이 일정한 값 이상으로 되면 출력 펄스가 상승하고, 일정한 값 이하로 되면 출력 펄스가 내려가는 동작을 하는 회로로 하나의 멀티바이브레이터라고 생각하면 된다. 이 회로는 상태를 변화시키는데 트리거펄스가 필요하지 않으며, 입력신호의 파형에 관계없이 진폭이 일정한 방형펄스를 얻을 수 있으므로 주로 다른 회로에 펄스를 공급하는데 사용된다. 이 회로의 입력신호는 주로 펄스 파형이 아니고 정현파 교류전압이다. 이와 같은 슈미트트리거 회로는 낮은 트리거

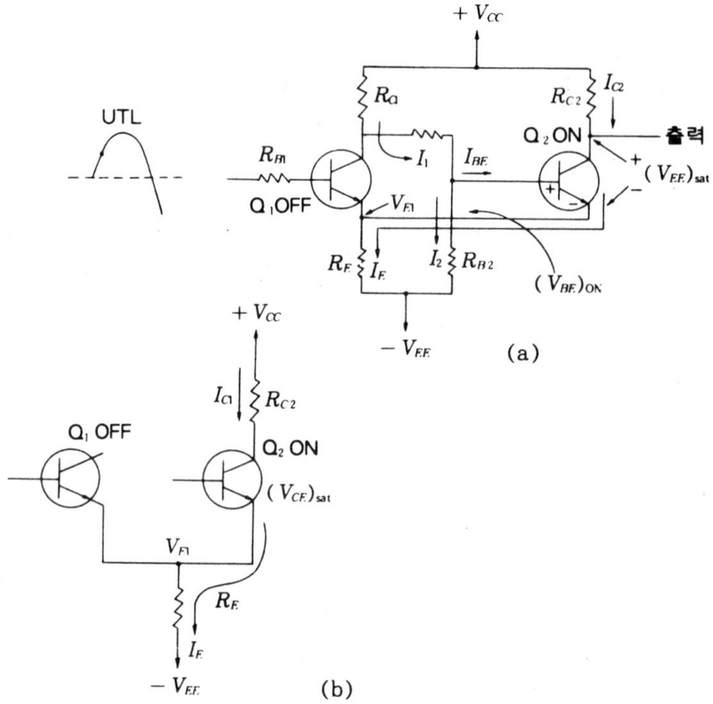

〈그림 3-14〉 UTL의 값을 결정하는 방법

(LTL : lower trigger level)와 높은 트리거(UTL : upper trigger level)의 두 가지 트리거 레벨에서 동작한다. 그림 3-14는 슈미트트리거 회로의 UTL의 값을 결정하는 회로로 이 UTL의 값 이하의 입력신호에서 Q_1은 off상태, Q_2는 on상태이다. 즉, Q_1이 off이므로 Q_2의 베이스 전류는 Q_2를 포화상태로 만든다. 그림 3-14(b)는 에미터 접지의 경우 전압 V_E를 결정하는 회로이고 만일 V_{CEsat}이 0[V]라면 에미터 전압 V_E는

$$V_{E1}=\frac{R_E}{R_{C2}+R_E}(V_{CC}+V_{EE})-V_{EE} \tag{3-12}$$

로 되며 트랜지스터 Q_1을 구동시키려면 Q_1의 베이스 전압이 베이스-에미터 사이의 on전압인 V_{BEON}을 넘어야 하므로 UTL전압은

$$V_{UTL}=V_{E1}+V_{BEON} \tag{3-13}$$

으로 된다.

한편 그림 3-15는 LTL의 값을 결정하기 위한 회로로 Q_1을 OFF시키려면 Q_1이 ON을 유지하는 베이스 전압 이하로 베이스 전압을 감소시켜야 한다. 그림 3-15(b)에서 $V_{CEsat}=0$[V]라고 생각하면

$$V_{E2}=\frac{R_E}{R_{C1}+R_E}(V_{CC}+V_{EE})-V_{EE} \tag{3-14}$$

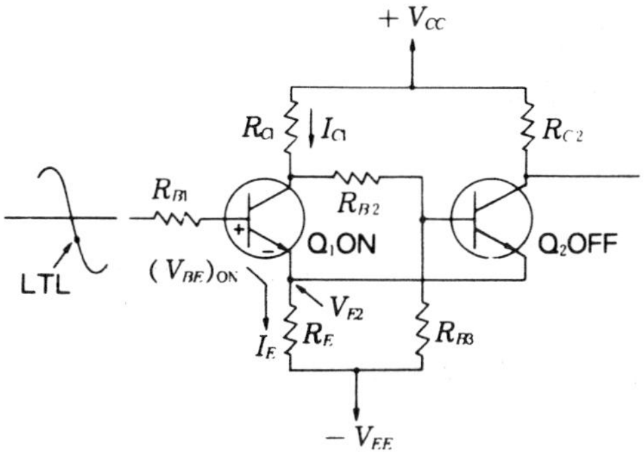

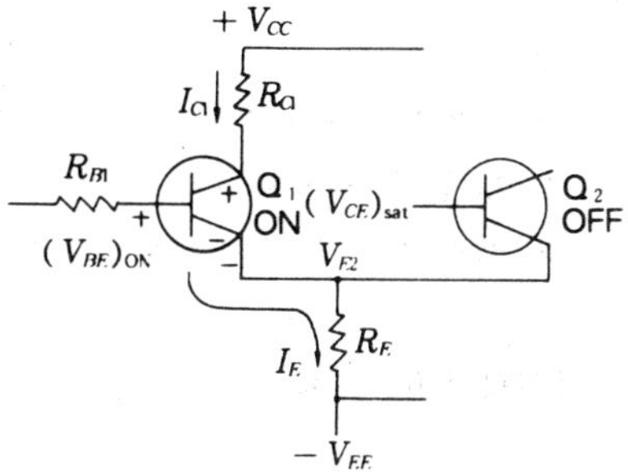

〈그림 3-15〉 V_{LTL}의 값을 결정하는 방법

이고, Q_1의 베이스 전압은 V_{BEON}에 의해 더욱 (+)로 되므로

$$V_{LTL} = V_{E2} + V_{BEON} \tag{3-15}$$

로 되어 입력전압이 V_{LTL}이하로 떨어지면 Q_1은 OFF, Q_2는 ON된다. 따라서 주어진 입력파형이 V_{UTL}과 V_{LTL}의 값에서 트랜지스터가 ON, OFF하는 회로가 슈미트트리거 회로이다.

이제 그림 3-16과 같이 슈미트트리거 회로에 교류신호전압이 인가되면 출력파형은 방형파가 된다. 즉, 그림 3-14(a) 회로의 Q_1 OFF, Q_2 ON일 때 입력신호가 V_{UTL}전압 이상이 되면 Q_1은 ON상태로 되므로 Q_1의 컬랙터 전압은 거의 0이 되고 Q_2의 베이스 전압이 낮아지므로 Q_2는 OFF상태로 된다. 이때 Q_2의 컬랙터 전압은 그림 3-15와 같이 일정한 출력전압이 유지된다. 그 다음에 입력신호전압이 V_{LTL}로 되면 Q_1은 OFF상태로 되므로 Q_2는 ON상태로 되어 Q_2의 컬랙터 전압은 낮아진다.

이상에서 알 수 있는 바와 같이 슈미트트리거 회로는 입력신호전압에 따라서 트랜지스터가 ON에서 OFF로 되는 level과 OFF에서 ON으로 되는 level에 차이가 있으며, 이 현

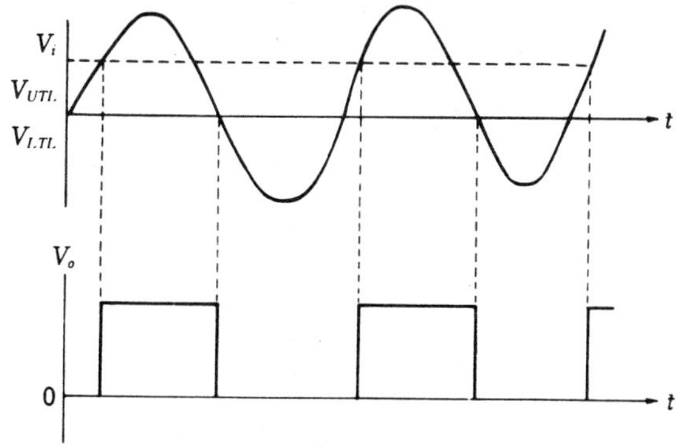

〈그림 3-16〉 슈미트트리거 회로의 입-출력 파형

상을 슈미트트리거 회로의 히스테리시스라고 부른다.

슈미트트리거 회로의 중요한 응용은 다음과 같다.

① 전압비교회로로 사용할 수 있다.

② 방형파 발생회로로 응용할 수 있다.

③ 쌍안정회로로 사용할 수 있다.

(예제 3-6) 그림 3-17과 같은 슈미트트리거 회로의 Threshold 전압 V_T를 구하여라.

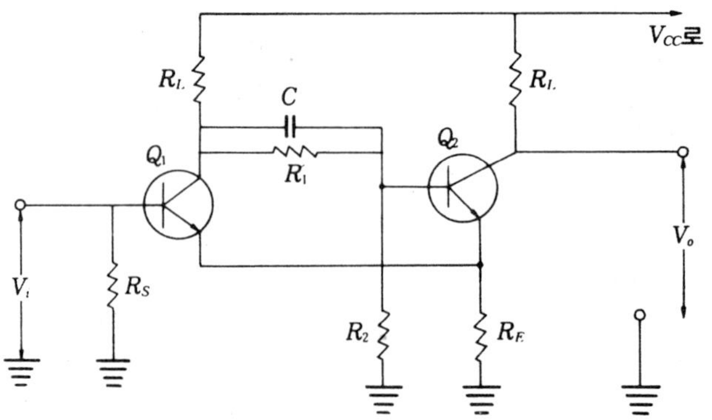

〈그림 3-17〉

(해) Q_1 OFF, Q_2 ON상태에서 입력전압이 0부터 증가하여도 에미터 바이어스 전압보다 더 커지지 않으면 상태반전이 일어나지 않으며, 입력전압이 감소할 때에도 에미터 바이어스 전압보다 훨씬 적은 값이 되기 전에는 상태반전은 일어나지 않는다. Q_1 OFF, Q_2 ON인 상태에서 Q_2의 base저항 R_i는 $R_i \fallingdotseq 3R_E$이고, Q_2의 베이스 직류전압 V_{B2}는

$$V_{B2} = \frac{V_{CC}(R_2 /\!/ R_i)}{R_L + R_1 + (R_2 /\!/ R_i)}$$

이다. Q_1이 도통하기 시작하는 입력전압 V_i가 Threshold 전압 V_T이고, Q_1이 도통상태로 되기 시작하는 것은 V_{BE}가 0.7V 때로 생각되므로

$$V_T = |V_E| \fallingdotseq |V_{B2}| = \frac{V_{CC}(R_2 /\!/ R_i)}{R_L + R_1 + (R_2 /\!/ R_i)} + 0.7\text{V}$$

로 구해진다.

3-7 Blocking 발진회로

일반적인 정현파 발진회로에서 발진을 주기적으로 차단(blocking)시키도록한 회로가 블록킹 발진회로로서, 이 회로는 한 개의 트랜지스터 또는 FET로 증폭회로를 구성하고 그의 출력을 변성기결합으로 위상을 180도 반전시켜 입력으로 정귀환시킨 회로이다. 이

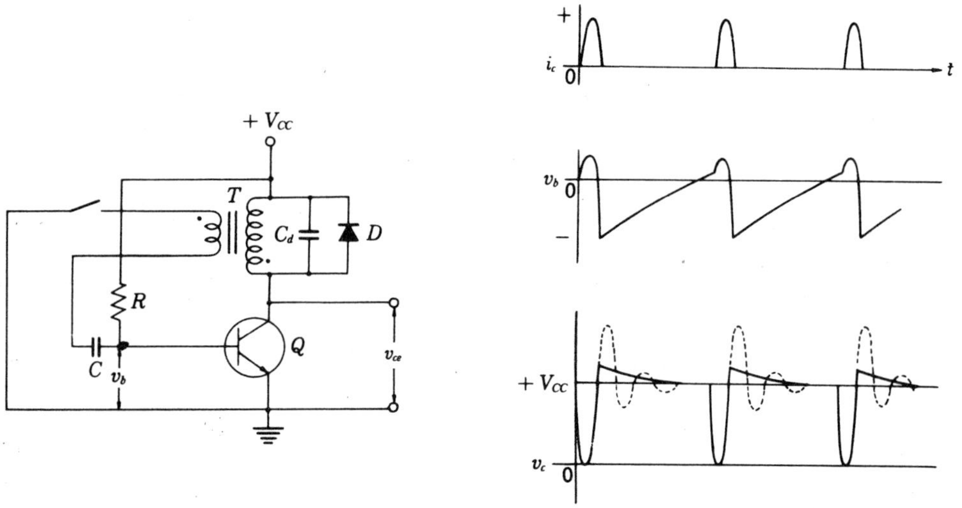

(a) 회로 (b) 동작파형

〈그림 3-18〉 블록킹 발진회로와 그 동작파형

회로는 상승시간과 하강시간이 빠르고 또한 펄스폭이 좁은 펄스를 발생시킬 수 있으므로 트리거 펄스원으로서 사용되기도 하고, 단기간 동안만 트랜지스터를 포화시키는데 사용한 전자 스위치로 사용되고 있다.

그림 3-18은 트랜지스터를 사용한 Blocking 발진회로의 예이며, 이 회로에서 C_d는 변성기 T의 일차 coil의 분포용량이다. 이 회로의 동작은 다음과 같다.

트랜지스터 Q의 베이스와 에미터 사이에는 전원전압 V_{CC}로부터 저항 R을 통하여 순방향으로 바이어스가 걸려 있으므로 베이스에는 전류 I_b가 흐른다. 이 I_b는 트랜지스터에 의해 증폭되어 컬렉터 전류 I_C를 흘리며 변성기의 2차 coil L_2에는 I_C의 변화율에 비례하는 기전력이 유도되어 I_b를 더욱 증가시킨다. 따라서 이와같은 정귀환 작용은 컬렉터 전류 I_C가 포화될 때까지 계속된다.

한편 트랜지스터의 베이스와 에미터 사이에는 순방향으로 전압이 가해지고 있으므로 그 저항치는 매우 작고 베이스에 연결된 컨덴서는 귀환전류에 의해 빠르게 충전된다. 이때 충전전압의 극성으로 인하여 베이스와 에미터 사이에는 역방향의 전압이 걸리게 되므로 트랜지스터의 동작은 정지되고 I_C가 차단된다.

일단 트랜지스터가 차단상태로 되면 C의 충전전하는 R을 통하여 서서히 방전을 시작하며 베이스 전압이 다시 0〔V〕를 넘어서면 트랜지스터는 다시 도통되어 발진이 일어난다.

그림 3-18의 파형중에 점선으로된 파형이 중첩되어 있는데 이것은 변압기의 실효 인덕턴스 L_e와 분포용량 C_d에 의한 고유진동을 의미한다.

그림 3-19과 같이 변압기의 1차측에 펄스상의 전류가 흐르면 2차측에 전압이 유기된

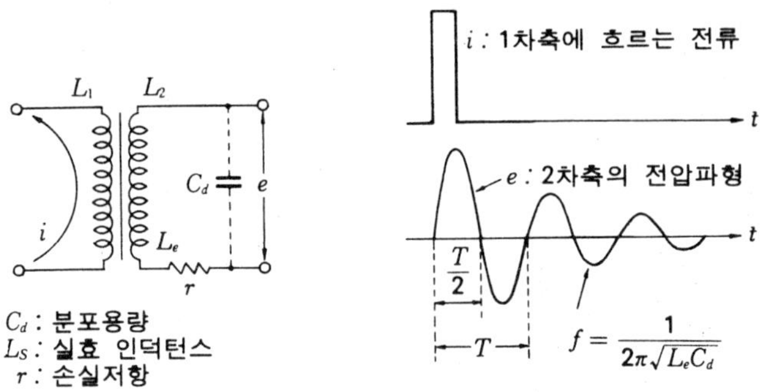

〈그림 3-19〉 과도 현상

다. 그리고 이 전압은 분포용량 C_d를 충전하여 정전 에너지로서 축적되었다가 다음 순간에 코일측을 향하여 방전하여 전자 에너지로써 축적된다. 따라서 코일의 전자 에너지가 최대인 경우에는 컨덴서 C_d의 정전 에너지는 0로 되어 있다. 이와같은 현상을 플라이 휠 효과라고 하며, 코일과 컨덴서의 공진회로는 전기적인 충격에 의해 진동을 시작하지만 코일과 컨덴서에는 손실저항이 있어서 이 진동은 감쇠진동이 되고 그 주파수 및 주기는 다음 식으로 주어진다.

$$f = \frac{1}{2\pi\sqrt{L_e C_d}} \tag{3-16}$$

$$T = \frac{1}{f} = 2\pi\sqrt{L_e C_d} \tag{3-17}$$

이와같은 현상을 방지하기 위하여는 그림 3-20과 같은 Damping 방법을 사용한다. 즉, 위와 같은 감쇠진동은 저항 r이 크면 빨리 감쇠하여 없어져 버리지만 저항이 적으면 그 시간이 오래 걸리므로 코일의 1차측에 Damping 저항 R_d를 접속하여 Q를 감소시키거나 다이오드 D를 접속하여 (−)의 반주기에서 다이오드를 도통시켜 진동을 흡수시킨다.

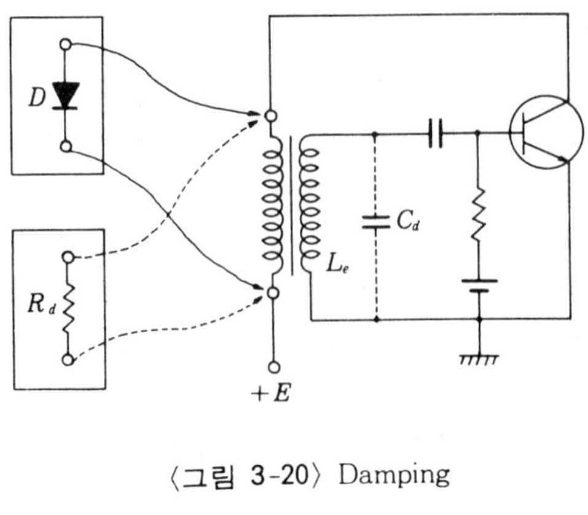

〈그림 3-20〉 Damping

여기서 전자를 저항 Damping, 후자를 Diode Damping이라고 한다.

블록킹 발진기의 중요한 응용은 다음과 같다.

① 방형파발생기 또는 스위이프 파형 발생기에서 필요한 동기용 트리거 신호를 공급하는 주발진기로서 사용된다.

② 큰 peak 전력의 펄스를 발생할 수 있다.

③ 부하권선의 임의의 한쪽을 접지할 수 있으므로 임의의 양극성 출력 펄스를 얻을 수 있다.

④ 분주기 또는 카운터로 사용될 수 있다.

⑤ 컨덴서를 급속히 방전시키므로 저임피던스 스위치로 사용된다.

⑥ 톱날파 발생기로 사용할 수 있다.

3-8 트랜스레스 블록킹 발진회로

트랜스를 사용하지 않는 블록킹 발진회로의 예를 다음에 보였다. 그림 3-21에서는 에미터 접지 증폭기를 임피던스 변환회로로 이용한 것이다.

트랜지스터 Q_1의 에미터에 저항 R_1을 통해서 트리거 전압을 넣으면, 이단의 전압이득(루프)이 변화된다. 다음, V_T가 Q_1의 베이스 전압보다도 적어지면, 전압이득은 1이상이 되어 Q_1은 포화되기 시작한다. 한편, Q_1의 컬랙터 전압은, 트랜지스터 Q_2와 컨덴서 C_1을 통해서 Q_1에 들어가 Q_1이 포화된다. 이 경우 포화시간은 C_1, R_2의 시정수로 결정된다. 이어 C_1의 방전이 끝나면 Q_1은 컷오프가 된다. 펄스의 주기는 C_1, R_1 및 트리거 입력 V_T로 정해진다. 그림의 정수로 V_T=0[V]에서 100Hz, V_T=−10V에서 600Hz가 얻어진다.

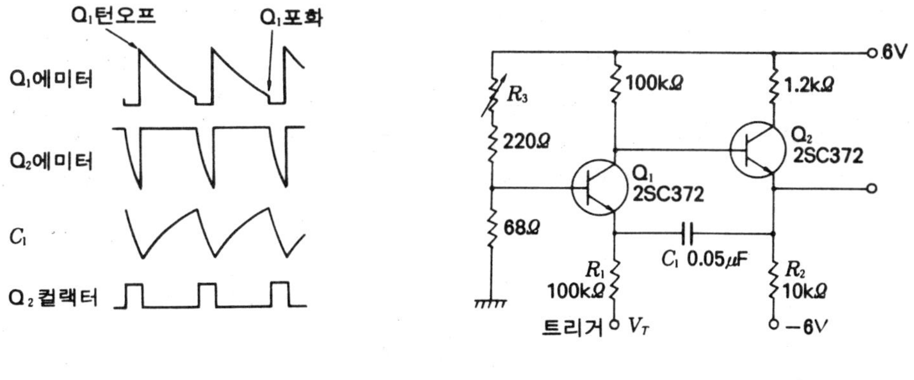

〈그림 3-21〉 트랜스레스 블록킹 발진회로

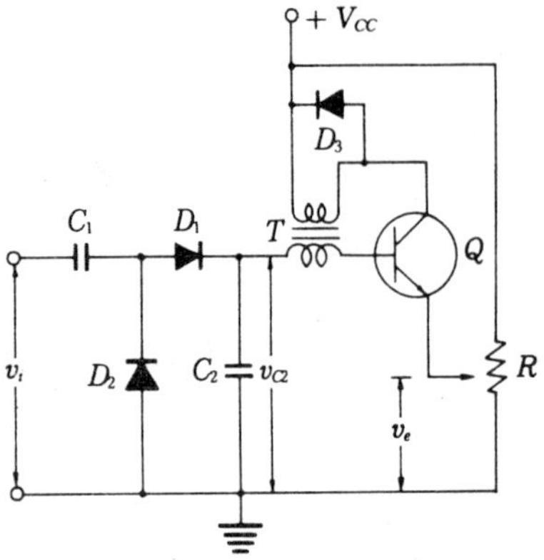

(a) 회로

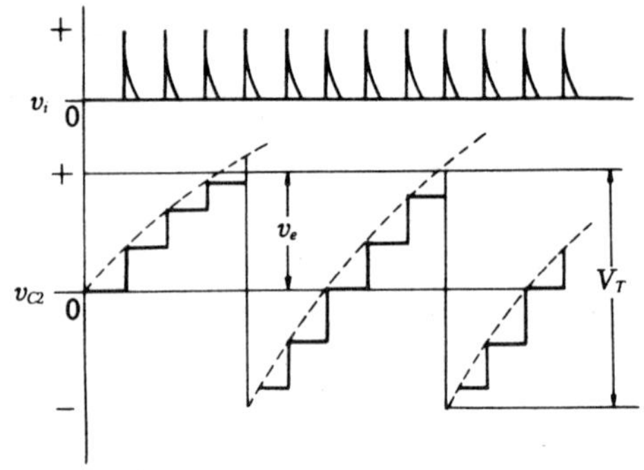

(b) 출력파형

〈그림 3-22〉 계단파 발생회로와 그 동작파형

3-9 계단파 발생회로

그림 3-22는 축적회로와 Blocking 발진회로를 조합하여 계단파 출력전압을 얻는 회로이다. 이때 다이오드 회로의 C_1과 C_2는 $C_2 \gg C_1$, 즉 $X_{C1} \gg X_{C2}$로 해둔다. 이제 이 회로의 동작상태를 알아보자.

먼저 입력단자에 (+)의 트리거 신호 v_i가 인가되면 다이오드 D_1은 순방향 바이어스, 다이오드 D_2에는 역방향 바이어스 전압이 걸리므로 C_1과 C_2가 각각 충전되는데 이때 대부분의 전압이 C_1에 충전된다. 한편 C_1의 충전전압으로 인하여 D_2에는 순방향 바이어스가 걸리므로 이때 D_2가 도통되고 C_1의 충전전압은 D_2를 통하여 방전하게 된다. 그러나 트랜지스터의 베이스와 에미터 사이에는 역방향전압이 걸려 있으므로 C_2의 전압은 방전되지 못하고 그대로 남아있게 되는데 이와같은 상태에서 그림 3-22(b)와 같이 일정한 주기를 가진 트리거펄스가 연속적으로 들어오면 C_2의 충전전압은 계단식으로 높아져 간다.

그러나 C_2의 충전전압이 트랜지스터의 에미터 전압보다 더 커지게 되면 트랜지스터의 에미터와 베이스 사이에는 순방향전압이 인가되므로 트랜지스터가 동작하게 되어 Blocking 발진이 일어난다. 그러나 변성기 T에 의해 정귀환 되는 베이스 전류에 의해서 컨덴서 C_2는 순간적으로 (−)의 전압으로 충전되므로 C_2의 방전은 중지되고 트리거펄스에 의

〈그림 3-23〉 밀러 적분기에 의한 계단파 발생회로

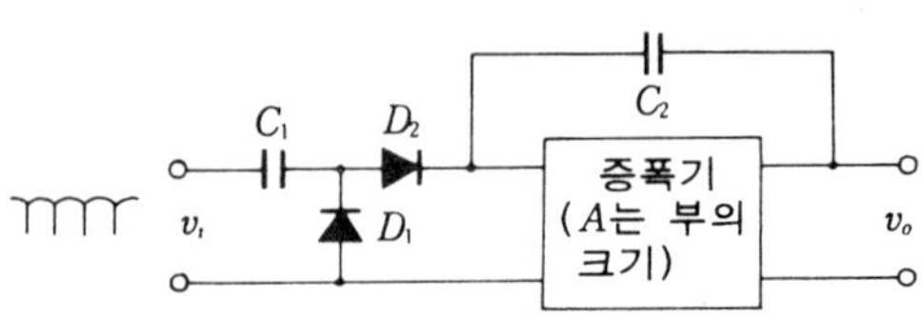

하여 다시 처음과 같은 과정으로 충전되어 위의 과정이 반복되므로 컨덴서 C_2의 양단에서는 계단적으로 변화하는 출력전압을 얻을 수 있다.

한편 밀러 적분회로를 사용해도 계단파출력을 얻을 수 있으며 그림 3-23은 그 회로의 일예를 나타낸다.

(예제 3-7) 그림 3-24와 같은 다이오드 pump 회로가 계단파출력을 낼 수 있음을 설명하여라.

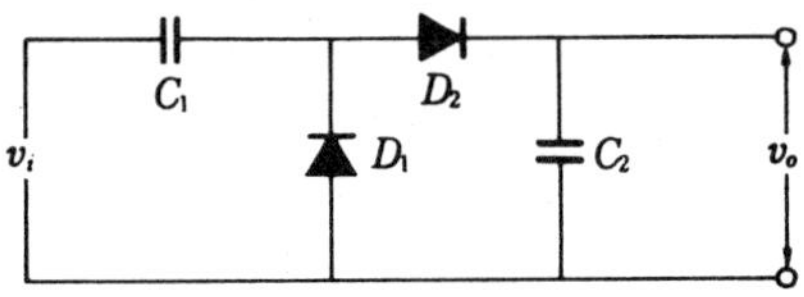

〈그림 3-24〉

(해) 다이오드 pump 회로는 (−)로 증가하는 신호 pulse로 동작되며 (−) pulse 1개가 인가되면 D_1이 ON되고 C_1을 충전한다. 이때 입력이 0으로 되면 C_1의 충전전압이 D_2를 Bias시켜 C_2를 충전한다. 즉 $C_2 > C_1$이면 입력신호에 의해 C_1이 pump되었다가 다시 C_2가 pump된다. 그러므로 계단파 출력이 얻어진다. 또 이때의 출력전압은

$$v_0 \doteqdot \frac{C_1}{C_2} v_i$$

이다.

3-10 톱날파 발생회로

톱날파는 오실로스코프나 텔레비젼의 스위이프, A/D, D/A 변환기의 비교기, 펄스 변복조회로 등에 널리 사용된다. 톱날파는 다음과 같은 여러 가지 회로에 의해 만들어질 수 있다.

(1) Blocking 발진회로를 사용하는 방법
(2) Miller 적분회로를 사용하는 방법
(3) Bootstrap 회로를 사용하는 방법
(4) 멀티바이브레이터에 의한 방법
(5) Tunnel Diode를 사용하는 방법

가장 간단한 톱날파 발생방법은 그림 3-25와 같은 방법이다. 그림 3-25(a)에서 스위치 S를 넣으면 컨덴서 C의 전하가 방전하는데, S를 열면 전원 E에서 저항 R을 통하여 컨덴서에 전하를 공급하고, C양단의 전압 v_c는 상승한다. S를 반복하여 개폐하면 그림 3-25(c)의 v_c와 같은 톱날파를 발생시킬 수 있다.

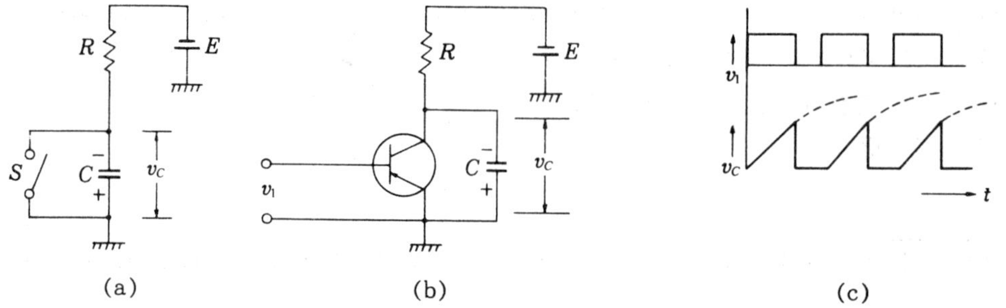

〈그림 3-25〉 간단한 톱날파 발생회로의 예

다음에 그림 3-25(b)에서 입력단자에 v_i와 같은 파형의 전압을 가하면 펄스가 가해져 트랜지스터의 베이스가 (+)전위로 되었을 때에만 OFF하고 베이스 전위가 0일 때 트랜지스터의 컬랙터와 에미터 사이는 ON이 된다. 따라서 v_i와 같은 파형의 전압이 입력단자에 가해지면 출력단자에는 v_C와 같은 톱날파전압이 나타난다.

그러면 여기에서는 앞에서 설명한 5가지 방법에 의하여 톱날파를 발생시키는 방법을 차례로 알아보자.

(1) Blocking 발진회로를 사용하는 방법

Blocking 발진회로를 사용하여 톱날파 전압을 발생시키기 위해서는 그림 3-26과 같이 트랜지스터의 컬랙터 회로에 톱날발생용의 C, R을 접속하여 컨덴서의 충방전을 사용한다. 이 회로의 동작은 다음과 같다. 그림 3-18에서 설명한 것처럼 이 트랜지스터의 베이스 회로에는 C_b, R_b에 의해 주어지는 일정한 주기를 갖는 pulse 상의 전류가 흐르며 베이스 전류가 흐를 때는 이 전류가 트랜지스터에 의해 증폭되어 컬랙터 전류가 흐르고 있다.

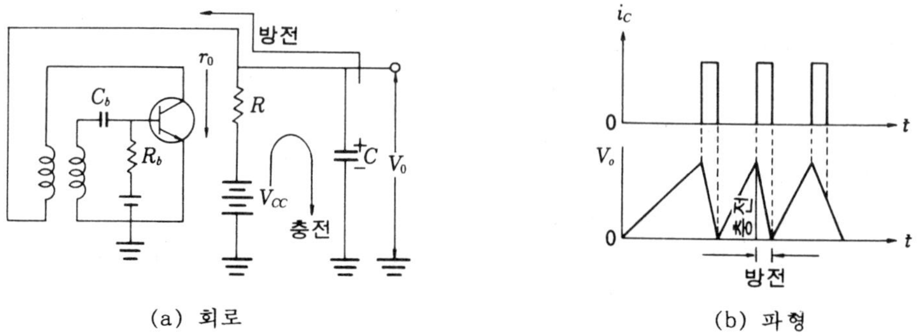

〈그림 3-26〉 Blocking 발진회로를 사용한 톱날파 발생회로

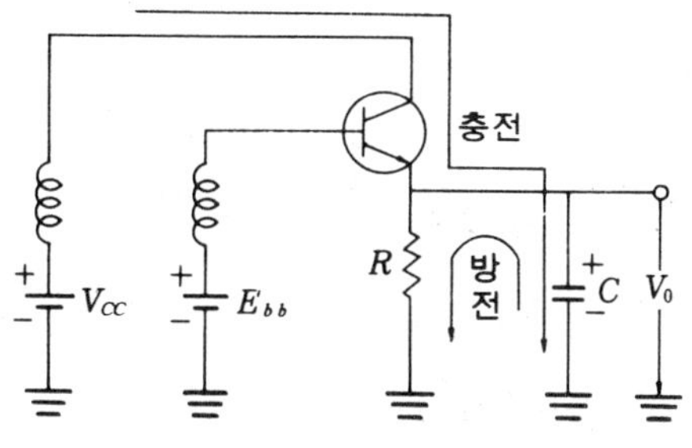

(a) 회로

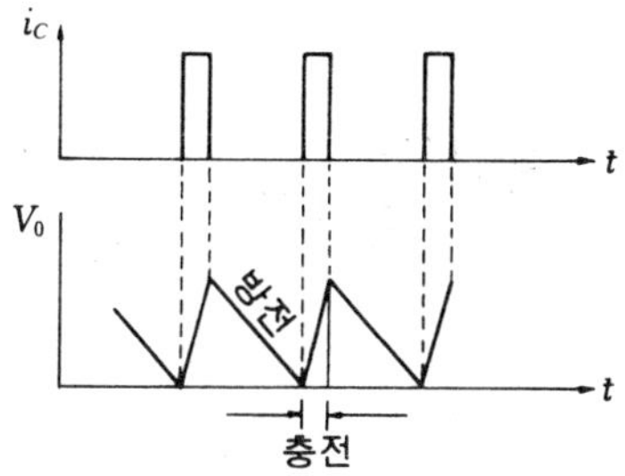

(b) 파형

〈그림 3-27〉 에미터 시정수형 톱날파 발생회로

따라서 이 회로의 컬랙터측에 그림 3-26(a)같이 R, C를 접속하여 두면 컬랙터 전류가 흐르지 않을 때는 전원전압 V_{CC}로부터 R, C 회로의 시정수 CR의 값에 따라 컨덴서 C가 그림 3-26과 같은 극성으로 충전되어 컨덴서 양단의 전압은 그림 3-26(b)와 같이 상승하며, 베이스 전류에 의해 트랜지스터가 도통하여 컬랙터 전류가 흐를 때에는 C의 충전전하가 트랜지스터의 내부저항을 통하여 방전하게 되는데 트랜지스터의 내부저항은 매우 적으므로 방전시정수 C_{r0}는 매우 짧게 되어 컨덴서 양단의 전압은 급격히 떨어진다. 다음순간 트랜지스터의 동작이 차단되면 다시 컨덴서가 충전되어 컨덴서 양단의 전압은 서서히 올라가며, 트랜지스터가 동작되면 역시 트랜지스터의 내부저항을 통하여 방전하므로 이와같은 동작이 계속되어 컨덴서의 양단에서는 그림 3-26(b)와 같은 톱날파 전압이 얻어진다.

그림 3-27은 트랜지스터의 에미터 회로에 톱날파 발생용의 C, R을 접속하여 C양단에서 톱날파 전압을 얻는 회로이다. 즉, 트랜지스터가 도통상태에서는 컨덴서 C가 그림과 같은 극성으로 충전되어 C양단의 전압은 상승하며 트랜지스터의 동작이 차단상태에 들어가면 컨덴서 C의 축적전하가 저항 R을 통하여 방전되는데 R의 값 때문에 이 전압은 서서히 감소된다. 따라서 이와같은 동작이 반복되면 톱날파 전압을 컨덴서 C의 양단에서 얻을 수 있는데 이때 발생되는 전압은 그림 3-26의 경우와 반대의 파형이 얻어진다.

(2) Miller적분회로를 사용하는 방법

이 회로에 대하여는 2장에서 설명하였으나 이때 귀선기간이 길어지는 것을 방지하기 위하여 다음과 같이 다이오드 D를 경유하여 입력전압(방형파)을 공급하면 귀선기간을 단축시킬 수 있다. 이 회로를 Miller run Amplifier라고 부르며 그 동작은 다음과 같다.

우선 입력이 (+)가 되면 다이오드 D는 도전상태가 되어 증폭기에 입력신호가 인가되지 않는다. 따라서 증폭기의 출력은 0이다. 그러나 입력이 (−)로 되면 다이오드는 역바이어스 상태로 되고 직류전원 E가 증폭기의 입력에 인가되어 밀러 적분회로와 같이 동

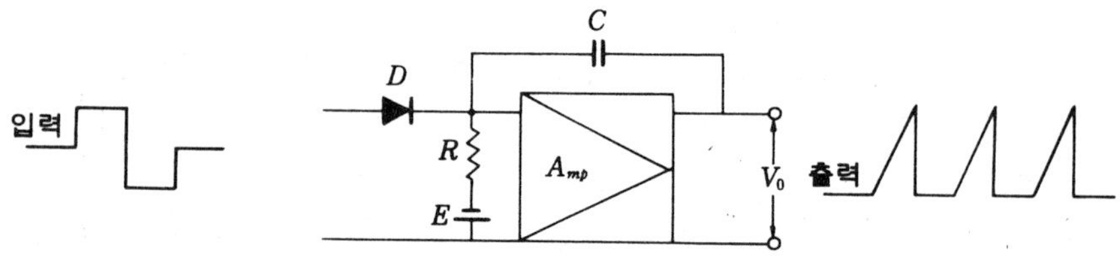

〈그림 3-28〉 귀선시간을 단축시킨 톱날파 발생회로

작되고 R, C회로로부터

$$v_0 = -\frac{1}{CR}\int E \cdot dt \qquad (3\text{-}18)$$

로 되므로 출력전압이 직선적으로 올라가는 톱날파가 발생된다. 또한, 입력이 0 또는 (+)로 되면 C의 전하는 급격히 방전되고 출력전압은 0로 된다.

(3) Bootstrap 회로를 사용하는 방법

Bootstrap 회로는 보통 에미터 폴러(emitter follower)와 결합하여 회로의 입력 임피던스를 높히고 출력 임피던스를 낮출 목적으로 사용하는 회로이다.

그림 3-29는 이 회로의 예이며 여기서 C_3는 큰 용량을 가진 컨덴서로서 높은 주파수에서는 단락회로로 작용한다. 또, R_1, R_2 이외에 에미터와 베이스 사이에 저항 R_3가 접속되어 있으므로 결국 입출력 단자가 저항 R_3로 접속된 셈이 된다. Bias 회로의 실효교류저항은 밀러의 정리에 의해 $\frac{R_3}{1-A_V}$ 로 되고 $A_V \fallingdotseq 1-\frac{h_{ie}}{R_i}$ 이므로 $A_V=1$에 근접함에 따라서 R_3의 실효입력저항은 높아지게 된다. 이 현상을 Bootstraping이라고 하며 출력저항은

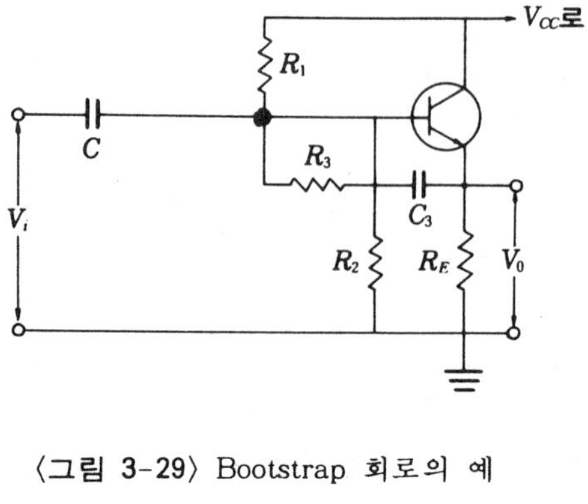

〈그림 3-29〉 Bootstrap 회로의 예

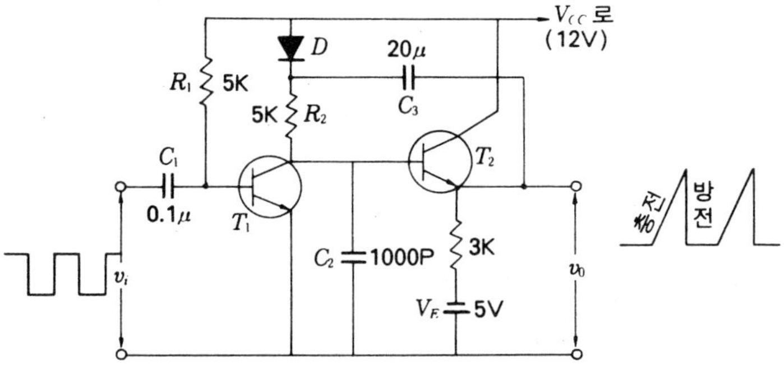

〈그림 3-30〉 Bootstrap 회로를 사용한 톱날파 발생회로

$\frac{-A_V R_3}{1-A_V}$로 되어 (−)의 고저항이므로 낮은 임피던스를 나타낸다.

그림 3-30은 이와같은 Bootstrap 회로를 사용하여 톱날파 전압 발생회로를 구성한 것이다. 이 회로에서 출력전압은

$$v_0 = \frac{1}{C_2 R_2} \int v_i dt \tag{3-19}$$

의 관계가 성립된다. 이 회로의 동작은 다음과 같다.

먼저 입력신호가 (+)일 때에는 트랜지스터 T_1은 ON되며 따라서 T_2의 입력전압은 인가되지 않으므로 Bootstrap 회로는 동작되지 않고, 따라서 C_3는 다이오드를 통하여 V_{CC}까지 충전된다. 한편 입력신호가 (−)일 때에는 트랜지스터 T_1은 OFF되고 C_2가 충전되므로, 출력전압은 거의 C_2의 충전전압과 같게 된다.

여기서 다시 입력이 0으로 되면 C_2에 충전된 전하는 신속하게 트랜지스터 T_1으로 방전하므로 입력에 (−)의 펄스 신호를 인가하면 출력에서는 (+)의 톱날파 출력전압을 얻을 수 있다.

(4) 멀티바이브레이터에 의한 방법

그림 3-31은 단안정 멀티바이브레이터와 트랜지스터를 조합하여 톱날파 발생회로를 구성한 예이다. 이 회로는 트랜지스터의 ON, OFF 동작을 단안정 멀티바이브레이터의 출력에 따라 움직이므로 입력신호 V_S가 인가되면 V_i는 낮은 레벨이 되고, 따라서 트랜지스터는 OFF상태로 되어 전원 V_{CC}로부터 컨덴서 C가 충전되기 시작한다. 이때 충전되는 시간은 단안정 멀티바이브레이터의 준안정 시간에 의해서 결정된다. 이 시간 이후에 단안정 멀티바이브레이터가 원래의 정지상태로 돌아가면 트랜지스터는 ON되며, 컨덴서 C에 충전되어 있던 전하는 트랜지스터의 내부저항을 통하여 급격히 방전하므로 C 양단에서는 그림 3-31(b)와 같은 톱날파가 얻어진다. 만일에 단안정 멀티바이브레이터 대신 비안정 멀티바이브레이터가 쓰인다면 일정한 주기를 가지고 반복되는 톱날파가 얻어진다.

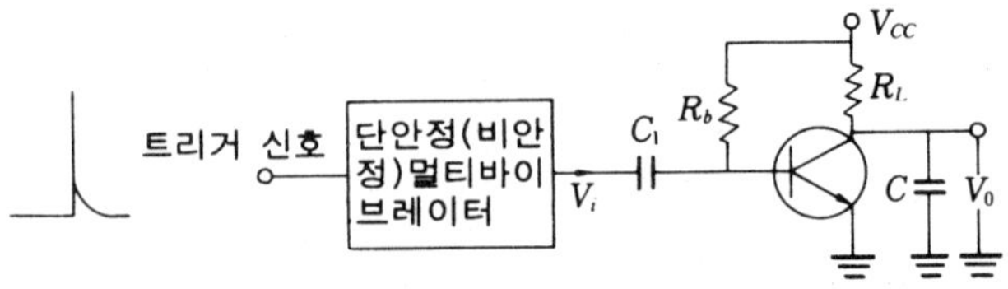

(a) 회로

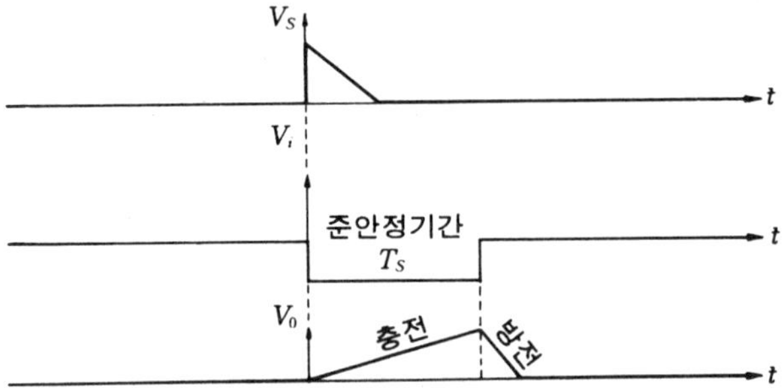

(b) 각 부의 파형

〈그림 3-31〉 단안정 MV를 사용한 톱날파 발생회로

3-11 초저주파 톱날파 발생회로

Puckle 소인 회로에 FET를 사용하므로써, 초저주파의 톱니파를 간단히 얻을 수 있다. 초저주파이기 때문에, 정부 2개의 전원을 사용하여 출력의 제로점 조정을 한다. Q_1에 부

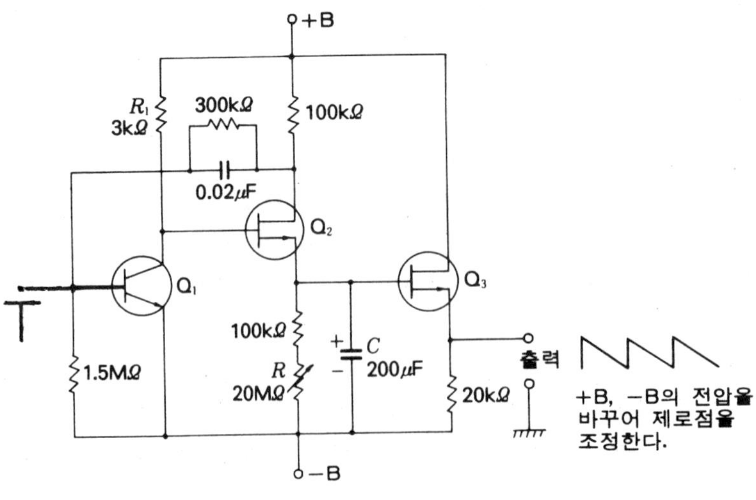

〈그림 3-32〉

의 펄스가 들어오면 Q_1이 컷오프가 되고, Q_2가 도통하여 C를 충전한다. 충전하는 전류가 감소되면 Q_1의 베이스 전위가 상승하여 Q_1을 도통상태로 하고, 동시에 Q_2를 차단한다. 여기서 C는 R을 통해서 방전을 개시하고, Q_2가 도통할 때까지 계속된다. 따라서, Q_1의 베이스에 부의 펄스를 넣어주면 간단히 동기가 잡힌다. R_1은 Q_2가 도통하는 전위를 결정하므로 출력의 직선성에 관계된다. C와 R을 바꿈으로써, 수십 kHz~0.0005Hz까지의 주파수를 얻을 수 있다.

3-12 다이오드 비교기와 미분기를 이용한 레벨검출회로

일정 레블을 넘는 입력신호를 추출하려면 비교기를 사용하여야 한다. 비교기는 연산증폭기를 이용한 것이 많이 쓰이나 쉬미트 트리거(Schmitt

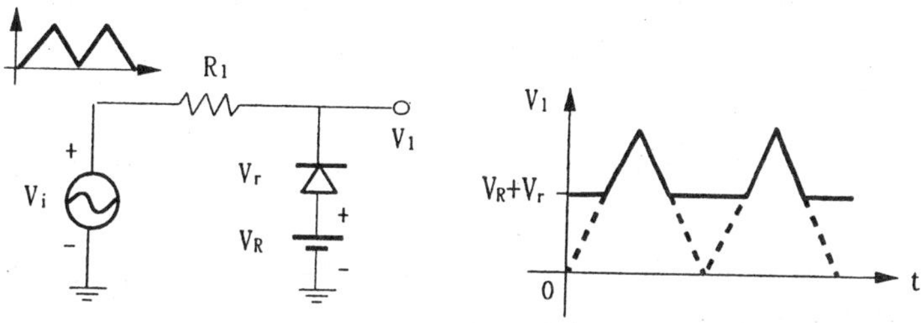

(a)비교기 (b)비교기의 출력파형

<그림 3-33> Diode를 이용한 비교기와 △파 입력시의 출력파형

trigger)나 Diode를 이용해도 된다. 다이오드를 이용한 비교기 구성은 그림 3-33과 같다. 그림에서 입력 V_i가 다이오드의 기준전압 V_R보다 Diode의 커틴 전압 V_r(0.7V) 만큼 크면 다이오드가 차단(Diode가 개방된 것과 같이 동작)되어 입력이 그대로 출력되므로 입력신호가 기준 전압 V_R보다 큰 부분만 출력된다. 이것을 간단히 식으로 나타내면 다음과 같다.

입력 $V_i < V_R - V_r$ 경우, Diode－ON(순방향), 출력 $V_1 = V_R + V_r$: 입력차단
입력 $V_i > V_R - V_r$ 경우, Diode－OFF(역방향), 출력 $V_1 = V_i$: 입력통과(검출)

그림 3-34의 회로에 최대 진폭이 10V인 0.5kHz의 △파를 입력하였다. 개략적 출력 파형을 그려보자

미분기의 응답은 주기 T와 시정수 τ와의 관계에 의하여 결정된다. 즉, $\tau \leq (1/10)T$ 관계가 성립될 때 미분기로 동작하므로 먼저 예제에서 이 관계를 확인한다.

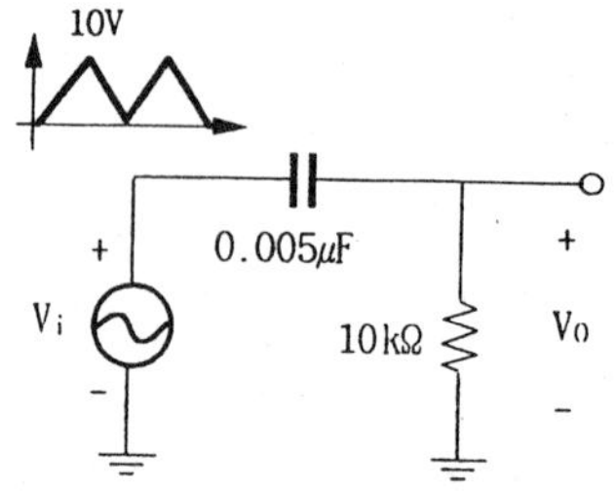

<그림 3-34 a> 미분회로

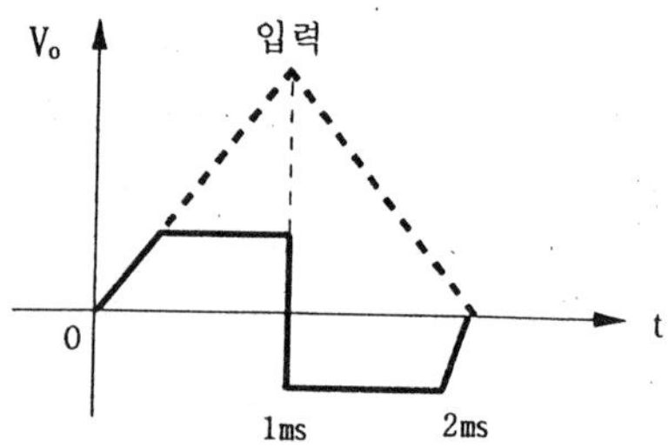

<그림3-34 b> 출력응답

(1) $T=1/f=1/0.5\text{kHz}=2\text{ms}$, 응답은 △파의 반주기 구간과 관계되므로 실제 주기는 1ms가 된다.

(2) $\tau=RC=10\text{k}\Omega\times0.005\mu\text{F}=0.05\text{ms}\ll T=1\text{ms}$

주기가 시정수보다 충분히 적다는 조건이 만족되므로 출력은 미분응답이 된다. 즉, 기울기가 (+)인 반주기 구간은 (+)의 일정한 전압이, (-)인 반주기 구간은 (-)의 일정한 전압이 출력된다.

이 응답을 그림으로 그리면 그림 3-34b 같다. 진폭의 크기는 △파의 기울기가 된다.

다이오드 비교기의 출력 V_1, 미분기의 출력 V_2, 증폭기의 출력 V_3, 출력 V_O의 파형에 대해 개략적인 해석을 하므로서 출력파형을 예측하고 실험을 하도록 한다. 이 파형 분석 과정을 잘 숙지하여 실험에 임한다면 이론을 실험을 통해 바로 산지식화하는 매우 효율적인 실험을 할 수 있다.

그림 21-5의 레블 검출회로에 삼각파 입력이 회로에 표시한 바와 같이 각 회로 요소를 통과할 때 파형 변화에 대해 논의한다. 비교기의 출력파형은 그림 3-35에서와 같이 입력신호가 V_R-V_r을 넘는 순간 입력신호가 다음단의 미분회로에 전달된다. 그 파형은 그림 3-36과 같이 된다. 미분기 출력 V_2

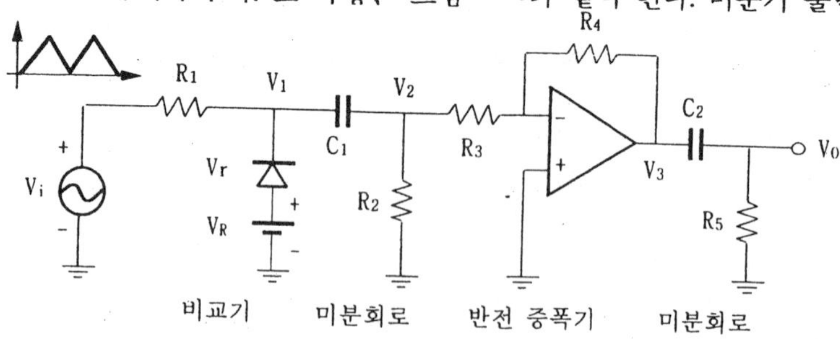

<그림 3-35> 비교기와 미분기를 이용한 레블 검출회로

는 그림3-34b와 같은 구형파가 된다. 이 출력은 다시 반전증폭기에 의해 증폭되며 종단 미분회로에 의해 다시 미분되므로서 임펄스 모양의 신호를 얻을 수 있다. 이 임펄스 상의 출력을 검출하므로서 미지의 입력신호가 일정 전압 V_R을 넘어섰다는 것을 확인할 수 있다.

삼각파 입력시의 각 회로요소의 파형을 그림 21-6에서 설명하였으니 그 의미를 충분히 음미하기 바란다.

해석의 편의상 입력진폭은 10V, 기준전압 V_R=2.7V로 가정하였다.

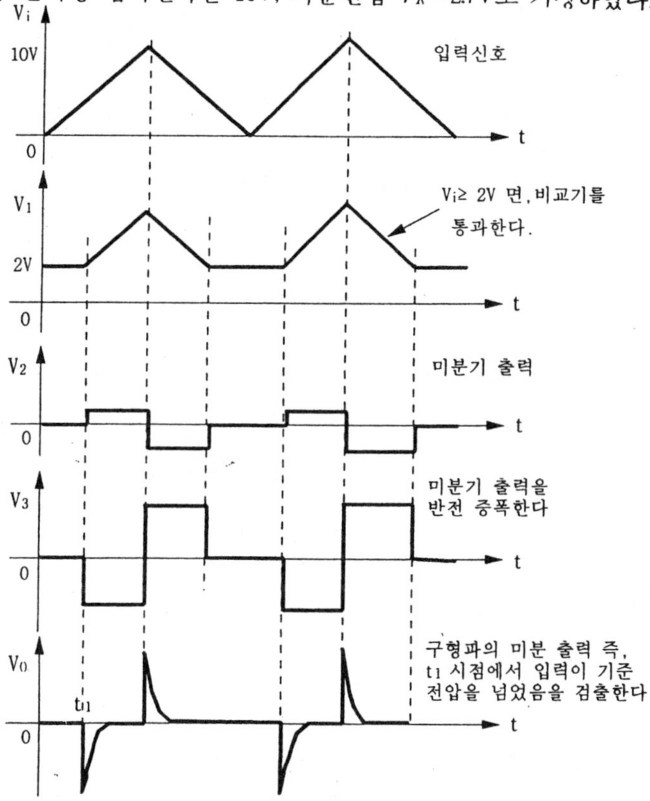

<그림 3-36> 그림 21-5의 삼각파 입력에 대한 각 부분 파형

3-13 펄스 증폭회로

펄스파는 그림 3-37과 같이 각각의 주파수가 다른 많은 정현파의 집합 또는 단일 스텝파의 집합으로 생각할 수 있다. 따라서 펄스를 해석할 때에는 보통 Fourier 급수나 Laplace 변환을 사용한다.

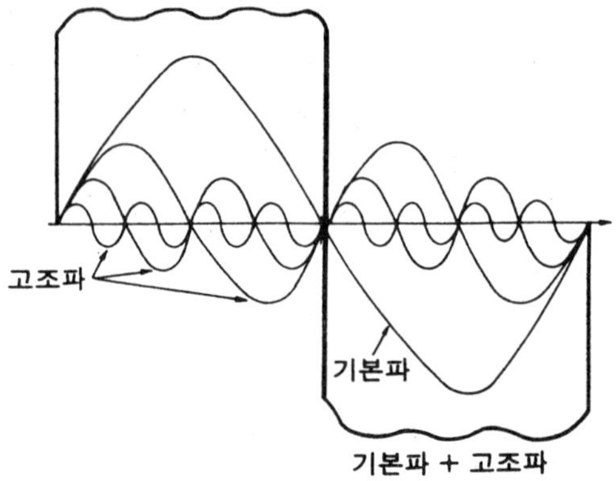

〈그림 3-37〉 정현파의 합성으로 본 펄스파

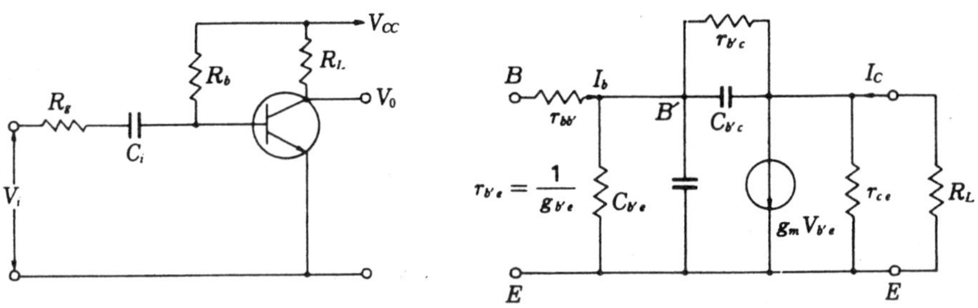

(a) 회로 (b) 등가회로

〈그림 3-38〉 pulse 증폭기의 예

일반적으로 펄스 통신을 하는 경우에는 대부분 미약한 펄스파를 수신하게 되는 것이므로 이것을 적당히 증폭하여 사용해야만 된다. 보통 digital system에서는 수[mV]의 펄스 전압을 100배 이상 증폭하여 사용하고 있다. 그런데 펄스파는 그림 3-37처럼 대단히 넓고 많은 주파수를 가지고 있으므로 이를 충실하게 증폭하려면 각각의 정현파를 빠짐없이 증폭해 주어야 한다. 따라서 펄스 증폭기로서는 보통 광대역증폭기를 사용하고 있다.

그림 3-38(a)는 펄스파의 증폭에 많이 사용되고 있는 트랜지스터 증폭기의 일반적인 예를 나타낸 것이다. 이미 말한 바와 같이 펄스파는 많은 고조파를 포함하고 있으므로 그 등가회로는 그림 3-38(b)와 같이 hybrid-π형으로 나타낸다.

위 회로에서 $r_{bb'}$는 베이스 분포저항으로 그 값은 대략 $\left(\frac{B_1}{W}+B_2\right)\rho_b[\Omega]$이고, 여기서 W는 베이스폭, ρ_b는 베이스의 비저항, B_1, B_2는 트랜지스터의 구조에 따른 상수이다. 또 $g_{b'e}$는 베이스-에미터간의 컨덕턴스로 그 값은 대략 $\frac{e I_B}{KT}$이며, g_m은 상호 컨덕턴스로 $g_m=$

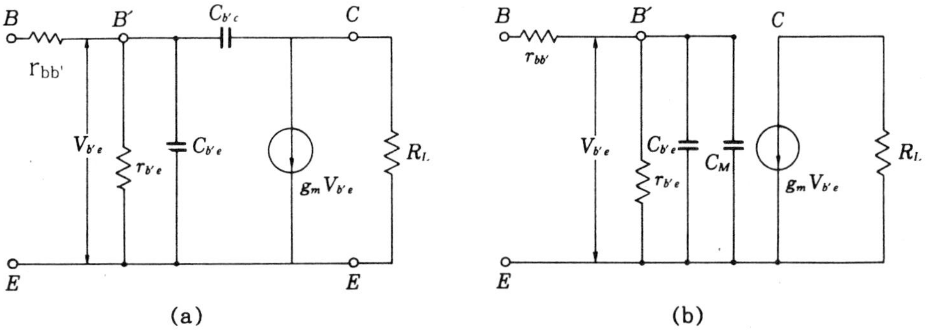

〈그림 3-39〉 간단화한 등가회로

$\frac{h_{fe}}{h_{ie}}$로 나타내지고 $C_{b'e}$는 50~2000〔pF〕 정도, $C_{b'c}$는 1~15〔pF〕 정도이다. 이 회로에서 $r_{b'c}$와 r_{α}는 그 값이작고크므로이를 무시하면 그 등가회로는 그림 3-39(a)와 같다. 여기서 $C_{b'c}$의 양단전압을 $V_{b'c}$라면

$$V'_{b'c} = V'_{b'e} - (-V_{b'e} g_m R_L) = V'_{b'e}(1 + g_m R_L) \tag{3-29}$$

로 되므로 그 등가회로를 그림 (b)와 같이 바꿔 놓으면 여기서

$$C_M = (1 + g_m R_L) C'_{b'c} \tag{3-30}$$

으로 된다.

따라서 입력용량 C_i는

$$C_i = C'_{b'e} + C_M \tag{3-31}$$

로 되고 출력전압은

$$v_0 = -g_m V_{b'e} R_L \tag{3-32}$$

로 되므로 $V_{b'e}$가 구해지면 출력전압을 계산할 수 있다.

그러나 이 회로에는 $r_{b'e}$에 병렬로 $C_{b'e}$와 C_M이 있어 주파수가 높아지면 $V'_{b'e}$가 감소하고 출력전압이 감소하여 회로이득을 저하시키므로 다음에 설명하는 보상회로를 써서 이득저하를 막는다. 여기서 중역에 비하여 이득이 3dB 감소하는 주파수를 고역차단 주파수라고 부르며 그 결과 식은 다음과 같다.

$$f_h = \frac{1}{2\pi C_i R_i} \tag{3-33}$$

$$R_i = \frac{r_{b'e}(R_S + r_{bb'})}{(R_s + r_{bb'}) + r_{b'e}} \tag{3-34}$$

또, 고역차단주파수 f_h와 상승시간 t_r은

$$t_r \fallingdotseq \frac{0.35}{f_h} \tag{3-35}$$

의 관계가 있으며 상승시간 t_r의 펄스를 상승시간 t_{rl}인 증폭회로에 인가했을 때 출력 펄스파의 상승시간은

$$t_{r0} = \sqrt{t_r^2 + t_{rl}^2} \tag{3-36}$$

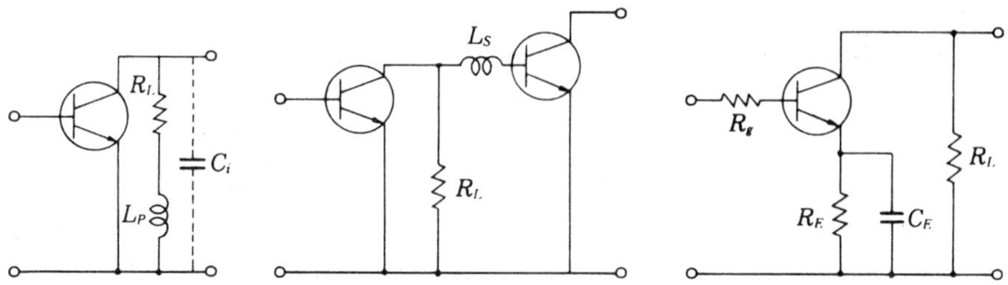

(a) 병렬 피킹 (b) 직렬 피킹 (c) 에미터 피킹

〈그림 3-40〉 고역보상회로

의 관계가 있어 상승시간을 적게 하기 위해서는 고역차단주파수를 높여 주어야 하며 이와 같은 고역보상회로에서는 보통 피킹(peaking)법을 사용한다.

그림 3-40(a)는 컬랙터 저항 R_L과 직렬로 인덕턴스 L_P를 삽입시켜 입력용량 C_i와 병렬공진시키므로서 고역차단주파수 f_h 근처에서 부하 Impedamce를 높여주는 방법으로 이것을 병렬 피킹(parallel peaking)이라고 하며, 이때 L_P를 피킹 coil이라 부른다.

그림 3-40(b)는 C_i와 peaking coil L_s를 직렬공진시켜 트랜지스터의 고주파전류를 증가시키려는 방법으로 직렬 피킹법이라고 부르며, 그림 3-40(c)는 부귀환을 사용하는 방법으로 에미터 저항 R_E와 에미터 바이패스 컨덴서 C_E를 사용하여 직렬귀환시키는 것으로 에미터 피킹법으로 알려져 있다. 이 회로에서는 고역차단주파수 근처에서 C_E가 R_E를 단락하여 부귀환량을 감소시키므로써 이득을 높히게 된다.

또한 저역에서는 $C_{b'c}$, $C_{b'e}$의 영향을 무시할 수 있으므로 결합 컨덴서 C_c의 영향이 커지고 그때의 등가회로는 다음과 같다.

이때 저역차단주파수는,

$$f_L = \frac{1}{2\pi C_c R_i} \tag{3-37}$$

$$R_i = R_s + r_{bb'} + r_{b'e} \tag{3-38}$$

로 되어 C_c를 크게 하여 f_L을 낮춘다. 따라서 그림 3-42과 같은 보상회로를 사용한다.

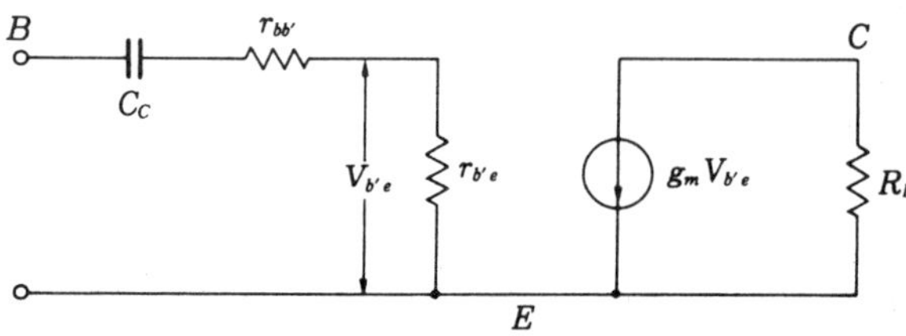

〈그림 3-41〉 저역에서의 등가회로

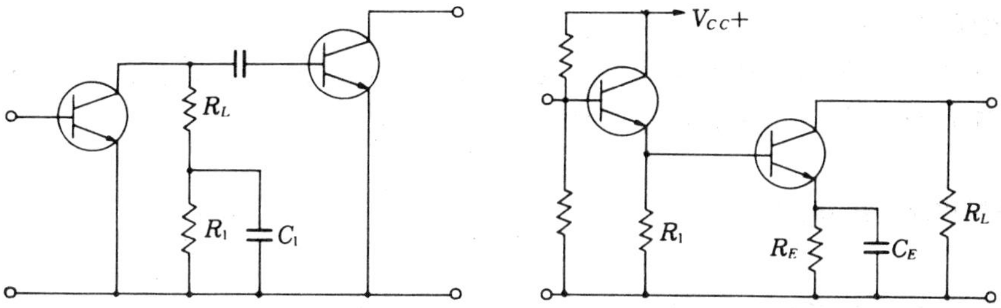

(a) 보상회로　　　　(b) 직결회로

〈그림 3-42〉 저역보상회로의 예

그림 3-42(a)에서는 컨덴서 C_1을 R_1과 병렬로 접속하여 주파수가 낮아짐에 따라서 C_1의 영향을 적게 하고 부하 임피던스를 높여 주어 이득을 높여주는 방법이며, 그림 3-42(b)는 전단 T_r을 컬랙터 접지, 후단 T_r을 에미터 접지시켜 전단 T_r의 입력 임피던스가 높고, 후단 T_r의 출력 임피던스가 낮으므로 R_E, C_E에 의한 고역보상도 효과적으로 행하는 방법이다.

3-14 펄스 변조 및 복조회로

펄스 변조는 애널로그와 디지탈 양으로 대별되며, 변조 파라미이터 또는 표본화 및 양자화 등의 변조 과정에 따라 표 3-1과 같이 분류된다. 펄스 변조의 특징은 표본화라고 하는 시간적 이산화의 과정에 있다.

이것은 신호의 최고 주파수를 f_m이라 하면 $1/2f_m$의 시간 간격마다 얻어지는 표본치로 신호 파형을 완전히 표현하는 표본화 정리에 기초를 두고 있는 것이다.

더욱이 디지탈 펄스 변조는 양자화라는 과정을 필요로 하고, 여기에 또 부호화라고 하는 조작을 한다. 즉, 이 변조는 A/D(analog to digatal) 변환, 복조는 D/A(digital to ana-

〈표 3-1〉 펄스 변조의 종류

	명　칭	표본화	양자화	부호화	변조 파라미이터
애널로그 펄스	펄스 진폭변조(PAM)	○	×	×	진　폭
변　조	펄스폭 변조(PDM)	○	×	×	폭
(펄스파라미이터)	펄스 위상변조(PPM)	○	×	×	위　상
(변　조)	펄스 주파수변조(PFM)	×	×	×	주 파 수
디지탈 펄스	펄스 수변조(PNM)	○	○	(○)	－
변　조	펄스 부호변조(PCM)	○	○	○	－
(펄스 부호변조)	정차변조(Δ-M)	○	○	○	－

log) 변환에 지나지 않는다.

이 각 변조법에 사용되는 회로들은 펄스 회로나 디지탈 회로를 응용하는데 여기서는 각 변조법에 사용되는 기본적인 회로들만 다루기로 한다.

(1) PAM변조 및 복조

PAM(pulse amplitude modulation) 변조는 애널로그원 신호를 clock pulse로 표본화하여 원신호의 진폭에 해당하는 표본화된 펄스열을 만드는 것이다.

변조회로는 2입력 AND게이트가 사용되는데 특히 한쪽의 입력신호의 진폭표본을 의곡없이 출력으로 전송하는 것이므로 전송 게이트라고도 한다.

그림 3-43에 표시한 PAM회로에서 입력 변조신호와 clock pulse가 동시에 가해질 때에는 출력을 얻을 수 있게 된다. 따라서 이 양파에 의해서 그림 ③과 같은 PAM출력을 얻게 된다.

한편 PAM파의 복조는, 피변조파가 고주파 성분과 저주파 성분(변조신호)으로 합성되어 있기 때문에 저역여파기를 사용하여 원신호를 검출해 내는데, 만일 피변조파가 다중신호인 경우는 그림 3-44와 같이 clock pulse의 주파수를 통화로마다 적당히 선정하여 통화로 분리를 한 후에 저역여파기로 원신호를 재생시킨다. 이 PAM은 가장 간단한 변조방식이지만 이것만으로는 잡음에 약할 뿐만 아니라 특성이 좋지 않아서 PAM으로 반송파를 AM 또는 FM한 PAM-AM 또는 PAM-FM 방식이 사용된다.

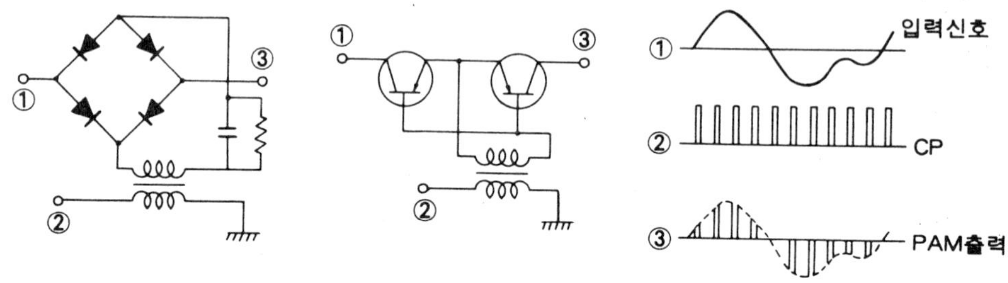

〈그림 3-43〉 PAM회로와 파형

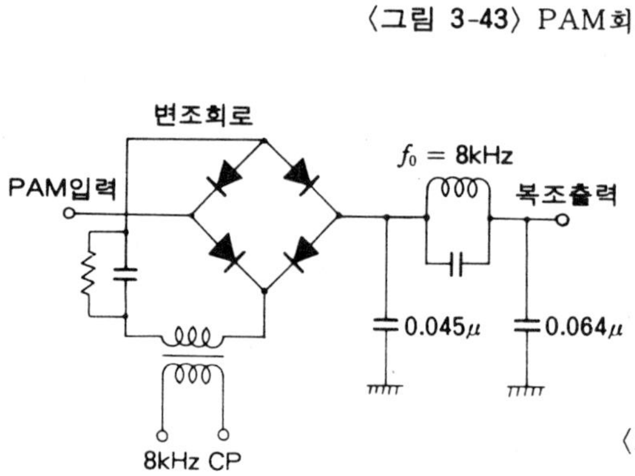

〈그림 3-44〉 PAM 복조회로

(2) PDM변조 및 복조

PDM(pulse duration 또는 pulse width modulation, PWM)은 그림 3-45(a)에 표시한 것과 같이 후단변조(trailing edge modulation)와 그림 3-45(b)와 같은 전단변조(leading edge modulation) 그리고 그림 3-45(c)와 같은 양단변조(both edge modulation) 등이 있다. PDM을 얻으려면 그림 3-46 ⓐ에 표시한 것과 같이 신호를 우선 PAM하고 이것과 그림 3-46 ⓒ의 톱니파를 합하여 실선의 부분(검파 레벨)에서 slice하면 PDM파가 된다. 이와같이 하여 얻어진 것을 균일표본화(uniform sampling)라고 한다.

또 다른 방법으로 그림 3-47(a)와 같이 톱니파와 신호파를 가하여 점선의 레벨에서 슬라이스하면 그림 3-47(b)와 같이 되어 PDM이 얻어진다. 이와 같이 해서 얻은 것을 자연표본화(natural sampling)라고 한다. 한편 복조는 PDM파 스펙트럼의 구성이 PAM파와 거의 같기 때문에 이때에도 저역여파기를 사용하여 원신호를 재생시킬 수 있다.

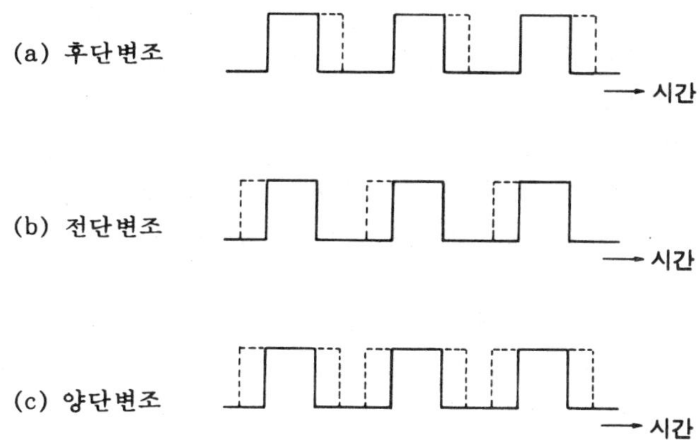

〈그림 3-45〉 PDM

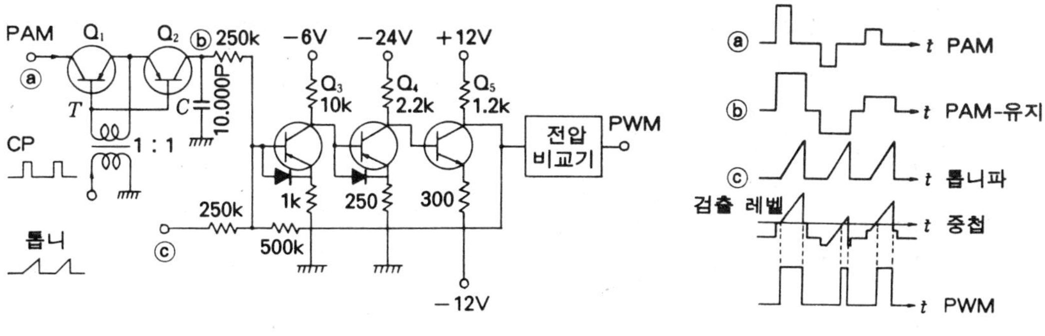

〈그림 3-46〉 PDM회로 및 파형

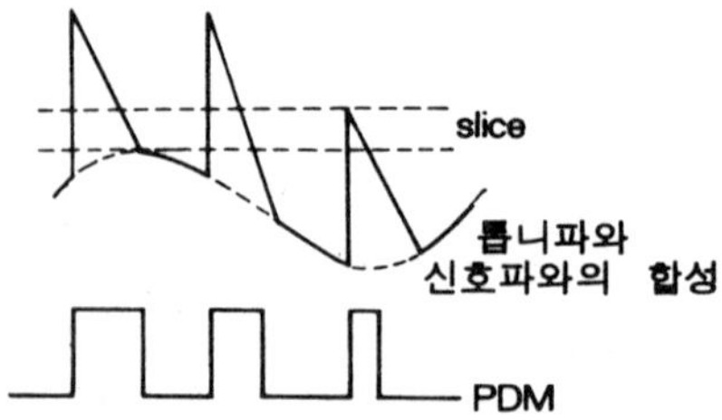

〈그림 3-47〉 PDM 자연표본화

(3) PPM변조 및 복조

PPM(pulse position modulation 또는 pulse phase modulation)파는 다음과 같은 방법으로 얻을 수 있다. 즉 그림 3-46과 같은 PDM파를 만든 다음에 그림 3-48과 같은 방식으로 PPM파를 얻는다. 그림에서 (a)의 PDM을 지연회로를 통하여 늦춰서 (b)의 파형으로 만들고, (a)와 (b)를 합성하여 (c)와 같이 만들어서, 이것을 diode로 정류하여 한쪽만의 pulse를 취하면 (d)와 같은 PPM파를 얻는다. 이 PPM파를 복조하는 하나의 방법으로 그림 3-49와 같은 방법이 있다. 이것은 (a)의 PPM파에 (b)의 파형을 가하여 (c)와 같이 만들고, 점선의 레벨에서 슬라이스하면 (d)와 같이 PAM파가 되므로 이것을 저역 필터로 복조하면 된다.

PPM 방식은 pulse의 진폭과 폭이 일정하므로 PAM 방식에 비하여 신호대 잡음비가 개선되고 PDM 방식에 비하여 전력이 적게들므로 PPM 변조파로 다시 주반송파를 AM하는 PPM-AM 방식이 실용되고 있다.

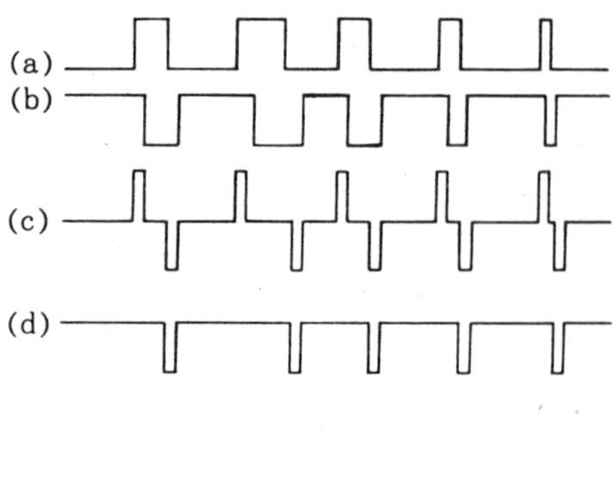

〈그림 3-48〉 PPM파

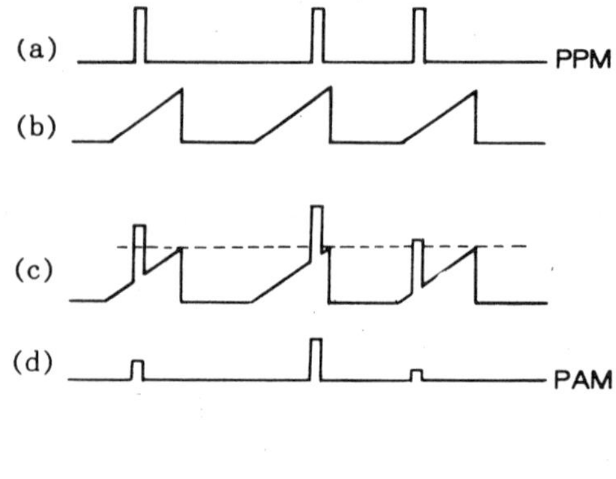

〈그림 3-49〉 PPM의 복조

(4) PCM 변조 및 복조

PCM(pulse code modulation)은 현재 가장 널리 사용되고 있는 변조방식이다. 즉, 24 회선 PCM 방식이 개발된 후에 연구가 계속되어 고차군 PCM이 출현하였으며 현재에는 마이크로 PCM, 동축 PCM, 준미리파 및 미리파 통신, 화상부호화, 위성통신 및 최근의 광 fiber통신 등 PCM 기술은 큰 발전을 이루고 있다.

그런데, PCM의 이론은 매우 방대하고 복잡하므로 이 책에서 이 이론을 구체적으로 다루기는 힘들 뿐만 아니라 책의 범위 밖의 것이므로 여기서는 그 기본원리와 특징만을 간단히 설명하겠다.

PCM은 애널로그 입력신호를 수치로 변환하고 펄스 부호로 만들어서 전송하는 방식이다. 그 변복조 과정을 계통도로 표시하면 그림 3-50과 같다. 즉 변조신호는 주기적으로 표본화된 후에 진폭축 위에서 이산적인 수치로 양자화된다.

양자화된 수치는 2진 부호로 표시되므로 이것을 다시 전송로의 특성에 정합된 부호형식으로 부호화해서 전송로에 송출한다.

그러므로 이 "표본화", "양자화", "부호화"의 3단계는 PCM 변조에 있어서 기본이 되는 변환 기능이며, 이것을 총칭하여 부호화라고 부르는 경우도 있다.

송신측의 부호화 과정은 그림 3-51로 설명할 수 있다. 표본화는 PAM에서처럼 일정 주기 T로 하기 때문에 그림에서 종선은 표본 시점을 표시하고, 이것에 대해서 양자화는 진폭축을 세분한 것이므로 횡선으로 나타내고, 각 양자 스텝(step)에는 수치가 대응되어 있다.

그림과 같은 입력파형이 주어졌을 때 그 애널로그 신호치에 가장 접근한 수치로 양자화된 값을 만든다. 예컨데 표본시점 T에서 입력신호는 3.6이지만 이것과 가장 가까운 수치 4에 접근된다. 이와 같이 양자화된 파형은 계단파로 되므로 이것과 입력파형과의 사이에는 약간의 오차가 생긴다. 이것은 양자화 과정에서 생긴 오차이며 양자화 잡음(quantizing noise)이라고 한다. 다음에 양자화된 수치는 그림 3-51과 같이 2진 부호 "1"과 "0"의 배합으로 만들어지며, 0은 (000)에, 1은 (001)에 대응한다. 따라서 이 부호는 펄스열로서 나타낼 수 있는데, 이 펄스열을 케이블이나 무선전송로를 통하여 수신측으로 전송하므로 입력 정보를 전달할 수 있게 된다.

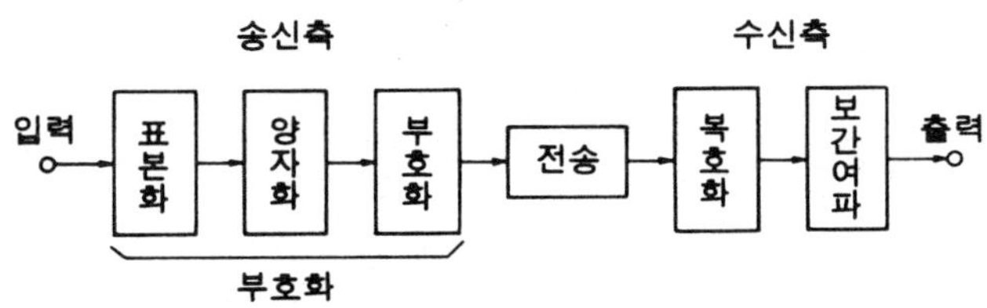

〈그림 3-50〉 PCM 전송계의 계통도

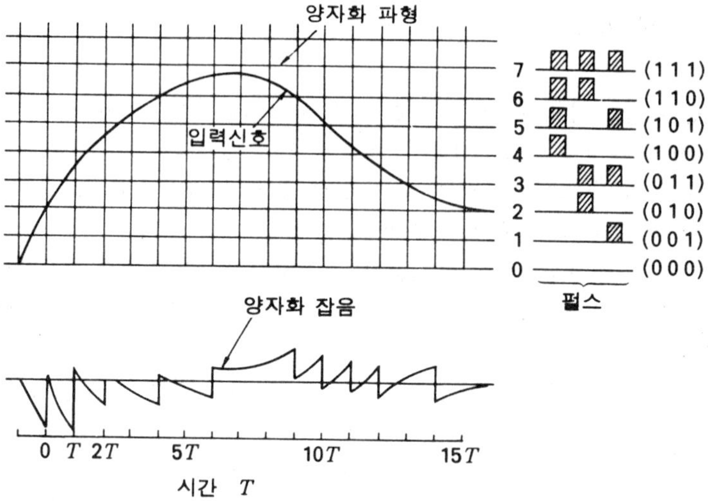

〈그림 3-51〉 연속신호의 표본화와 양자화

전송로를 통과하는 동안에 감쇠나 파형의곡을 받을 염려가 있으면 적당한 거리마다 중계기를 설치하고 부호 펄스를 재생 중계하고 있다. PCM의 큰 특징 중에는 이 재생중계도 원만히 할 수 있는 장점이 있다. 즉 잡음, 누화 그리고 파형의곡에 기인하는 잡음이 현저하게 되기 전에 재생중계를 하면 송신측에서 발생한 펄스와 완전히 동일한 파형이 재생된다. 이 사실을 그림 3-52에 자세히 예시하였다. 애널로그 신호를 디지탈 신호로 변환하는 부호기(encoder)는 본질적으로 A/D변환기와 같다. 2진 부호화를 하는 경우에 대표적인 부호화 패턴을 그림 3-53에 표시한다. 여기서 그림 (a)는 보통의 2진 부호이고 그림 (b)가 교번 2진 부호로서 양자화된 각 레벨의 경계에서의 부호 변화가 반드시 1 단위만 생기는 방식이다. 또 그림 (c)는 folded binary code라고 하는 것으로서 보통 2진 부호를 양, 음 양쪽으로 접어서 대칭으로 만든 부호 패턴이다.

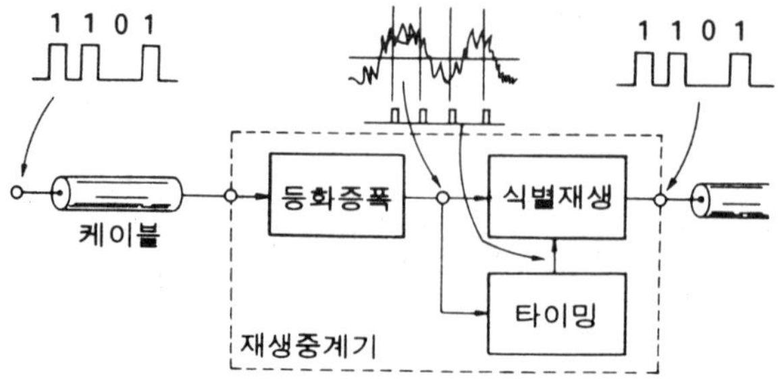

〈그림 3-52〉 PCM 재생중계기의 원리도

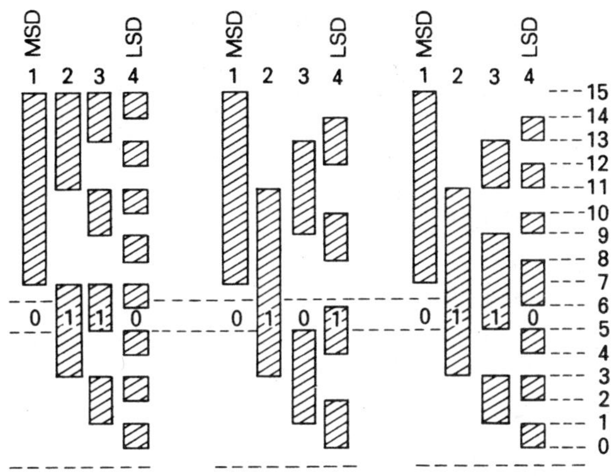

(a) 일반 2진 (b) 교번 2진 (gray code) (c) folded binary

〈그림 3-53〉 부호화 패턴

부호기에는 병렬형, 계수형, 귀환형 및 종속형들이 있는데, 여기서는 원리적으로 가장 간단한 병렬형 부호기만을 소개하겠다. 즉 그림 3-54에서처럼 여러 개의 비교기($C_1 \sim C_7$)를 가지므로 여기에서 식별 레벨에 상당하는 기준전압과 입력 레벨을 병렬로 동시에 비교

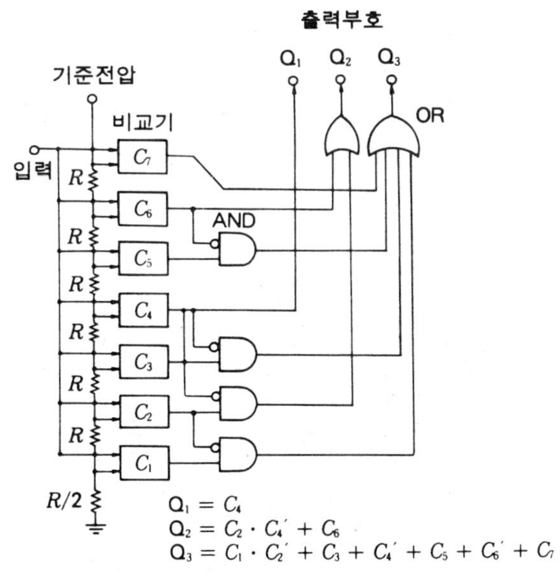

〈그림 3-54〉 병렬형 부호기(n=3)

〈표 3-2〉 일반 2진 부호와 하중합(n=3)

A	$4Q_1$	$2Q_2$	Q_3
0	0	0	0
1	0	0	1
2	0	2	0
3	0	2	1
4	4	0	0
5	4	0	1
6	4	2	0
7	4	2	1

검출하고, 이 비교기의 출력들을 논리회로에 가하여 2진부호로 변환하는 방법이다. 이것은 병렬 동시 식별을 하기 때문에 고속의 동작이 가능하지만 비교기의 수가 (2^n-1)개가 필요하므로 bit수 n가 큰 경우에는 매우 복잡하게 된다.

다음에 일종의 D/A변환기인 복호기에 대해서 알아보면, n bit의 2진 부호를 Q_1, Q_2,…Q_n라 하면 이것에 의한 애널로그 출력 A는

$$A=\sum_{i=1}^{n} Q_i \cdot 2^{n-i}=Q_1\,2^{n-1}+Q_2\,2^{n-2}+\cdots+Q_{n-1}\,2+Q_n$$

로 된다. 여기서 Q_i는 "0" 또는 "1"의 값을 갖는 각 bit의 부호이며, Q_1은 가장 중요한 디지트이므로 MSD, Q_n는 가장 덜 중요한 디지트이므로 LSD라고 한다. 계수(2^{n-i})는 모든 bit의 크기를 좌우하고, A는 이 계수들과 부호 Q_i의 곱셈을 합한 하중합을 나타낸다. 이 관계를 표에 표시하였다.

복호기는 2진 부호 $\{Q_1, Q_2, \cdots, Q_n\}$을 받아서 그 하중합 A에 비례하는 애널로그 전압 또는 전류값으로 변환하는 회로이므로 D/A변환 작용을 한다.

가장 간단한 하중저항전류 가산형 복호기(그림 3-55 참조)에 대해서 동작을 살펴 보자.

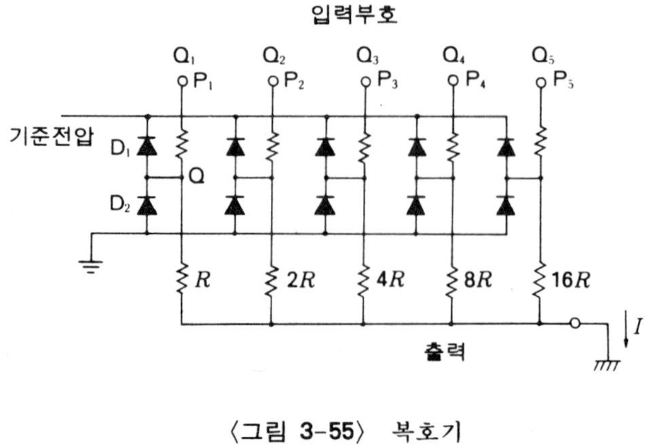

〈그림 3-55〉 복호기

그림에서 기준전압 V와 접지 사이에 직렬로 접속된 다이오드는 각 bit의 스위치이다. 지금 제 1bit의 입력부호 Q_1이 "1"일 때 단자 P_1에 V보다 약간 양의 전압을 가하면 D_1은 ON, D_2는 OFF로 되어 Q점의 전위는 $+V$에 클램프된다.

다음 Q_1이 "0"일 때에는 P_1점에 약간 음의 전압을 가하여 D_1을 OFF, D_2를 ON으로 만들어서 Q점의 전위가 접지전위에 클램프되게 한다. 각 bit의 입력신호 Q_1~Q_5에 해당하는 다이오드 스위치들도 위와 같은 동작을 하게 된다.

그러므로 각 입력회로의 Q점의 전위는 부호 "1", "0"에 따라 V와 0사이에서 변환된다. 각 bit 스위치에 R, $2R$, $16R$의 저항을 접속하고 그 합성점을 그림과 같이 접지시키면 합성전류 I는 다음과 같이 된다.

$$I=\frac{V}{R}Q_1+\frac{V}{2R}Q_2+\frac{V}{4R}Q_3+\frac{V}{8R}Q_4+\frac{V}{16R}Q_5$$

$$=\frac{V}{16R}\sum_{i=1}^{5}Q_i\cdot 2^{5-i}=\frac{V}{16R}A$$

이 식은 위의 애널로그 출력 A에 비례하는 복호전류를 의미한다. 이 경우의 양자화 스텝 값은 $V/16R$이다.

PCM이 현재 각광을 받고 있는 것은 종래의 통신 방식에 비하여 여러 가지 우수한 특징을 갖고 있기 때문이다. 이 점에 대해서 간단히 고찰하여 보자.

(5) PCM 통신방식의 특징

① PCM에서는 재생시에 "1" 또는 "0"인가를 검출하면 되기 때문에 잡음 방해에 매우 강하다.

② 재생중계를 하기 때문에 잡음이나 누화 그리고 의곡이 첨가되지 않는다.

③ 본질적으로 다중계 전송방식에 적합하다.

④ PCM파의 소요대역폭은 Nf_m(N:PCM부호의 단위수, f_m;신호 중에 포함된 최고 주파수 성분)로 계산할 수 있지만, 실제는 한층 넓은 대역이 필요하다. 여기서 N은 일반 PCM파에서 7~8 정도가 된다.

⑤ 애널로그 전송방식과는 달리 양자화 잡음이 있다.

⑥ 전송정보의 품질은 거의 단국에서만 결정되므로, 전송 품질이 거리나 회선망 구성에 관계없이 거의 일정하여 모든 가입자에게 동일한 통신 품질을 제공할 수 있다.

⑦ 안정도가 극히 높아서 레벨 변동이 없는 통신 품질을 얻을 수 있다.

⑧ 전화, TV, 레이더, Fax(팩시밀) 신호 등이 디지탈화 되면 다중화 전송이 가능하다.

⑨ 상이한 전송 매체 사이에 융통성이 있다. 즉 케이블과 마이크로파 회선에 약간의 보정장치만 부설해도 상호접속될 수 있다.

⑩ 전송 특성이 불량한 매체에 적응성이 크다.

⑪ 고가인 filter를 다량 필요로 하는 FDM 통신에 비하여 PCM 단국장치는 경제적이다.

⑫ LSI 기술의 진전에 따라 디지탈 처리 기술이 더욱 고도화되고, 단국장치와 중계기의 복잡하고 대규모적인 회로가 집적화 될 수 있으므로 설비 제작에 큰 문제는 없다.

[연 습 문 제]

3-1 펄스 변조의 종류를 들고 표본화, 양자화에 대해서 설명하여라.

3-2 PDM과 PPM의 원리를 설명하고, 이들의 차이점을 논하여라.

3-3 PPM파를 PDM파로 변경한 다음에 변조하는 방식도 있는데, 이 과정에 대해서 아는 바를 써라.

3-4 PCM의 특징에 대해서 상세히 설명하여라.

3-5 PCM의 변조 및 복조 과정을 설명하여라.

3-6 펄스시간 100[μS]에서 주파수가 10000[Hz]일 때의 충격계수는 얼마인가?

3-7 어떤 회로의 응답이 다음과 같이 되었다. 이 회로의 시정수는 얼마인가?

$$v_0 = V(1-e^{0.3t})$$

3-8 그림 3-56과 같이 제너다이오드를 쓴 회로의 전달특성을 그려라. 여기에서 V_s는 다이오우드 D_1, D_2의 제너전압이다. 또, 이 회로에서 $v_i < v_s$와 $v_i > v_s$의 경우에 대한 출력전압을 구하여라.

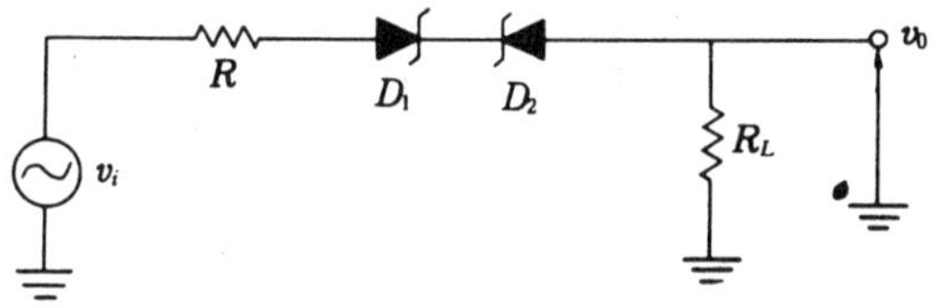

〈그림 3-56〉

3-9 위 문제에서 D_1, D_2가 모두 OFF상태로 되는 조건을 말하여라.

3-10 그림 3-57과 같은 멀티바이브레이터 회로에서 T_1→OFF, T_2→ON일 때 T_2의 베이스 전류를 구하여라. 단, T_1의 컬랙터 차단전류는 무시하며 $R_2 \gg R_1$이다.

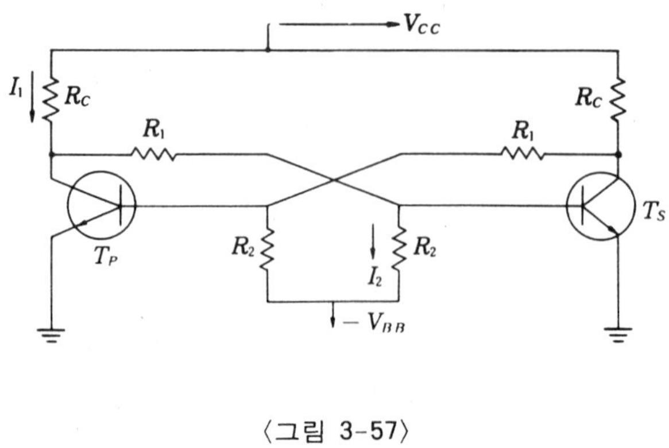

〈그림 3-57〉

3-11 멀티바이브레이터에서 비안정, 단안정, 쌍안정을 구별하는 방법을 말하여라.

3-12 그림 3-58과 같은 멀티바이브레이터 회로에서 Q_1이 OFF, Q_2가 ON상태에 있을 때 Q_2의 베이스 전류를 구하여라. 단, Q_1의 컬랙터 차단전류 성분은 무시하며 $R_2 \gg R_1$이다.

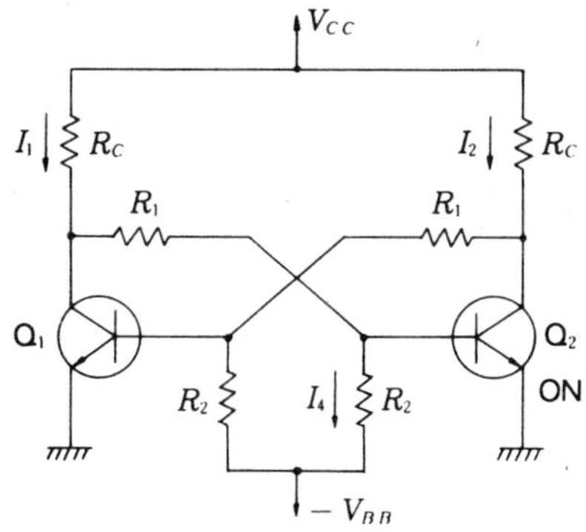

〈그림 3-58〉

3-13 그림 3-59와 같은 회로에서 출력 구형파의 주파수를 계산하여라.

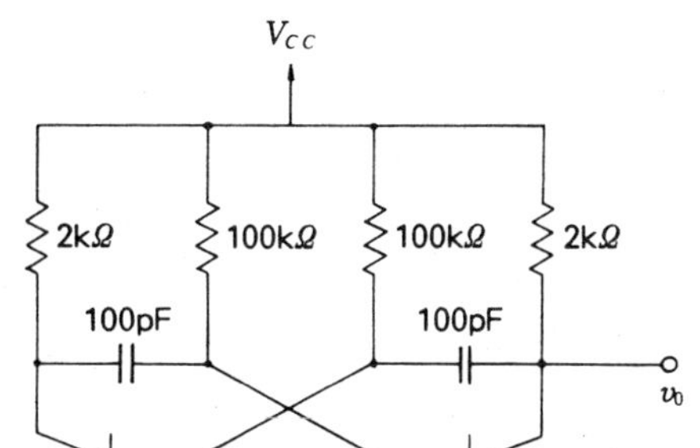

〈그림 3-59〉

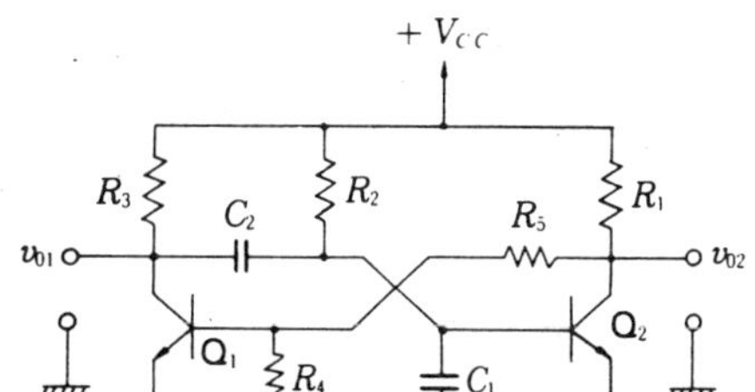

〈그림 3-60〉

3-14 그림 3-60과 같은 단안정 멀티바이브레이터에서 트랜지스터 Q_2가 ON 상태에서 OFF상태로 되었다가 다시 ON 상태로 되는데 걸리는 시간을 계산하여라.

3-15 쌍안정 멀티바이브레이터에서 R_1이 결합저항이며, R_c는 컬랙터 저항, h_{fe}가 전류증폭율일 때 쌍안정 조건을 구하여라.

3-16 블록킹 발진기에서 백스윙을 제동시키기 위한 방법을 설명하여라.

4장 IC 응용

4-1 정밀 클램프 회로

그림 4-1은 OP-AMP를 사용한 정밀급 클램프 회로의 예이다. 여기서 클램프의 의미는 어느 회로 부분에 발생하는 전압이나 전류파형의 크기가 이미 설정해 놓은 기준치 V_R보다 커지거나 작아지지 못하고 이 값 V_R을 한계치로 갖게 되는 현상을 의미한다.

위 회로에서 만일 입력 v_i가 $v_i < V_R$이면 v_i'는 (+)로 되고 다이오드 D는 도통된다. 이때 출력전압은 비반전 단자의 전압과 같으므로 $v_0 = V_R$이다. 다음에 $v_i > V_R$인 경우에 v_i'는 (—)로 되어 다이오드 D는 차단되고 $v_0 = v_i$가 된다. 결국 $v_i > V_R$인 경우에 출력전압은 입력전압을 따르게 되고, $v_i < V_R(\cong 0.1\text{mV})$인 경우에 출력전압 v_0는 V_R에 클램프된다.

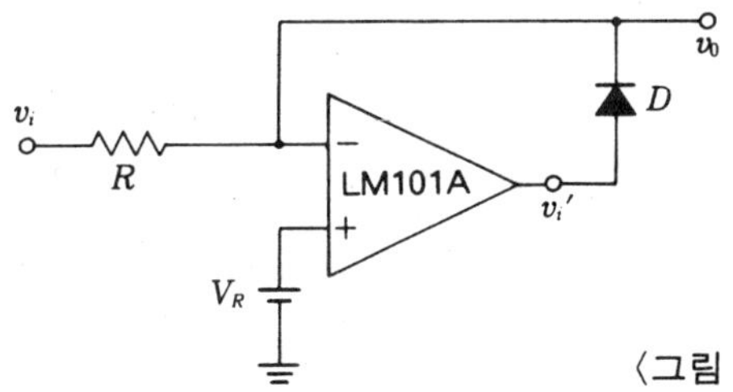

〈그림 4-1〉 정밀 클램프 회로

4-2 첨두치 검출회로

그림 4-2와 같이 회로를 연결하면 첨두치 검출기(peak detector)가 된다. 즉 그림 4-2(a) 회로의 C는 시간 t'까지 가해지는 입력파 중에서 가장 큰 양의 전압으로 충전되고 $t=t'$에서 출력전압은 충전된 이 값을 그대로 유지한다. 이 동작을 좀더 자세히 설명하면

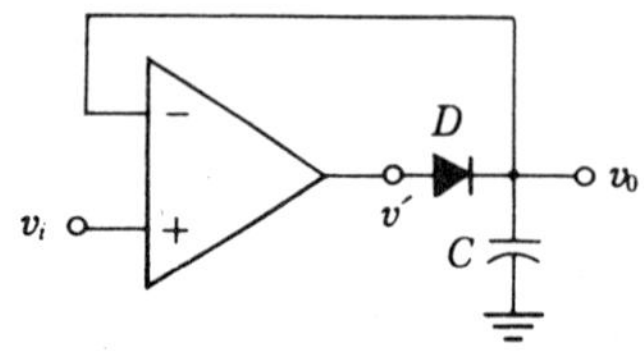

(a) 첨두치 검출기

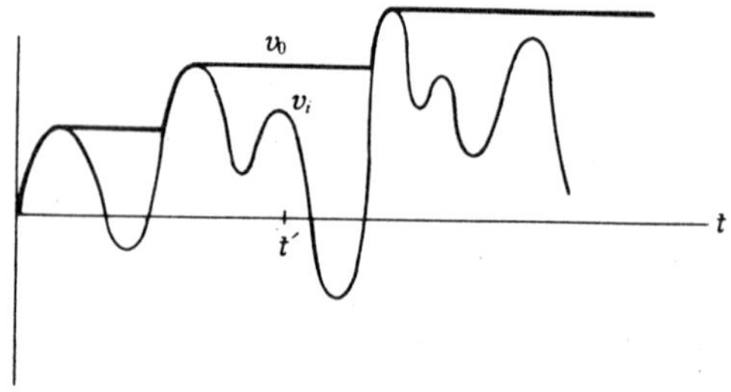

(b) 입, 출력 파형

〈그림 4-2〉

다음과 같다.

이 회로는 전압 폴로워의 역할을 하기 때문에 출력전압 v_0는 입력전압과 같게 된다. 그러나 만일 $v_i > v_0$라면 OP-AMP의 출력 v'는 (+)로 되고 D는 도통된다. 따라서 D를 통하여 흐르는 증폭기의 출력전류 때문에 C는 충전되어 출력 v_0를 나타낸다.

다음에 입력 v_i가 컨덴서 전압 V_c보다 적어지면 v'는 (−)로 될 것이므로 다이오드는 역방향전압이 걸리게 되고 v_c는 충전되었던 값을 그대로 유지한다. 따라서 컨덴서에 나타나는 전압은 그림 4-2(b)와 같이 입력전압 중에서 가장 큰 양의 값으로 된다.

4-3 계단파 발생회로

그림 4-3은 OP-AMP와 플립플롭 회로를 조합하여 계단파를 발생시키는 회로이다. 그림과 같이 3개의 플립플롭을 직렬로 배치하고 트리거펄스를 가하면 FF(0)는 트리거펄

〈표 4-1〉 계단파형 발생기의 동작

펄스	FF(0)	FF(1)	FF(2)	i	v_0
0	0	0	0	0	0
1	V	0	0	$V/8R$	$-V$
2	0	V	0	$2(V/8R)$	$-2V$
3	V	V	0	$3(V/8R)$	$-3V$
4	0	0	V	$4(V/8R)$	$-4V$
5	V	0	V	$5(V/8R)$	$-5V$
6	0	V	V	$6(V/8R)$	$-6V$
7	V	V	V	$7(V/8R)$	$-7V$
0	0	0	0	0	0

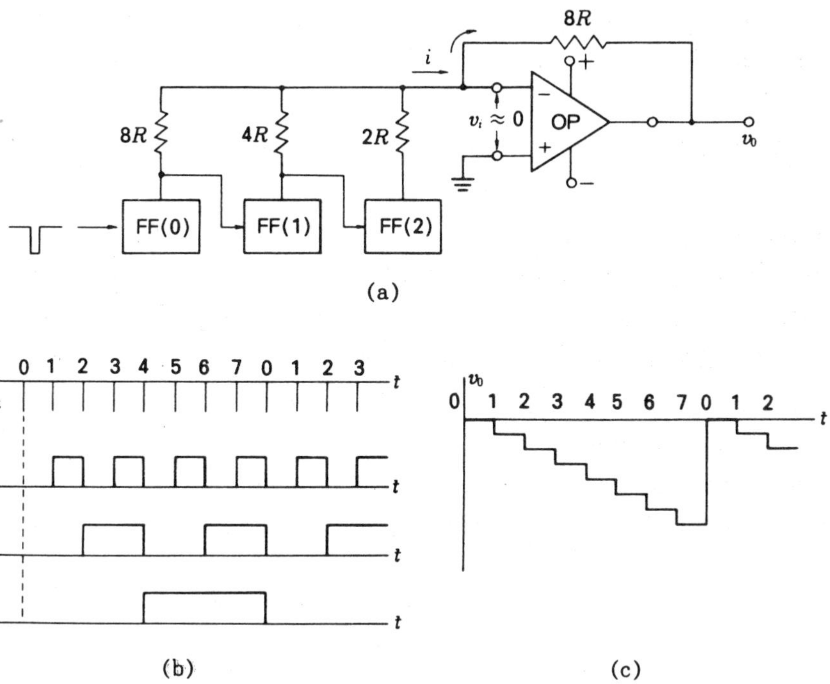

〈그림 4-3〉 OP-AMP를 사용한 계단파 발생회로

스가 인가될 때마다 상태를 바꾸며 FF(0)의 출력이 낮은 레벨로 떨어질 때 발생하는 부펄스(−)는 FF(1)의 트리거 신호로 가해진다. 같은 방법으로 FF(2)는 FF(1)의 출력에 의해 트리거된다. 이때 FF들의 출력파형과 트리거 신호의 관계가 그림 4-3(b)에 나타나 있다. FF(0), FF(1), FF(2)의 출력은 각각 $8R$, $4R$, $2R$을 거쳐서 OP-AMP의 반전입력단자에 가해진다. OP-AMP의 입력전압 v_i는 실질적으로 0에 가까우므로 입력전류 i와 펄스열의 관계는 표 4-1과 같다.

이 표에서 알 수 있는 바와 같이 펄스가 인가될 때마다 입력전류 i가 한 계단씩 증가한다. 따라서 OP-AMP가 이상적이어서 입력 임피던스가 ∞이고 출력 임피던스가 0라면 입력전류는 귀환저항을 통하여 출력으로 흐르므로 출력전압은 그림 4-3(c)와 같은 계단파가 된다.

4-4 리미터와 비교기

이 절에서는 두 가지 중요한 비선형 함수, 즉 리미터와 비교기를 소개한다. 두 연산자의 동작은 다이오드(제너 다이오드를 포함하여)와 저항을 사용하여 실현시킬 수도 있지만, 성능을 향상시키고 정밀성을 더하면서 설계를 간단히 하기 위해, 대개 연산증폭기를 사용한다. 리미터와 비교기는 애널로그 계산과 신호발생 등을 포함하여 신호처리 응용에 다양하게 사용된다.

(1) 리미터 연산자

리미터 연산자(limiter operator)의 일반적인 전달특성을 그림 4-4에 나타냈다. 보는 바와 같이, 리미터는 임의의 범위의 입력($L_-/K \leq v_i \leq L_+/K$)에 대하여, 이득이 K인 증폭기로 동작한다. 여기서, 이득은 (+) 또는 (−)가 될 수 있다. 만약 v_i가 상한 문턱(threshold)전압 (L_+/K)보다 커지면, 출력전압은 상한 리미팅 레벨 L_+로 리미트(limit) 또는 클램프된다. 반면에 v_i가 하한 리미팅 문턱전압 (L_-/K) 이하로 떨어지면 출력전압 v_0는 하한 리미팅 레벨 L_-로 제한된다.

그림 4-4의 일반적인 전달특성은 이중 리미터(double limiter), 즉 입력파형의 (+)피이크와 (−)피이크 모든 경우에 동작하는 리미터를 나타낸다. 물론, 단일 리미터(single

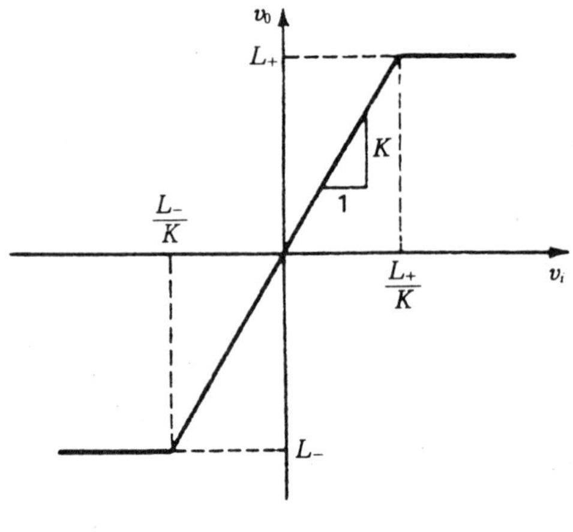

〈그림 4-4〉 리미터 연산자의 일반적인 전달특성

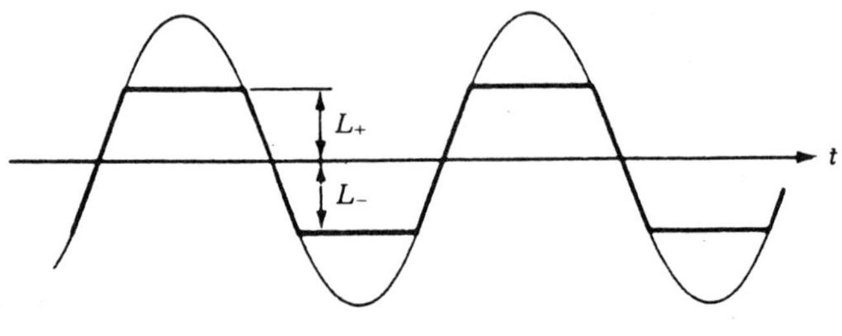

〈그림 4-5〉 정현파를 리미터에 인가하면 그 두 피이크를 잘라낼 수 있다.

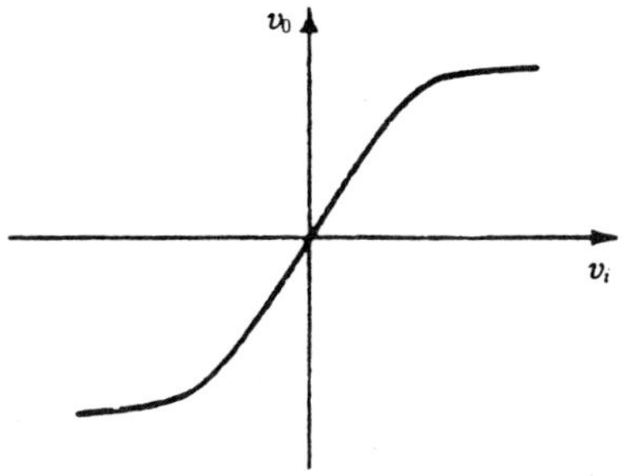

〈그림 4-6〉 소프트 리미팅

limiter)도 존재한다.

끝으로, 만약 그림 4-5와 같은 입력파형이 이중 리미터에 인가된다면 파형의 두 피이크는 잘려(clipped off) 나갈 것이다. 따라서 리미터를 때때로 양방향 클리퍼(clipper)라고 하기도 한다.

그림 4-4와 같은 특성을 갖는 리미터를 하드 리미터(hard limiter)라고 한다. 소프트 리미팅(soft limiting)은 그림 4-6에 나타낸 바와 같이 선형영역과 포화영역간의 변화가 하드 리미터보다 부드럽고, 포화영역에서의 기울기도 0보다 크다. 용도에 따라 하드 또는 소프트 리미팅 방식이 선택될 것이다.

(2) 비교기 연산자(comparator operator)

그림 4-7에 비교기 연산자의 블록도와 전달 특성을 나타냈다. 비교기는 입력 v_i와 비교기 문턱(comparator threshold)전압을 결정하는 기준 준위 V_R을 비교한다. 만약 v_i가 V_R보다 크면 비교기는 높은 출력 L_+를 제공하며, 반대로 $v_i < V_R$인 경우에 비교기의 출력은 낮은 레벨 L_-가 된다.

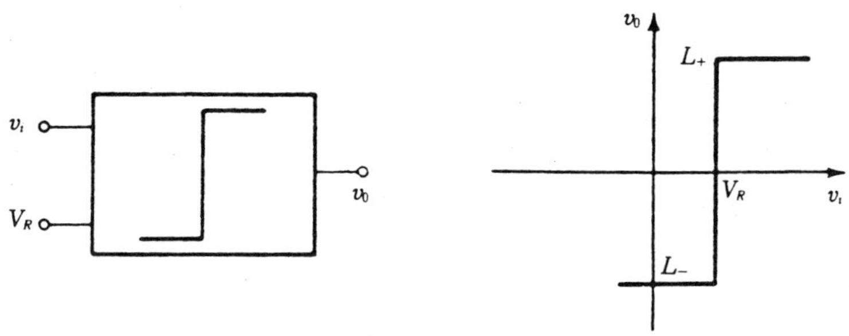

〈그림 4-7〉 비교기의 블록선도와 전달 특성

비교기 기능을 실현하기 위해 특별한 집적회로가 제작되기도 하지만, 범용 연산증폭기를 사용하여 보다 간편하게 비교기 연산자를 만드는 경우가 많다. 그 몇 가지 경우에 대하여 살펴본다.

비교기는 매우 유용한 회로 블록이다. 비교기는 임의의 신호 파형이 0을 지나는 것을 검출하거나 또는 정현파를 구형파로 변환시키는데 사용되는 등 많은 회로에 응용된다. 그 한 예로서, 임의의 파형이 0을 지나는 횟수를 계산하는데 응용된 경우를 살펴본다. 이 과정은 0교차가 일어날 때마다 계단출력을 나타내는 비교기를 사용함으로써 실현할 수 있다. 비교기 출력에서의 이러한 계단 변화는 단안정[monostable(one-shot)]회로를 트리거(trigger)시키는데 사용된다. 단안정회로는 트리거 될 때마다 특정한 지속시간과 높이의 펄스를 출력시킨다. 단안정의 표준화된 출력 펄스는 카운터에 가해지고 카운터(counter)는 0교차 횟수를 알려준다.

처리될 신호가 보다 높은 주파수의 신호의 간섭을 받을 때는, 어떤 일이 일어날 것인가를 생각해 본다. 그림 4-8에서처럼, 검파하려고 하는 각각의 0교차점 주위에서 신호는 여러번 0축과 교차하게 된다. 따라서 비교기는 각각의 0교차점마다 여러번 상태가 바뀔 것이며, 횟수 측정은 분명히 틀리게 될 것이다.

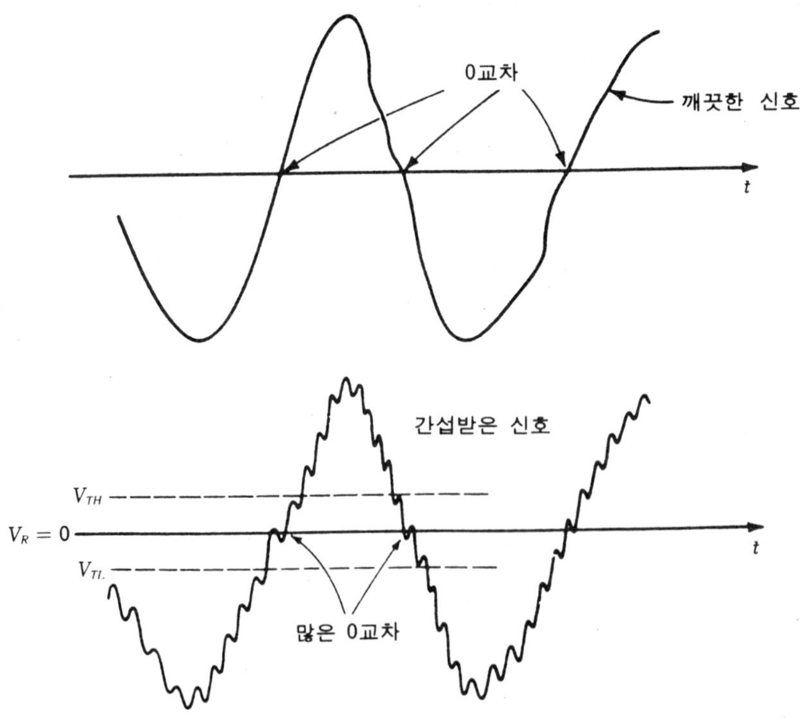

〈그림 4-8〉 간섭을 배제하기 위한 수단으로 비교기 특성에서의 히스테리시스의 필요성에 대한 설명

만약 간섭의 피이크가 진폭을 알 수 있다면, 이 문제는 비교기 특성에 히스테리시스를 도입함으로써 해결할 수 있다. 이것은 기본적으로 비교기가 하나의 문턱전압 대신 두 개의 문턱전압(높은 문턱전압 V_{TH}와 낮은 문턱전압 V_{TL})을 갖는 것을 의미한다. 두 개의 문턱전압은 기준 레벨 V_R의 양쪽에 위치하며, 배제하려는 간섭의 크기에 따라 적당한 전압차(예를 들면 50mV 또는 100mV)를 갖는다. 이 차이 $V_{TH}-V_{TL}$를 히스테리시스의 크기라고 한다. 입력신호의 크기가 커지면 히스테리시스(hysterisis)를 갖는 비교기는 입력레벨이 높은 문턱전압 V_{TH}를 초과할 때까지 낮은 상태를 유지한다. 그 후에는 신호가 간섭 때문에 V_{TH} 밑으로 내려가도 높은 상태를 유지한다. 비교기는 단지 입력신호가 낮은 문턱전압 V_{TL}이하로 떨어졌을 때에만 낮은 상태로 전환된다. 이 원리를 그림 4-8에 나타냈다. 이로부터 비교기 특성에 히스테리시스를 첨가하는 것이 간섭을 배제하는 효과적인 방법임을 알 수 있다(즉, 여파기의 또다른 형태를 제공하여 준다는 것을 알 수 있다).

히스테리시스를 포함하는 비교기의 특성을 그림 4-9에 나타냈다. 특성에 표시한 화살표는 앞에서 서술한 동작을 설명한다. 히스테리시스를 갖는 비교기는 메모리(memory) 기능을 제공하기 때문에 히스테리시스를 갖는 비교기는 슈미트트리거(Schmitt Trigger)로도 알려져 있다는 것을 말해둔다.

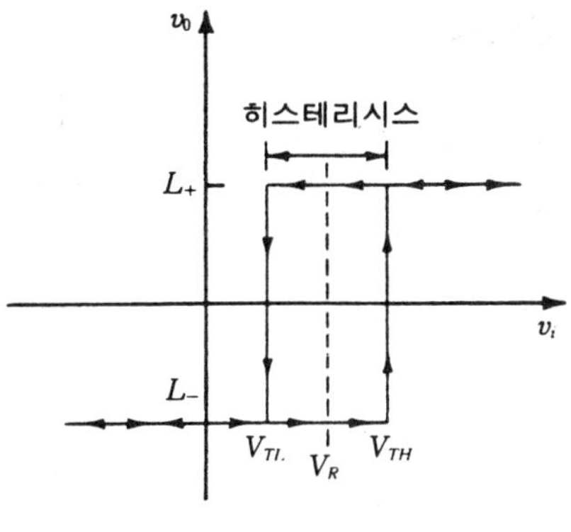

〈그림 4-9〉 히스테리시스를 갖는 비교기의 특성

(3) 연산증폭기를 이용한 회로

다이오드를 이용한 리미터는 선형 이득, 리미팅 문턱전압, 그리고 리미팅 레벨을 독립적으로 정하는데 있어서 유연성이 없어 사용하는데 어려움이 많다. 또한 다이오드의 비이상적인 특성으로 인한 본질적인 부정확성 때문에 생기는 어려움도 있다. 게다가 지금까지는 이득을 갖는 리미터나 비교기를 실현할 수 없었다. 다이오드와 연산증폭기를 결합시키므로서 보다 나은 결과를 얻을 수 있다. 첫번째 예로서, 그림 4-10(a)에 나타낸 바와 같이, 연산증폭기의 귀환경로에 제너 다이오드를 놓은 경우에 대해서 생각한다.

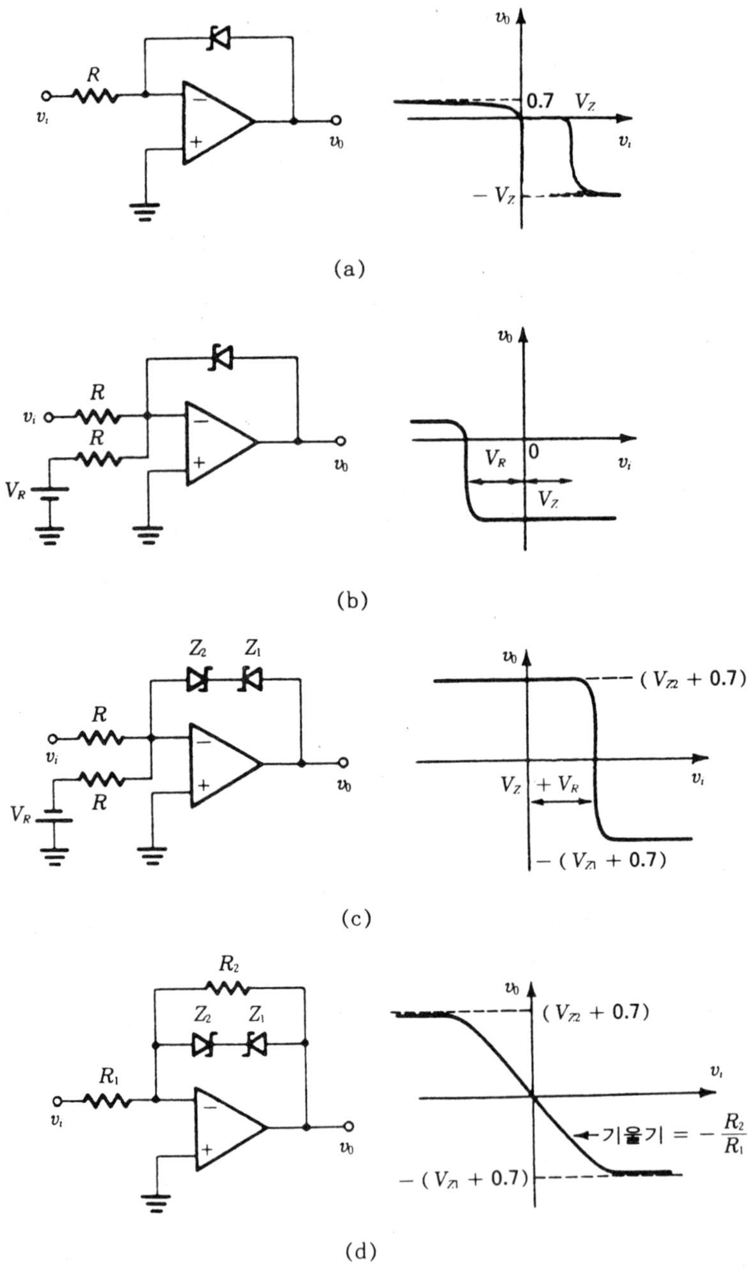

〈그림 4-10〉 연산증폭기를 사용한 비교기와 리미터 회로

무릎(knee)전류보다 큰 전류 v_i/R를 제너에 공급할 수 있을 정도로 v_i가 충분히 (+)로 됨에 따라, 제너는 항복(breakdown)영역에서 동작하게 되며, 출력전압은 $-V_Z$로 제어되는 반면에 (−)의 v_i에 대해서 제너는 순방향으로 바이어스된 다이오드 역할을 하고, 출력전압을 다이오드 전압강하 또는 약 0.7V로 제한시킨다. 따라서 회로가 약 0V로 고정된 문턱전압을 갖는 비교기로서 동작한다는 것을 알 수 있다. 그러나 이 문턱전압은 그림 4-10(b)에 나타낸 바와 같이 회로를 바이어스시키므로써 달라질 수 있다.

이중 양극 제너가 그림 4-10(c)에서처럼 연산증폭기의 귀환경로에 놓여질 수 있다. 이렇게 함으로써 대칭적인 출력 레벨과 바이어스 전압에 의해 조절되는 문턱전압을 갖는 비교기를 실현할 수 있다.

끝으로, 그림 4-10(d)의 회로에 대해서 생각한다. 여기서는 귀환저항 R_2를 이중 양극 제너와 병렬로 간단히 연결했다. 그러나 이런 단순한 변화는 중요한 결과를 가져온다. 회로는 비교기라기 보다는 리미터가 된다. 전달특성이 그림 4-10(d)와 같이 된다는 것을 확인해보기 바란다.

(4) 비교기/레벨을 조절할 수 있는 리미터 회로

마지막 예로서, 그림 4-11(a)의 회로를 고려해 본다. 이것은 귀환저항 R_f가 포함되지 않는다면 비교기로, R_f가 포함된다면 리미터로 동작하는 유용하고도 실용적인 회로이다. 비교기로서 구성될 때의 회로동작에 대해 설명한다.

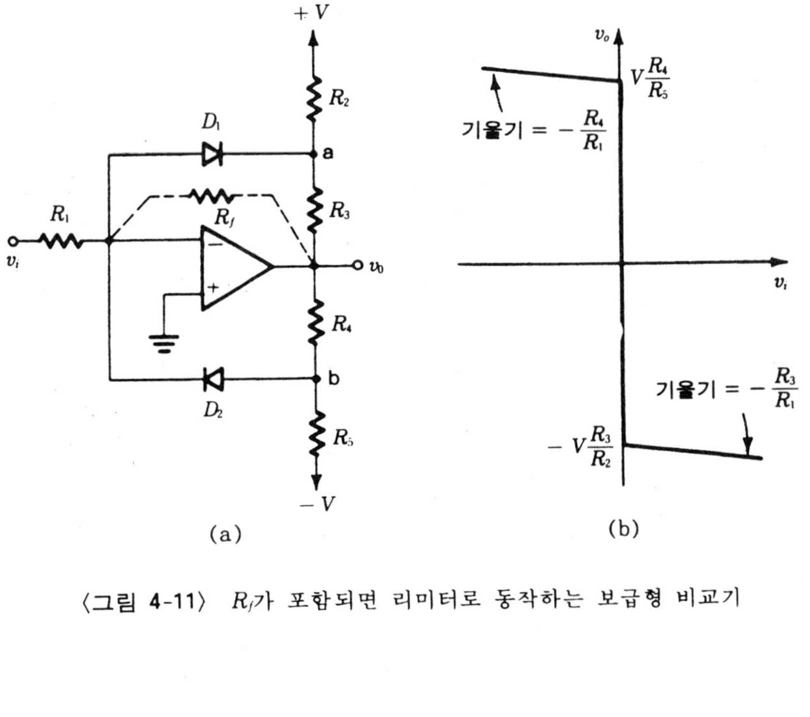

〈그림 4-11〉 R_f가 포함되면 리미터로 동작하는 보급형 비교기

다이오드가 이상적이라고 가정하면, 그림 4-11(a)에서 저항 R_f가 없는 회로의 전달특성은 그림 4-11(b)의 형태를 갖는다. 회로는 다음과 같이 동작한다. 즉 v_i가 (+)로 가면, 다이오드 D_1은 도통되고 a점을 0V로 클램프시킨다(복잡성을 피하기 위하여 이상적인 다이오드라고 가정한다). D_1이 도통되기 시작하여 D_1을 통해 흐르는 전류가 무시할 수 있을 정도로 작다면, R_3를 통해 흐르는 전류는 R_2를 통해 $+V$로부터 공급되는 전류와 같게 될 것이다. 따라서,

$$\frac{V-0}{R_2}=\frac{0-v_0}{R_3}$$

$$v_0=-V\frac{R_3}{R_2} \tag{4-1}$$

v_0가 음이므로 다이오드 D_2는 차단된다. v_i가 (+)방향으로 증가함에 따라 다이오드 D_1은 점점 많은 전류를 흘린다. 그럼에도 불구하고 a점의 전압은 접지보다 하나의 다이오드 전압강하만큼 낮은 전압에 머문다. 따라서 R_2를 지나는 전류는 거의 일정하게 유지되므로 R_2는 이 영역에서 회로의 동작에 거의 영향을 주지 않는다. D_1을 통해 흘러 들어오는 나머지 전류는 R_3를 통해 흘러야 하므로, 출력전압 v_0를 감소시킨다. 따라서, 이 영역에서 연산증폭기는 R_3와 D_1의 내부저항이 직렬로 연결된 귀환저항을 갖는 반전증폭기로 동작한다. D_1의 내부저항은 R_3와 비교하여 보통 무시할 수 있으므로, $-R_3/R_1$의 기울기(이득)를 갖는 선형 전달 특성이 얻어진다. 통상적으로 R_3를 R_1보다 훨씬 작게 선택하여 기울기를 매우 작게 만든다.

입력신호 v_i가 (−)로 갈 때의 상황을 고려하면, 다이오드 D_1은 차단되고 D_2는 도통된다. 따라서 b점의 전압은 거의 0이 된다. D_2를 통과하는 초기전류를 무시하면

$$\frac{v_0-0}{R_4}=\frac{0+V}{R_5}$$

따라서,

$$v_0=V\frac{R_4}{R_5} \tag{4-2}$$

이다. v_i가 (−)방향으로 증가되어감에 따라, 연산증폭기는 귀환저항이 근사적으로 R_4인(다이오드 D_2에 의한 저항은 무시) 반전증폭기로서 동작한다. 이것은 $-R_4/R_1$의 기울기를 갖는 선형전달 특성을 나타낸다. $R_4 \ll R_1$을 택함으로써 기울기를 매우 작게 만들 수 있다.

다이오드의 비이상적인 특성 때문에, 항복점에서의 전환이 그림 4-11(b)에 나타낸 것보다는 덜 날카롭게 되고, 비교기의 출력 레벨도 어느 정도 변화한다. 따라서 이 회로는 리미터로서 비교적 부드러운 리미팅을 제공한다.

(예제 4-1) 그림 4-11(a)의 회로에서 $V=15$로 한다. 비교기의 출력 레벨이 ±5V가 되고 리미팅 특성의 기울기가 0.1이 되게끔 모든 저항들의 적당한 값들을 구하여라. 또한 $v_i=+5$V에서 문턱이 일어나도록 비교기를 바이어스시켜라.

(해) 문턱이 $v_i=+5$V에서 일어나게 하기 위해, 반전 입력단자로부터 (−)의 기준전압에 부가저항 R_B를 연결시켜 비교기를 바이어스시킨다. $R_B=3R_1$으로 선택하면, −15V를 기준전압으로 사용할 수 있다. 리미팅 특성의 기울기를 0.1로 하기 위해 $R_3=R_4=0.1R_1$으로 선택한다. ±5V의 출력 레벨에 대하여 다음을 얻는다.

$$5=15\frac{R_4}{R_5},\ \text{따라서}\ R_5=3R_4$$

$$5=15\frac{R_3}{R_2},\ \text{따라서}\ R_2=3R_3$$

따라서, 각 저항은 다음과 같이 선택할 수 있다.

$R_3=R_4=3\text{k}\Omega,\quad R_2=R_5=9\text{k}\Omega,\quad R_1=30\text{k}\Omega,\quad R_B=90\text{k}\Omega$

4-5 히스테리시스를 갖는 비교기

비교기의 전달특성에 히스테리시스를 더함으로써 얻어지는 이점은 앞에서 논의되었다. 지금부터는 이것이 어떻게 수행되는가를 보여줄 것이다. 또한 결과적인 회로가 메모리(memory) 기능을 갖고, 이에 따라 그 유용성이 비교기의 응용을 넘는다는 것을 보여줄 것이다.

먼저 비교기로서 단일 연산증폭기를 이용하는 경우를 고려한다. 만약 연산증폭기의 입력단자 중 하나가 기준전압 V_B에 연결되면, 개방 루프 연산증폭기는 출력의 두 리미팅 레벨이 연산증폭기의 포화전압이 되는 비교기로 동작한다. 연산증폭기가 포화 상태에서 벗어나는데 필요한 지연 시간을 고려할 때, 외부회로를 이용하여 출력전압을 포화전압보다 낮은 레벨에 고정시키는 것이 바람직할 때가 많다. 이러한 속도 제한 문제를 제외하면, 연산증폭기는 우수한 비교기로 작동한다.

다음은 그림 4-12(a)의 회로에 대해 생각한다. 여기서는 (−)입력단자를 접지시키고 R_2를 통해 정귀환(positive feedback)을 걸어준다. 그리고 또 다른 저항 R_1을 통해 입력신호를 (+)입력단자에 인가시킨다. 지금부터 이 회로가 히스테리시스를 갖는 비교기로 작동하는 것과 그림 4-12(b)에 나타낸 전달특성을 갖는다는 것을 보일 것이다. 여기서 $+V_{sat}$와 $-V_{sat}$는 연산증폭기의 포화전압을 표시한다(각각은 전력공급전압의 약 2V 이내에 있다).

중첩의 원리에 의해, 연산증폭기의 (+)입력단자에서의 v_+는 다음과 같이 주어진다.

$$v_+=v_o\frac{R_1}{R_1+R_2}+v_i\frac{R_2}{R_1+R_2} \tag{4-3}$$

이제 입력 v_i가 높은 (+)값(아직 결정되지 않는 UTP보다 큰)에 있는 경우를 살펴본다. 전달 특성은 출력이 $+V_{sat}$가 되어야 함을 보여준다. 식 (4-3)에 이 값들을 사용함으로써, v_+가 (+)이고 처음에 가정한대로 $v_o=+V_{sat}$임을 알 수 있다. 여기서 연산증폭기가 (+)방향으로 포화되었음을 가리킨다.

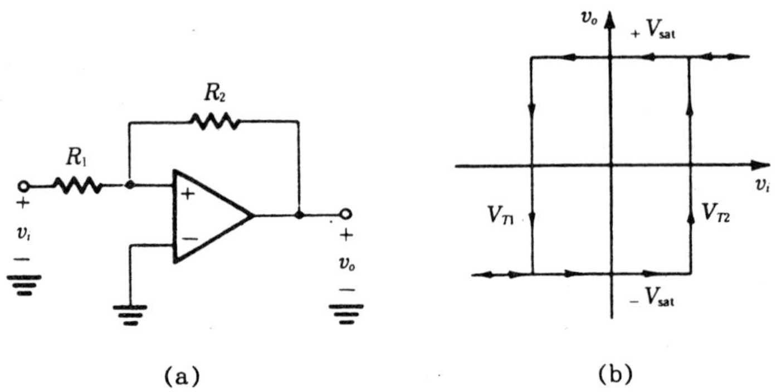

〈그림 4-12〉 히스테리시스를 갖는 전달특성을 얻기 위해 정귀환 연산증폭기를 채용한 비교기 회로

이 회로로부터 출력이 낮은 레벨 $-V_{sat}$로 스위치하기 위해서는 v_+가 반드시 0보다 약간 작아야 된다는 것을 알 수 있다. 즉, v_+가 0을 지나 (−)로 될 때 스위칭이 일어난다. 식 (4-3)에서 $v_+=0$, $v_0=+V_{sat}$로 놓음으로써, 스위칭이 일어나는 v_i의 값, LTP를 결정할 수 있다.

$$\text{LTP}=-(+V_{sat})\frac{R_1}{R_2}$$

만약 v_i가 LTP아래로 감소하면, 출력은 낮은 준위 $-V_{sat}$를 유지하게 된다.

다음으로 v_i가 증가할 때를 생각한다. 이 회로로부터 출력이 $-V_{sat}$에서 $+V_{sat}$로 변하기 위해서는 비반전 입력단자의 전압이 0보다 약간 커야 함을 알 수 있다. 따라서 입력문턱은 v_+를 0이 되게 하는 v_i의 값에서 발생한다. 식 (4-3)에서 $v_+=0$, $v_0=-V_{sat}$으로 놓으면 상한 문턱전압 UTP는 다음과 같이 주어진다.

$$\text{UTP}=-(-V_{sat})\frac{R_1}{R_2}$$

v_i를 (+)UTP 이상으로 증가시켜도 v_+는 (+)값을 유지하고 v_0는 $+V_{sat}$을 유지한다.

이상과 같이, 그림 4-12(a)의 회로가 히스테리시스를 갖는 비교기로 동작하는 것을 보였다. 기준 레벨은 0V이고 히스테리시스 폭은 UTP-LTP이다. 비교 레벨은 반전 입력단자를 적당한 기준전압에 연결시킴으로써 변화시킬 수 있다.

앞에서 설명한 회로는, 이 회로가 히스테리시스를 갖는 비교기로 동작한다는 것보다 더 중요한 의미를 갖고 있다. 이 회로는 쌍안정(bistable)회로이다. 즉, 이 회로는 두 개의 안정 상태를 갖는다. 하나는 출력이 $+V_{sat}$일 때이고, 다른 하나는 출력이 $-V_{sat}$일 때이다. 회로는 둘 중 하나의 안정상태를 계속 유지할 수 있다. 상태를 바꾸기 위해서는 적당한 값의 입력신호를 공급해야 한다. 따라서, 만약 회로가 $+V_{sat}$ 상태에 있다면, 입력 $v_i<$LTP는 상태를 바꾸기 위해 회로를 트리거(trigger)할 수 있다. 여기서 트리거란 말이 입력신호에 의한 동작을 잘 표현해 준다는 점에 주목하기 바란다. 즉, 입력신호는 단지 스위칭 상태의 동작을 시작시킬 뿐이다. 스위칭 과정은 정귀환의 작용에 의해 완료된

다. 이것을 알기 위해 출력이 높고($+V_{sat}$) 입력신호 v_i<LTP가 가해졌을 경우를 생각해 본다. 식 (4-3)에 따르면 (+)입력단자 전압 v_+는 (−)로 간다는 것을 알 수 있다. 따라서 연산증폭기의 출력은 (−)로 가고, 다시 식 (4-3)에 따라 v_+는 더 (−)가 된다. 일단 이 재생(regenerative) 과정이 시작되면 입력신호를 제거할 수 있고, 이 과정은 쌍안정이 완전히 다른 상태로 바뀔 때까지 계속될 것이다.

쌍안정의 또 다른 중요한 성질은 그것이 메모리(memory) 기능을 갖는다는 것이다. 이것은 어떠한 순간의 응답도 오로지 그 순간 입력신호의 값에 의해서만 결정되어지는 것이 아니고, 입력신호의 값뿐만 아니라 회로가 속한 상태에 의해 결정되어진다는 것을 주목하므로써 알 수 있다.

예를들면, LTP<v_i<UTP 범위의 입력신호 v_i를 가할 경우, 만약 회로가 $+V_{sat}$ 상태에 있었다면 $+V_{sat}$가 출력되고, 회로가 $-V_{sat}$ 상태에 있었다면 $-V_{sat}$이 출력된다.

4-6 파형 발생기

연산증폭기를 다이오드, 저항 그리고 캐패시터와 함께 사용하면 구형파, 삼각파 그리고 그밖의 다른 형태의 파형을 갖는 신호를 발생시키는 회로를 설계할 수 있다. 파형(waveform) 또는 함수 발생기(function generator)의 설계는 중요하고 흥미있는 주제이다. 이 절에서는 간단한 구형파 그리고 삼각파 발생회로에 대해 설명한다. 삼각파형은 정현파 출력을 얻기 위해 정현파 성형기(sine-wave shaper)의 입력으로 사용될 수 있다.

(1) 단일 연산증폭기 구형파 발생기:비안정 멀티바이브레이터(astable multivibrator)

그림 4-13은 임의의 주파수(보통 연산증폭기의 속도에 의해 가청주파수 영역에 한정되는)의 대칭 구형파를 얻기 위한 간단한 회로를 보여준다. 회로는 다음과 같은 방식으로 동작한다. 어떤 이유로 인해 미세한 (+)전압이 연산증폭기의 입력단자 사이에 나타난다고 가정한다. 다시말해서 C점이 B점보다 조금 더 (+)가 된다고 가정한다.

연산증폭기의 높은 개방-루프 이득 때문에 연산증폭기의 출력은 상한 포화 레벨 $+V_{sat}$가 될 것이다. A점에서의 이 (+)전압 $+V_{sat}$는, R_1과 R_2로 구성되는 전압 분배기를 통해 C점의 전압을 다음과 같이 만든다.

$$v_c = v_A \frac{R_1}{R_1+R_2} = \beta V_{sat} \tag{4-4}$$

여기서

$$\beta = \frac{R_1}{R_1+R_2}$$

이다. 이제 B는 C보다 전압이 낮다. 이 상황은 캐패시터 C_1이 R_3를 거쳐 A점에 연결되어 있고 A점은 높은 (+)전압 $+V_{sat}$에 있기 때문에 더 이상 지속될 수 없다. 따라서 C_1

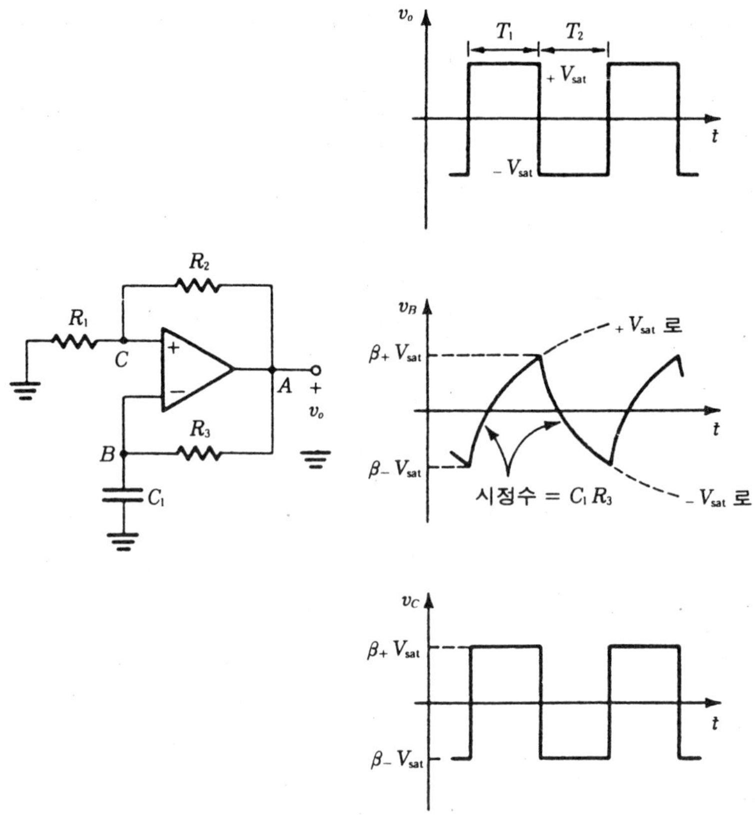

〈그림 4-13〉 간단한 구형파 발생기와 그 파형 $\beta = R_1/(R_1+R_2)$

은 충전되고 그 전압은 시정수 C_1R_3로 지수함수적으로 $+V_{sat}$을 향해 증가한다. 이 과정은 B점의 전압이 C점의 전압 βV_{sat}에 도달하고 C점의 전압을 막 초과하는 순간 끝이 난다. 이 순간 연산증폭기는, 높은 개방-루프 이득 때문에 출력을 (−)포화 레벨 $-V_{sat}$로 변화시킬 (−)입력을 감지하게 된다. A점의 $-V_{sat}$ 전압은(R_1, R_2 분배기를 통해) C점의 전압을 (−)값 $-\beta V_{sat}$로 변화시킨다. 다음으로 C점의 이 (−)전압은 잠시동안 회로를 새로 얻어진 상태로 유지시키며, 이때 출력은 $-V_{sat}$이다.

여기서, 재생(regenerative)동작이 존재한다는 사실에 주의해야 한다. B의 전압이 C의 전압보다 일단 높아지면 스위칭 동작이 시작된다. 이 동작은 R_1, R_2 분배기를 통해 C점으로 귀환된 (−)전압에 의해 유지되고 완료된다. 이 재생동작은, 쌍안정에서 본 것같이 정귀환을 사려깊게 적용시킨 결과이다.

회로의 동작을 계속해서 설명하면, 회로의 출력이 (−)전압 $-V_{sat}$인 상태에서, 캐패시터 C_1은 R_3를 통해 이 (−)레벨을 향해 방전하기 시작한다. 전압 v_B는 (+)값 βV_{sat}으로부터 시정수 C_1R_3로 지수적으로 감소한다. 방전 과정은 B의 전압의 크기가 C의 전압(즉,

$-\beta V_{sat}$)의 크기보다 더 작아지는 순간에 끝이 난다. 따라서 회로는 발진하며 A점에서 구형파를 발생시킨다.

그림 4-13은 각 지점의 파형을 보여주며 구형파의 주기 T는 다음과 같이 구해진다. 충전기간 T_1 동안에 임의시간(T_1이 시작되는 곳을 $t=0$로 가정한)에서의 캐패시터 양단전압 v_B는 다음과 같이 주어진다.

$$v_B = V_{sat} - (V_{sat} - \beta(-V_{sat}))e^{-t/\tau}$$

여기서

$$\tau = C_1R_3$$

$t=T_1$에서 $v_B=\beta V_{sat}$이므로

$$T_1 = \tau ln \frac{1-\beta(-V_{sat}/V_{sat})}{1-\beta} \tag{4-5}$$

이다. 마찬가지로, 방전기간 T_2 동안에 임의시간 t(T_2가 시작되는 곳을 $t=0$로 가정한)에서의 전압 v_B는 다음과 같이 주어진다.

$$v_B = -V_{sat} - (-V_{sat} - \beta V_{sat})e^{-t/\tau}$$

$t=T_2$에서 $v_B=\beta(-V_{sat})$이므로

$$T_2 = \tau ln \frac{1-\beta(V_{sat}/-V_{sat})}{1-\beta} \tag{4-6}$$

식 (4-5)와 식 (4-6)을 연결시키면 주기 $T=T_1+T_2$을 얻을 수 있다. 대개 $V_{sat}=-V_{sat}$이므로, 구형파는 대칭이 되고 그 주기는 다음과 같이 주어진다.

$$T = 2\tau ln \frac{1+\beta}{1-\beta} \tag{4-7}$$

끝으로, 이 구형파 발생기는 다른(보통 10단위로) 캐패시터 C를 사용하고 R_3(주파수의 각 10단위 내에서 연속적인 주파수 조절을 위해)를 연속적으로 변화시킴으로써 다양한 주파수를 갖게 할 수 있다. 또한 적은 값의 파라미터 β를 사용함으로써 B에서의 파형을 거의 완전한 삼각형 모양으로 만들 수 있지만, 보다 나은 선형성을 갖는 삼각파형은 다음에 논의될 회로구성을 이용하여 쉽게 발생시킬 수 있다.

주의 : ln은 밑 e의 로그(logarithm)이다. 출력구형파의 주파수를 계산하려면 다음과 같은 주기의 역을 취하면 된다.

$$f = \frac{1}{T} \tag{4-8}$$

한 예로 $R_3=1\text{k}\Omega$, $C=0.1\mu\text{F}$, $R_1=18\text{k}\Omega$ 그리고 $R_2=2\text{k}\Omega$으로 가정할 때 귀환율 β는

$$\beta = \frac{18\text{k}\Omega}{20\text{k}\Omega} = 0.9$$

이고, R_3C 시정수는

$$R_3C = (1\text{k}\Omega)(0.1\mu\text{F}) = 100\mu\text{s}$$

이며, 출력신호의 주기는

$$T = 2(100\mu\text{s})ln\frac{1.9}{0.1} = 589\mu\text{s}$$

이고, 주파수는

$$f=\frac{1}{589\mu s}=1.7\text{kHz}$$

이다. 그림 4-13은 주파수가 캐패시터 혹은 인덕터의 충·방전에 의존하는 출력신호를 발생시키는 회로인 이장발진기(relaxation oscillator)의 한 예이다. 만약 RC시정수가 증가하면, 캐패시터 전압이 트립점에 도달하려면 오래 걸릴 것이다. 그러므로 주파수는 낮아지며, R을 조정하게 만들므로써 전형적으로 50:1의 동조범위를 얻을 수 있다.

(2) 삼각파 발생기(generation triangular waves)

이장발진기와 적분기를 종속접속하면 무엇을 얻을 수 있겠는가? 여기서 삼각파 발생기(triangular oscillator)를 얻는다. 그림 4-14에서 이장발진기로부터의 구형파는 적분기를 구동시키고 이것은 삼각파 출력파형을 발생한다. 구형파는 $+V_{sat}$와 $-V_{sat}$ 사이에서 진동하며 식 (4-7)과 식 (4-8)에 이것의 주파수를 얻을 수 있다.

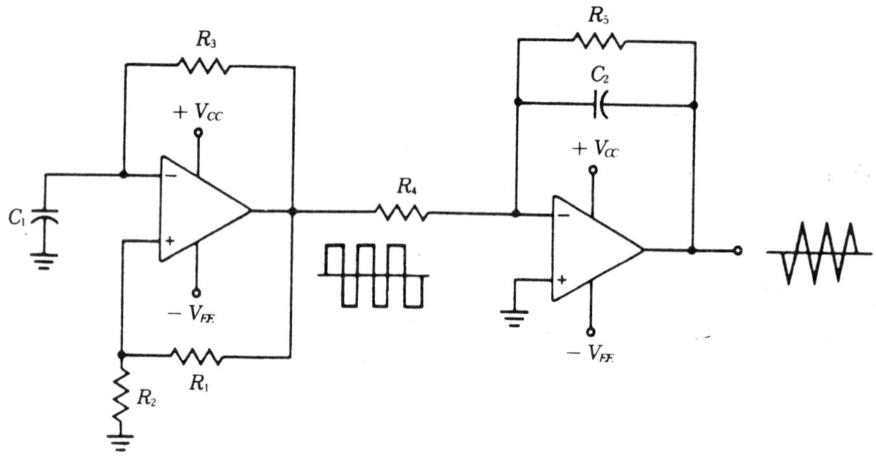

〈그림 4-14〉 삼각파 출력을 만드는 적분기를 구동하는 이장발진기

(3) 기타 삼각파 발생기(another triangular generator)

그림 4-15(a)에서 비반전 슈미트트리거는 적분기를 동작시키는 구형파를 만들어낸다. 이 적분기의 출력은 삼각파이며, 이 삼각파는 귀환되고 슈미트트리거를 구동시키는데 사용된다. 이것은 대단히 흥미있는 회로이다. 첫 단은 두 번째 단을 구동시키며, 또 두 번째 단은 첫 단을 구동시킨다.

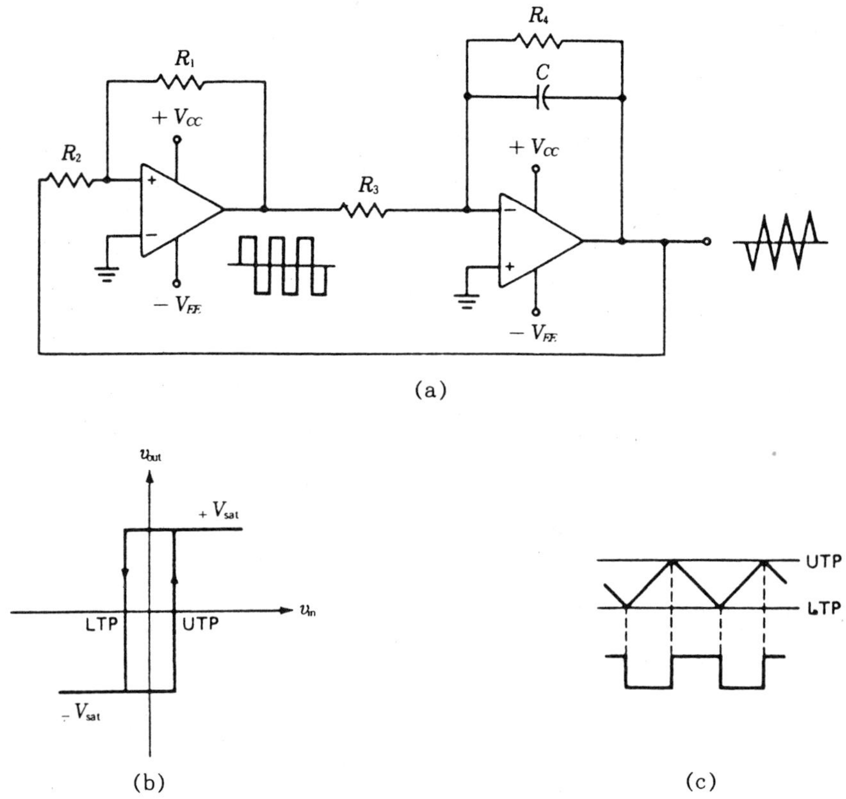

〈그림 4-15〉 슈미트트리거와 삼각파 출력을 만드는 적분기를 가진 귀환회로

그림 4-15(b)는 슈미트트리거의 전달특성이다. 출력이 낮을 때, 입력은 출력이 높게 스위치하도록 UTP로 반드시 증가하여야 한다. 이와 마찬가지로 출력이 높을 때는 입력은 출력이 낮게 스위치하도록 LTP로 감소하여야 한다. 적분기로부터 삼각파는 슈미트트리거를 완벽하게 동작시킨다. 슈미트트리거 출력이 그림 4-15(a)와 같이 낮으면 적분기는 양의 램프파를 발생한다. 그림 4-15(c)와 같이 이 양의 램프파는 그의 UTP까지 도달하도록 증가한다. 이때 슈미트트리거의 출력은 높은 상태로 스위치하고 삼각파가 방향을 역전하도록 한다. 음의 램프파는 이때 LTP까지 도달하도록 감소하며 여기서 또 다른 슈미트 출력이 변한다.

앞 설명에서 빠뜨린 한 개념이 있다. 즉, 이 회로가 첫 번째로 어떻게 동작이 시작되는가? 첫째로 전력을 높이면, 슈미트트리거 출력은 반드시 높거나 낮은 둘 중의 하나일 것이다. 만약 낮다면 적분기는 증가하는 램프파를 만들어내고, 높다면 떨어지는 램프파를 만들 것이다. 어떻든, 삼각파가 시작되고 정귀환이 계속 이것을 유지할 것이다.

4-7 파형변환기

연산증폭기로 정현파를 구형파로, 구형파를 삼각파 등으로 변환할 수 있다. 이 절에서는 입력파형을 다른 모양을 갖는 출력파형으로 변환하는 몇 가지 기본회로에 대해서 고찰한다.

(1) 정현파를 구형파로 변환(sine to rectangular)

그림 4-16(a)는 슈미트트리거이며, 4-16(b)는 이의 전달 특성이다. 입력신호가 주기적 반복 사이클일 때, 슈미트트리거는 구형파 출력을 만든다. 이것은 그림 4-16(c)의 두

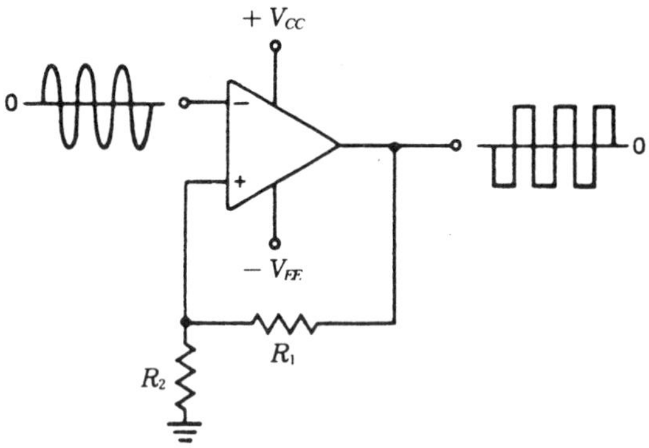

(a) 구형파출력을 만드는 슈미트트리거에 대한 주기입력

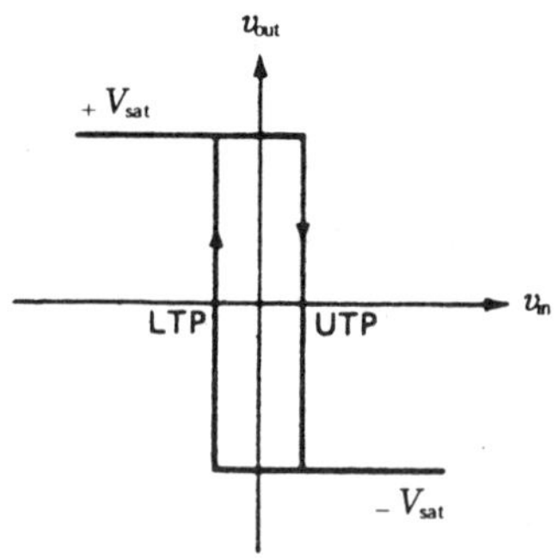

(b) 반전 전달 특성

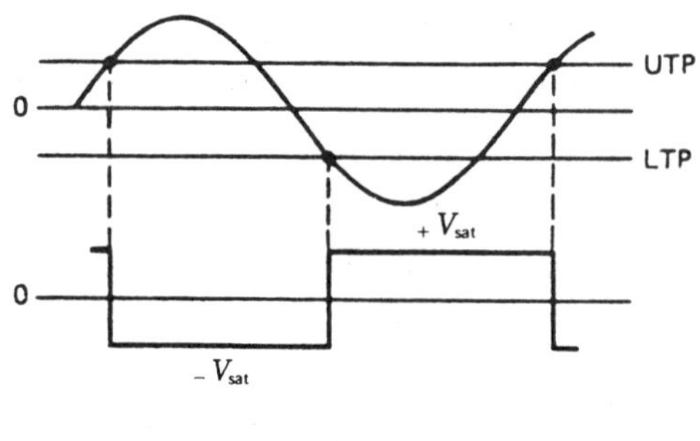

(c) 입력이 문턱전압을 만날 때 일어나는 출력 천이

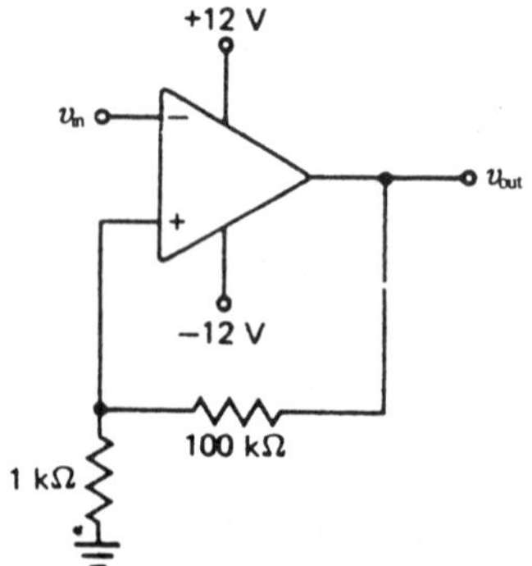

(d) 예

〈그림 4-16〉

개의 문턱전압을 충분히 통과하도록 큰 입력신호를 가정한 것이다. 입력전압이 증가하는 양의 반주기에서 UTP를 초과하게 되면 출력전압은 $-V_{sat}$로 스위치된다. 반주기 후에 입력전압은 LTP보다 더 음으로 되고 출력은 다시 $+V_{sat}$로 스위치된다.

슈미트트리거는 입력신호의 모양에 관계없이 항상 구형파출력을 만들어낸다. 다른 말로 하면, 입력전압은 그림 4-16(a)와 같이 정현파일 필요가 없다. 파형이 주기적이고 문턱전압을 통과하도록 충분히 큰 크기를 갖는 한 슈미트트리거에서 구형파를 얻을 수밖에 없다. 이 구형파는 입력신호에 대해 같은 주파수를 갖는다[그림 4-16(c)를 보라].

일예로, 그림 4-16(d)는 근사적으로 UTP $=+0.1$V이고 LTP$=-0.1$V인 문턱전압을 갖는 슈미트트리거를 나타낸다. 입력신호가 반복되고 0.2V보다 큰 최대값을 갖는다면 그 때 출력은 근사적으로 20V(V_{sat}의 2배)의 최대 값을 갖는 구형파일 것이다.

(2) 구형파를 삼각파로 변환(rectangular to triangular)

그림 4-17(a)에서 구형파가 적분기의 입력임을 보였다. 입력신호가 직류 혹은 0의 평균값을 가지므로 직류 혹은 출력의 평균값은 역시 0이다(출력 오프셋을 무시했다고 가정). 그림 4-17(b)에서 보인 바와 같이 램프 파형은 입력전압의 양의 반주기 동안 감소하고 음의 반주기 동안 증가한다. 그러므로 출력은 입력에 대해 같은 주파수를 갖는 주기적인 삼각파가 된다.

램프 파형 발생회로에서 전압변화를 해석하기 위하여 피크-피크값 출력에 대한 식을 유도하면 다음과 같다.

캐패시터의 전압변화 : $\Delta V=\frac{IT}{C}$

(+)반주기 동안 충전되는 전류 : $I=\frac{V_P}{R}$

출력 램프파의 방전시간 : T

입력구형파의 주파수가 f이면 : $T=\frac{1}{2f}$

$$\Delta V=\frac{1}{C}\cdot\frac{V_P}{R}\cdot\frac{1}{2f}=\frac{1}{C}\cdot\frac{2V_P}{2R}\cdot\frac{1}{2f}$$

입력신호의 피크값 : $2V_P$

출력신호의 피크값 : ΔV이므로

$$v_{out(p-p)}=\frac{v_{in(p-p)}}{4fRC} \tag{4-9}$$

여기서 $v_{out(p-p)}$=삼각파의 출력전압 피크-피크값

$v_{in(p-p)}$=구형파의 입력전압 피크-피크값

f= 입력 주파수

R= 적분기의 저항

C= 적분기의 캐패시턴스

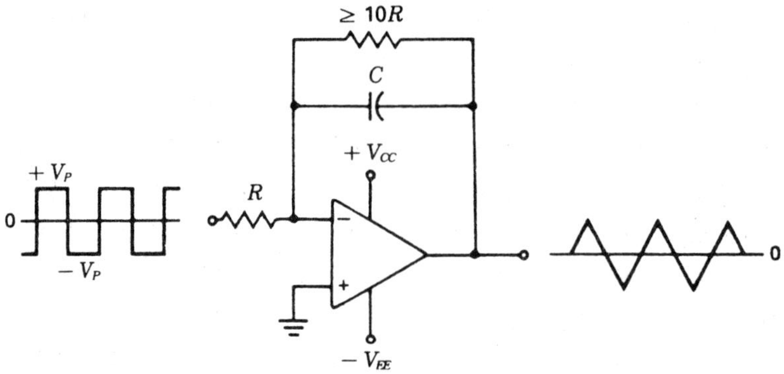

(a) 삼각파를 만드는 적분기의 구형파 입력

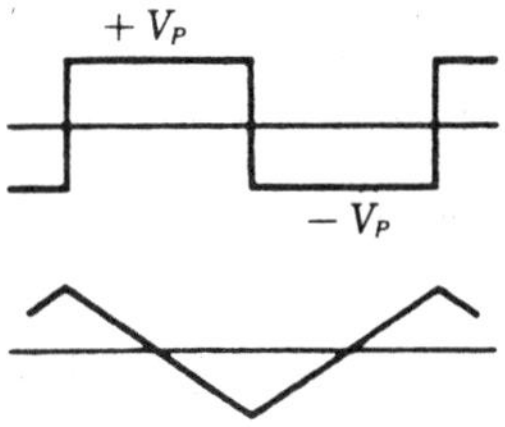

(b) 입력과 출력 파형

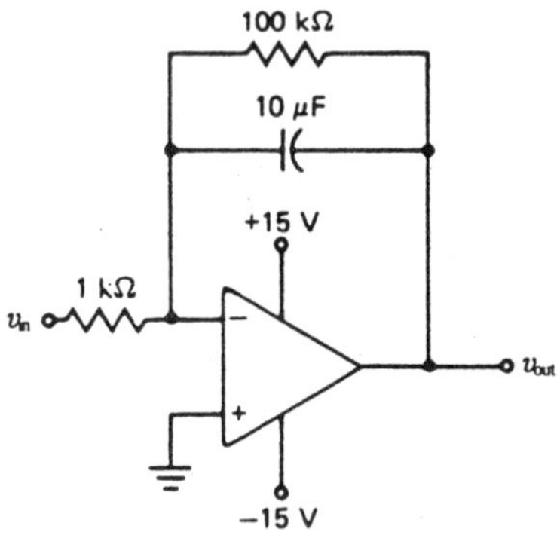

(c) 예

〈그림 4-17〉

예를들어, 그림 4-17(c)의 적분기를 동작시키는 정방형파를 가정하자. 주파수가 1kHz이고 피크-피크 입력전압이 10V라면 출력은 1kHz 주파수를 갖는 삼각파가 되고, 피이크 대 피이크값은

$$v_{out(p-p)}=\frac{10V}{4(1kHz)(1k\Omega)(10\mu F)}=0.25V$$

이다.

(3) 삼각파를 펄스파로 변환(triangle to pulse)

어떤 응용에서는 가변 듀티 사이클(duty cycle)의 펄스를 만들기도 한다. 그림 4-18(a)에서 연산증폭기가 제한검출기를 가지고 사용되는 한 방법을 보였다. 이것은 히스테리시스가 없는 비교기이다. 0에서 어떤 양의 값으로 문턱전압을 이동하게 한다. 입력 삼각파 전압이 기준전압을 넘는 한 출력은 높은 상태이고 그림 4-18(b)와 같다.

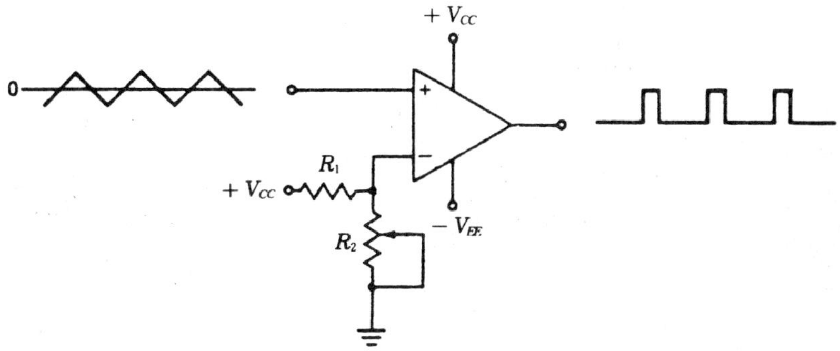

(a) 가변 듀티 사이클을 갖는 출력

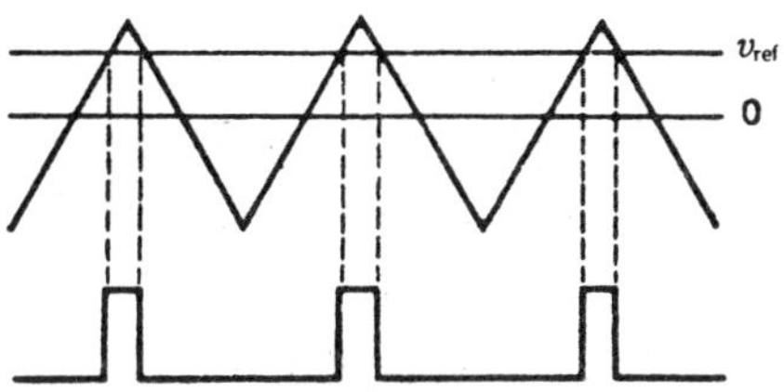

(b) 삼각파 입력과 펄스 출력의 파형

〈그림 4-18〉

v_{ref}가 조정가능하기 때문에 듀티 사이클을 변화시키는 것과 등가인 출력 펄스폭을 변동시킬 수 있다. 이와 같은 회로를 가지고 근사적으로 0에서 50%까지 듀티 사이클을 변동할 수 있다. 출력주파수는 입력주파수와 같아질 것이다.

4-8 555를 이용한 회로

555타이머(555 timer)는 이장발진기, 두 개의 비교기, RS 플립플롭, 방전용 트랜지스터를 결합한 것이다. 이 다양한 IC는 많은 응용면을 가지므로 공업표준이 된다. 동작상태를 알면 많은 제작자들과 더불어 이러한 IC에 대해 새로운 이용도를 지속적으로 재개발할 수 있다.

(1) RS 플립플롭(RS flip-flop)

그림 4-19(a)는 상호결합된 트랜지스터쌍을 보인 것으로, 각각의 컬랙터는 R_B를 통해 상대방의 베이스를 구동한다. 이와 같은 회로에서 하나의 트랜지스터는 포화되고 다른

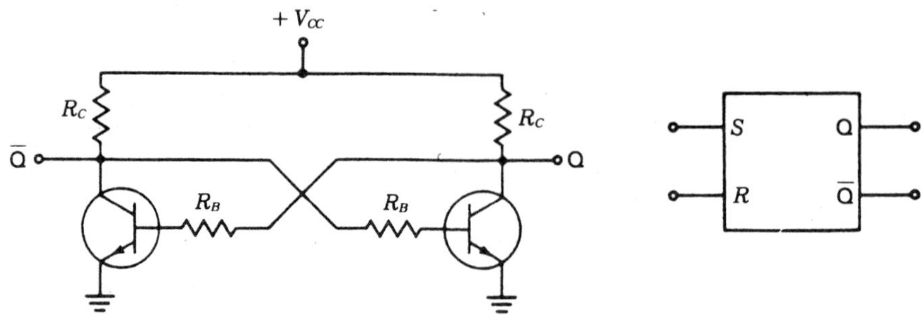

(a) RS 플립플롭의 간략 형태 (b) 플립플롭의 기호

〈그림 4-19〉

하나는 차단된다. 예로서 만일 우측 트랜지스터가 포화되었다면 컬랙터 전압은 거의 0에 접근한다. 그러므로 좌측 트랜지스터에 대한 베이스 구동을 하지 못하게 되어 이를 차단시키고 컬랙터 전압은 근사적으로 $+V_{CC}$만큼 된다. 이 높은 전압이 우측 트랜지스터를 포화상태로 유지사키는데 충분한 베이스 전류를 제공한다.

한편 우측 트랜지스터가 차단되면 컬랙터 전압은 좌측 트랜지스터의 베이스를 구동하여 포화상태로 이끈다. 낮은 컬랙터 전압은 좌측 트랜지스터에서 우측 트랜지스터를 계속 차단상태로 유지시켜준다.

어느 트랜지스터가 포화상태인가에 따라 Q출력은 낮거나 높은 값을 가지며 회로에 다른 요소를 첨가하여 하나의 RS 플립플롭(RS flipflop)을 얻어 Q값이 높을 때는 set, 낮을 때는 reset를 가진 회로를 얻는다. 결과적으로 상보(반대)적인 Q값은 다른 트랜지스터의 컬랙터로부터 이용할 수 있게 된다.

그림 4-19(b)는 디자인할 때에 RS 플립플롭에 대한 도면 기호를 나타내었다. 이의 기호를 볼 때마다 동작상태를 알 수 있다. 회로는 두 개의 상태중 하나의 값을 갖는다. 높은 S입력은 Q를 높은 값으로 하며, 높은 R입력은 Q를 낮은 값으로 제어한다. 출력 Q는 반대의 상태로 트리거 될 때까지 주어진 상태를 유지한다.

(2) 기본 타이밍 개념

그림 4-20(a)는 앞으로 논의할 555타이머에서 필요로 하는 일부 기본 개념을 증명하였다. 출력 Q를 높은 상태로 가정하면 이것은 트랜지스터가 포화되어 접지에서 캐패시터 전압을 클램프(clamp)한다. 다시 말해 캐패시터는 단락되고 충전되지 않는다.

비교기의 비반전 입력전압을 한계(threshold)전압이라 하고, 반전입력전압을 제어(control)전압이라 한다. RS 플립플롭을 세트시켜 포화된 트랜지스터는 0의 한계전압을 갖고 제어전압은 전압분할기 때문에 +10V에 고정되어 있다.

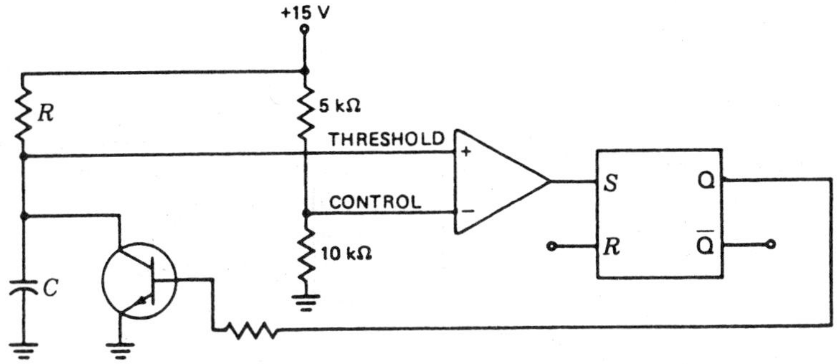

(a) 기본 타이밍 회로

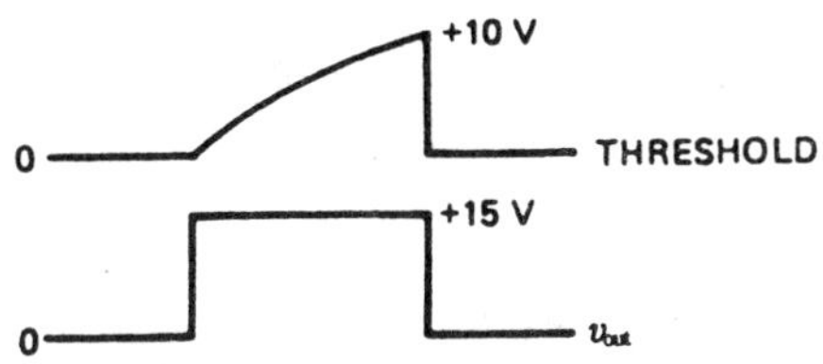

(b) 캐패시터 전압은 지수형태이고 출력전압은 구형파 형태이다.

〈그림 4-20〉

*R*입력에 높은 전압을 공급했다고 하면 이것은 RS 플립플롭을 리세트하여 출력 Q는 낮아지고 트랜지스터는 차단상태가 된다. 캐패시터 *C*는 충전되고, 캐패시터가 충전됨에 따라 한계전압은 증가하여 궁극적으로 한계전압은 제어전압(+10V)보다 약간 커지게 된다. 따라서 비교기의 출력이 RS 플립플롭을 세트하면서 높아지며 높은 Q출력은 트랜지스터를 포화시키고 재빨리 캐패시터를 방전시킨다. 주목할 일은 그림 4-20(b)의 두 개의 파형으로 하나는 캐패시터 양단에서 지수적으로 증가하는 것이고, $\overline{Q}$출력에서 정방향의 펄스가 나타난다.

(3) 555블록 다이어그램(555 block diagram)

그림 4-21은 NE555타이머의 간단한 블록 다이어그램으로 Signetics Corporation에 의해 소개된 8-핀 IC타이머이다. 주의점은 상단 비교기는 한계입력(핀6)과 제어입력(핀5)을 갖는다. 일반적인 응용에서 제어입력은 사용되지 않으므로 제어전압은 $+2V_{CC}/3$와 같다. 앞과 같이 한계전압이 제어전압을 초과하였을 때 비교기로부터 높은 출력은 플립플롭을 세트시킨다.

방전 트랜지스터의 컬랙터가 핀7로 이어지는데 이 핀이 외부의 타이밍 캐패시터와 연

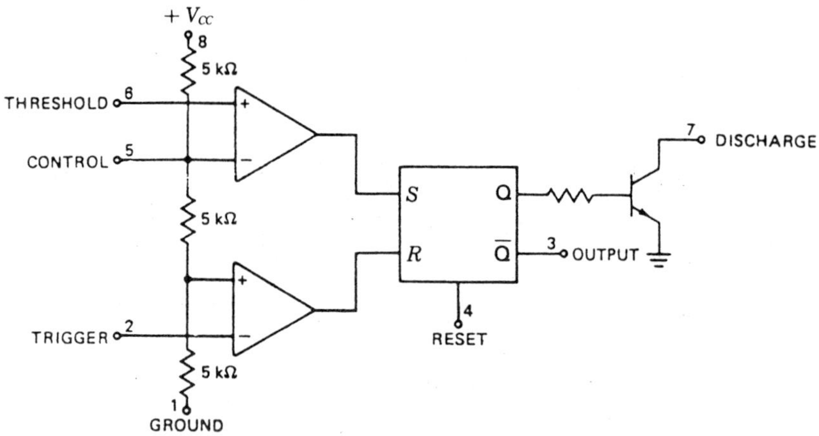

〈그림 4-21〉 555타이머의 간략화된 다이어그램

결되었을 때 플립플롭으로부터 높은 Q출력이 트랜지스터를 포화시키고 캐패시터를 방전시킨다. Q값이 낮을 때 트랜지스터는 개방되고 캐패시터는 앞에서 묘사한 바와 같이 충전할 수 있다.

플립플롭으로부터 상보적인 신호가 핀3으로 출력을 보내는데 외부 리세트(핀4)가 접지되었을 때 이것은 동작을 방지하는 장치를 나타낸다. 이의 on/off 상태가 때때로 유용한데 통상적인 이용에서 외부의 리세트는 사용하지 않으며 핀4는 공급전압과 직접 연결되어 있다.

하단 비교기에 대해 주의하자. 이 비교기의 반전입력은 트리거(trigger:핀2)로 불리는데 전압분할기 때문에 비반전입력이 $+V_{CC}/3$의 고정된 전압을 갖는다. 트리거 입력전압이 $+V_{CC}/3$보다 약간 작을 때 연산증폭기 출력은 높게 되고 플립플롭을 리세트시킨다.

마지막으로 핀1은 칩 접지이고, 핀8은 전압 공급원의 핀이다. 555타이머는 4.5V~16V 사이의 어떤 전원전압에서도 동작을 한다.

(4) 단안정 동작(monostable operation)

그림 4-22(a)는 단안정(monostable:또는 단일 shot) 동작으로 구성된 555타이머를 보인 것으로 이 회로는 다음과 같이 동작한다. 트리거 입력이 $+V_{CC}/3$보다 약간 작을 때 하단 비교기는 높은 출력을 가지며 플립플롭을 리세트시킨다. 이것은 트랜지스터를 개방시키고, 캐패시터를 충전시키게 한다 캐패시터 전압이 $+2V_{CC}/3$보다 약간 클 경우 상단 비교기는 높은 출력을 갖고 플립플롭을 세트시킨다. Q가 높아지면 트랜지스터를 구동하고 캐패시터를 재빨리 방전시킨다.

그림 4-22(b)는 전형적인 파형을 보였다. 트리거 입력은 $+V_{CC}$의 안정된 값의 협대

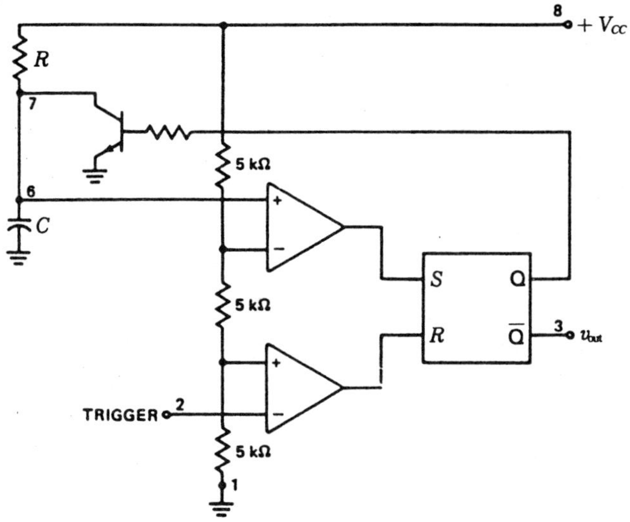

(a) 단안정 멀티바이브레이터로의 555타이머

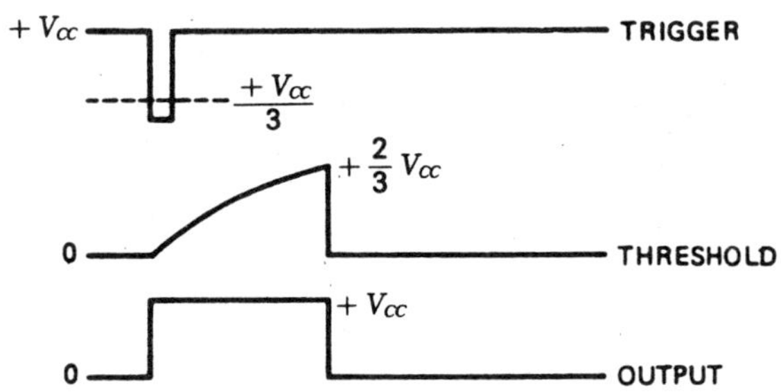

(b) 트리거, 출력, 한계전압파형

〈그림 4-22〉

역 펄스인데 이 펄스는 플립플롭을 리세트하기 위해 $+V_{CC}/3$이하로 떨어지고 캐패시터를 충전시킨다. 한계전압이 $+2V_{CC}/3$을 약간 초과할 때 플립플롭은 세트되고 이것은 트랜지스터를 포화시키고 캐패시터를 방전시킨다. 결과적으로 하나의 구형 출력 펄스를 갖는다.

캐패시터 C는 저항 R을 통해 충전되는데 RC시정수가 클수록 $+2V_{CC}/3$에 도달하는 캐패시터의 시간이 길어진다. 즉, RC시정수가 출력 펄스의 폭을 제어한다.

$$\frac{2}{3}V_{CC}=V_{CC}(1-e^{-W/RC})$$

$$e^{-W/RC}=\frac{1}{3}$$

$$W=1.1RC$$

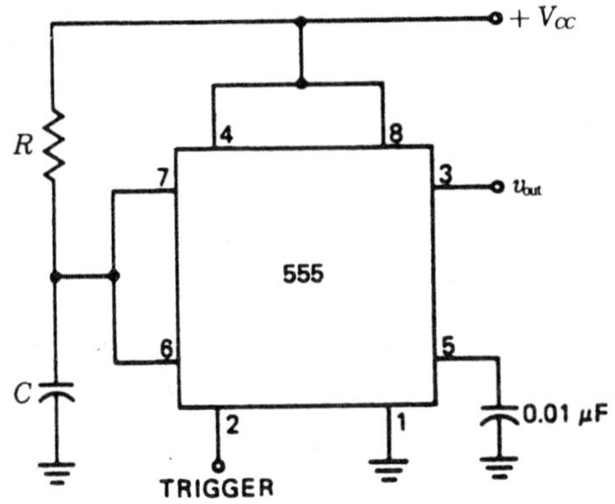

〈그림 4-23〉 555단안정 타이머 회로

예를 들면 만일 $R=22k\Omega$, $C=0.068\mu F$이면

$$W=1.1(22k\Omega)(0.068\mu F)=1.65ms$$

이다.

정상적으로 볼 때 개요적인 다이어그램은 비교기, 플립플롭과 555타이머의 내부에 있는 다른 성분을 나타내지 않는다. 그러나 그림 4-23과 같은 개요적인 다이어그램은 단안정 555회로에 대한 것으로 단지 핀과 외부성분만 보였다. 궁극적으로 핀5(제어)는 $0.01\mu F$인 작은 캐패시터를 통해 접지로 바이패스된다. 이것은 제어전압에 대해 잡음여파를 방지해 준다.

555타이머에 나타난 리세트핀 4는 갑작스런 리세트를 방지하기 위하여 공급전압에 연결되어 있는데 그림 4-23에 이를 보였다.

요약하면 단안정 555타이머는 그림 4-23에서 사용된 외부 R과 C에 의해 결정된 폭으로 단일 펄스를 발생한다. 펄스는 부(−)트리거 입력의 상승부분에서 시작되며, 이와 같은 단일의(one-shot) 펄스 동작은 후에 논의하는 것과 같이 응용된다.

(5) 비안정 동작(astable operation)

그림 4-24(a)는 555타이머가 비안정(astable:자유발진) 동작을 하는 모습을 보인 것이다. Q가 낮을 때 트랜지스터는 차단되고 캐패시터는 총저항 R_A+R_B를 통해 충전된다. 이 때문에 충전시정수는 $(R_A+R_B)C$이다. 캐패시터가 충전됨에 따라 한계전압은 증가하여 궁극적으로 한계전압은 $+2V_{CC}/3$을 초과하게 되며, 상단비교기는 높은 출력을 갖고 이것이 플립플롭을 세트시킨다. Q의 높은 값을 가지고 트랜지스터는 포화되고 핀7을 접지시킨다. 캐패시터가 R_B를 통해 방전되므로 방전시정수는 R_BC이다. 캐패시터 전압이 $+V_{CC}/3$이하로 강하하였을 때, 하단 비교기는 높은 출력을 가지며 이것이 플립플롭을 리세트시킨다.

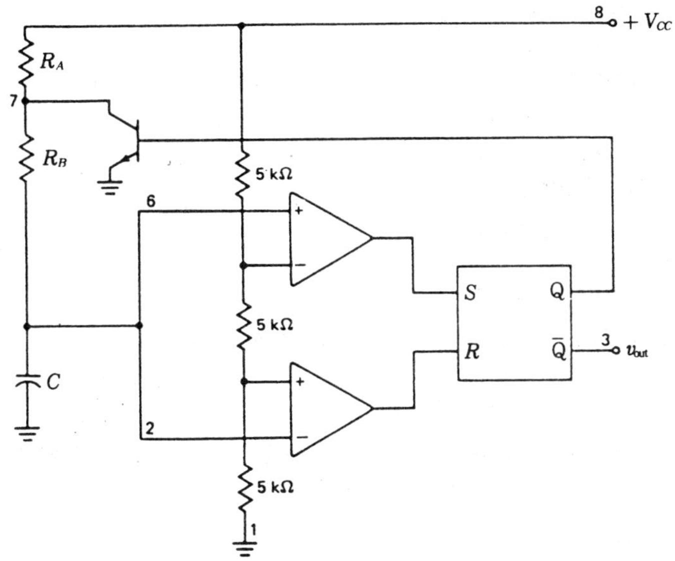

(a) 비안정 멀티바이브레이터로써 연결된 555타이머

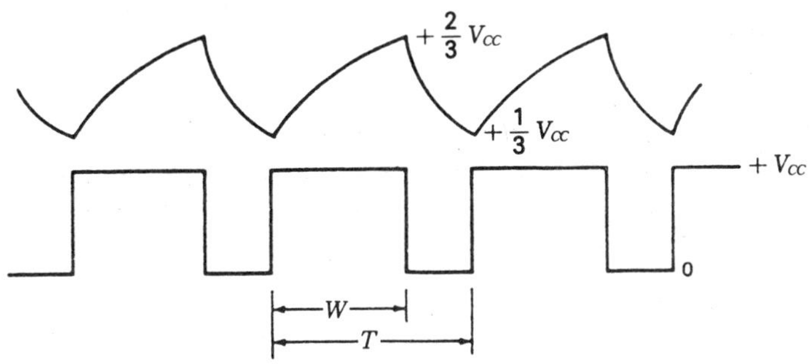

(b) 캐패시터와 출력파형

〈그림 4-24〉

그림 4-24(b)는 파형을 보인 것으로 타이밍 캐패시터가 지수적으로 증가하거나 감소하는 전압을 가지며 출력은 구형파이다. 충전시정수가 방전시정수보다 길기 때문에 출력은 대칭적이 아니며, 높은 출력상태는 낮은 출력상태보다 길게 나타난다.

비대칭의 출력을 특별히 취급하기 위하여 아래와 같이 정의된 듀티 사이클(duty cycle)을 사용한다.

$$D=\frac{W}{T}\times 100\% \qquad (4\text{-}10)$$

예로서 $W=2$ms이고 $T=2.5$ms이면 듀티 사이클은

$$D=\frac{2ms}{2.5ms}100\%=80\%$$

저항 R_A와 R_B의 값에 따라 듀티 사이클은 50과 100% 사이의 값을 가진다.

충전과 방전의 방정식에 대한 수학적 풀이는 다음의 공식으로 주어지며, 출력 주파수는

$$f=\frac{1.44}{(R_A+2R_B)C} \tag{4-11}$$

이다. 그리고 듀티 사이클은 다음과 같다.

$$D=\frac{R_A+R_B}{R_A+2R_B}\times 100\% \tag{4-12}$$

만일 R_A가 R_B보다 매우 작으면 듀티 사이클은 50%에 접근한다.

주 : 식 (4-11)과 (4-12)에 대한 유도과정은 다음과 같다. 그림 4-25에서 캐패시터가 충전하는데 걸리는 시간은 W이다. 캐패시터의 충전은 최대값이 $+V_{CC}$가 되도록 $+\frac{1}{3}V_{CC}$에서 시작하여 $+\frac{2}{3}V_{CC}$에서 끝난다. 따라서

$$\frac{2}{3}V_{CC}=V_{CC}+(V_{CC}-\frac{V_{CC}}{3})(1-e^{-W/RC})$$

간단히 하면

$$e^{-W/RC}=0.5$$

또는

$$W=0.693RC=0.693(R_A+R_B)C$$

방전의 방정식도 R_A+R_B 대신에 R_B를 사용한 것을 제외하고는 그림에서 방전시간은 $T-W$이므로

$$T-W=0.693R_BC$$

그러므로 주기는

$$T=0.693(R_A+R_B)C+0.693R_BC$$

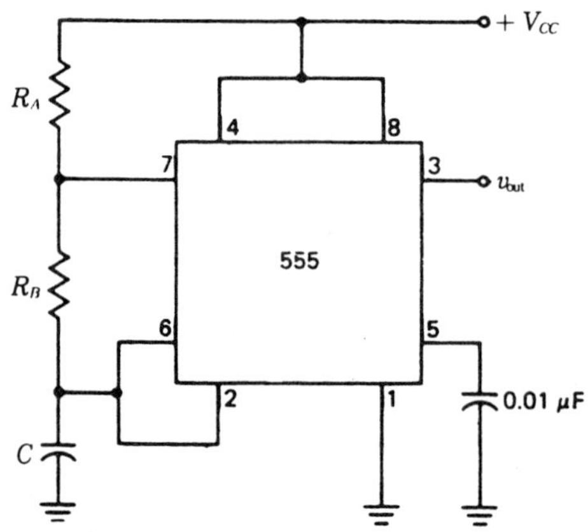

〈그림 4-25〉 555비안정 타이머 회로

그리고 듀티 사이클은

$$D=\frac{0.693(R_A+R_B)C}{0.693(R_A+R_B)C+0.693R_BC}\times 100\%$$

또는 $$D=\frac{R_A+R_B}{R_A+2R_B}\times 100\%$$

이고, 주파수를 구하기 위해 주기 T의 역수를 취하면

$$f=\frac{1}{T}=\frac{1}{0.693(R_A+R_B)C+0.693R_BC}$$

또는 $$f=\frac{1.44}{(R_A+2R_B)C}$$

이다.

그림 4-25는 개요적인 다이어그램으로서 나타낸 비안정 555타이머이다. 핀4가(리셋) 공급전압에 연결되는 이유와 핀5가(제어) 0.01μF 캐패시터를 통해 접지로 바이패스되는 것에 주목하라. 비안정 555타이머는 간혹 free running multivibrator라고 하는 구형 펄스의 연속적인 파형을 만들어낸다.

(6) 전압제어 발진기

그림 4-26(a)는 555타이머의 한 응용으로서 voltage controlled oscillator(VCO)를 보

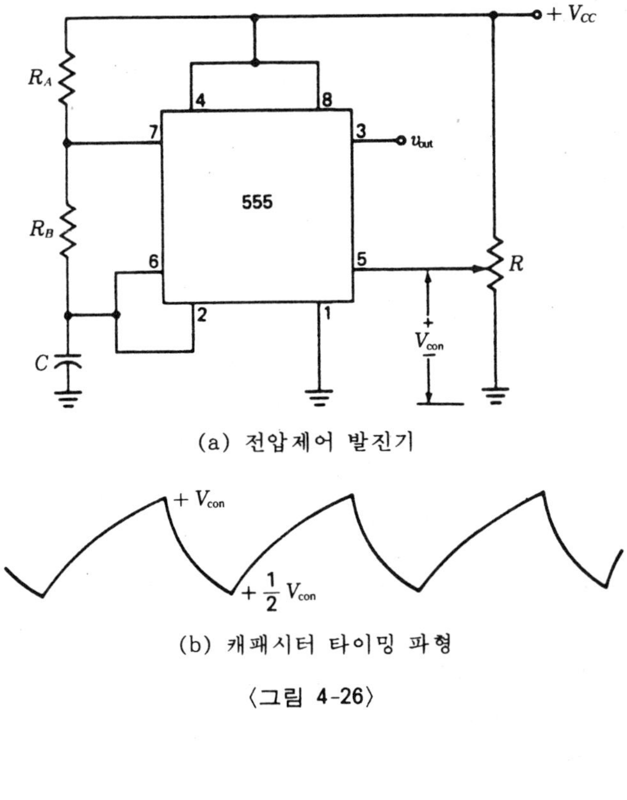

(a) 전압제어 발진기

(b) 캐패시터 타이밍 파형

〈그림 4-26〉

였는데, 이 회로는 입력전압을 출력주파수로 변환시키기에 전압-주파수 발진기로서 회로의 동작을 여기에 보였다. 핀5(제어)는 상단 비교기의 반전입력에 연결되어 있다. 정상적으로 제어전압은 내부 전압분할기로 인하여 $+2V_{CC}/3$을 가진다. 그림 4-26(a)는 외부 전위차계에 의한 전압이 내부전압을 무시하게 되므로, 전위차계를 조정하여 제어전압을 변화시킬 수 있다.

그림 4-26(b)는 타이밍 캐패시터를 통해 나타나는 전압인데 $+V_{control}/2 \sim +V_{control}$의 사이에서 변화한다. 만일 $V_{control}$이 증가하면 충전과 방전을 보다 오래하도록 캐패시터를 택하며, 이로써 주파수는 감소한다. 결과적으로 제어전압을 변화시켜 회로의 주파수를 바꿀 수가 있다.

궁극적으로 제어전압은 전위차계로부터 얻거나 트랜지스터 회로, 연산증폭기, 기타 소자의 출력값이다. VCO에 대한 보다 흥미있는 응용으로서 PLL(위상고정 루프)을 들 수 있다.

(7) 램프(ramp) 발생기

555타이머의 다른 응용으로서 저항을 통한 캐패시터의 충전이 지수적인 파형을 형성시킨다. 만일 캐패시터를 충전시키는데 일정 전류원을 사용하면 램프(경사파형) 파형을 얻는다. 이것은 그림 4-27(a) 회로의 기본개념이며 앞의 회로에서 pnp 전류공급원을 갖는 회로로서 저항을 대치하여 아래의 일정한 충전전류를 얻을 수 있다.

$$I_C = \frac{V_{CC} - V_E}{R_E} \tag{4-13}$$

여기서

$$V_E = \frac{R_2}{R_1 + R_2} V_{CC} + V_{BE} \tag{4-14}$$

예를 들어 $V_{CC}=15\text{V}$, $R_E=20\text{k}\Omega$, $R_1=5\text{k}\Omega$, $R_2=10\text{k}\Omega$, $V_{BE}=0.7\text{V}$이라면

$$V_E = 10\text{V} + 0.7\text{V} = 10.7\text{V}$$

이고

$$I_C = \frac{15\text{V} - 10.7\text{V}}{20\text{k}\Omega} = 0.215\text{mA}$$

트리거나 그림 4-27(a)의 단안정 555타이머를 구동할 때 pnp 전류원은 일정 충전전류를 캐패시터로 보낸다. 그러므로 캐패시터 양단전압은 그림 4-27(b)와 같이 램프파로서 나타나고 램프 파형의 기울기 S는 다음으로 주어진다.

$$S = \frac{I}{C} \tag{4-15}$$

만일 충전전류가 0.215mA이고 캐패시턴스가 0.022μF이면 램프 파형의 기울기는 다음과 같다.

$$S = \frac{0.215\text{mA}}{0.022\mu\text{F}} = 9.77\text{V/ms}$$

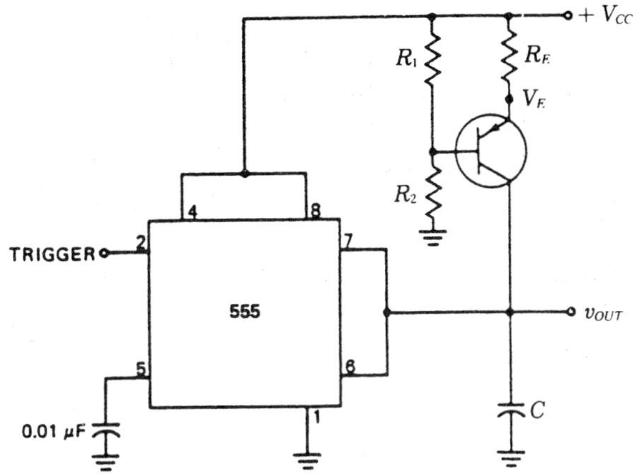

(a) 램프 출력전압을 얻기 위한 555타이머와 트랜지스터 전류원

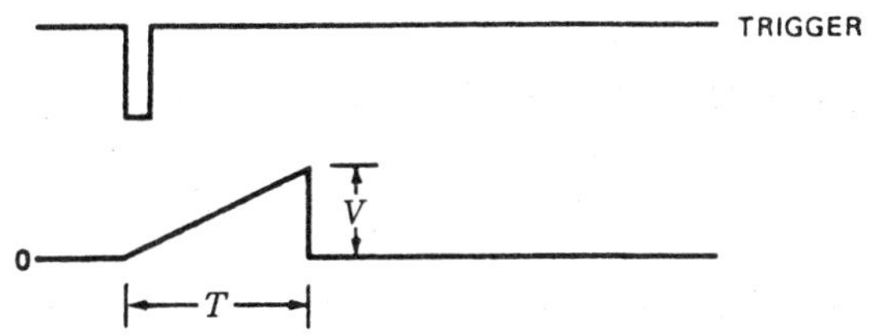

(b) 트리거와 램프 파형

〈그림 4-27〉

4-9 논리 게이트를 이용한 회로

(1) NOR게이트를 이용한 단안정회로

플립플롭은 두 개의 안정한 상태를 가지며, 쌍안정 멀티바이브레이터라고 불린다. 이것 외에 두 가지 다른 형태의 멀티바이브레이터, 즉 단안정과 비안정 멀티바이브레이터가 있다. 단안정 멀티바이브레이터는 언제까지나 머물러 있을 수 있는 안정한 상태와 트리거될 수 있는 준안정(quasi-stable)상태를 갖는다. 단안정 멀티바이브레이터는 미리 정해진 시간간격 T동안 준안정상태에 머무를 수 있고, 그 시간이 지나면 안정상태로 자동적으로 되돌아간다. 이와같은 방법으로 단안정 멀티바이브레이터는 지속시간이 T인 출력 펄스를 발생시킨다. 그림 4-28에서 알 수 있듯이 출력 펄스의 지속시간은 트리거 펄스의 모양과는 상관이 없다. 따라서 단안정 멀티바이브레이터는 펄스 스트래쳐(pulse stretcher) 또는

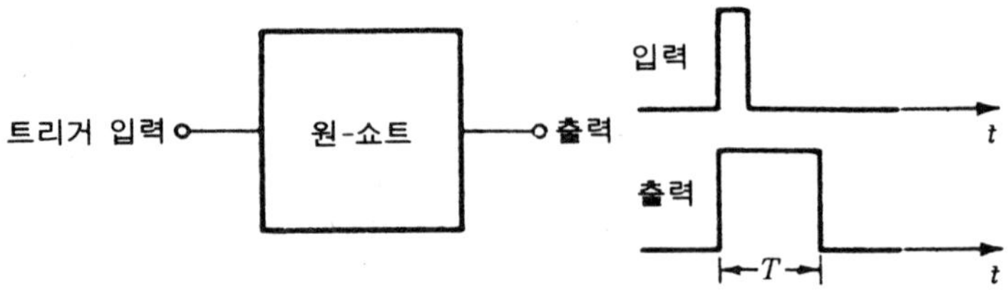

〈그림 4-28〉 블랙박스로 나타낸 단안정 멀티바이브레이터

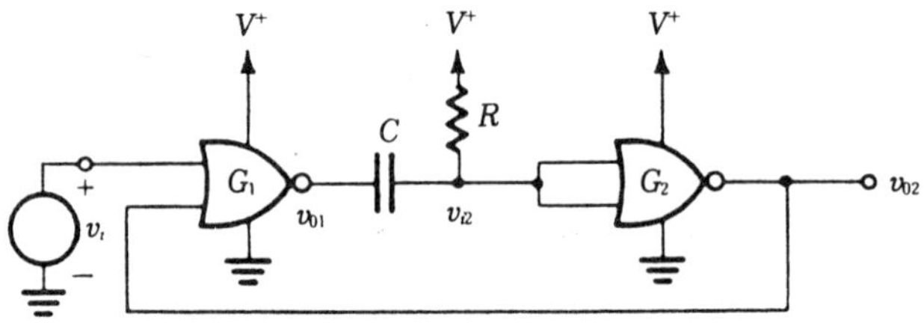

〈그림 4-29〉 CMOS NOR 게이트를 사용한 단안정회로

펄스 표준기(pulse standardizer)로 사용될 수 있다. 단안정 멀티바이브레이터는 원-쇼트(one-shot)라고 불려지기도 한다.

비안정 멀티바이브레이터는 안정상태를 갖지 않는다. 이것은 2개의 준안정상태를 가지며, 각각 미리 정해진 T_1과 T_2 시간동안 유지된다. 따라서 비안정 멀티바이브레이터는 한 준안정상태에서 T_1초 머무른 후 다른 상태로 바뀌고 그곳에서 T_2동안 유지되다가, 그 후에 다시 원래상태로 돌아가는 동작을 계속 반복한다. 결국 비안정 회로는 $T=T_1+T_2$의 주기로 발진하며, 동기 클럭과 같은 주기적인 펄스를 발생시키는데 이용된다.

그림 4-29는 간단하고 널리 쓰이는 단안정 멀티바이브레이터 회로를 보여준다. 이것은 2개의 NOR게이트 G_1과 G_2, 캐패시터 C 그리고 저항 R로 이루어져 있다. 입력전압 v_i은 이 회로에 트리거 펄스를 공급한다.

설명을 명확히 하기 위해 사용된 게이트는 CMOS 계열이며, 이 게이트는 그림 4-30과 같은 이상적인 전달특성을 갖는다고 가정한다.

CMOS 게이트는 그림 4-31과 같이 입력단자에 연결되는 특별한 다이오드의 배열을 갖는다. 다이오드의 목적은 입력전압이 공급전압 V^+이상으로 상승하는 것과 접지전압 이하로 하강하는 것을 방지하는데 있다. 이들 클램핑 다이오드(clamping diode)들은 단안정 회로의 동작에 중요한 역할을 한다. 특히, 인버터로 사용되는 G_2에 대한 효과에 주목할 필요가 있다. 이 경우 다이오드의 각 쌍은 병렬로 나타나며, 그림 4-31(b)의 등가회로로 나타내어진다. 전원전압을 초과하는 입력전압에 대해서는 다이오드들이 작은 저항을 갖는 반면, 중간 크기의 전압에 대해서는 입력전류가 0이 된다.

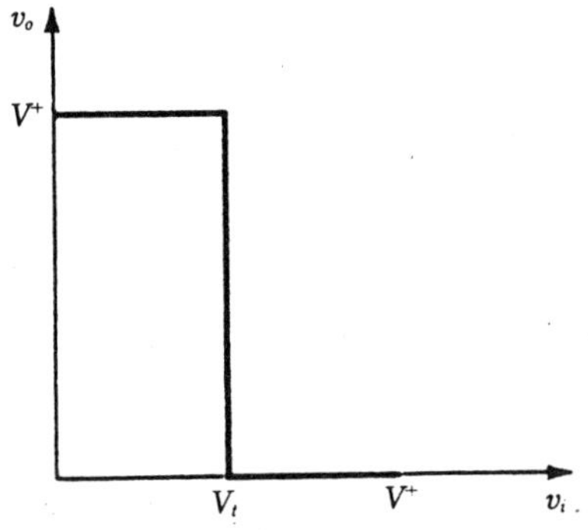

〈그림 4-30〉 이상적인 CMOS 인버터의 전달특성

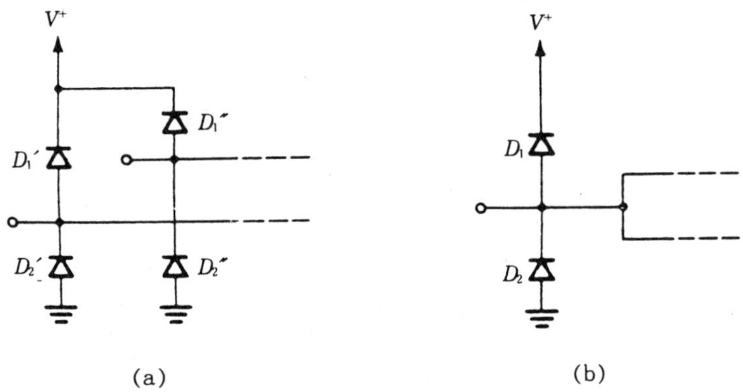

〈그림 4-31〉 CMOS 게이트 입력의 다이오드

〈그림 4-32〉 CMOS게이트의 출력 등가회로

여기서 우리의 관심을 끄는 CMOS NOR게이트의 성질은 그림 4-32의 게이트 출력 등가회로이다. 그림 4-32(a)는 출력이 낮을 때, 출력저항은 R_{on}으로 보통 몇백 옴(ohm) 정도라는 것을 보여준다. 이 상태에서는 전류가 외부회로에서 게이트의 출력단자로 흘러들어오며, 이것을 흡수전류(sinking current)라 한다. 마찬가지로, 그림 4-32(b)의 등가회로는 출력이 높을 때 적용된다. 이 경우 전류는 V^+로부터 게이트의 출력단자를 통해서 외부회로로 흘러나가며, 이것을 방출전류(sourcing current)라 한다.

그림 4-29의 단안정 회로가 어떻게 동작하는가를 살펴보기 위해 그림 4-33의 타이밍도를 살펴본다. 지속시간 τ의 짧은 트리거 펄스를 그림 4-33(a)에 나타냈다. G_1과 G_2에서의 전파지연은 무시한다. 그러나, 이 지연시간은 펄스폭 τ의 하한선을 정해준다. 즉, $\tau > (t_{PD1} + t_{PD2})$.

우선 단안정의 안정상태, 즉 트리거 펄스가 가해지기 전의 상태를 생각하자. G_1의 출력은 V^+전압으로 높은 상태이고, 캐패시터 C는 방전되어 있으며, G_2에의 입력전압은 V^+이다. 따라서 G_2의 출력은 접지전압으로 낮은 상태이다. 이 낮은 전압은 G_1의 입력으로 귀환된다. 따라서 v_i가 낮은 전압이므로 G_1의 출력은 처음에 가정한 것처럼 높은 상태를 유지한다.

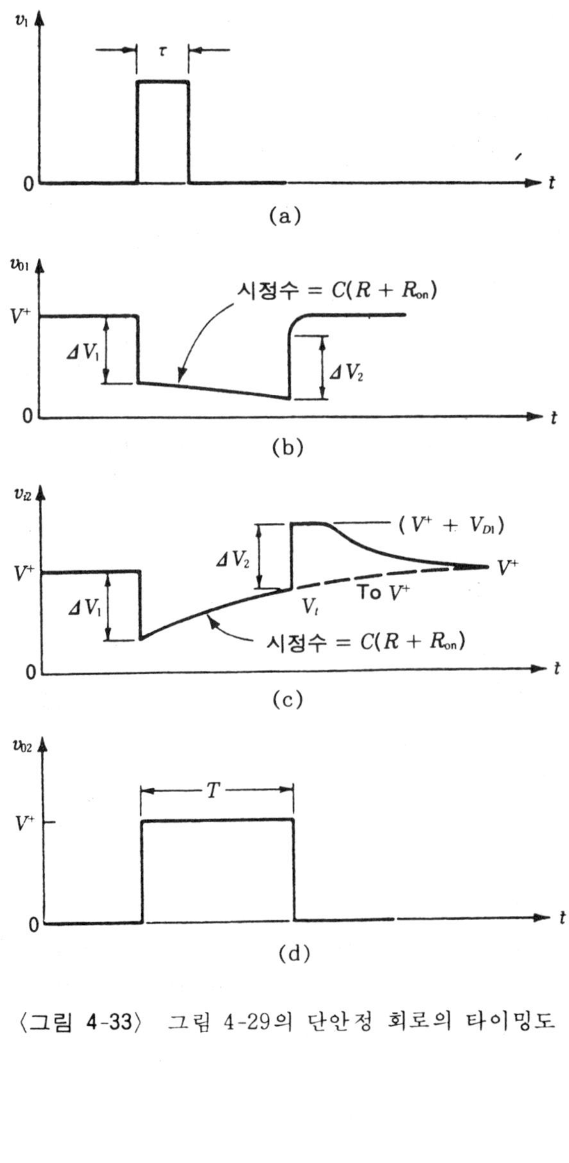

〈그림 4-33〉 그림 4-29의 단안정 회로의 타이밍도

다음 순간에 트리거 펄스가 가해지면 G_1출력은 낮아진다. 그러나, G_1이 전류를 흡수하고, 그의 출력저항 R_{on}도 어느 정도 값을 가지므로, G_1의 출력은 완전히 0V까지 낮아지지 않는다. 출력은 ΔV_1만큼 낮아진다. 이 값은 잠시 후에 계산할 것이다. ΔV_1은(순간적으로 단락회로처럼 사용하는) C를 통해 G_2의 입력으로 연결된다. 따라서 G_2의 입력전압도 ΔV_1만큼 떨어진다. 이때 V^+로부터 R과 C를 거쳐 G_1의 출력단자를 통해 접지로 순간적인 전류가 흐른다. 따라서 R과 R_{on}은 전압분배기를 형성한다(C에 걸리는 순간전압이 0임에 유의하라). ΔV_1은 다음과 같이 계산된다.

$$\Delta V_1 = V^+ \frac{R}{R+R_{on}}$$

한편, G_2입력에서의 전압강하는 출력을 높은 상태(V^+)로 만들어서, G_1의 출력을 트리거 펄스가 사라진 후에도 여전히 낮은 상태에 머무르게 해준다. 이제 회로는 준안정 상태에 있다.

다음에는 준안정 상태에 대해 생각한다. R, C, R_{on}을 통해 흐르는 전류가 C를 충전시키며, v_{i2}는 그림 4-33(c)와 같이, 시정수 $C(R+R_{on})$을 가지고 지수함수적으로 V^+를 향해 상승한다. v_{i2}는 G_2의 문턱전압(V_t) 값에 도달할 때까지 증가하고, 문턱전압이 되는 순간 G_2가 ON 상태로 스위치한다. 즉 v_{o2}는 0V가 되고, 이것에 의해 G_1이 OFF된다. G_1의 출력은 V^+까지 상승하려고 하지만, 그 순간적인 상승은 ΔV_2만큼으로 제한된다. v_{o1}에서의 이 증가분은 그대로 C를 통해 G_2의 입력으로 전달된다. 따라서 G_2의 입력도 ΔV_2만큼 높아진다. G_2의 입력과 V^+사이의 다이오드로 인해, v_{i2}는 $V^+ + V_{D1}$까지만 상승할 수 있다. 여기서 V_{D1}(0.7V)는 D_1 양단에 걸리는 전압강하를 표시한다. 그림 4-33(c)로부터 $\Delta V_2 = V^+ + V_{D1} - V_t$가 되는 것을 알 수 있다. 즉, ΔV_2의 크기를 제한하는 것은 다이오드 D_1이다.

v_{i2}가 V^+보다 V_{D1}만큼 높으므로, 전류는 G_1의 출력으로부터 C를 통하고 R과 D_1의 병렬연결을 통해서 흐른다. 이 전류는 v_{i2}가 V^+로 떨어질 때까지 C를 방전시키며 v_{o1}은 V^+로 상승한다. 그림 4-34에 방전회로를 나타냈다. 이 회로로부터 다이오드 때문에 방전이 비선형적으로 행하여진다는 것을 알 수 있다. 펄스의 끝부분에서의 과도(transient)현상은 중요하지 않다. 그러나 C가 방전될 때까지는 단안정 회로가 다시 트리거될 수 없다는 점에 주목해야 한다. 만약 그렇지 않으면 출력은 의도했던 대로 표준 펄스(standard pulse)가 될 수 없기 때문이다.

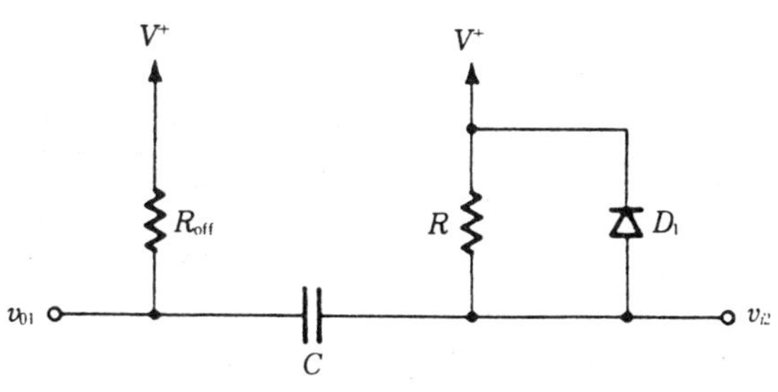

〈그림 4-34〉 C가 방전되는 동안의 회로

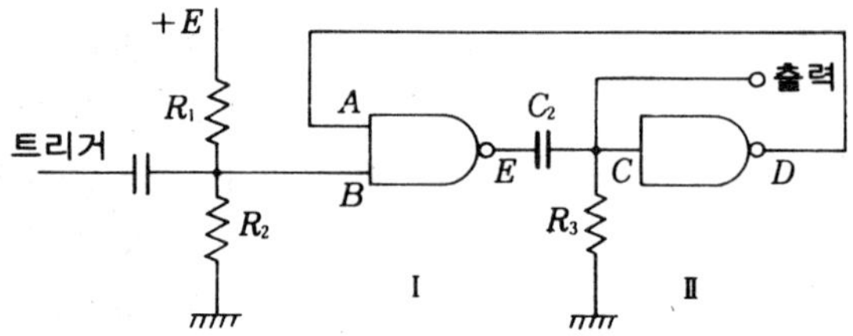

A	B	E
L	L	H
L	H	H
H	L	H
H	H	L

〈그림 4-35〉 NAND게이트로 구성한 단안정 멀티바이브레이터

(2) NAND게이트를 이용한 단안정 회로

그림 4-35는 NAND게이트 2개를 사용하여 단안정 멀티바이브레이터를 구성한 예이다. 이 회로의 동작은 다음과 같다.

두 번째 NAND게이트의 입력은 저항 R_3에 의하여 접지상태에 있고 그 출력 D는 High level(논리 1)로 된다.

한편, 첫번째 NAND게이트의 출력은 (+)E로 인한 B의 High level과 D의 High level에 의하여 Low level(논리 0)로 된다.

이때 (−)의 트리거펄스가 인가되면 B가 Low level이 되고 D의 High level에 의해 C까지 High level이 되며, 따라서 출력 D는 Low level이 된다. 그러나 일정한 시간이 지나면 C의 High level은 C_2R_3의 시정수에 의해 C_2의 전하가 R_3를 통하여 방전되므로 C는 다시 Low level로 되어 단안정 멀티바이브레이터로서 동작하게 된다.

(3) NOR 게이트를 이용한 비안정 회로

그림 4-36은 2개의 인버터(입력이 결합된 NOR 게이트), 저항, 캐패시터로 구성된 비안정 회로이다. 여기서 NOR 게이트는 CMOS 계열이고, 그것은 ON상태 출력저항과 클램

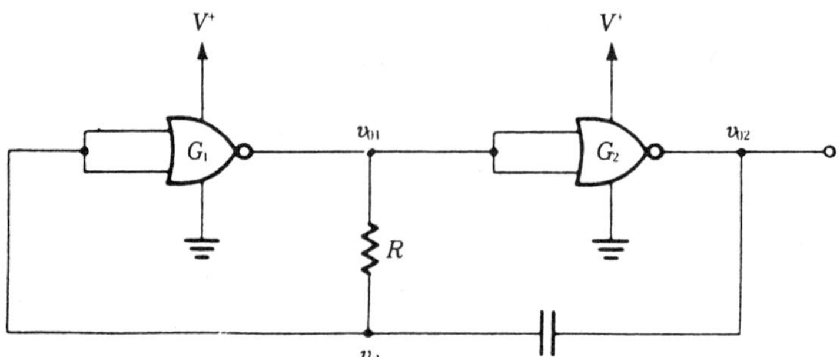

〈그림 4-36〉 CMOS 게이트를 사용한 간단한 비안정 멀티바이브레이터

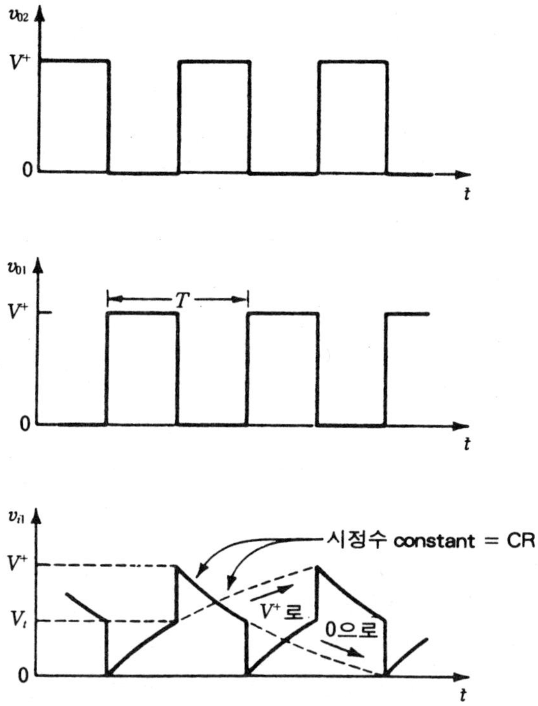

〈그림 4-37〉 그림 4-36의 비안정 회로의 파형. 게이트 입력의 다이오드를 이상적이라고 가정했다.

핑 다이오드 양단의 전압강하를 무시한다고 가정한다. 이런 가정하에서 그림 4-37의 파형이 얻어진다. 독자는 회로의 동작을 단계적인 방법으로 생각해 보고, 그림의 파형을 증명해 보기 바란다.

(4) NAND 게이트를 이용한 비안정 회로

그림 4-38과 같이 TTL NAND 게이트를 접속하면 비안정 멀티바이브레이터 회로로 동작한다. TTL NAND 회로는 그림 4-39와 같이 멀티에미터 트랜지스터 게이트 회로와

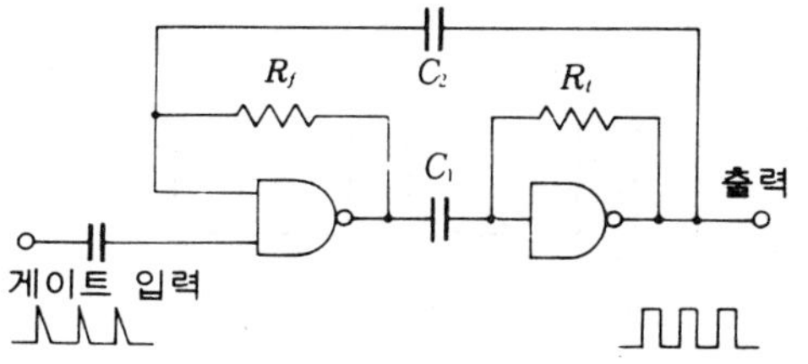

〈그림 4-38〉 NAND 게이트를 이용한 비안정 멀티바이브레이터

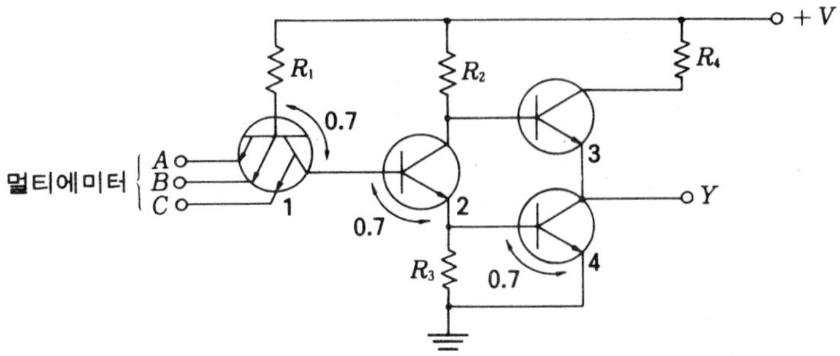

〈그림 4-39〉 TTL NAND의 기본회로

위상반전형 직류증폭기로 구성되어 있으므로 두 NAND 회로의 입력과 출력을 컨덴서 C_1, C_2를 가지고 교류적으로 접속하면 발진하게 된다.

(5) EOR 게이트를 이용한 위상검출기

모든 PLL장치에서 위상검출기 또는 위상비교기 회로가 사용되고 있다. 위상검출기는 PLL 입력과 VCO와의 위상차에 비례한 평균출력전압(DC)을 발생시킨다. 이 출력전압을 오차전압이라고 부르며, 위상차($\Delta\phi$)를 전압으로 변환하는 변환계수는 위상검출 변환이득($K\phi$)이라 한다.

$$V_0 = K\phi\Delta\phi$$

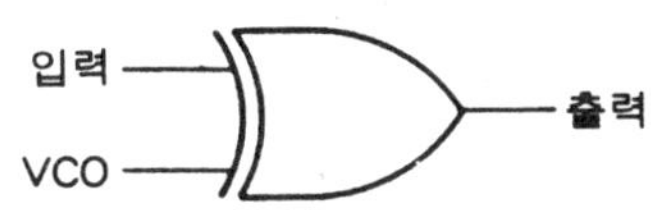

(a)

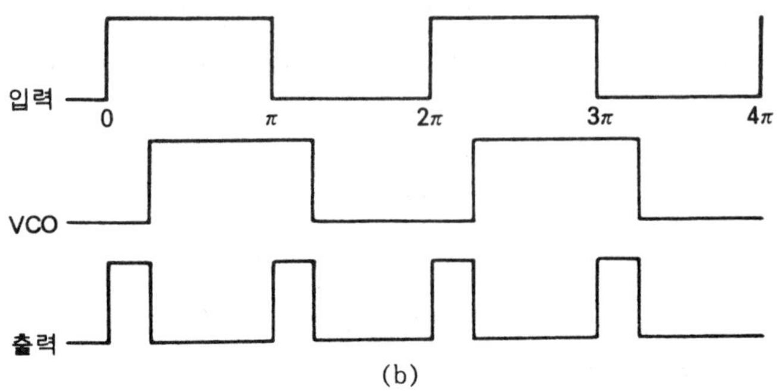

(b)

〈그림 4-40〉 Exclusive OR 위상검출기

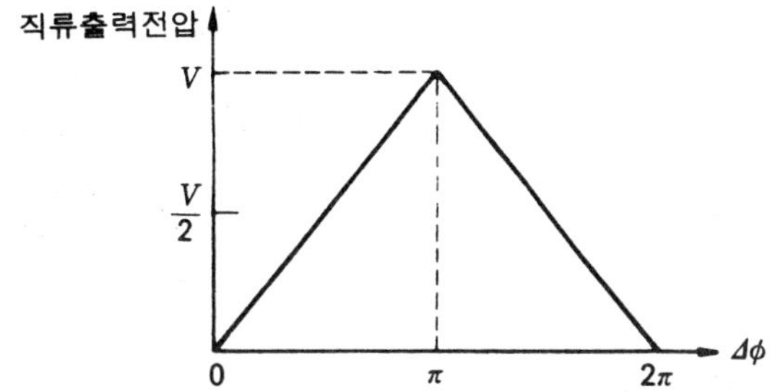

〈그림 4-41〉 Exclusive OR 위상검출기의 출력특성

Exclusive OR gate는 두 입력이 같으면(위상차가 없으면) 출력을 0, 다르면(위상차가 있으면) 1이 되므로 이를 이용하면 위상검출기로 사용할 수 있다. 그림 4-40과 같이 EOR 게이트의 두 입력단에 위상차가 있는 신호를 가하면 위상차의 성분만 출력으로 나타나게 된다.

이 위상차 전압의 평균치(DC값)를 구하면 그림 4-41과 같이 위상차가 π가 될 때 최대가 된다.

(6) Edge-triggered FF을 이용한 위상검출기

그림 4-42와 같이 *RS* FF(입력 pulse가 상승할 때 동작하는 edge-triggered FF)의 *S*와 *R*단자에 (b)와 같이 위상차($\Delta\phi$)가 있는 신호를 가하면 출력 Q에는 $\Delta\phi$성분만 H로 나타나게 된다.

$\Delta\phi$의 평균치는 그림 4-43과 같이 2π에서 최대가 된다.

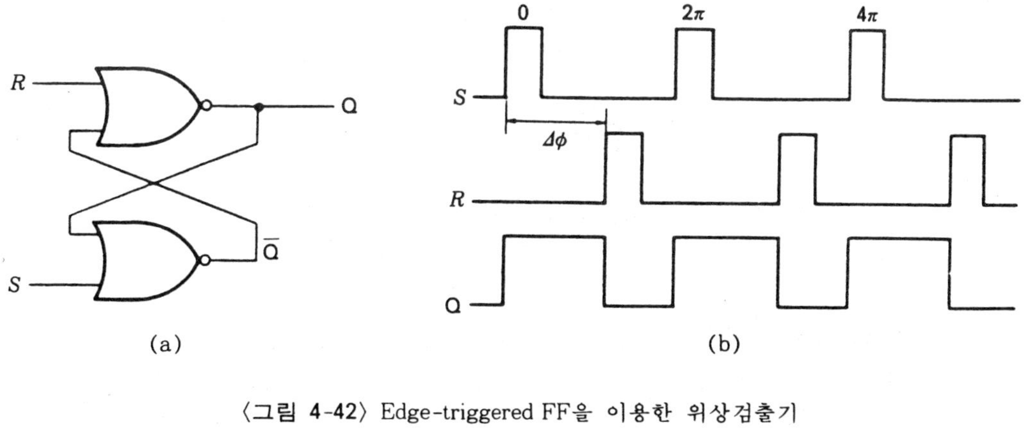

〈그림 4-42〉 Edge-triggered FF을 이용한 위상검출기

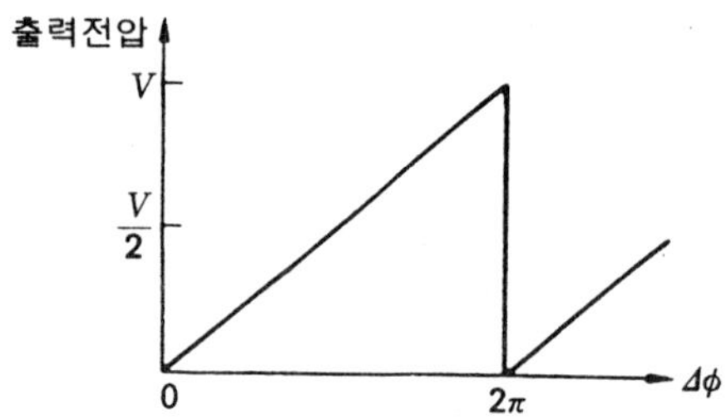

〈그림 4-43〉 Edge-triggered FF을 이용한 위상검출기의 출력특성

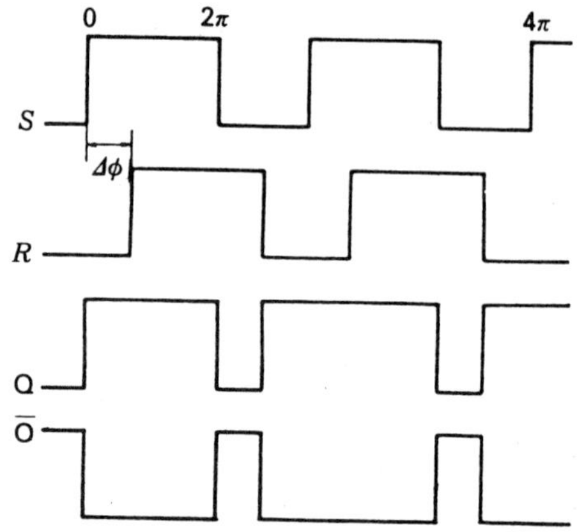

〈그림 4-44〉 R과 S의 입력이 동시에 1이 될 경우의 위상검출

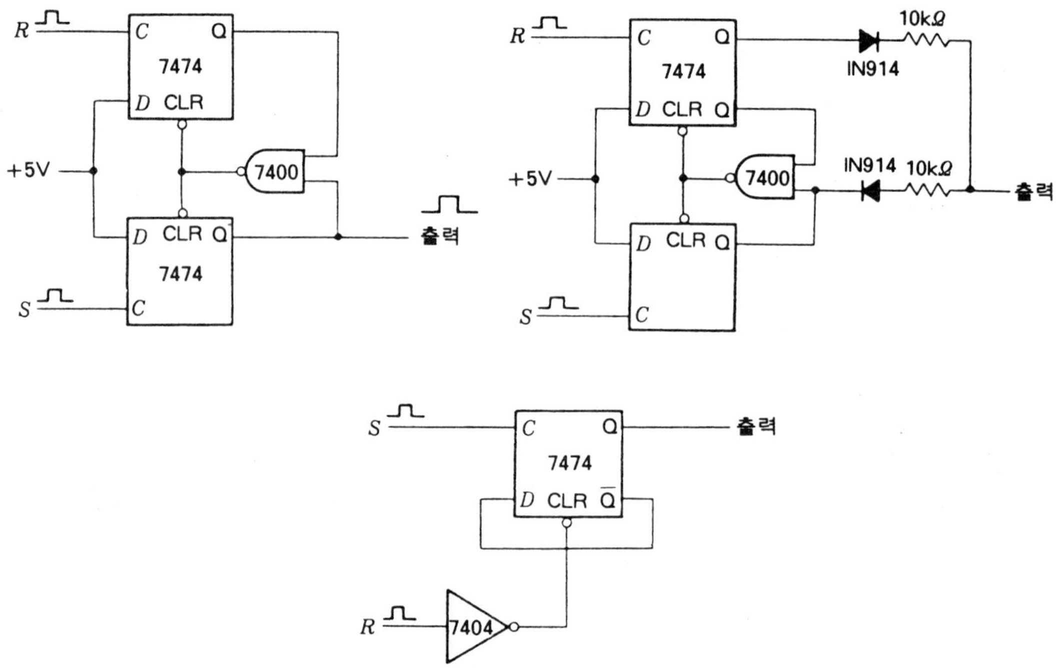

〈그림 4-45〉 Edge-triggered D FF를 이용한 위상검출회로

그러나 이 RS FF에서 R과 S의 입력이 동시에 1이면 상태를 결정할 수도 없으므로 그림 4-44와 같이 $\Delta\phi$가 Q에 나타나지 않고 $\overline{Q}$에 나타나게 될 수도 있는 결함이 있다.

Edge-triggered D FF 7474를 이용한 위상검출회로의 예를 그림 4-45에 들었다.

(7) MC4044 위상검출기

모토롤러사의 MC4044는 EOR나 Edge-triggered FF 방식의 위상 검출기에서 있었던 고주파에서 민감한 점과 duty cycle에 대한 문제점을 모두 없앤 위상 검출기로 내부회로와 pin배치는 그림 4-46과 같다. 여기서 위상검출기 1은 하강 edge-trigger 방식의 회로로, 어느 주어진 위상조건에 대하여 2출력(U_1 및 D_1)의 한 쪽만이 동작을 하게 된다. 예를 들면 VCO의 출력신호와 같이 변화하는 신호 V가 R(reference)에 대하여 뒤진 경우의 출력신호는 U_1(up)에 나타나며 이와 반대의 경우는 D_1(down)에 나타난다. 따라서 이와

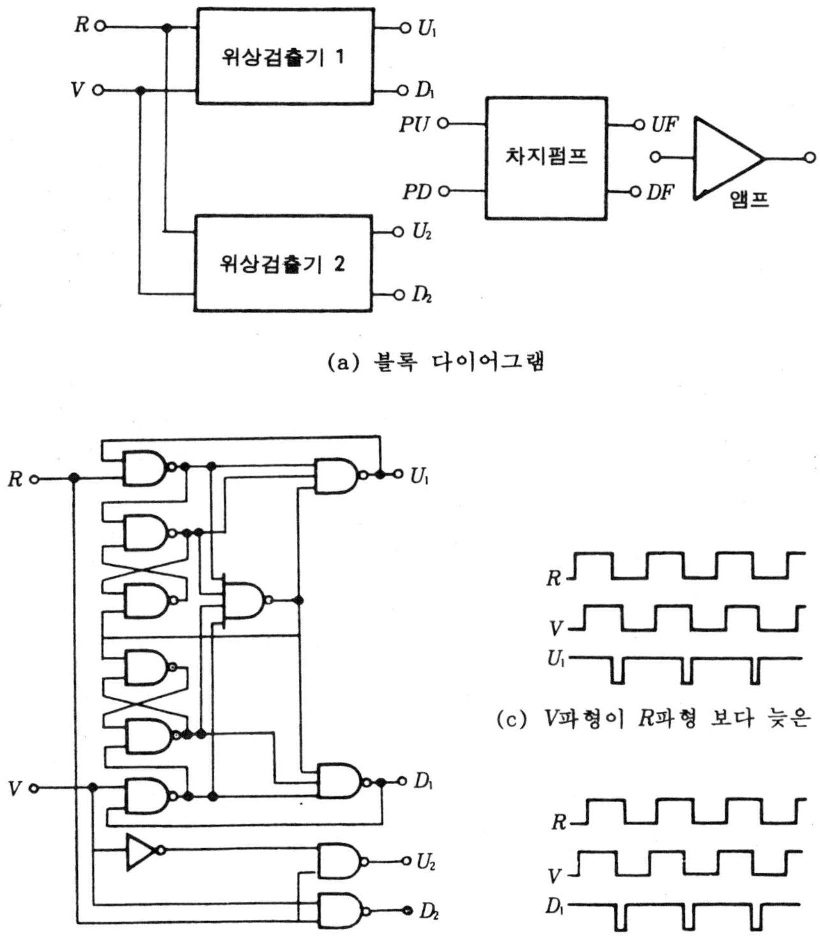

(a) 블록 다이어그램

(b) 회로 구성도

(c) V파형이 R파형 보다 늦은 경우

(d) R파형이 V파형 보다 늦은 경우

〈그림 4-46〉 MC4044 위상 검출기

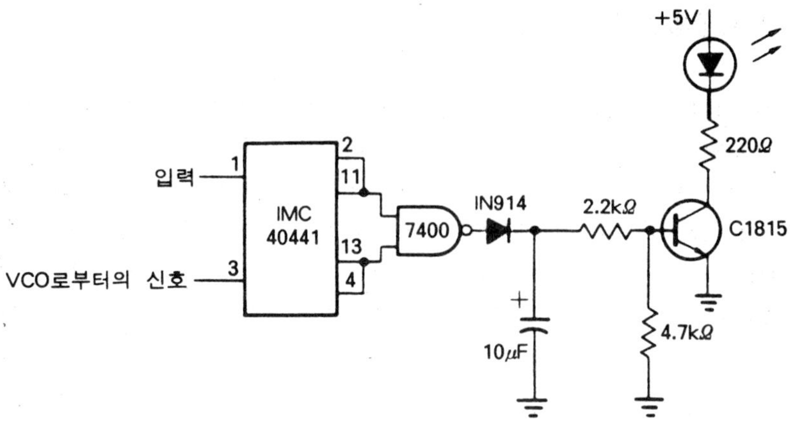

〈그림 4-47〉 MC4044를 이용한 lock 풀림 검출기

같은 성질을 이용하면 그림 4-47과 같이 두 입력에 위상차가 있을 때 LED가 켜지게 하는 lock 풀림 검출기도 구성할 수 있다.

(8) CMOS 슈미트트리거 회로

슈미트트리거는 완만하게 변화하는 파형을 급준한 디지탈 신호로 정형하는 용도 이외에도 여러가지 용도가 있다. 여기에 소개한 회로는 그 가장 기본적인 회로도이며, 또한 흔히 사용하는 회로이다.

출력이 "L"에서 "H"로 반전하는 레벨(UTL)과, "H"에서 "L"로 반전하는 레벨(LTL)은 다음 식으로 주어진다.

$$\mathrm{UTL}=\frac{R_S+R_f}{R_f}V_{TH}$$

$$\mathrm{LTL}=\frac{R_S+R_f}{R_f}\left(V_{TH}-\frac{R_S}{R_S+R_f}V_{DD}\right)$$

따라서, 잡음여유도(V_{NI})는

$$V_{NI}=\mathrm{UTL}-\mathrm{LTL}=\frac{R_S}{R_f}V_{DD}$$

가 된다.

이 회로의 입력 임피던스(Z_{in})는 거의 R_S+R_f와 같게 되므로, 보통 CMOS 회로에 비해서 낮은 임피던스가 된다.

또, 그림 (b)와 같이 가변저항을 V_{DD} 또는 GND간에 접속하므로써 트리거 레벨을 조정할 수도 있다.

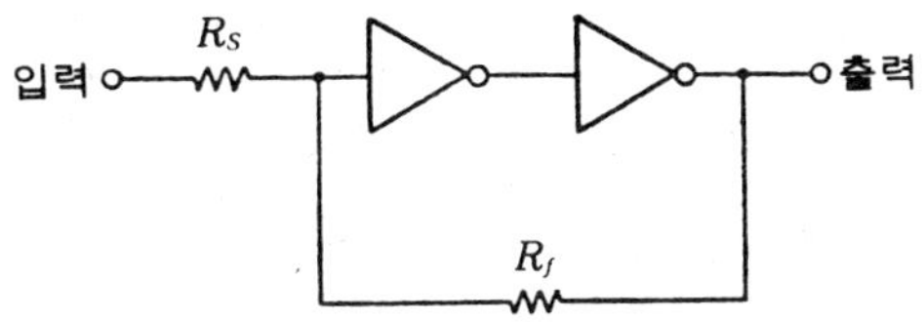

(a) 일반적인 슈미트트리거 회로

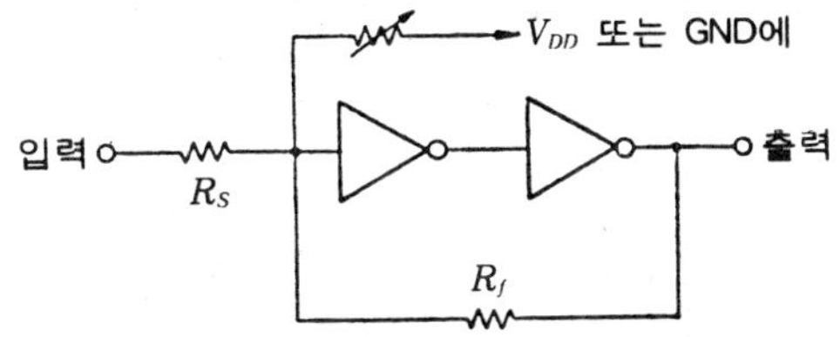

(b) 트리거 레벨을 조정할 수 있는 슈미트트리거 회로

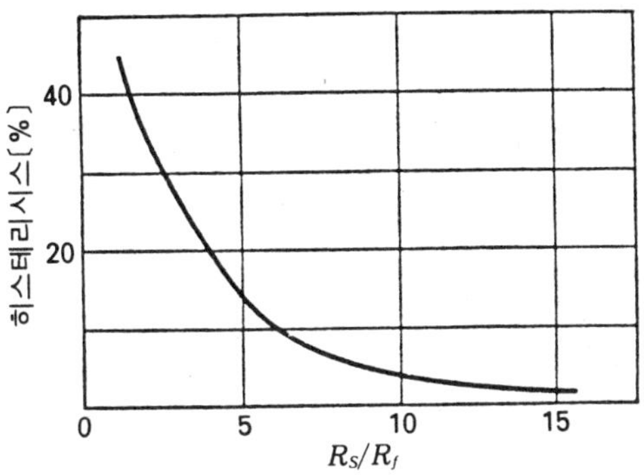

(c) R_S/R_f와 히스테리시스폭의 관계

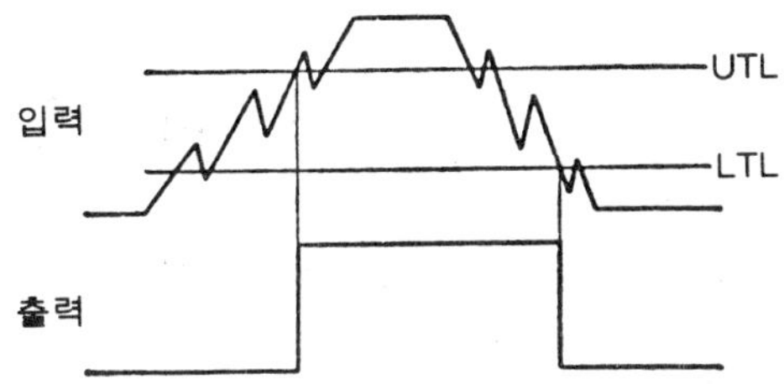

(d) 슈미트트리거의 입력·출력파형

〈그림 4-48〉

다입력 NAND게이트나 NOR게이트는, 그림 4-49(c)와 같이 입력의 접속 여하에 따라서 드레시호울드 전압이 달라지는 특성을 가지고 있다. 실측에 따르면 V_{DD}=15V일 때, Ⓐ와 Ⓑ의 차는 NAND 게이트(TC4012p)로 약 2V, NOR게이트로 약 1.5V이다. 이러한 특성을 이용한 히스테리시스 회로가 그림 4-49(a), (b)이다.

그림 4-49(a)에서는 입력이 "L"에서 "H"로 바뀔 때에는 *RS* 플립플롭은 *S*쪽이 "L"이 되어 세트되고, 입력이 "H"에서 "L"로 바뀔 때에는 *R*쪽이 "L"이 되어 리세트된다. 따라서 *S*쪽의 NAND게이트의 드레시호울드 전압은 *R*쪽의 그것보다 높게 해주면 히스테리시스 회로가 되는 것이다.

이 때문에 *S*쪽 NAND는 전부의 입력 단자를 묶어서 입력을 주고, *R*쪽의 NAND는 1개만의 입력단자에 입력을 주고 있다.

RS 플립플롭을 NOR게이트로 구성하면, 입력이 "H"에서 상태가 정해지므로, NAND의 경우와는 거꾸로 *S*쪽에 드레시호울드 전압이 적은 NOR게이트를 접속한다.

앞에 든 인버터 2단에 귀환저항을 붙인 슈미트트리거 회로는 입력 임피던스가 적다는 것이 결점이었다. 그림 4-50은 입력 임피던스가 일반의 CMOS회로와 같고, 간단히 꾸밀 수가 있는 히스테리시스 회로이다.

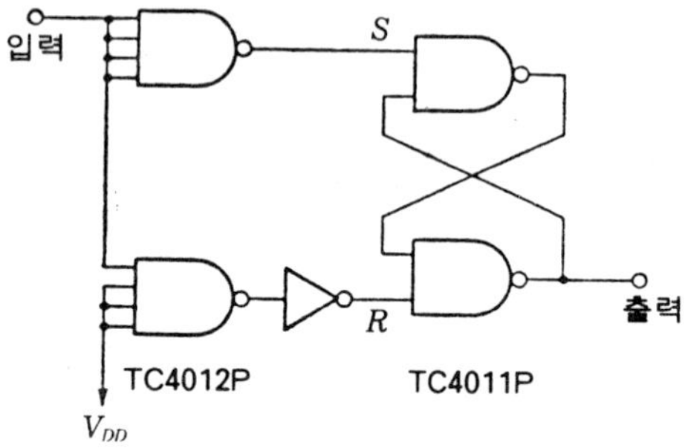

(a) NAND 게이트의 경우

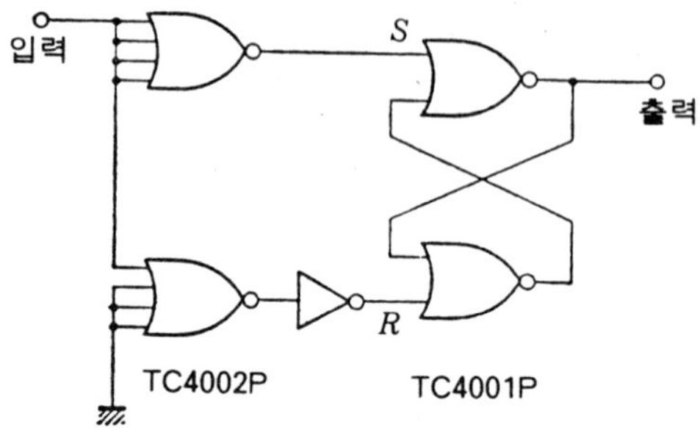

(b) NOR 게이트의 경우

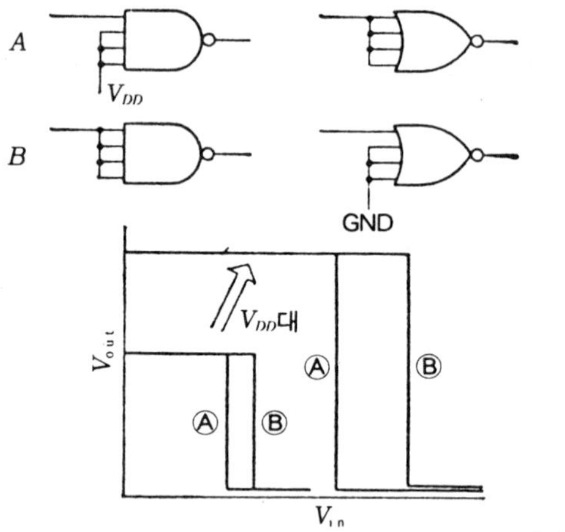

TC4012P/TC4002P (c)

〈그림 4-49〉

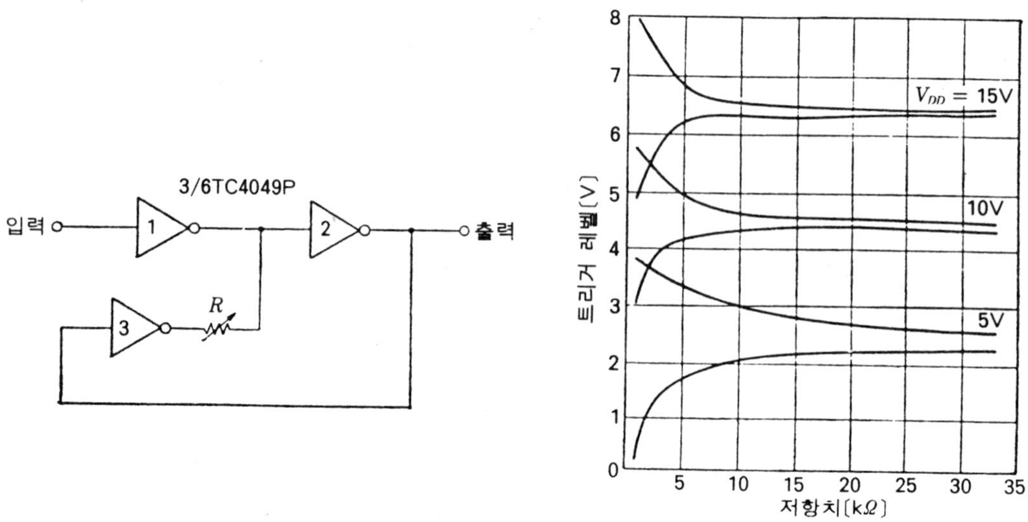

〈그림 4-50〉

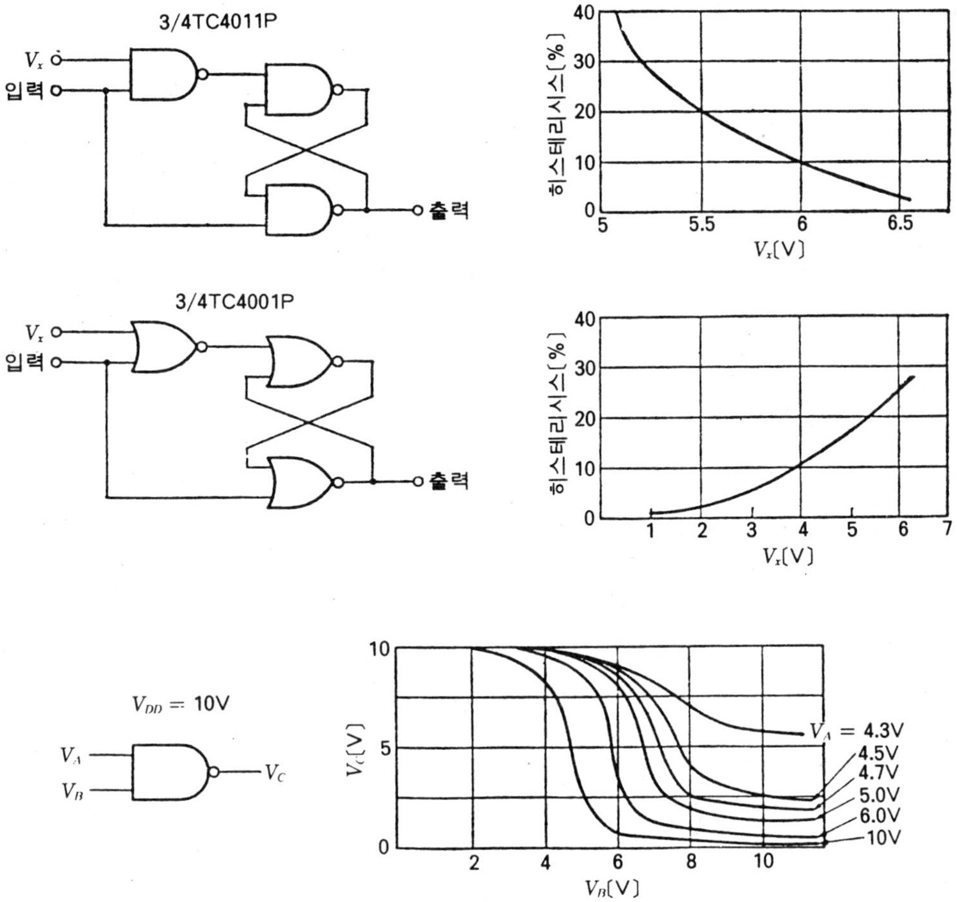

〈그림 4-51〉

초단의 인버터가 "L"에서 "H", "H"에서 "L"에의 천이시에, 부하저항 R이 인버터 3의 출력 ON저항을 통해서 접속된 꼴이 되기 때문에, 인버터 1의 드레시호울드 전압이 천이의 방향("L"→"H", "H"→"L")에 따라서 다르다는 것을 이용하고 있다.

이 슈미트트리거 회로는 그림과 같이 2입력 NAND게이트의 한쪽 입력에 바이어스 전압을 걸면, 또 한쪽의 입력의 드레시호울드 전압이 변화된다는 것을 이용하고 있다.

30~40% 정도의 히스테리시스 폭을 얻을 수도 있으나, 바이어스 전압 V_A가 드레시호울드 전압에 접근함에 따라서, 노이즈의 영향을 받기 쉬워지므로 동작이 불안정하게 된다.

잡음 여유도의 점에서 말하면 $V_A > 5.5V(V_{DD} = 10V)$로 히스테리시스 폭 20% 정도로 누르는 것이 바람직하다.

또, NOR게이트에서도 마찬가지 효과가 있지만 회로구성의 관계에서 NAND에 비례해서 효과는 적다.

(9) CMOS 에지·디택터

입력 펄스의 상승 또는 하강에 동기된 폭이 좁은 출력 펄스를 뽑아내는 회로이다. 이 회로(그림 4-52)에서는, 게이트 3단의 지연 시간에 상당하는 폭의 출력 펄스가 얻어지므로, 넓은 출력 펄스폭이 필요한 경우에는 CR에 의한 지연회로를 부가하면 된다. 최종단을 NAND게이트로 하면, 입력의 상승 에지가 뽑혀 나오고, NOR게이트의 경우에는 하강 에지가 뽑혀 나온다.

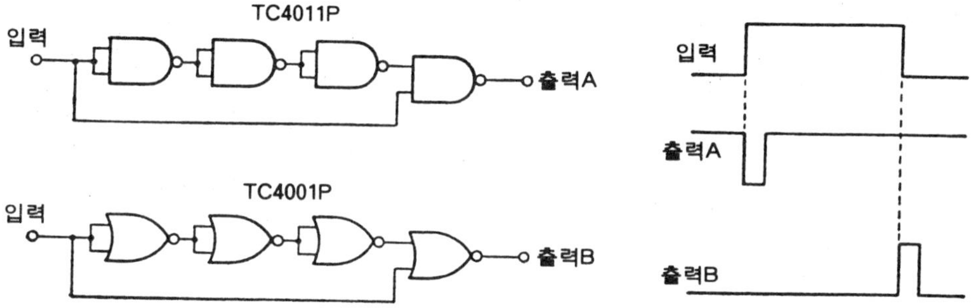

〈그림 4-52〉 NAND/NOR 게이트에 의한 에지 디택터

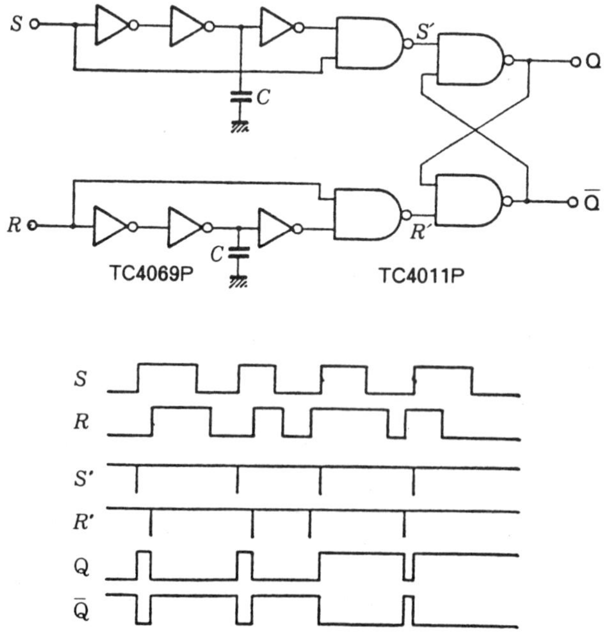

〈그림 4-53〉 에지 디택터의 응용 예. 상승 에지로 동작하는 RS 플립플롭

그림 4-53은 이 에지·디택터를 RS 플립플롭의 입력회로에 이용한 예이다.

RS 플립플롭은 R입력과 S입력이 서로 겹치면, 출력이 불안해져서 확실한 RS 동작을 할 수 없는 일이 있는데, 이러한 에지 디택터를 이용하면, R과 S의 입력신호의 상승이 완전히 일치되지 않는 한, 그림과 같은 확실한 RS 동작을 기대할 수 있다.

(10) CMOS(TC4007P)를 사용한 터치 스위치

이것은 CMOS의 입력 임피던스가 높다는 것을 이용하고 있으며, 하등 입력이 없을 때 입력은 "1"이 되기 때문에 T_{r1}은 OFF, T_{r2}는 ON이 된다. T_{r1}의 OFF저항>100kΩ이므로 Ⓑ점은 "0"레벨이 되어 후단의 P채널이 동작하고 출력은 "1"이 된다.

터치 플레이트에 손이 닿으면, 유기된 험 전압에 의해서 T_{r1}, T_{r2}가 번갈아 ON, OFF를 하는데 P채널 FET의 T_{r1}이 ON되고 N채널의 T_{r2}가 OFF되면, 컨덴서는 T_{r1}의 ON저항을 통해서 급속히 충전되어 Ⓑ점의 전위가 V_{DD}까지 올라간다.

T_{r1}이 OFF되고, T_{r2}가 ON될 때는 C와 100kΩ의 시정수로 서서히 방전한다. 이 시정수가 1/50 또는 1/60초 보다 충분히 길면, 그림과 같이 터치 플레이트에 손을 대고 있는 기간에만 Ⓑ점에 톱니 상의 "1"레벨이 나오므로 출력은 "0"이 된다. 입력의 가변저항은, 터치 플레이트에 손을 대지 않은 상태에서 출력이 "1"이 되도록 감도 조정을 하기 위한 것이다.

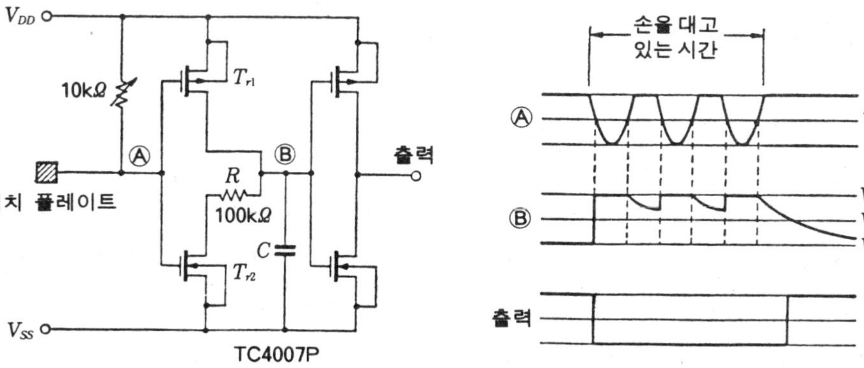

〈그림 4-54〉

4-10 플립플롭에 의한 펄스 발생회로

J-K 마스타 슬레이브 플립플롭을 사용한 간단한 펄스 발생회로를 소개한다.

그림 4-55(a)의 회로에서 클럭이 들어오면 플립플롭이 반전된다. 플립플롭이 반전

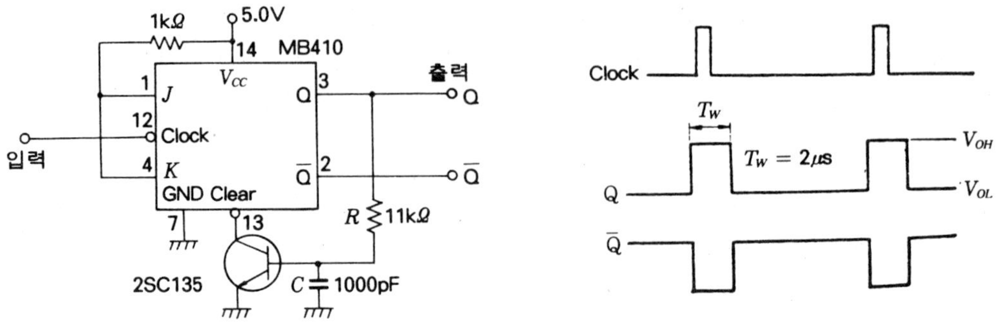

(a) (b)

〈그림 4-55〉

되어 Q가 "0"→"1"이 되면 R을 통해서 C에 충전이 시작된다. C의 전압이 트랜지스터의 상승전압(V_{BE})에 이르면 트랜지스터가 ON이 되어, 클리어가 "0"으로 떨어지기 때문에 Q가 "0"이 된다. 플립플롭이 반전된 다음 클리어가 "0"이 될 때까지의 시간이 펄스폭이 된다.

펄스폭 T_W는 다음 식으로 주어진다.

$$T_W \fallingdotseq CR \cdot \ln \frac{V_{OH}}{V_{OH} - V_{BE}}$$

R은 트랜지스터가 충분히 포화될 수 있는 값으로 선정한다. C와 R의 값을 적당히 선정하므로써 100ms～10ms 정도의 펄스폭을 쉽게 얻을 수 있다.

4-11 모노리틱 전력증폭기 LM380

오늘날에는 다양한 모노리틱 전력증폭기와 하이브리드 전력증폭기가 만들어져 사용되고 있다. 비록 전력증폭기는 여러가지 양의 전력을 전달한다는 점에서 일반목적용 OP－AMP와 구별되지만 이들은 거의 완전하게 만들어져 있다.

내셔날 세미컨덕터의 LM380 IC가 가장 널리 사용되므로 여기서는 이에 대해 간단히 설명하고, 그후에 100W 이상의 출력을 갖는 하이브리드 전력증폭기에 대하여 설명한다.

(1) LM380 오디오 전력증폭기

내셔날 세미컨덕터의 LM380은 8Ω 부하에 최소 2.5W(rms)를 전달할 수 있도록 설계되었고 따라서 소비자 응용에 적합하다. 이 IC는 다음과 같은 특성을 가지므로 필요한 외부소자가 아주 작다.

· 내부의 고정이득 : 50(34dB)

· 출력단락 방지 회로가 들어 있다.

· 입력에 따르는 유일한 입력단은 접지전 위에 참조되거나 ac결합된다.

그외에도 LM380은 넓은 전원전압범위(5~22V)를 가지고 있고, peak전류를 1.3A까지 흘릴 수 있으며, 임피던스가 높고(150KΩ), 전체의 의곡은 0.2%로 매우 낮으며, 표준형 DIP 패키지가 가능하다. 또한 LM380은 P_{out}=2W, R_L=8Ω에서 100KHz의 대역폭을 가지고 있다.

그림 4-56은 LM380의 연결도, 블록도 및 회로도이다. DIP패키지의 양편에 있는 3개의 핀(3, 4, 5, 10, 11, 12)은 구리리드 선으로 되어 있으므로 열방산능력이 뛰어나다. 따라서 오디오 응용에서 별도의 열방산을 시킬 필요가 없다.

4-12 LM380 회로설명

그림 4-56(c)에 나타낸 LM380의 회로도는 4단으로 구성되어 있다. 입력단은 에미터 폴러이며 Q_1, Q_2로 구성되고 차동증폭쌍 Q_3-Q_4를 구동한다. PNP 입력트랜지스터 Q_1, Q_2의 선택은 입력을 접지에 대하여 참조하며, 입력은 OP-AMP의 반전(핀6)단자나 비 반전단자(핀2)와 직접 결합될 수 있다. PNP 차동쌍 Q_3-Q_4의 전류는 Q_7, R_3 및 +V에 의해 정해진다. Q_7, Q_8로 구성된 전류 미러에 관계된 저항들은 이때 Q_9의 컬랙터 전류를 결정한다. 트랜지스터 Q_5와 Q_6는 PNP차동쌍의 컬랙터 부하이다. 차동증폭기의 출력은 Q_4와 Q_6의 접합점에서 얻어지고 에미터접지 전압이득단에 가해진다.

에미터접지 증폭단은 전류원 부하로서 Q_9, D_1, D_2, Q_8로 구성된다. Q_9의 베이스와 컬랙터 사이의 캐패시터 C는 내부보상용이며 8Ω 부하에 2W공급시 상한 차단 주파수가 100KHz로 되도록 하여준다.

Q_7, Q_8은 전류미러를 형성하고, D_1, D_2를 흐르는 전류는 R_3를 흐르는 전류와 거의 같다. 또한, D_1과 D_2는 트랜지스터 Q_{10}, Q_{11}에 대한 온도보상용 다이오드이며, Q_{11}의 베이스 에미터 접합과 같은 특성을 가지므로 Q_{10}과 $Q_{11}-Q_{12}$를 흐르는 전류는 D_1, D_2를 흐르는 전류와 거의 같다.

출력단의 유사 상보대칭현 트랜지스터 Q_{10}과 Q_{12}로 구성된다. 사실상 PNP 트랜지

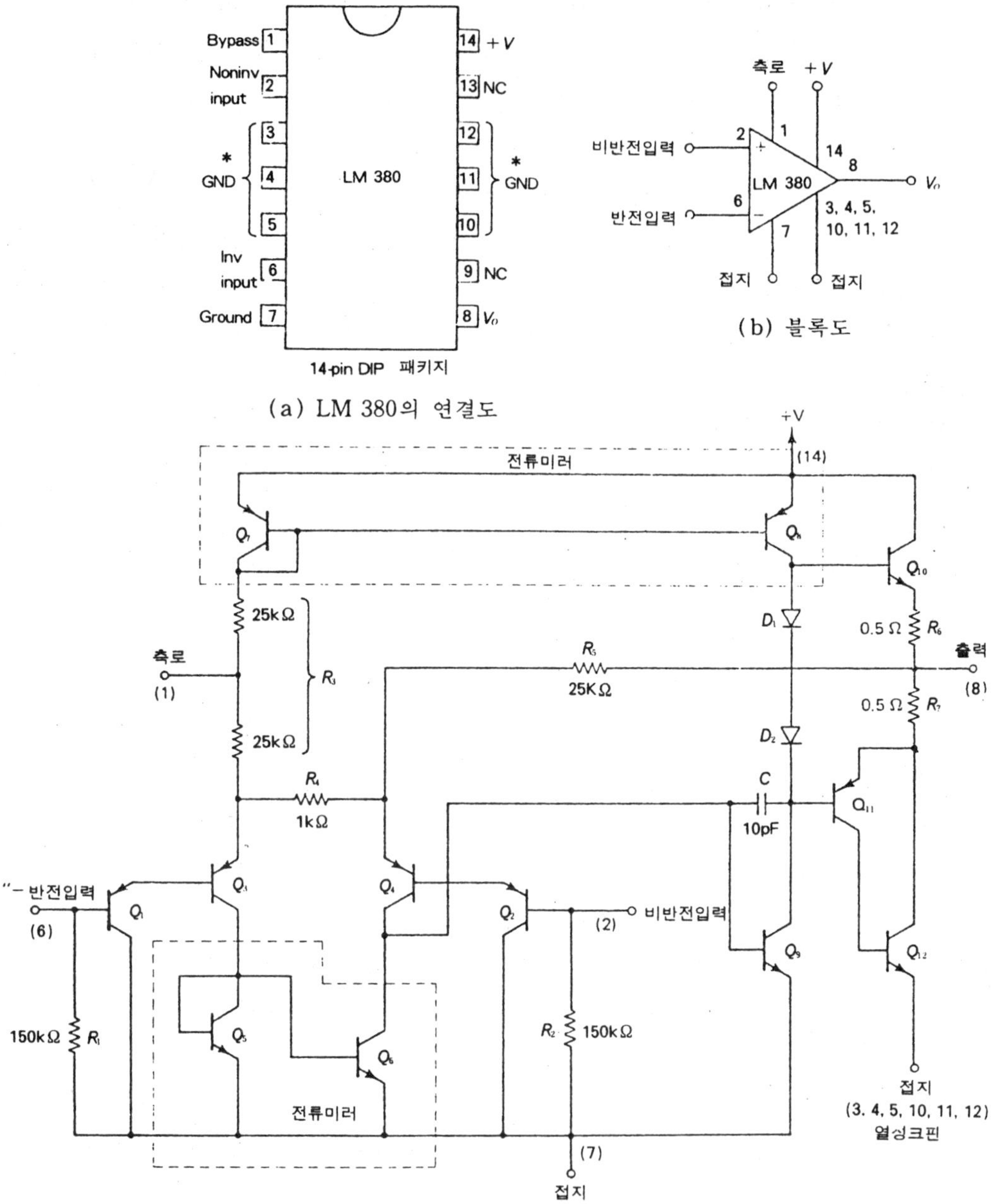

(a) LM 380의 연결도

(b) 블록도

(c) 회로도

〈그림 4-56〉

스터 Q_{11}과 NPN 트랜지스터 Q_{12}의 조합으로 NPN 트랜지스터의 전력용량을 갖지만 특성은 PNP 트랜지스터와 같다.

출력단의 배열때문에 무신호시 출력전압은 전원전압의 1/2이며, 더욱이 R_5의 DC

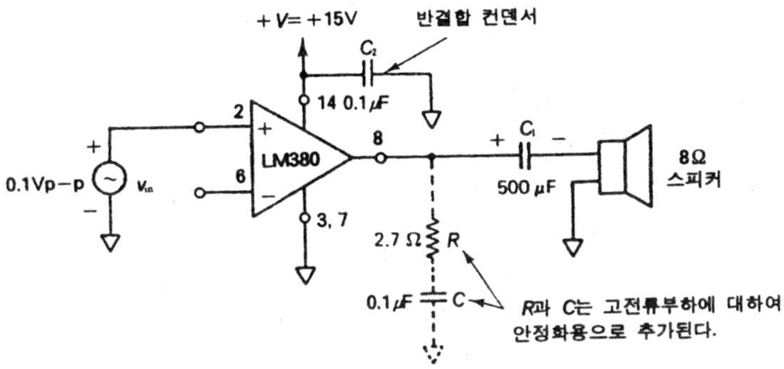

〈그림 4-57〉 LM 380 오디오 전력증폭기

부귀환으로 차동증폭단을 안정시키고 DC출력전압은 +V/2이다. 입력단을 전원전압(+V)으로 부터 반결합 시키기 위하여 μF 정도의 바이패스컨덴서를 핀1과 핀7 사이에 연결하여야 한다. 이 증폭기의 전체 전압이득은 50이지만 다음에 설명하는 것과 같이 정귀환을 사용하면 이득을 증가시킬 수 있다. 또하나의 널리 사용되는 오디오 증폭기는 LM384이다. LM384의 회로도는 앞부분이 5W를 전달할 수 있게 설계되었다는 점을 제외하고는 LM380과 같다.

(1) 오디오 전력증폭기

그림 4-57은 LM380의 가장 간단하고 기본적은 응용회로인 오디오 전력증폭기이다. 이 그림에 나타낸 것처럼 이 증폭기는 LM380의 내부 바이어스, 내부 보상회로 및 내부의 고정된 이득으로 인하여 외부소자가 매우 적게 필요하다. 전력증폭기가 비 반전형태로 사용될 때 반전단자는 저항이나 캐패시터를 써서 접지시키든지 그림 4-57처럼 open 상태로 둔다. 마찬가지로 전력증폭기가 반전형태로 사용될 때는 비반전 단자는 그대로 접지시키든지 또는 저항이나 캐패시터를 써서 접지 시킨다. 일반적으로 입력이 높은 임피던스를 가지면 반전단자와 접지 사이에 캐패시터를 연결한다.

그림에도 불구하고 전원전압 +V는 +V(핀14)와 접지 사이에 캐패시터를 써서 반결합 시킨다. 특히 고주파 응용에서는 5MHz나 10MHz의 발진을 방지하기 위하여 예방조치로서 출력단자(핀8)에 RC조합이 사용된다.

비록 LM380의 내부이득은 50이지만 외부소자를 써서 이를 변경시킬 수 있다. 특히 정귀환을 사용하면 이득을 300까지 높일 수 있다. 그림 4-58는 정귀환을 써서 이득을 200으로 올린 예이다. 반면에 그림 4-59 와 같이 두 입력단자 사이에 포텐쇼미터를 사용하면 50까지의 가변이득을 얻을 수 있다.

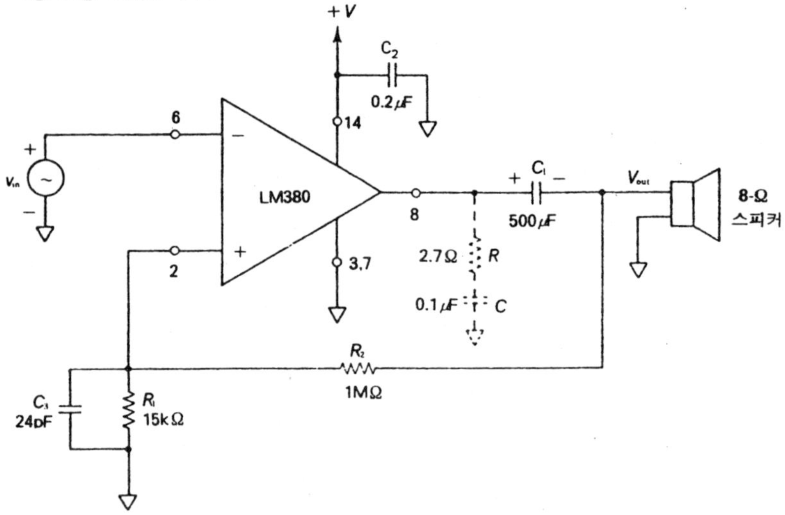

<그림 4-58> 귀환을 써서 이득 200을 얻는회로

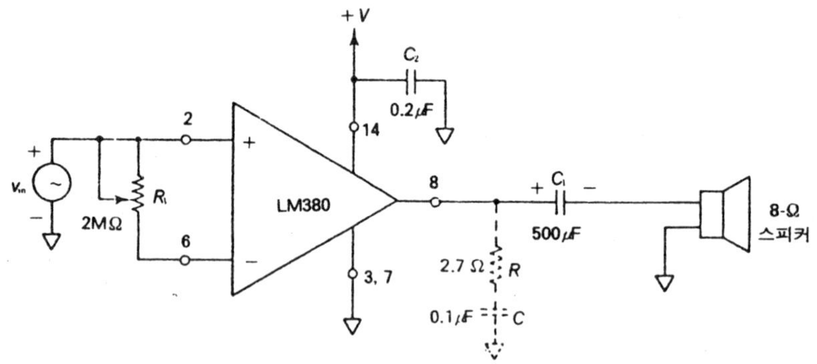

(b) 50까지의 가변이득을 얻는 회로

〈그림 4- 59〉

4-13 4024/1648을 이용한 회로

(1) MC4024 전압제어형 멀티바이브레이터(VCM)

IC MC4024는 모토롤러사 제품이며 14핀의 DIP에 들어 있다(그림 4-60 참조). 2개의 독립한 출력 버퍼가 붙은 전압제어형 멀티바이브레이터(구형파 발생기)를 내장하고 있다.

그림 4-60의 단자 배치에서 3개의 V_{CC}(+5V) 단자와 3개의 접지(GND) 단자가 있는 점에 주의하기 바란다. 각 VCM에 각각 별개의 V_{CC}와 GND 단자가 있고 양쪽 출력 버퍼용에 공통의 V_{CC}와 GND단자가 있다. 이 방식에 의해 2개의 VCM간의 분리를 하는 동시에 미묘한 응용에 있어서 출력 버퍼의 신호변화의 영향이 VCM에 전해지는 것을 최소한으로 억제하고 있다.

동작 주파수 범위는 3핀과 4핀간(또는 10핀과 11핀간)에 외부접속하는 컨덴서에 의

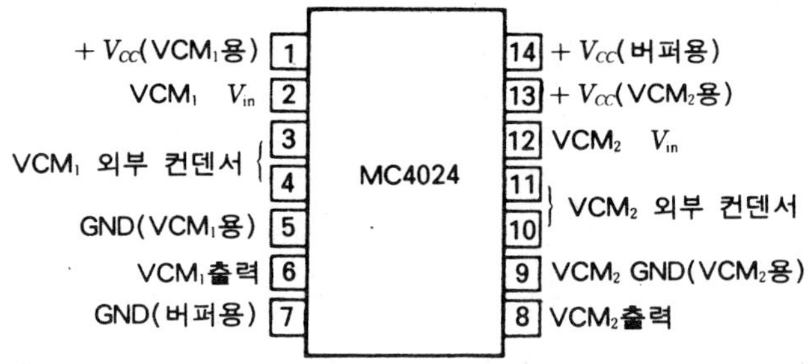

〈그림 4-60〉 MC4024 전압제어형 멀티바이브레이터의 단자 배치

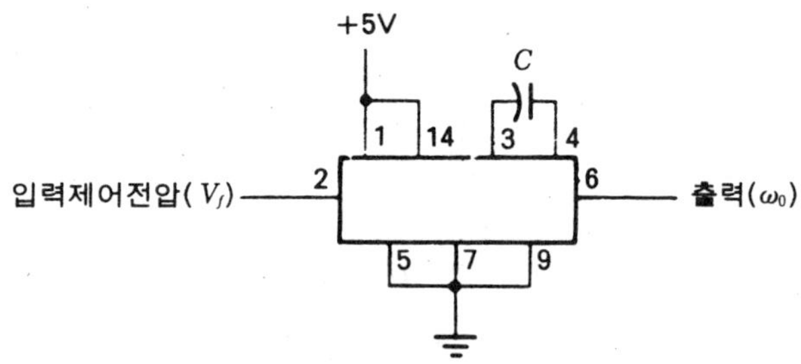

〈그림 4-61〉 MC4024의 회로구성

해 제어할 수 있다. 그림 4-61에 기본회로를 보였다.

외부 컨덴서가 100pF 이상인 경우에 발진 주파수는 거의 다음 식으로 정해진다.

$$f_0[\mathrm{MHz}]=\frac{300}{C[\mathrm{pF}]} \tag{4-16}$$

MC4024의 최대 출력 주파수는 이상상태에서 25MHz이다.

(2) MC1648 전압제어형 발진기

모토롤러사의 MC1648은 14pin DIP(dual in-line package)의 ECL(emitter coupled logic)소자이다. 보통 +5V를 전원으로 한다(V_{EE}=접지). 그림 4-63의 전형적인 동작회로와 같이 MC1648이 발진하기 위해서는 외부에 병렬의 코일과 컨덴서, 즉 LC탱크 회로가 필요하다. 이 회로의 경우 구형파 발진주파수는 다음 식으로 구해진다.

$$\omega_0=\frac{1}{(LC_T)^{1/2}}[\mathrm{rad/s}] \tag{4-17}$$

또는

$$f_0=\frac{1}{2\pi(LC_T)^{1/2}}[\mathrm{Hz}] \tag{4-18}$$

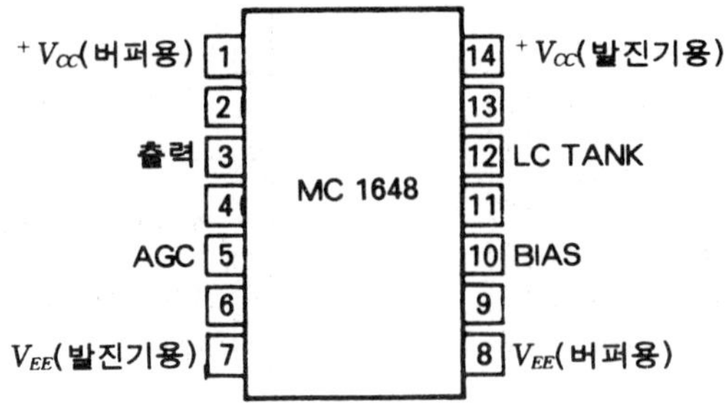

〈그림 4-62〉 MC1648 전압제어형 발진기의 단자 배치

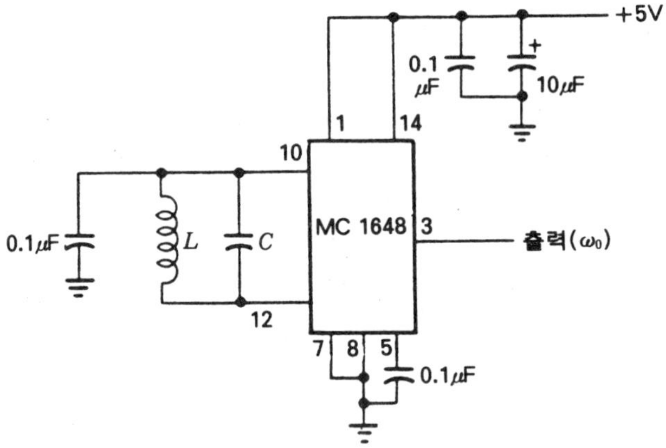

〈그림 4-63〉 MC1648의 회로구성

여기서 C_T는 발진기 탱크 회로의 용량(C)과 MC1648의 입력단자용량(C_{in})(평균값은 6pF)의 합이다. 외부 탱크 회로의 정수에 적절한 값을 설정하면 출력 주파수는 약 225MHz까지 출력할 수 있다.

PLL시스템 중에서의 VCO로서 이 MC1648을 사용하는 경우 그림 4-64의 회로와 같

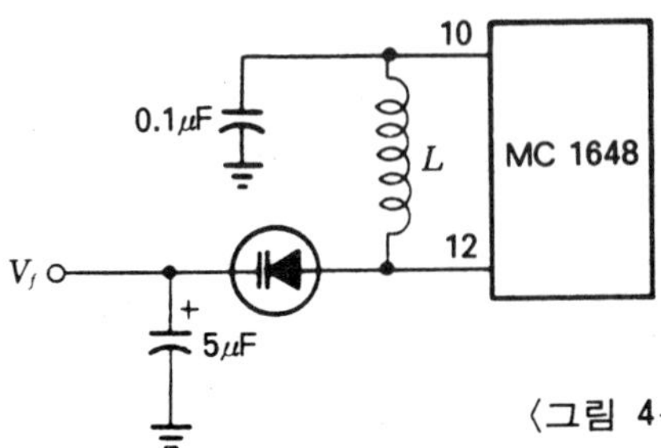

〈그림 4-64〉 MC1648의 바랙터 다이오드를 사용한 회로

이 VCO에 변동하는 입력전압을 인가할 수 있게 된 공진회로의 부품으로서 일반적으로 바랙터(varactor) 다이오드라고 불리는 전압 제어 가변용량형 다이오드가 이용된다.

이 VCO의 동조범위는 다음 식으로 구해진다.

$$\frac{f_{\max}}{f_{\min}}=\left(\frac{C_{D(\max)}+C_{\text{in}}}{C_{D(\min)}+C_{\text{in}}}\right)^{1/2} \tag{4-19}$$

여기서

$$f_{\min}=\frac{1}{2\pi[L(C_{D(\max)}+C_{\text{in}})]^{1/2}} \tag{4-20}$$

C_D : 입력 바이어스 전압에 의존하는 바랙터 용량

C_{in} : MC1648의 입력단자용량(평균 6pF)

4-14 565 PLL을 이용한 회로

(1) PLL

Radio 수신기에서 PLL(phase locked loop) 방법이 등장하기 전까지는 국부발진기와 혼합기(mixer)로 구성된 수퍼헤테로다인(superheterodyne) 방식이 가장 으뜸의 것이었다. 그러나 보다 많은 수의 주파수를 보다 쉬운 방법으로 동조시키기 위하여 1932년에 영국의 과학자들은 superheterodyne을 능가하는 방법을 실험했다. 이 방법을 처음에는 homodyne이라 불렸으나 후에 synchrodyne이라 불리게 된 것으로 국부 발진기와 혼합기 및 음성증폭기로 구성된 것으로 superheterodyne과 구성은 같아보이지만 실은 입력신호와 국부발진 신호를 같은 위상의 주파수로 혼합시켜 출력으로 변조된 반송파의 신호성분만을 얻어내는 획기적인 방법이었다.

그러나 이 방법은 실제 회로에서는 처음에 조정할 당시는 잘 동작이 되었으나 시간이 지남에 따라 국부발진 주파수가 미세하게 변화하여 수신이 곤란하게 되는 불안전한 면을 보이게 되었다. 그래서 이러한 단점을 개선하기 위하여 국부발진 주파수를 위상검출기로 입력신호와 비교하여 차이가 있으면 보정전압을 발생시켜 이 전압을 국부발진기로 귀환시켜 발진주파수를 보정함으로써 안정된 동작을 하게 했다. 당시에 이 방법은 상당히 우수한 방법이었으나 회로구성에 따르는 경비가 너무 컸었으므로 실용화되지 못하다가 집적회로 기술이 발달되면서 손쉽게 PLL의 구성이 가능하게 되었다. 현재의 PLL의 보편적인 응용분야를 들면 다음과 같다. (1) 복수 개의 기준 신호주파수용의 주파수합성기(예를들면, CB장치의 복수 개 채널용 또는 해상무선주파대용의 반송파주파수를 단일 크리스탈 제어주파수와 PLL을 사용하여 발생한 그의 배주파수에 의해서 만들 수 있다) (2)입력 신호 주파수와 PLL 출력전압 사이의 선형성이 우수한 FM복조회로 (3)FSK(frequency-shift keying)에서 사용하는 디지탈 데이타 전송에 있어서 반송주파수의 복조 (4)모뎀(modem), 원격 측정 수신 및 송신장치, 톤 디코더(tone decoder), AM검파기, 추적 필터 등 광범위한 분야가 있다.

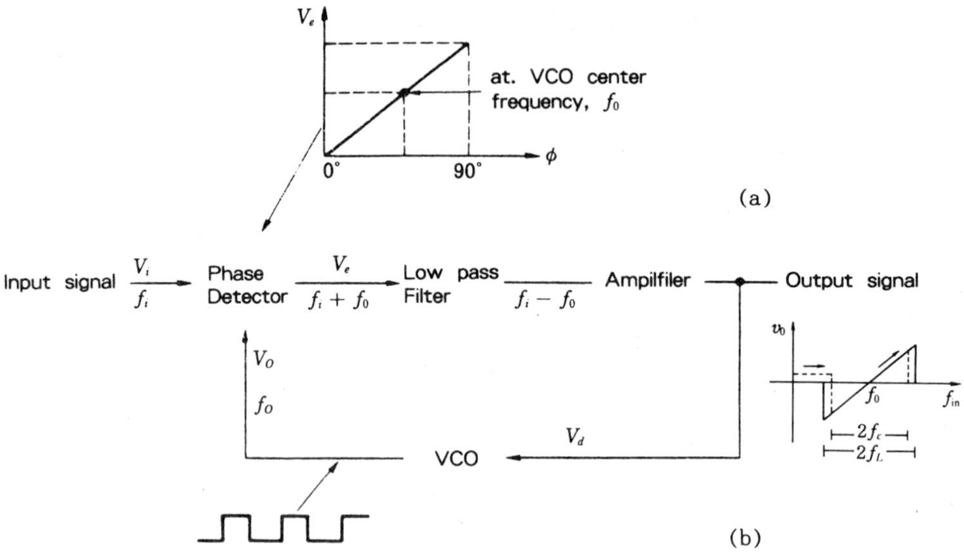

〈그림 4-65〉 기본적인 PLL의 블록도

PLL은 위상검출기, 저역통과 필터 및 전압제어 발진기(voltage controlled oscillator, VCO)를 그림 4-65와 같이 접속한 회로이다.

입력신호 V_i와 VCO에서 오는 V_0가 위상비교기(그림 4-65 참조)에서 비교되어 출력전압 V_e를 낸다. V_e는 이들 두 신호간의 위상차를 나타낸다. 이 전압이 저역통과 필터를 통과해서(필요한 경우 증폭한 것이) 출력전압이 된다. 이것이 PLL의 출력이 되며, 내부에서는 VCO의 주파수를 변조하는 전압으로 사용된다. 회로가 폐루프로 되어 VCO의 주파수가 입력신호의 주파수에 고정된다.

입력신호=0일 때 PD의 출력전압=0. 증폭기 출력 곧 VCO의 제어전압 $v_o=0$가 되는 VCO는 자체의 자주주파수 $\omega_0=2\pi f_0$를 발생한다. 그러나 입력신호≒0이면 VCO의 입력제어전압 v_0에 의하여 VCO의 주파수는 다음과 같이 변한다. $f_{VCO}=f_O+kv_o$, 즉 v_o의 증감에 따라 f_{VCO}는 f_0를 중심으로 증감한다. PD는 입력신호와 VCO출력과의 위상차 ϕ를 검출하는 회로로서 여기서, $\phi(t)=\int_0^t(\omega_{in}-\omega_{VCO})dt+\phi_0$이며 ϕ_0는 $t=0$에서의 ϕ이다.

따라서 $\omega_{VCO}=\omega_{in}$일 때에는 $\phi(t)$=일정, PD의 출력=일정, v_0=일정, V_{VCO}=일정이다. 이 상태에서 만일 f_{in}이 약간 증가하면 $\phi(t)$ ↑, PD출력 ↑, v_0↑, f_{VCO}↑이 경향은 f_{VCO}가 증가해 f_{in}와 일치할 때까지 계속되며 끝내는 $f_{VCO}=f_{in}$이 된다. f_{in}이 감소할 때도 마찬가지이다.

LPF는 회로 내 또는 입력신호의 급격한 변화(잡음 포함)에 대해서 PLL이 덜 민감하도록 하기 위한 것으로서 용도에 따른 적절한 설계가 중요하다. f_{VCO}가 f_{in}에 꽉 물려서 따라가는 상태를 lock되었다고 한다. 그러나 f_{VCO}가 f_{in}의 변화를 따라가는 데는 한계가 있으며 f_{in}이 VCO의 자주주파수 f_O에서 너무 멀어지면 VCO는 lock상태에서 풀려나와 자주상태로 되돌아가고 만다. f_{VCO}이 f_{in}을 따라갈 수 있는 한계주파수와 f_O와의 차를 lock범위 (f_L)라고 부른다. 이것은 f_O의 상하에서 대칭이다. 일단 VCO가 f_{in}에서 풀려나와 자유발진하고 있을 때 다시 f_{in}에서 포획하려면, f_{in}이 lock범위보다 더 가까이에 들어와야 한다. 포획할 수 있는 범위를 포획 범위 f_C라고 부른다. f_C도 f_O상하에 대칭이며 상술한 바와 같이 $f_C < f_L$이다.

그림 4-65(b)에는 이상 설명한 입력주파수 f_{in}과 PLL의 출력전압 v_O와의 관계를 표시하였다. 여기서 실선화살표는 lock된 상태에서 입력주파수가 멀어지면서 lock 범위를 벗어나는 상황을, 또 점선화살표는 멀리 떨어진 입력주파수가 f_O에 접근하여서 포획되는 상황을 나타낸다.

(2) FM 복조기

FM복조기(FM검파)는 PLL을 사용하면 곧바로 구성할 수 있다. 만일 PLL 중심주파수를 FM반송파 주파수와 같게 하면 그림 4-65의 회로에 있어서 여파된 출력전압은 신호주파수에 비례하여 변동하는 복조전압이 된다. 이리하여 PLL회로는 수신장치에 사용된 바와 같은 완전한 중간주파(IF) 스트립(strip) 리미터(limiter) 및 복조기로서 동작한다.

그림 4-66(a)는 많이 사용되고 있는 PLL IC인 565를 보인 것이다. 565는 위상검출기, 증폭기 및 전압-제어발진기를 가지고 있으며, 내부에서는 이들의 일부만이 접속되어 있다. 외부저항과 캐패시터 R_1 및 C_1은 VCO의 자주주파수, 즉 중심주파수를 설정하는데 사용한다. 다른 또 하나의 캐패시터 C_2는 저역통과 필터의 통과대역을 설정하는데 사용되고, VCO출력은 PLL루프가 폐로가 되기 위해서 위상검출기의 입력으로 접속해야 한다. 565는 V^+ 및 V^-의 두 전원을 사용한다.

그림 4-66(b)는 565 PLL IC를 FM복조기로 사용한 것이다. 저항 R_1과 캐패시터 C_1에 의해서 자주주파수 f_0가 다음과 같이 주어진다.

$$f_0 = \frac{0.3}{R_1 C_1}$$

$$= \frac{0.3}{10\times10^3\times220\times10^{-12}} = 136.36\text{kHz}$$

여기에서 $2\text{k}\Omega \le R_1 \le 20\text{k}\Omega$이고, 따라서 로크 영역은

$$f_L = \pm\frac{8f_0}{V}$$

$$= \pm\frac{8(136.36\times10^3)}{6} = \pm181.8\text{kHz}$$

이고, 포획영역은 다음과 같이 된다.

$$f_C = \pm\frac{1}{2\pi}\sqrt{\frac{2\pi f_L}{(3.6\times10^3)C_2}}$$

$$= \pm\frac{1}{2\pi}\sqrt{\frac{2\pi(181.8\times10^3)}{(3.6\times10^3)(330\times10^{-12})}} = 156.1\text{kHz}$$

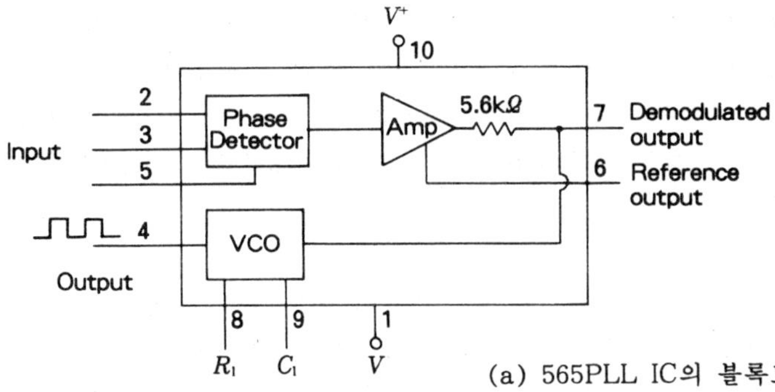

(a) 565PLL IC의 블록도

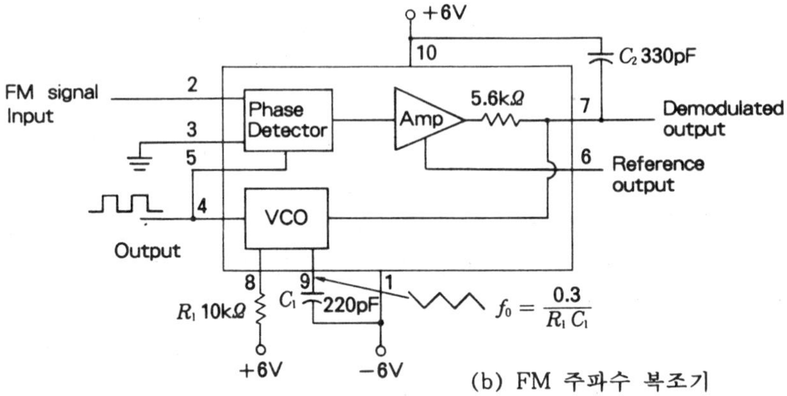

(b) FM 주파수 복조기

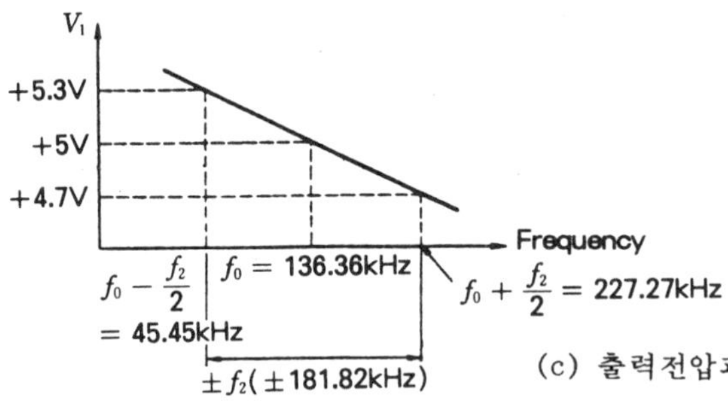

(c) 출력전압과 주파수 관계

〈그림 4-66〉

핀 4의 신호는 136.36kHz의 구형파이다. 181.8kHz의 로크 영역 내의 입력이 들어오면 핀 7의 출력전압은 f_0의 입력신호로 설정된 직류전압을 중심으로 변동하게 된다. 그림 4-66(c)는 핀 7의 출력이 입력신호 주파수에 따라 변하는 것을 보인 것이다. 핀 7의 직류전압은 중심주파수 136.36kHz를 중심으로 하여 f_L=181.8kHz의 주파수영역에서 입력주파수에 비례한다. 출력전압은 동작영역에서 주파수에 따라 변하는 복조신호이다.

(3) 주파수 합성기(frequency synthesizer)

그림 4-67에 보인 바와 같이 PLL을 사용하여 주파수 합성기(frequency synthesizer)를 구성할 수 있다. 분주기를 VCO출력과 위상비교기 사이에 삽입하면 비교기로 들어가는 루프 신호의 주파수는 f_0가 되고, VCO의 출력주파수는 Nf_0가 된다. 루프가 로크 상태에 있으면 이 출력은 입력주파수의 정수배가 된다. 입력신호의 주파수가 크리스탈 진동자를 사용한 안정한 주파수 f_1이라 하면 루프가 기본주파수($f_0=f_1$일 때)에 로크되어 있을 때 VCO 출력주파수는 Nf_1이 된다.

그림 4-67(b)는 565 PLL을 주파수 체배기로 7490을 분주기로 사용한 예를 들어 보인 것이다. 주파수 f_1의 입력 V_1은 핀 5의 입력(주파수 f_0)과 비교된다. Nf_0(이 예의 경

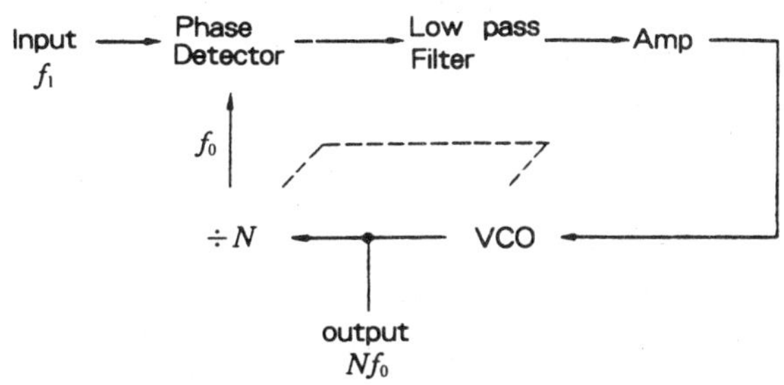

(a)블록도

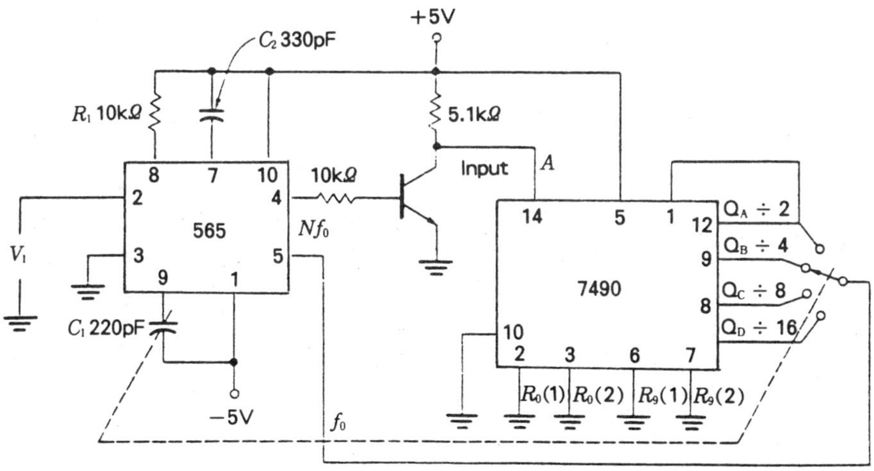

(b)565PLL을 사용한 구성

〈그림 4-67〉 주파수 합성기

우 $4f_0$)는 출력 인버터를 경유해서 7490의 핀 14에 입력으로 들어가며, 그 값은 0V와 +5V 사이에서 변한다. 7490의 입력주파수를 4로 나눈 값이 되는 핀 9를 출력으로 사용하면 PLL의 핀 4에 나타나는 신호는 루프가 로크 상태에 있는한 입력주파수의 4배가 된다. VCO는 중심주파수의 상하로 제한 범위 안에서만 변할 수 있으므로 분주기 값을 바꿀 때마다 VCO주파수를 바꾸어야 되는 경우도 있다. PLL회로가 로크 상태에 있는 한 VCO 출력주파수는 정확히 입력주파수의 N배가 된다. f_0가 포획-로크 영역 안에 들도록 재조정하기만 하면 된다. 그러면 VCO출력은 정확하게 Nf_1이 된다.

(4) FSK 디코더

FSK(frequency-shift keying) 신호 디코더를 그림 4-68에 보인 바와 같이 구성할 수 있다. 디코더는 각각 RS-232C 논리 레벨의 마크(−5V)와 스페이스(+14V)를 나타내는 두 개의 상이한 주파수 1270Hz와 1070Hz의 반송파를 입력으로 받는다. 입력측에 신호가 나타나면 루프는 입력주파수에 로크하고 두 가능한 주파수 중에서 어느 것인가를 추적하여 그에 대응하는 직류(dc shift)를 출력한다.

RC사다리꼴 Filter(3단의 C=0.02μF와 R=10kΩ로 되어 있다)는 합주파수 성분을 제거하기 위한 것이다. 자주주파수는 출력(핀 7)의 직류전압 레벨이 핀 6의 전압 레벨과 같도록 R_1으로 조정한다. 그러면 주파수 1070Hz의 입력은 디코더 출력전압을 양의 전압 레벨로 증가시키고, 디지탈 출력을 고전압(스페이스 또는 +14V)으로 만든다. 주파수 1270Hz의 입력이 들어오면 565 직류출력은 낮은 전압이 되어 마크(또는 −5V)를 나타내게 된다.

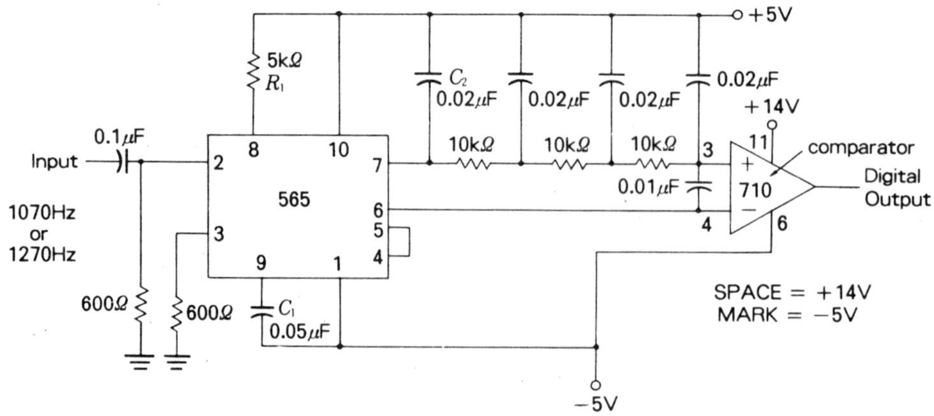

〈그림 4-68〉 565를 사용한 FSK디코더

4-15 스위칭 레귤레이터

보통 사용되는 직렬형 레귤레이터는 뛰어난 레귤레이션과 리플 제거 능력을 가지므로 널리 사용되고 있다. 한 가지 큰 결점은 패스 TR가 능동영역에서 동작하기 때문에 (부하전류)×($V_{in}-V_L$)에 해당하는 전력소비가 크다는 것이다. 따라서 전력효율이 떨어지고 큰 히이트 싱크가 필요하게 된다. 이 문제를 해결하는 한 가지 방법은 스위칭 레귤레이터(switching regulator)를 쓰는 것이다. 스위칭 레귤레이터에서는 (1)패스 TR가 스위칭 동작을 하여 차단영역과 포화영역을 왔다갔다하므로 차단상태에서는 물론 패스 TR에서의 전력소비가 없고 포화상태에서는 TR에서의 전압강하가 매우 낮기 때문에(수분의 1V) 전력소비가 낮다. 스위칭 주파수는 보통 10kHz~100kHz이고 80~90%의 높은 전력효율을 갖는다. (2)정류회로에서 흔히 변압기가 생략되고 히이트싱크는 상당히 작아진다. 전체적으로 공급전원의 부피와 무게가 작아진다. (3)또 스위칭 레귤레이터를 사용하면 입력전압보다 높은 출력전압을 얻을 수 있고, 하나의 전원에서 레귤레이션된 상이한 전압들(예컨데 +5V, ±15V)을 얻을 수 있다. 결점으로는 잡음발생, 비교적 큰 출력 리플, 설계상의 어려움 등을 들 수 있다.

(1) 기본원리

그림 4-69는 스위칭 레귤레이터의 한 구성을 나타낸다. 패스 TR Q_1이 그 베이스에 걸리는 주기적 구형파에 의하여 ON, OFF됨으로써 레귤레이션된 전압이 주기적으로 Q_1을 넘어가서 LC필터를 구동한다. 필터에 의하여 smooth하게 된 출력전압의 일부가 기준전압 V_{ref}와 비교 증폭된 오차전압이 구형 펄스의 폭을 제어한다. 즉 스위칭 레귤레이터는 일종의 부귀환 시스템이다. 각 부의 동작은 다음과 같다.

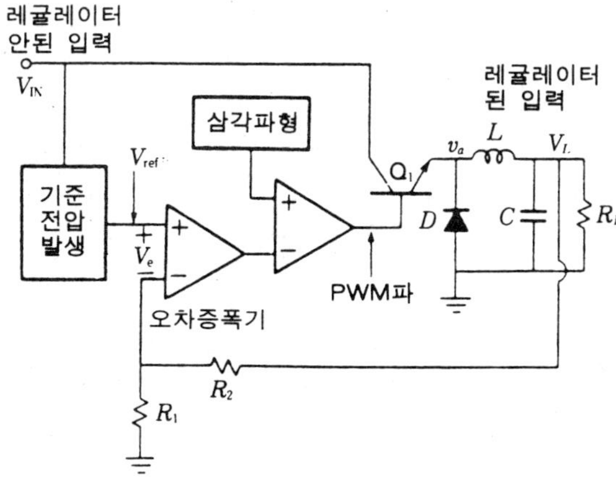

〈그림 4-69〉 스위칭 레귤레이터의 한 구성

1) Fyback 다이오드는 Q_1 OFF시 인덕턴스 전류를 계속 흘려주는 통로를 만들어준다. 이것이 없으면 Q_1이 OFF되는 순간 Ldi/dt의 급격한 증가가 Q_1에 큰 역전압을 걸어 파괴시킨다.

2) LC 필터는 보통의 공급전원에서는 거의 안 쓰이나 스위칭 레귤레이터에서는 애용된다. 스위칭 주파수가 높으므로 L, C의 값이 적어도 되기 때문이다. 입력파의 주파수에 대하여 직렬 임피던스 ωL가 클수록 리플 전류가 억제되고 병렬 임피던스 $1/\omega C$이 R_L에 비하여 작을수록 리플 전류의 바이패스가 잘 이루어져 출력단자전압의 리플이 억제된다. 보통 L, C의 값을 다음과 같이 정하면 충분하다.

$$\frac{1}{\omega C} \leq 0.05 R_{L\max} \qquad \omega L \geq 0.1 \times \frac{1}{\omega C} \tag{4-21}$$

여기서 ω는 입력파의 기본주파수, $R_{L\max}$는 레귤레이션이 요구되는 최소 부하전류에 대한 등가 부하저항이다.

예를 들면, 입력 구형파의 주파수가 10kHz, $V_L=20$V, $I \geq 10$mA에서 레귤레이션이 요구된다고 하면

$$R_{L\max}=20/10=2\text{k}\Omega, \quad C \simeq \frac{1}{2\pi \times 10^4 \times 0.05 \times 2 \times 10^3}=0.16\mu\text{F}$$

$$L \fallingdotseq 0.1 \times \frac{1}{(2\pi \times 10^4)^2 \times 0.16 \times 10^{-6}}=0.158\text{mH} \tag{4-22}$$

로 매우 적은 값들이다.

출력전압 V_L은 LC 필터 입력 구형파의 평균치이고, 구형파의 duty cycle(ON시간/주기)을 D라 할 때

$$V_L = D \times V_{IN}$$

따라서 $V_L < V_{IN}$이라는 제한이 있다. 한편 V_L은 기준전압 V_{ref}와 다음 관계가 있다.

$$V_L = V_{ref}\left(1+\frac{R_2}{R_1}\right) \tag{4-23}$$

예를 들면 $V_{ref}=5$V일 때 $V_L=15$V가 요구되면 $R_2=2R_1$으로 하면 된다.

3) PWM 펄스 발생기에 관해서는 이미 배운 바 있다. 출력전압 V_L이 증가하려고 하면 오차전압 $V_e\uparrow$, PWM의 출력 펄스의 폭$\downarrow$, LC 필터 구동 펄스폭$\downarrow$, $V_L\downarrow$이고 V_L이 감소하고자 할 때에는 이와 반대현상이 일어난다. 이리하여 V_L의 변화가 억제된다.

4) 그림 4-69를 살펴보면 입력 전류가 패스 TR와 필터를 거쳐서 부하에 공급되기 때문에 전력효율을 올리자면 저손실(적은 $V_{CE(sat)}$), 고속 스위칭의 TR과 저손실 필터를 사용해야 한다. 부품의 적절한 선택으로 스위칭 레귤레이터의 효율을 90%이상으로 올릴 수 있다.

5) Minicomputer, personal computer용 공급전원으로서는 거의 예외없이 스위칭 레귤레이터가 사용되며 5V±2%, 100A인 것도 있다. 또 그림 4-69에서 패스 TR(전력 스위치), 다이오드, L, C, R_1, R_2를 제외한 나머지 부분을 IC화한 것이 있다. 저전력용으로는 패스 TR, 다이오드까지 포함시켜 한 칩으로 된 것이 있다(예:μA78540). 또, 수 개의 TR과 저항, 다이오드로 구성된 고속, 대전류의 전력 스위치가 IC화된 것이 있다(그림 4-70).

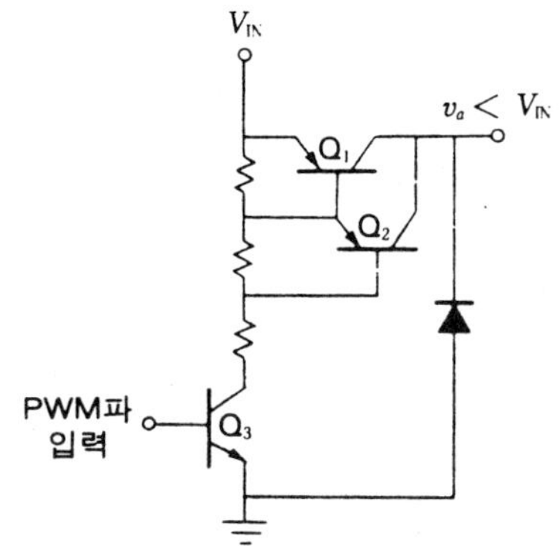

〈그림 4-70〉 실제적인 전력 스위치

(2) 정전압 레귤레이터

그림 4-71과 같이 구성된 스위칭 레귤레이터에서는 $V_L > V_1$가 된다(간단을 위하여 FB루우프를 그리지 않았다). 먼저 스위치가 ON되는 기간 T_1을 생각하자. 다이오드는 +전압 V_L에 의하여 역바이어스되고 FB루우프는 open, C는 R_L을 통하여 방전된다. $R_LC \gg T$되게 한다면 V_L의 droop 곧 리플은 적다. 이 기간동안 입력전압은 L에 걸리며, i_L은 $di_L = V_1 dt/L = V_1 T_1/L$에 의하여 증가된다.

다음에 스위치가 OFF되는 기간 T_2를 생각하자. i_L은 순간적으로 변할 수 없으므로 $i_L(T^-) = i_L(T_1^+)$이며, 이것이 다이오드를 거쳐 C에 유입한다. 정상상태에서 C양단의 전압은 $t=0$, $t=T_1+T_2$에서 일치해야 한다. 마찬가지로 i_L은 T_1에서 증가한 양 V_1T_1/L만큼 T_2에서 감소해야 한다($di_L/dt < 0$). 따라서 다이오드에서의 전압강하를 무시한다면 출력전압의 순시치 v_L은

$$v_L = V_1 - L\frac{di_L}{dt} > V_1 \qquad (4\text{-}24)$$

즉, 이 회로구성에서는 출력전압이 입력전압을 초과할 수 있다.

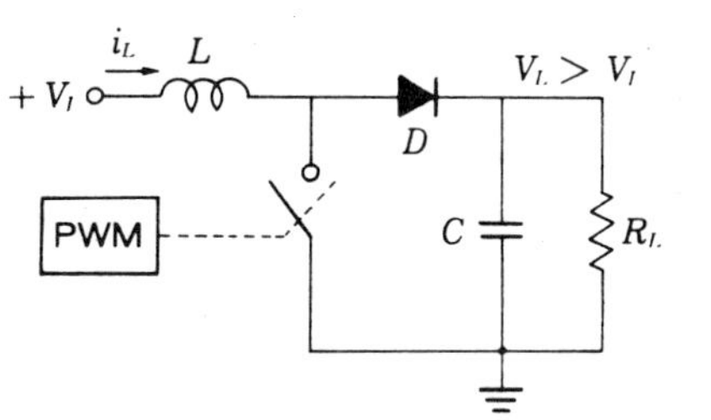

〈그림 4-71〉 $V_L > V_1$인 스위칭 레귤레이터

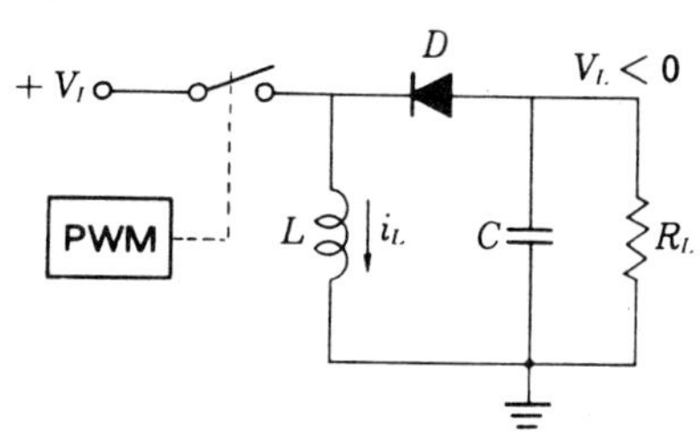

〈그림 4-72〉 (−)출력전압을 얻는 레귤레이터

(3) 부전압 레귤레이터

그림 4-72의 구성으로 레귤레이션이 안된 (+)의 입력전압으로부터 레귤레이션이 된 (—)의 전압을 얻을 수 있다(FB 루우프를 생략했다). $V_L<0$라고 가정하고 해석한 다음 그 가정이 맞는다는 것을 먼저와 비슷한 논의로서 증명하기로 하자. 전력 스위치 Q_1이 ON되는 기간 T_1동안 다이오드는 OFF되고, C는 부하를 통하여 약간 방전하여 i_L은 $V_1 \cdot T_1/L$만큼 증가한다. 스위치가 OFF되는 순간 i_L은 계속 같은 방향으로(L, C, D로 형성되는 루우프를) 흐르고 $[i_L(T^-)=i_L(T^+)]$, C의 상단을 (—)로 충전한다.

$V_L<0$가 된다는 것은 또 다음과 같이 증명할 수 있다. 즉 i_L은 T_1 동안에 증가한 양만큼 T_2 동안에 감소해야 하므로 $di_L/dt<0$이다. 따라서 출력전압의 순시치 $v_L=Ldi_L/dt<0$이고, V_L은 V_1보다 높을 수도 있고 낮을 수도 있다. 그 값은 그림 4-69의 제어 루우프에 의해서 정해진다. $V_L<0$이면 레벨을 추이(shift)시켜서 실효 FB전압이 (+)가 되게 해주어야 한다.

4-16 Filter로의 응용

(1) Low pass 1차 필터

그림 4-73과 같은 회로에서 저주파에서는 C를 개방상태로 생각할 수 있으므로 이 회로는 전압이득이 $-R_2/R_1$인 증폭기로 생각할 수 있다. 그러나 주파수가 높아지면 C의 리액턴스는 감소하고 따라서 전압이득이 감소하며 $f\to\infty$에서는 C를 단락상태로 생각할 수 있으므로 전압이득은 0가 된다.

$$\frac{V_o}{V_i}=-\frac{Z_2}{Z_1} \tag{4-25}$$

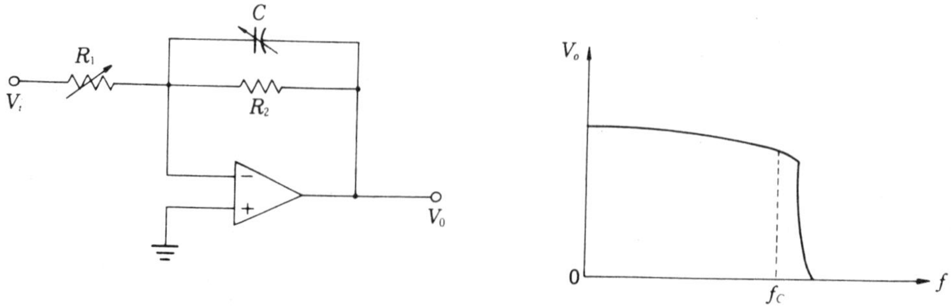

〈그림 4-73〉 1차 Low pass회로

$$Y_2=\frac{1}{R_2}+j\omega c=\frac{1+j\omega CR_2}{R_2} \qquad \therefore\ Z_2=\frac{R_2}{1+j\omega CR_2} \tag{4-26}$$

따라서 $$\frac{V_o}{V_i}=-\frac{R_2}{R_1}\cdot\frac{1}{1+j\omega CR_2} \tag{4-27}$$

$$\left|\frac{V_o}{V_i}\right|=\frac{1}{\sqrt{1+(\omega CR_2)^2}}\cdot\frac{R_2}{R_1} \tag{4-28}$$

차단주파수 f_c에서는 $\omega CR_2=1$이 되므로

$$f_C=\frac{1}{2\pi CR_2} \tag{4-29}$$

가 된다. 또는

$$A_{VL}(S)=\frac{-\frac{R_2}{R_1}}{1+j\omega CR_2}=\frac{-\frac{R_2}{R_1}\cdot\frac{1}{CR_2}}{S+\frac{1}{CR_2}}=\frac{H_o\omega_o}{S+\omega_o} \tag{4-30}$$

이다. 단, $\omega_O=\frac{1}{CR_2}$

$$H_O=-\frac{R_2}{R_1}$$

(2) 대역통과 2차 필터

그림 4-74와 같은 회로를 생각하자. 이 회로에서 증폭기의 자체이득은 $A_0=\frac{V_O}{V_i}\gg$이고 따라서 회로이득은

$$A_V(j\omega)=\frac{V_O}{V_S}=\frac{V_O}{V_i}\cdot\frac{V_i}{V_S}=A_O\frac{R}{R+j\left(\omega L-\frac{1}{\omega C}\right)} \tag{4-31}$$

이다. 중심주파수를 $f_o=\frac{\omega_o}{2\pi}$

$$\omega_o^2=\frac{1}{LC} \tag{4-32}$$

로 하고, coil의 Q를

$$Q=\frac{\omega_o L}{R}=\frac{1}{\omega_o CR}=\frac{1}{R}\sqrt{\frac{L}{C}} \tag{4-33}$$

으로 한다면

$$|A_V(j\omega)|=\frac{RA_o}{R+j(\omega L-\frac{1}{\omega C})}=\frac{A_o}{1+j\frac{1}{R}(\omega L-\frac{1}{\omega C})}$$

$$=\frac{A_o}{1+j\frac{\omega_o L}{R}(\frac{\omega}{\omega_o}-\frac{\omega_o}{\omega})}$$

$$=\frac{A_o}{1+jQ(\frac{\omega}{\omega_o}-\frac{\omega_o}{\omega})} \tag{4-34}$$

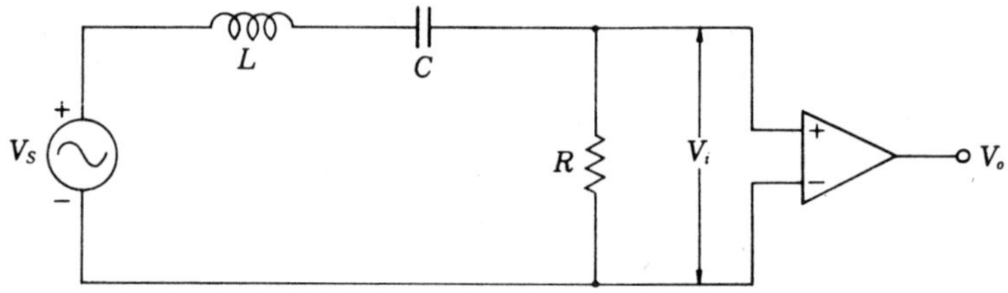

〈그림 4-74〉 대역통과 2차 필터

이다. 차단주파수에서는

$Q_o^2(\frac{\omega}{\omega_o}-\frac{\omega_o}{\omega})^2=1$ 이므로

$\frac{\omega}{\omega_o}-\frac{\omega_o}{\omega}=\frac{1}{Q}$ 때의 ω를 ω_2

$\frac{\omega}{\omega_o}-\frac{\omega_o}{\omega}=-\frac{1}{Q}$ 때의 ω를 ω_1이라면

위 식에서 $\omega_o^2=\omega_1\cdot\omega_2$

$$\Delta\omega=B\omega=\omega_2-\omega_1=\frac{\omega_o}{Q_o} \tag{4-35}$$

의 관계를 얻을 수 있다.

이 회로의 전달함수를 구하기 위하여 $j\omega$를 S로 놓으면

$$A_V(S)=\frac{RA_O}{R+SL+\frac{1}{SC}}=\frac{\frac{R}{L}A_OS}{S^2+\frac{R}{L}S+\frac{1}{LC}} \tag{4-36}$$

이므로

$$A_V(S)=\frac{(\frac{\omega_O}{Q})A_OS}{S^2+\frac{\omega_O}{Q}\ S+\omega_O{}^2}=\frac{H_OS}{S^2+\alpha\omega_OS+\omega_O^2} \tag{4-37}$$

이다. 참고로 6dB/oct filter의 경우에는

$$A_{VL}(S)=\frac{H_O\omega_O}{S+\omega_O} \tag{4-38}$$

$$A_{VH}(S)=\frac{H_OS}{S+\omega_O} \tag{4-39}$$

$$A_{VB}(S)=\frac{H_O}{S+\omega_O} \tag{4-40}$$

이며, 12dB/oct filter인 2차 filer의 경우에는

$$A_{VL}(S)=\frac{H_O\omega_O{}^2}{S^2+\alpha\omega_OS+\omega_O{}^2} \tag{4-41}$$

$$A_{VH}(S)=\frac{H_OS^2}{S^2+\alpha\omega_OS+\omega_O{}^2} \tag{4-42}$$

$$A_{VB}(S)=\frac{H_OS}{S^2+\alpha\omega_OS+\omega_O{}^2} \tag{4-43}$$

이다. 단, 여기서 H_O는 통과대역의 이득이고, $\alpha=\frac{1}{Q}$이다.

(3) Multiple feedback filter

그림 4-75와 같은 구성을 MFB filter라고 부른다. 그림 4-75에서 $V_O=AV_3$이고 Node 방정식을 세우면

$$V_2(Y_1+Y_2+Y_3+Y_4)-Y_1V_i-Y_4V_0-Y_3V_3=0 \tag{4-44}$$

$$V_3(Y_3+Y_5+\frac{1}{Z_A})-Y_3V_2-Y_5V_0=0 \tag{4-45}$$

$$\frac{1}{Z_A}=Y_A \tag{4-46}$$

식 (4-45)에서

$$-Y_3V_2=Y_5V_0-V_3(Y_3+Y_5+Y_A)$$

$$V_2=-\frac{Y_5}{Y_3}V_0+\frac{V_0}{AY_3}(Y_3+Y_5+Y_A)$$

$$=V_0\left(-\frac{Y_5}{Y_3}+\frac{1}{AY_3}(Y_3+Y_5+Y_A)\right) \tag{4-47}$$

식 (4-47)을 (4-44)에 대입하면

$$V_0[-\frac{Y_5}{Y_3}+\frac{1}{AY_3}(Y_3+Y_5+Y_A)](Y_1+Y_2+Y_3+Y_4)-Y_1V_i-Y_4V_0-\frac{V_0}{A}\cdot Y_3=0$$

$$V_0[(-\frac{Y_5}{Y_3}+\frac{1}{AY_3}(Y_3+Y_5+Y_A))(Y_1+Y_2+Y_3+Y_4)-Y_4-\frac{Y_3}{A}]=Y_1V_i$$

$$-\frac{Y_5}{Y_3}(Y_1+Y_2+Y_3+Y_4)-Y_4+\frac{Y_3+Y_5+Y_A}{AY_3}(Y_1+Y_2+Y_3+Y_4)-\frac{Y_3}{A}]$$

$$=-\frac{1}{Y_3}[Y_5(Y_1+Y_2+Y_3+Y_4)+Y_3Y_4]+\frac{1}{AY_3}[(Y_3+Y_5+Y_A)(Y_1+Y_2+Y_3+Y_4)]$$

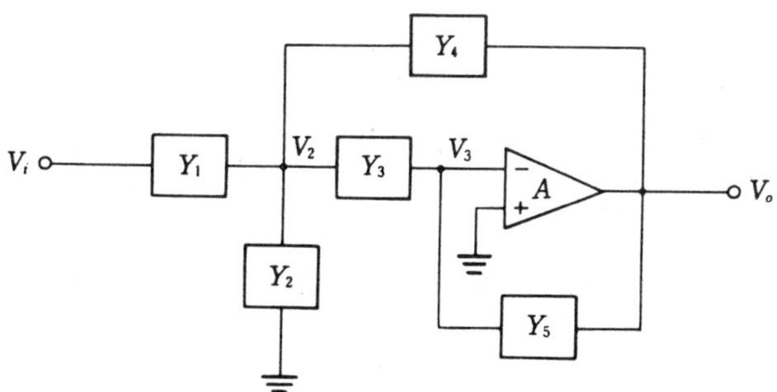

〈그림 4-75〉 MFB filter의 일반형

따라서

$$\frac{V_0}{V_i}=\frac{Y_1}{-\frac{1}{Y_3}[Y_5(Y_1+Y_2+Y_3+Y_4)+Y_3Y_4]+\frac{1}{A}[(Y_3+Y_5+Y_A)(Y_1+Y_2+Y_3+Y_4)+Y_3^2]}$$

$$=\frac{-Y_1Y_3}{Y_5(Y_1+Y_2+Y_3+Y_4)+Y_3Y_4-\frac{1}{A}[(Y_3+Y_5+Y_A)(Y_1+Y_2+Y_3+Y_4)+Y_3^2]} \tag{4-48}$$

여기서

$A \rightarrow \infty$

$Y_A \rightarrow 0$

이면

$$\frac{V_0}{V_i}=\frac{-Y_1Y_3}{Y_5(Y_1+Y_2+Y_3+Y_4)+Y_3Y_4} \tag{4-49}$$

로 일반화 시킬 수 있다. 따라서 그림 4-76과 같은 2차 MFB Low Pass filter에서는

$$A(S)=\frac{-\frac{1}{C_2C_5R_1R_3}}{S^2+\frac{S}{C_2}[(\frac{1}{R_1}+\frac{1}{R_3}+\frac{1}{R_4})]+\frac{1}{C_2C_5R_1R_3}} \tag{4-50}$$

으로 되고 $C_2=C_5=C$로 선택하면

$$\omega_O=\sqrt{\frac{1}{C^2R_3R_4}} \tag{4-51}$$

$$R_3=\frac{1}{\omega_O^2C^2R_4} \tag{4-52}$$

$$R_4=\frac{1}{2Q\omega_OC}[1+\sqrt{1-4Q^2(H+1)}] \tag{4-53}$$

$$H_0=-\frac{R_f}{R_1}=-\frac{R_4}{R_1} \tag{4-54}$$

와 같은 소자값을 결정할 수 있다.

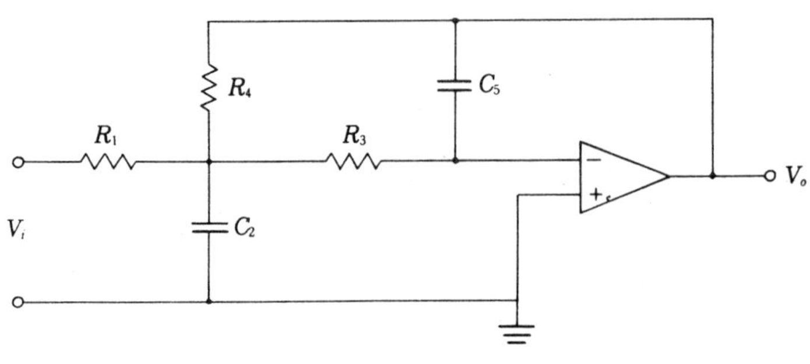

〈그림 4-76〉 MFB 2차 Low pass filter

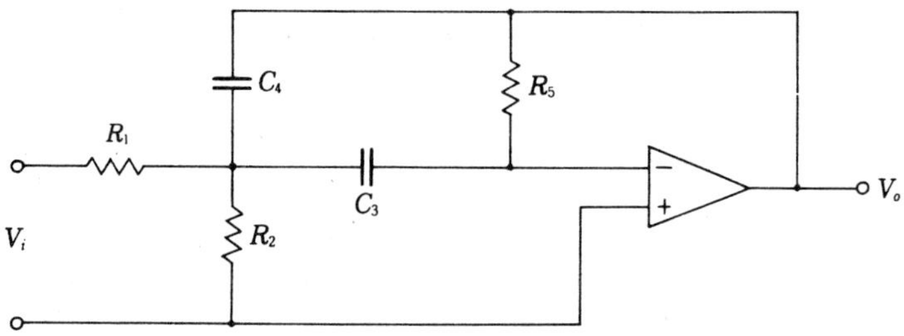

〈그림 4-77〉 MFB 2차 Band pass filter

같은 방법으로 그림 4-77과 같은 2차 MFB Band pass filter의 경우에는

$$A(S)=\frac{V_O(S)}{V_i(S)}=\frac{\frac{S}{R_1C_4}}{S^2+\frac{C_3+C_4}{R_5C_3C_4}S+\frac{1}{\frac{R_1R_2}{R_1+R_2}\cdot R_5C_3C_4}} \tag{4-55}$$

로 되어

$$\omega_O=\frac{1}{\sqrt{C_3C_4R_5\frac{R_1R_2}{R_1+R_2}}} \tag{4-56}$$

$$\frac{Q}{\omega_O}=R_5\frac{C_3-C_5}{C_3+C_4},\qquad R_5=\frac{Q}{\omega_O\left(\frac{C_3C_4}{C_3+C_4}\right)} \tag{4-57}$$

$$R_1=\frac{Q}{A_O\omega_OC_4} \tag{4-58}$$

$$R'=\frac{R_1R_2}{R_1+R_2}\text{면 } R_2=\frac{R_1R'}{R_1-R'} \tag{4-59}$$

$C_1=C_2=C$로 선정하면

$$H_O=\frac{1}{R_1C_4} \tag{4-60}$$

이다.

그림 4-78은 MFB 2차 High pass filter이다. 이 회로의 전달함수는

$$A(S)=\frac{-\frac{C_1}{C_4}S^2}{S^2+S\frac{1}{R_5}[(\frac{1}{C_3}+\frac{1}{C_4}+\frac{C_1}{C_3C_4})]+\frac{1}{C_3C_4R_2R_5}} \tag{4-61}$$

이고, 고주파에서 feedback 임피던스 $Z_i(S)$, $Z_f(S)$가 각각 C_1, C_4로 대치되었으므로

$$A=H_O=\frac{C_1}{C_4} \tag{4-62}$$

만일, $C_1=C_3=C$로 선택하면

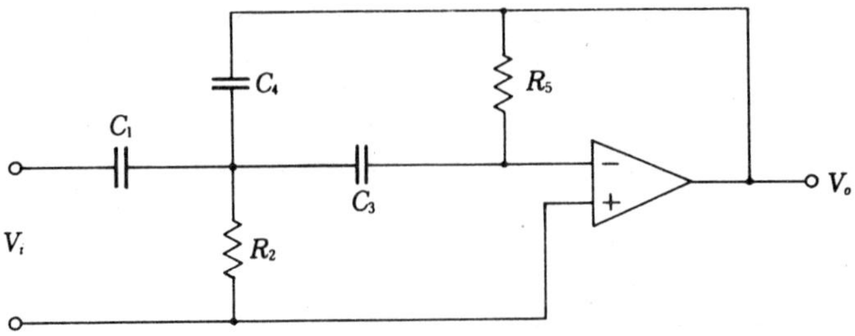

〈그림 4-78〉 High pass 2차 MFB filter

$$\omega_O=\sqrt{\frac{H_o}{C_2R_2R_5}} \tag{4-63}$$

$$R_2=\frac{H_O}{\omega_O QC(2H_O+1)} \tag{4-64}$$

$$R_5=\frac{Q}{\omega_O C}(2H_O+1) \tag{4-65}$$

가 된다.

(4) Parallel T feedback filter

이 filter는 bandpass filter로서 이득이 1인 sharp한 공진특성을 얻기 위하여 사용한다. 그림 4-79는 이 filter의 회로이며 이 회로를 2개로 분할하면 그림 4-80과 같다.

그림 4-80(a)에서 KCL을 세우면

$$I_1(S)+I_2(S)=I_3(S) \tag{4-66}$$

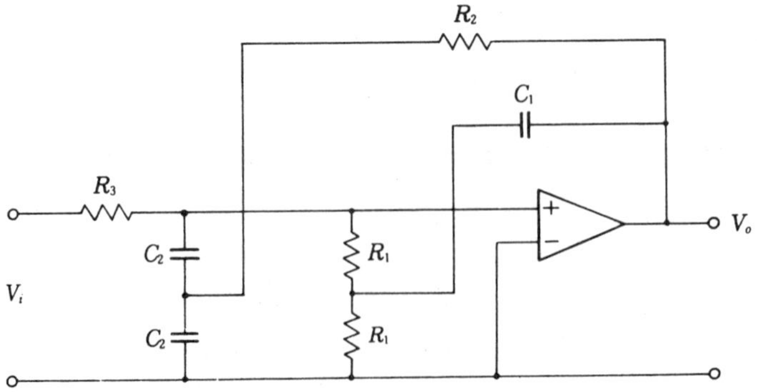

〈그림 4-79〉 parallel T feedback filter

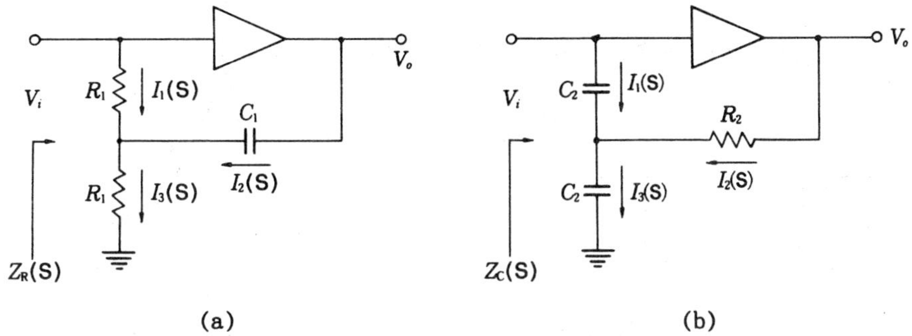

〈그림 4-80〉 분할회로

$$\frac{V_i(S)-V_a(S)}{R_1}+\frac{V_0(S)-V_a(S)}{\frac{1}{SC_1}}=\frac{V_a(S)}{R_1} \quad (4\text{-}67)$$

$A=1$이므로

$$V_O(S)=V_i(S) \quad (4\text{-}68)$$

$$V_a(S)=V_i(S)-I_1(S)R_1 \quad (4\text{-}69)$$

이므로 위식에 대입하면

$$\frac{V_i(S)-V_i(S)+I_1(S)R_1}{R_1}+\frac{V_i(S)-V_i(S)+I_1(S)R_1}{\frac{1}{SC_1}}=\frac{V_i(S)-I_1(S)R_1}{R_1} \quad (4\text{-}70)$$

이므로 통분하고 이항하여 정리하면

$$V_i(S)=2I_1(S)R_1+SC_1I_1(S)R_1^2 \quad (4\text{-}71)$$

이므로

$$Z_R(S)=\frac{V_i(S)}{I_1(S)}=2R_1+SC_1R_1^2=R_e+j\omega L_e \quad (4\text{-}72)$$

단, $R_e=2R_1$ (4-73)

$L_e=C_1R_1^2$ (4-74)

가 되어 이의 등가회로는 R_e와 L_e가 직렬로 된 회로와 같다.

또한 그림 4-80(b)에서

$$I_1(S)+I_2(S)=I_3(S) \quad (4\text{-}75)$$

$$V_O(S)=V_i(S) \quad (4\text{-}76)$$

$$V_a(S)=V_i(S)-I_1(S)\frac{1}{SC_2} \quad (4\text{-}77)$$

이므로 이상의 관계로부터

$$Z_C(S)=\frac{V_i(S)}{I_1(S)}=\frac{2}{SC_2}+\frac{1}{S^2C_2^2R_2}=-\frac{1}{\omega^2C_2^2R_2}+\frac{2}{j\omega C_2}=R_C+\frac{1}{j\omega C_e} \quad (4\text{-}78)$$

단, $R_C=-\frac{1}{\omega^2C_2^2R_2}$ (4-79)

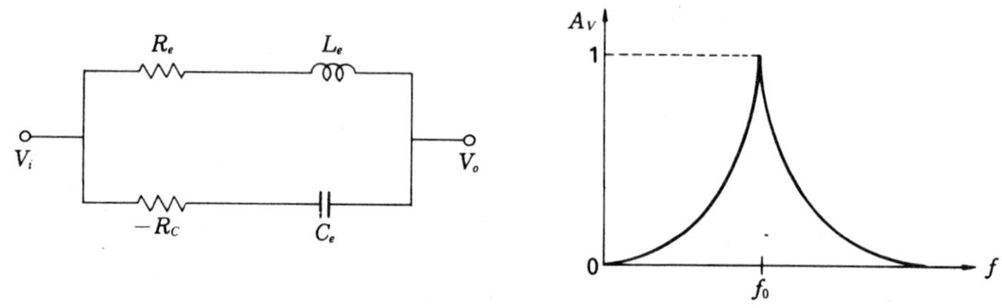

(a) (b)

〈그림 4-81〉 그림 4-79의 등가회로

$$C_e=\frac{C_2}{2} \tag{4-80}$$

으로 되어 R_C와 C_e가 직렬로 된 회로와 같다.

따라서 이 회로는 R_e와 L_e의 직렬회로와 R_C와 C_e의 직렬회로가 병렬로 된 그림 4-81과 등가가 된다.

따라서 이 회로가 공진할 때의 공진주파수 및 Q는 각각

$$\omega_0=\frac{1}{\sqrt{L_eC_e}}=\sqrt{\frac{2}{C_1C_2R_1{}^2}} \tag{4-81}$$

$$Q_0=\frac{\omega_0 L}{R}=\frac{\omega_0 L_e}{2R_1-|R_C|} \tag{4-82}$$

이다.

4-17 정류회로

(1) 정밀 반파정류회로

연산증폭기의 부귀환 경로에 있는 다이오드와 정류기, 부하저항 R로 구성된 정밀 반파정류회로를 그림 4-82에 나타냈다. 이 회로는 다음과 같이 동작한다. 먼저 v_i가 (+)로 되면, 연산증폭기의 출력전압 v_A도 (+)로 되어 다이오드가 도통될 것이다. 따라서, 연산증폭기의 출력단자와 (—)입력단자 사이에 폐쇄 귀환경로가 생기게 된다. 이 부귀환 경로 때문에 연산증폭기는 이미 공부한 바와 같이 "정상적"으로 동작한다. 그리고 두 입력단자 사이에는 가상 단락회로가 생긴다. 따라서, 연산증폭기의 (—)입력단자전압(이것은 출력전압 v_0와 같다)은 (+)입력단자전압과 같아진다. 그런데 (+)입력단자전압이 입력전압 v_i이므로

$$v_0=-v_i\ ,\ v_i\leq 0 \tag{4-83}$$

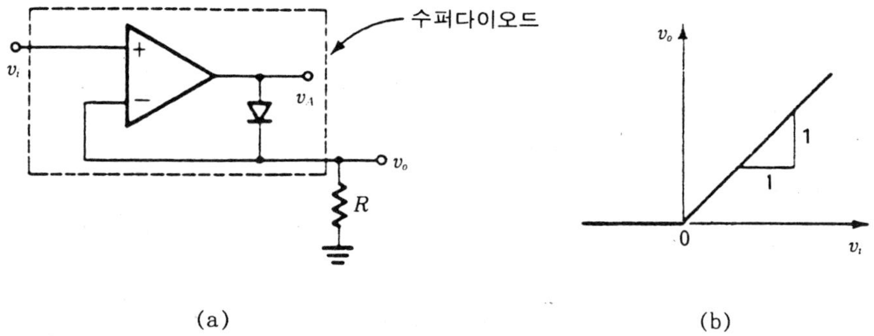

〈그림 4-82〉 수퍼다이오드 정밀 반파정류회로와 그의 이상적인 전달특성

이 회로에서는 오프셋 전압이 나타나지 않는다는 점에 주목하기 바란다. 연산증폭기를 동작시키기 위해서는 v_i가 다이오드의 전압강하를 연산증폭기의 개방 루프 이득으로 나눈 값(무시할 정도로 적다)보다 반드시 커야 한다. 바꿔 말하면, 직선 전달특성 $v_0=v_i$는 거의 원점을 통과한다. 이러한 특성 때문에, 이 회로는 매우 작은 신호를 수반하는 응용에 사용될 수 있다.

v_i가 (−)전압이 될 때는 연산증폭기의 출력전압 v_A도 (−)전압이 될 것이다. 연산증폭기의 출력전압은 다이오드를 역방향으로 바이어스시킨다. 따라서 저항 R에는 전류가 흐르지 않을 것이고, v_0는 0V를 유지하게 된다. 따라서 $v_i<0$일 때는 $v_0=0$이다. 그림 4-82(b)에 나타낸 바와 같이 이 회로의 전달특성은 반파정류기의 이상적인 특성과 거의 같다. 연산증폭기의 부귀환 경로에 다이오드를 위치시킴으로써 다이오드의 비이상적인 특성을 거의 은폐시켰다. 이는 부귀환을 교묘하게 응용한 결과이다. 그림 4-82(a)의 점선 안에 있는 다이오드와 연산증폭기의 조합을 수퍼다이오드라고 부른다.

그림 4-82의 회로는 몇 개의 단점을 가지고 있다. 그 첫째는 v_i가 (−)로 되고 $v_0=0$이 될 때 v_i의 전체 진폭이 연산증폭기의 두 입력단자 사이에 나타나게 되는 점이다. 이때 그 크기가 수 볼트보다 크게 되면, "과전압 보호회로"를 가지고 있지 않는 연산증폭기는 손상을 입게 될 것이다. 또 하나의 단점은 v_i가 (−)일 때 연산기가 포화되어 연산증폭기의 출력이 (−)전원의 레벨과 비슷해지는 점이다. 이것은 비록 연산증폭기에는 해를 끼치지 않으나, 연산증폭기가 포화영역에서 벗어나 선형영역에서 동작하게 하는데 어느 정도의 시간을 필요하게 한다. 따라서 이러한 포화상태는 피해야 한다. 이 시간 지연은 당연히 회로의 동작속도를 느리게 하고 반파정류회로가 동작하는 주파수 범위를 제한한다.

위에서 언급한 단점을 갖지 않는 정밀정류회로를 그림 4-83에 나타냈다. 이 회로는 다음과 같이 동작한다. v_i가 (+)일 때, 다이오드 D_2는 도통되어 연산증폭기 주변에 부귀환 루프를 형성한다. 따라서, 가상접지가 반전입력단자에 나타나게 되고, 연산증폭기 출력은 약 −0.7V 정도에서 잘리게(clamped) 된다. 이 (−)전압은 다이오드 D_1을 오프(off) 상태로 있게 한다. 그리고, 귀환저항 R_2에는 전류가 흐르지 않는다. 따라서 정류기의 출력전압은 당연히 0이 된다.

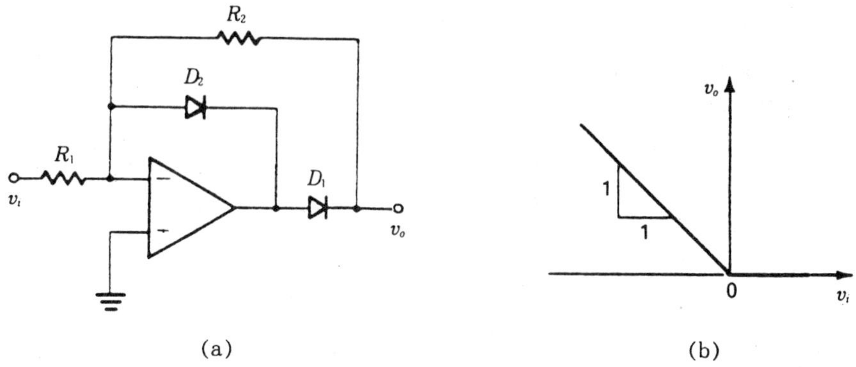

〈그림 4-83〉 정밀 반파정류회로의 개선된 형태

v_i가 (−)로 되면, 반전입력 단자전압은 (−)로 되고, 따라서 연산증폭기의 출력전압은 (+)로 된다. 이 전압은 D_2에 역방향 전압을 걸리게 하여 D_2를 차단시킨다. 그러나 D_1은 R_2를 통하여 도통되므로 연산증폭기 주변에는 부귀환 경로가 형성되고 반전 입력단자에는 가상접지가 나타나게 된다. 귀환저항 R_2를 통하여 흐르는 전류는 입력저항 R_1을 통하여 흐르는 전류와 같다. 따라서 $R_1=R_2$에 대한 출력전압 v_0는 다음과 같이 된다.

$$v_0=-v_i,\ v_i\leq 0 \tag{4-84}$$

이 회로의 전달특성을 그림 4-83(b)에 나타냈다. 앞의 회로와는 달리 R_1과 R_2를 적당한 값으로 선택함으로써 입출력 특성의 기울기를 원하는 값에 고정시킬 수 있다는 점에 주목하기 바란다.

이 회로의 주요한 장점은 연산증폭기 주위에 항상 부귀환 루프가 형성된다는 점이다. 즉, 연산증폭기는 선형영역에서 동작한다. 따라서, 이 회로는 연산증폭기가 포화할 가능성 및 포화에서 빠져 나오는데 걸리는 시간지연을 피하게 해준다.

(2) 전파정류회로

전원 공급기 또는 여러 가지 전자기기 설계에 있어서 교류신호의 음의 부분과 양의 부분 둘 다에 의해 전달되는 정보(혹은 에너지)가 필요한 경우가 많다. 이것은 원래의 신호와 그것은 반전(음의 형태)신호를 둘 다 이용할 수 있도록 배열하고, 각 신호를 공통 부하에 교대로 연결되는 반파정류기에 가해주도록 함으로써 해결된다. 그림 4-84에 이러한 동작을 하는 전파정류기(full-wave rectifier)를 개념적으로 나타냈다. 만약 A점의 전압이 (+)이고 B점의 전압이 (−)이라면, D_B는 차단되고 D_A가 도통된다. 반대로 A점의 전압이 (−), B점의 전압이 (+)일 때는 D_A가 차단되고 D_B가 도통되어 다이오드의 역할이 바뀌어진다. 결국, 출력전압은 입력파형의 (−)영역 반주기만 반전된 형태로 나타나게

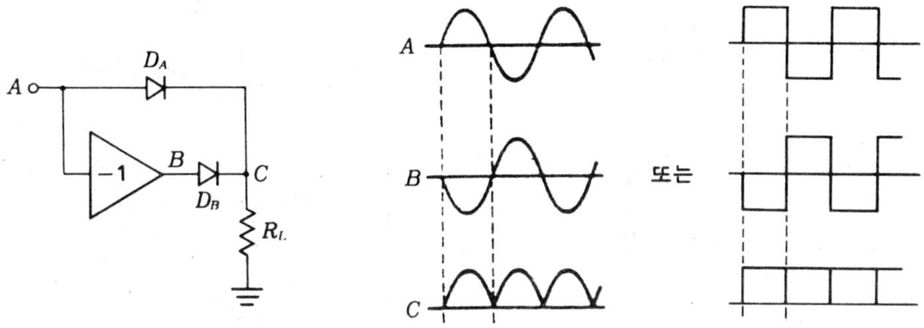

〈그림 4-84〉 전파정류회로의 원리

된다. 따라서 이상적인 다이오드로 가정했을 때, 각 점의 파형은 그림 4-84와 같이 된다. 이 파형들은 반파형에 비해 더 연속적이고 에너지가 높을 뿐만 아니라, 출력에서의 평균 전압도 반파정류기의 두 배가 된다.

(3) 증폭기 결합 전파정류회로

그림 4-85(a)의 전파정류기에서는 두 번째 정류기에 위상이 반전된 신호를 공급하기 위해, 연산증폭기 A_1과 R_1, $R_2(R_1=R_2)$로 구성되는 이득이 1인 반전증폭기를 사용했다. 실제 응용에 있어서는 증폭기의 다이나믹(dynamic) 범위 그리고 출력저항 등에 의한 비대칭이 존재하므로, 단일이득 증폭기를 그림 4-85(b)와 같이 넣어 주는 것이 좋다. 이 회로를 살펴보면 입력이 출력전류를 직접 공급하지 않는다는 것, 즉 출력이 완충된다는 것을 알 수 있다. 이것은 많은 전자기기에서 요구되는 사항이다. 만약 비대칭이 문제가 되지 않는다면, 반전증폭기의 입력저항 R_1을 입력에 직접 연결하지 말고 단일이득 증폭기의 출력에 연결함으로써 훨씬 더 큰 입력저항을 얻을 수 있다.

두 개의 증폭기를 다시 연결함으로써 유용하고 재미있는 결과를 얻을 수 있다. 그 한 예를 그림 4-85(c)에 나타냈다. 이 회로와 그림 4-85(b)의 회로를 비교해 보면, 다이오드 D_1은 연산증폭기 A_1의 부귀환 루프 안에 놓여 있고, 다이오드 D_2는 연산증폭기 A_2의 부귀환 루프 안에 놓여 있는 것이 다르다는 것을 알 수 있다.

이 회로를 좀더 자세히 살펴보면, 두 개의 병렬회로로 이루어져 있다는 것을 알 수 있다. 즉, A_2와 D_2로 구성된 위쪽 회로는 그림 4-86(a)와 같은 전달특성을 갖는 (1)에서 설명한 수퍼다이오드이다. A_1과 D_1 그리고 R_1과 R_2로 구성된 아래쪽 회로는 그림 4-83 (a)의 회로에서 다이오드 D_2가 빠진 반파정류기이다. 아래쪽 회로는 그림 4-86(b)와 같은 전달특성을 나타낸다. 이 두 회로를 병렬연결시키면 그 전달특성은 그림 4-86(c)와 같이 두 특성의 결합으로 나타나며, 이는 전파정류기 혹은 절대값 회로(absolute-value cir-

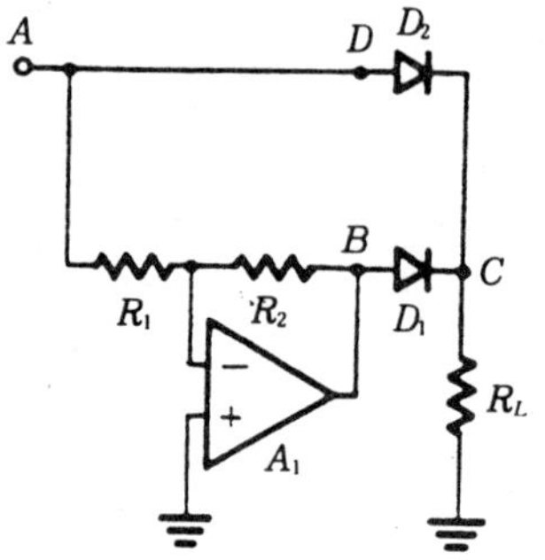

(a) 반전 증폭기를 사용한 기본회로

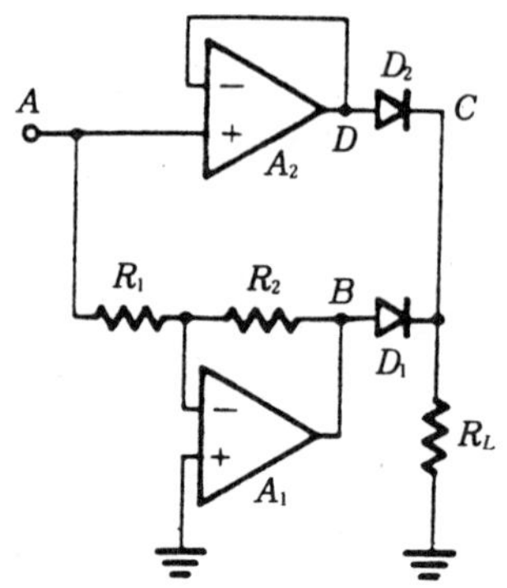

(b) 완충기를 사용한 회로

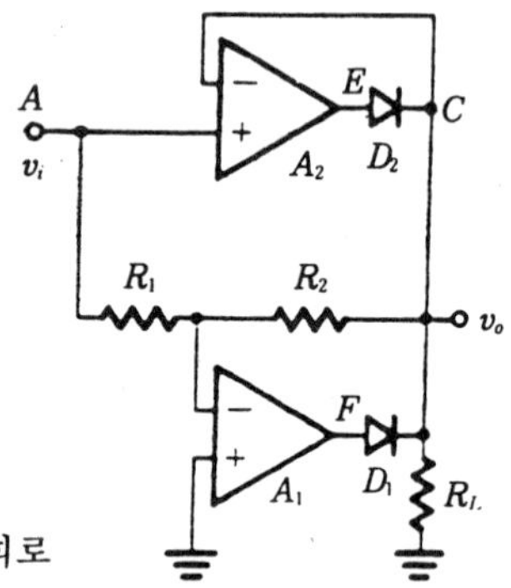

(c) 귀환 루프에 다이오드를 사용한 회로

〈그림 **4-85**〉 증폭기 결합 전파정류회로

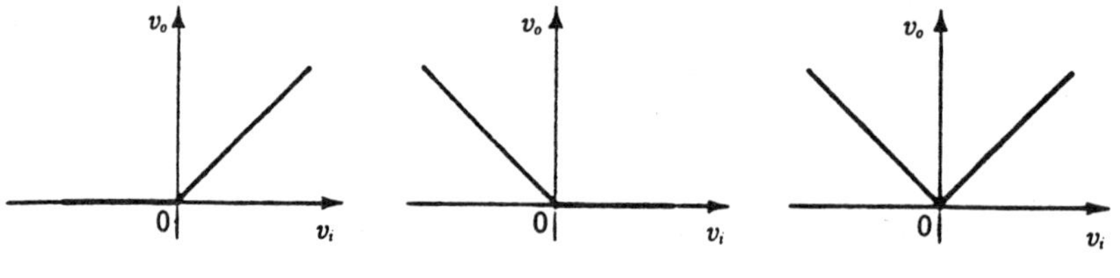

(a) (b) (c)

〈그림 **4-86**〉 그림 4-85(c) 회로의 전달 특성

cuit)의 전달특성과 일치한다. 두 회로를 병렬로 연결할 때는 예기치 않은 현상이 일어나기 쉬우므로 조심해야 한다.

따라서 회로가 정상적으로 작동하는지 알아보기 위해 그림 4-85(c)의 회로를 재점검하는 것이 좋다. 먼저 A에서 입력이 (+)인 경우에는 A_2의 출력이 (+)가 되므로 D_2가 도통되고 R_L을 통해 전류가 흐르게 된다. 결과적으로 A_2 주위에 귀환 루프가 형성된다. 따라서 A_2의 입력단자 사이에 가상 단락회로가 형성되고 출력, 즉 반전입력단자의 전압이 입력과 같아지게 된다. 이러한 현상에 의해 A_1의 반전입력단자의 전압이 입력과 같아지게 된다. 즉, (+)가 된다. 따라서 A_1이 포화될 때까지 A_1의 출력은 (−)가 되고, D_1은 차단된다.

다음으로, A가 (−)로 되는 경우에 대해서 생각해 본다. A_1의 반전입력단자에 (−) 전압이 가해지면, F의 전압이 상승되어 D_1을 도통시키고 R_L에 전류를 공급해 준다. 그리고 A_1의 주위에 귀환 루프를 형성시킨다. 따라서 A_1의 반전단자는 가상접지가 되고, 출력단인 C점의 전압은 입력전압의 반대 부호값이 된다. 즉, (+)값이 된다. A에서의 (−)전압은 A_2의 출력을 음의 방향으로 포화시킨다. 따라서 D_2는 차단된다.

(4) 브리지 정류회로

그림 4-87(a) 회로에서는 부하저항을 가동 코일형 계기 M으로 대치했으며 입력측에는 단일이득 폴로워(unity-gain follower)를 달아주었다. 이 폴로워는 회로에 높은 입력저항을 제공해 주고 C점의 낮은 임피던스 단자에 입력신호와 동일한 신호가 나타나게 해준다. 측정기의 감도를 조절하기 위해 저항 R을 브리지와 직렬로 연결했다. 이 저항을 M과 직렬로 연결해도 동일한 결과를 얻는다. 그러나 저항을 직렬로 연결한 것은 이 회로가 전압-전류 변환기 역할을 한다는 것을 강조하기 위한 것이다. 입력전압 v_A가 주어졌

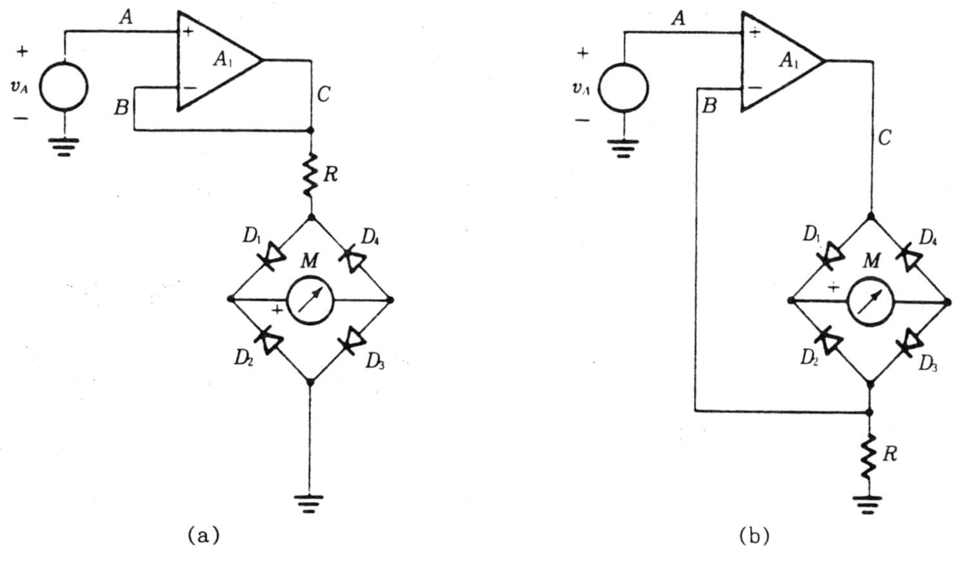

〈그림 4-87〉 교류 전압계 설계에서의 다이오드 브리지 이용 (a)에서 연산증폭기는 완충기로서 사용되었으며 저항 R은 측정기의 감도를 결정한다. (b)에서 귀환 루프에 브리지를 위치시켜 정밀기기가 되게 하였다.

을 때 저항 R의 값, 미터의 저항 그리고 다이오드의 전압강하가 미터에 흐르는 전류의 평균값을 결정한다. 즉, 미터 표시를 결정한다.

미터의 내부저항과 다이오드 특성에 의한 영향을 제거하고, 또 작은 전압에 대해서도 회로를 잘 동작시키기 위해서 그림 4-87(b)처럼 다시 연결한다. 이 회로에서, 다이오드 브리지는 연산증폭기의 부귀환 루프에 연결되어 있다.

만약 이 귀환 루프가 입력의 두 가지 극성에 대해 닫혀진다고 가정한다면, 연산증폭기의 두 입력단자 사이에는 단락회로가 나타나게 될 것이다. 따라서 저항 R에는 입력전압 v_A와 똑같은 전압이 나타나게 되고, 전류는 입력전압 v_A에 직접 비례하게 된다. 즉,

$$i_R = \frac{v_A}{R}$$

이 된다. 전류의 (+)반주기는 연산증폭기 출력으로부터 나와 D_1, M 그리고 D_3를 통해 흐른다. 반면에 (−)의 반주기는 D_4, M 그리고 D_2를 통해 연산증폭기의 출력단으로 들어간다. 이때 어느 경우이든 미터 M에 흐르는 전류의 방향은 일정하다.

결국, 그림 4-87(b)의 회로를 이용하면 값싼 가동 코일형 미터를 사용하여 정확하고 높은 입력 임피던스를 갖는 교류 전압계를 실현할 수 있다. 또한 이 회로는 부귀환을 이용하고 있으므로 모든 비이상적인 특성의 영향을 받지 않는다.

4-18 D/A 및 A/D 변환회로

(1) 변환기와 Digital System

디지탈 기기의 출력은 2진수 정보로 되어 있기 때문에 이를 동등한 analog 정보로 바꾸어야 할 경우가 많다. 이런 변환(conversion)은 D/A변환기(digital to analog converter)를 통하여 하고, 이 변환은 주로 digital system의 출력에서의 그 변화를 직접 오실로스코프를 통하여 보거나 그래프를 그리기 위해서 플로터(plotter)의 서보모우터(servo-motor)를 돌릴 때 필요하다. 따라서 D/A변환기는 digital system에서 결과를 얻기 위한 하나의 디코우딩 장치(decoding device)이다.

전기적인 신호는 거의가 analog 형태로 이루어져 있으므로 이를 digital system의 입력으로 쓰기 위해서 A/D변환기(analog to digital converter)에 의해서 변환한다. 이 변환을 위해서 먼저 양적인 변화를 일으키는 것들을 트랜스듀서(transducer)를 통하여 전기적인 신호로 바꾸고 이를 다시 A/D변환시켜 digital system의 입력으로 쓴다. 압력, 회전속도, 온도 등과 같은 변화를 디지탈 입력으로 쓰기 위해서는 이 변화량에 비례하는 전기적 신호를 내는 트랜스듀서를 통하여 신호를 얻고 이를 다시 A/D변환기를 통하여 2진수 정보를 얻어 부울 입력(boolean input)으로 digital system에 입력될 수 있다. 따라서 A/D변환기는 digital system의 입력을 위한 인코우딩 장치(encoding device)의 일종이다.

D/A변환기는 직접변환기와 간접변환기로 구별되고 직접변환기는 n bit로 된 한 word를 입력으로 받아 동시에 처리하는 병렬형(parallel) D/A변환기와 한 word에 대한 각 비트(bit)를 순차적으로 받아서 변환누가시켜 analog 신호를 얻는 직렬(serial)형 D/A변환기가 있다.

간접 D/A변환기는 디지탈 입력의 한 word에 비례하는 pulse-width로 변환한 후 이것을 다시 analog 신호로 변환시키는 pulse-width D/A변환기와 디지탈 입력을 그에 상당하는 pulse rate로 변환시킨 후 이를 다시 analog 신호로 바꾸는 pulse rate D/A변환기가 있다.

A/D변환기 역시 병렬형과 직렬형으로 구분되며, 일반적으로 D/A변환기는 비교적 간단히 만들어지는 반면 A/D변환기는 복잡하고 D/A변환기를 그 일부로 포함하여 구성된다. D/A나 A/D변환기는 그 회로나 제작이 극히 정밀을 요하는 것이지만 지금은 MOS/LSI로 제작되어 쉽게 상품으로 구할 수 있다.

이들 여러 종류의 변환기는 디지탈 기기의 종류와 요구되는 변환속도, 정밀도, 디지탈 입력신호의 형태 및 경비에 따라 적당한 것이 선택된다. 일반적으로 병렬형은 한 word를 동시에 변환하므로 순차적으로 변환누가시키는 직렬형보다 속도가 빠르다.

(2) 하중저항을 쓴 D/A 변환회로

그림 4-88은 하중저항을 쓴 D/A 변환회로이다. R_0, $R_0/2$, $R_0/4$, $R_0/8$의 병렬합성저항보다 저항 R을 충분히 적은 값으로 해주면 스위치 S_0～S_3을 on했을 때 각각의 저항에 흐르는 전류 I_0, I_1, I_2, I_3는

$$I_0=\frac{V_R}{8R_0}$$
$$I_1=\frac{V_R}{4R_0} \tag{4-85}$$
$$I_2=\frac{V_R}{2R_0}$$
$$I_3=\frac{V_R}{R_0}$$

이 된다.

저항 R에 흐르는 전류는 이들 전류를 모두 합친 값이 되어 v_{out}는 디지탈 양에 비례한 애널로그 출력이 된다. 예를 들어 디지탈 양이 0101(=5)일 때는

$$\begin{aligned} v_{out}&=R_0(I_2+I_0)\\ &=R_0\left(\frac{V_R}{2R_0}+\frac{V_R}{8R_0}\right)\\ &=\frac{5R_0V_R}{8R_0} \end{aligned} \tag{4-86}$$

이 된다.

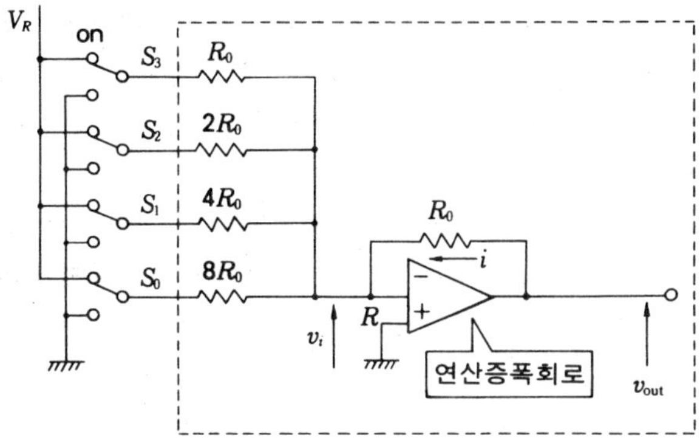

〈그림 4-88〉 하중저항을 이용한 D/A 변환회로

이 회로에서 정밀도를 높이기 위하여는 R을 하중저항의 합성저항보다 충분히 적게 할 필요가 있다. 저항 R을 적게 하면 출력전압 v_{out}도 적어지므로 v_{out}를 크게 하려면 기준 V_R을 크게 할 수 밖에 없다. 이런 경우에 스위치는 고전압을 개폐(on, off) 할 수 있는 소자라야 한다.

그림 4-88은 OP Amp를 쓴 D/A변환기이다. OP Amp 자체의 증폭률을 A라고 하면

$$i=(v_{out}+v_i)/R_0,\quad R=v_i/i$$

이므로 입력저항 R은

$$i=(Av_i+v_i)/R_0=v_i(A+1)/R_0$$

$$\therefore\ R=\frac{v_i}{i}=\frac{R_0}{A+1} \qquad (4\text{-}87)$$

이 되며 OP Amp에서 A는 100,000 이상이므로 R은 무시할 수 있을 정도로 적은 값이 된다. OP Amp 자체의 입력 임피던스는 매우 크나(10〔MΩ〕), 귀환회로를 가진 OP Amp의 입력저항은 등가적으로 0이라고 할 수 있다. 따라서 그림 4-88에서 S_3만이 on상태라고 하면 입력전류 i_3는

$$i_3=\frac{V_R}{R_0}$$

이고, 이것은 R_0을 흐르는 i와의 사이에

$$i+i_3=0$$

의 관계가 있으므로

$$i=-i_3=\frac{-V_R}{R_0}=\frac{V_{03}}{R_0}$$

$$\therefore\ V_{03}=-V_R[V_0=(-V_R/R_{in})\times R_f]$$

이 된다. 같은 방법으로 스위치 S_2만이 on상태라고 하면, $2R_0$에 흐르는 전류 i_2는 $V_R/2R_0$이므로

$$i=-i_2=\frac{-V_R}{2R_0}=\frac{V_{02}}{R_0}$$

$$\therefore\ V_{02} = -\frac{V_R}{2}$$

이고, S_1이나 S_0만이 on되었을 때는 각각

$$V_{01} = -\frac{V_R}{4},\ V_{00} = -\frac{V_R}{8}$$

이며, $S_3 \sim S_0$의 모든 스위치가 on되었을 때는 중첩의 정리에 의하여

$$V_0 = V_{03} + V_{02} + V_{01} + V_{00} = -V_R\left(1 + \frac{1}{2} + \frac{1}{4} + \frac{1}{8}\right)$$

$$= \frac{-V_R}{8}(8+4+2+1) = \frac{-15}{8}V_R \tag{4-88}$$

인 출력전압을 얻을 수 있다.

(3) Ladder형 D/A 변환회로

그림 4-91은 Ladder형 D/A변환회로이다.

$$V_{out} = -V_{REF}\left(1 + \frac{1}{2} + \frac{1}{4} + \frac{1}{8}\right) = \frac{V_{REF}}{8}(8+4+2+1)$$

$$= \frac{-15}{8}V_{REF}(R_f = 2R\text{인 경우}) \tag{4-89}$$

의 출력을 얻을 수 있다.

그림 4-89의 Ladder형 D/A변환기의 동작 상황은 약간 다르다. 먼저 스위치 1만이 on되었을 경우를 생각하자. a점은 접지전위이므로 이 경우의 등가회로는 그림 4-90(a)와 같이 된다.

이 증폭단의 이득은 $A = -2R/2R = -1$이 된다. 즉 SW1은 MSB로서 weight 1을 갖게 된다. 위에서 a점 왼편쪽의 저항은 a점이 접지전위이므로 전류가 흐르지 않기 때문에 무시된다.

다음에 SW2만이 on된 경우를 생각하면 그 등가회로는 그림 4-90(b)와 같이 된다.

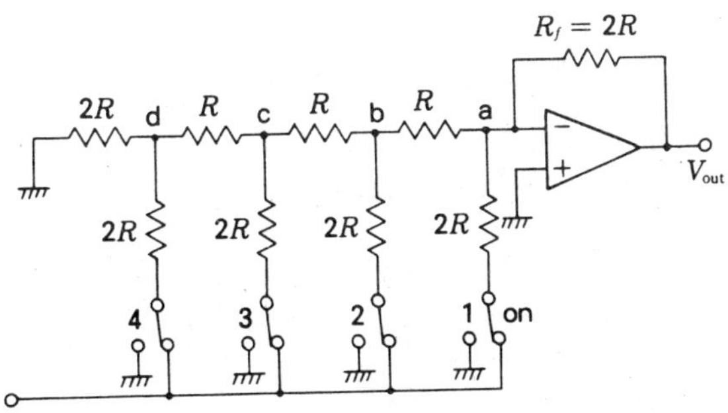

〈그림 4-89〉 R-$2R$형 D/A

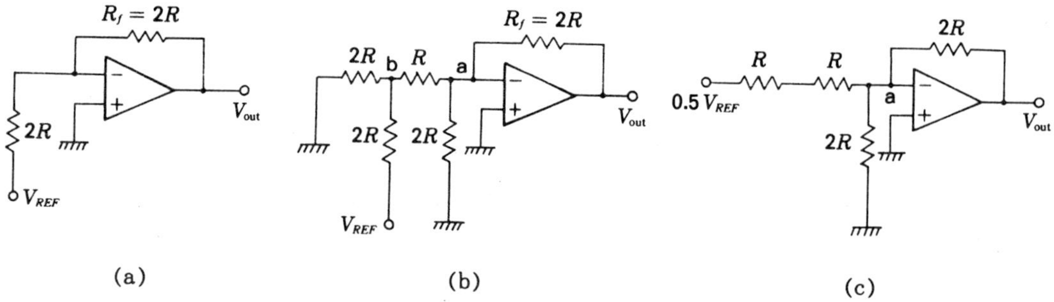

〈그림 4-90〉 그림 4-89에 대한 각 경우의 등가회로

b점의 왼편쪽에 대하여 데브닌(Thevnin)의 정리를 적용하면 그림 4-90(c)와 같이 등가회로를 얻을 수 있다. 그림에 의하여 SW2는 $0.5V_{REF}$의 입력에 대하여 $A=-1$로 V_{out}에 전달되므로 V_{REF}에 대하여 1/2로 weight 되었음을 알 수 있다.

같은 방법으로 모든 스위치가 on된 경우에는 그림의 a점에서 아래쪽으로 접지된 저항은 $2R$이고, 또 a점에서 오른쪽을 본 저항은 OP Amp의 입력전압이 0이므로 ((−), (+)의 2 입력간의 전압이 0〔V〕이므로) Ⓐ점을 접지로 간주할 때 $2R$과 $2R$의 병렬합성과 R의 직렬합성저항의 연속이므로 역시 $2R$이 된다. 따라서 V_{REF}에서 공급되는 전류를 I_0라 하면 $I_1=I_0/2$가 되고, a-b점간을 흐르는 전류도 I_1과 같다. 또, I_2는 b-c간을 흐르는 전류와 같이 $I_2=I_1/2=I_0/4$가 되며, I_3는 c-d간을 흐르는 전류와 같이 $I_3=I_2/2=I_0/8$, I_4는 $I_4=I_3/2=I_0/16$가 된다. 또, I_0는 V_{REF}를 전체의 합성저항 R로 나눈 것이므로 $I_0=V_{REF}/R$이며, 따라서 다음 방정식을 얻을 수 있다.

$$I_4=\frac{I_0}{16}=\frac{V_{REF}}{16R}=\frac{-V_{04}}{R_f}$$

$$V_{04}=\frac{-R_f}{16R}V_{REF}$$

같은 방법으로 I_3는 $I_0/8=V_{REF}/8R$이므로

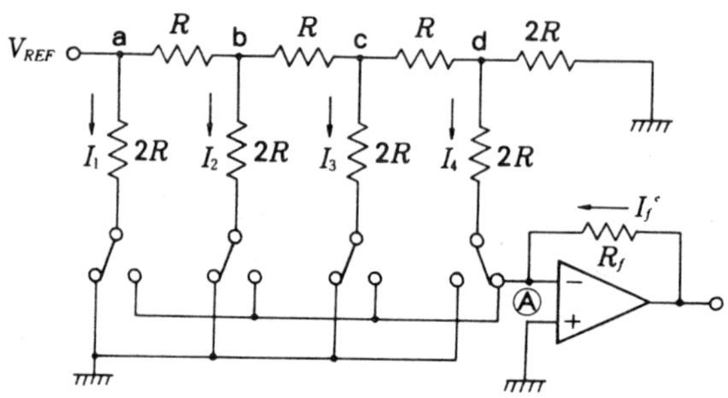

〈그림 4-91〉 R-$2R$형 D/A변환기(A)

$$V_{03} = \frac{-R_f}{8R} V_{REF}$$

가 되고 I_1, I_2, I_3, I_4가 모두 Ⓐ점으로 흐른다면,

$$I_4 + I_3 + I_2 + I_1 = \frac{I_0}{16}(1+2+4+8) = \frac{15}{16}\frac{V_{REF}}{R} = \frac{-V_0}{R_f}$$

$$V_0 = \frac{-15}{16}\left(\frac{R_f}{R}\right) V_{REF} \qquad (4\text{-}90)$$

이 된다.

(4) Ramp형 A/D 변환회로

그림 4-92는 Ramp형 A/D변환기이다.

애널로그 입력신호는 Ramp 발생기의 출력과 전압비교기에 의하여 비교된다. 먼저, 계수기를 clear시켜 0으로 하고, V_{in}에는 애널로그 입력을 넣고 Ramp 발생기의 동작과 동시에 clock pulse를 가하면 비교기 C는 애널로그 입력 V_{in}과 Ramp 발생기 출력 V_R을 비교하여 $V_{in} > V_R$일 때는 V_C를 H로 하여 clock pulse가 2진 카운터에 전달된다. Ramp 발생기의 출력 V_R은 시간 t에 따라 증가하여 $V_{in} < V_R$이 되면 V_C는 L출력을 내고 따라서 AND회로 출력은 L로 되어 계수동작을 정지한다.

Ramp형 A/D변환기는 비교적 간단하나 Ramp파형의 직선성과 clock의 안정도에 따라 정밀도가 결정되며, Ramp파형의 최대치에 가까워짐에 따라 그 기울기가 낮아지는 경우 정밀도는 낮아지게 된다.

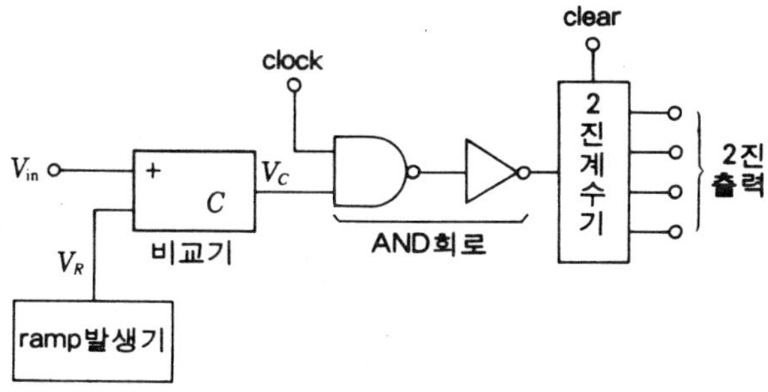

(a) 회 로

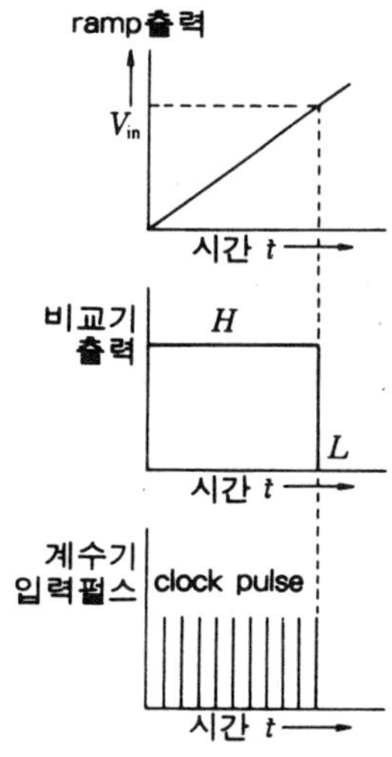

(b) A/D 변환동작

〈그림 4-92〉 Ramp형 A/D변환기 회로

(5) Dual slope A/D 변환회로

그림 4-93은 dual slope를 갖는 A/D 변환기이다. Ramp 발생기는 애널로그 입력 V_{in}에 의하여 출력전압이 상승하여 비교기의 접지전위와 비교되어 H출력을 낸다. 그러면 클록 펄스가 계수기에 가해지기 시작하여 계수된다. 계수기의 MSB가 1이 되면 logic 스위치가 동작하여 Ramp 입력단자를 기준전압 $-V_{REF}$쪽으로 전환시킨다.

MSB가 0인 동안은(0000~0111이 계수되는 기간) 그림 4-93(b)와 같이 기울기 V_{in}/RC으로 Ramp 전압이 상승한다. 이 상승전압은 RC가 일정한 값일 때 V_{in}에 비례하여 크다. MSB가 1이 되면(1000~$1Q_2Q_1Q_0$) Ramp 출력은 기울기 $-V_{REF}/RC$로 하강하는데 0000~1000기간 동안 상승한 Ramp 전압은 애널로그 입력전압 V_{in}에 비례하여 크므로 그림 4-93에서와 같이 t_2의 길이도 V_{in}에 비례하게 된다. 그림에서 $V_{in} > V_{in}'$ 이므로 $t_2 > t_2'$ 임을 보여주고 있다. t_2시간 동안 계수기는 1000에서 $1Q_2Q_1Q_0$까지 계수하게 되는 데 이때 $Q_2Q_1Q_0$는 t_2시간, 즉 V_{in}에 비례하는 디지탈 출력이 된다. 이 방식은 저항($R=R_3/(1+R_2/R_1)$)과 용량 C의 오차나 클록 주파수가 정밀도에 영향을 미치지 않는 이점이 있다. R이나 C나 f가 변하는 것은 t_1에 변화를 주나, 그것은 t_2기간에도 같은 영향을 주게 되어 디지탈 출력은 V_{in}에만 비례하게 되기 때문이다.

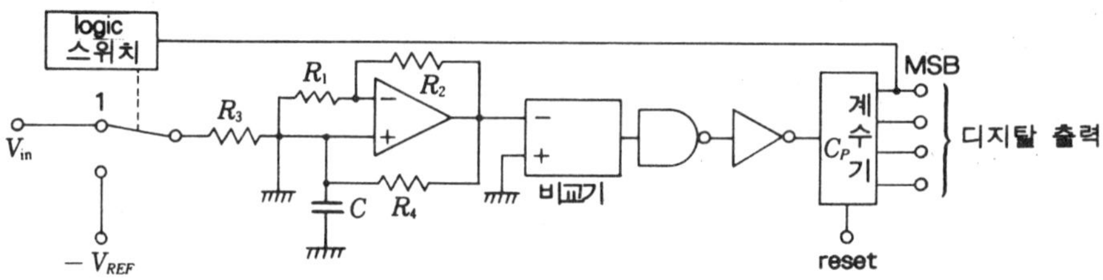

(a) 회 로

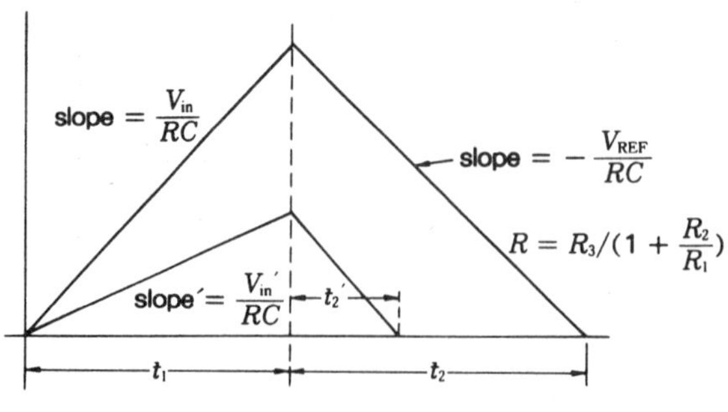

(b) 동작특성

〈그림 4-93〉 Dual slope A/D converter

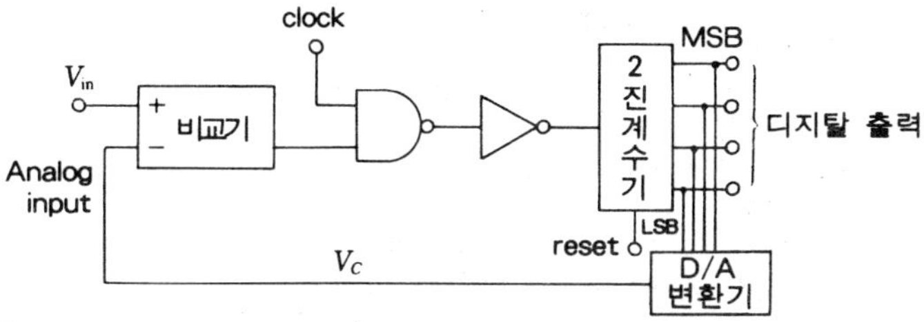

〈그림 4-94〉 D/A 귀환을 한 A/D 변환회로

(6) D/A 귀환을 한 A/D 변환회로

Ramp형 A/D 변환기는 Ramp 발생기의 안정도나 직선성이 정밀도에 영향을 준다. 그림 4-94는 counter ramp A/D 변환기로서 귀환을 사용하여 Ramp 발생기를 없애는 것이다. 귀환을 통하여 출력은 다시 되돌아와 입력과 비교된다. 그런데 출력은 디지탈 신호이므로 애널로그 전압인 입력과 비교되기 위하여 디지탈 출력은 D/A 변환기에 의하여 다시 애널로그 전압으로 변환한다.

처음 reset에 의하여 디지탈 출력이 0000으로 되면 D/A 변환기 출력은 0[V]가 되고 이것은 애널로그 입력인 V_{in}과 비교되어 비교기 출력은 H가 된다. 그러면 클록 펄스는 2진 계수기에 전달되어 계수되면서 디지탈 출력은 증가한다. 이 디지탈 출력은 D/A 변환기에 의하여 애널로그 전압으로 변환되어 계속 V_{in}과 비교된다. D/A 변환기의 애널로그 출력이 계단파형으로 점차 증가하여 드디어 $V_{in} < V_c$가 되면 비교기 출력은 L로 되고, AND출력이 L로 되며 클록 펄스는 계수기 C_P 단자에 전달되지 못한다. 따라서 계수동작이 정지되며 이때 2진 계수기의 출력은 애널로그 입력인 V_{in}에 상당한 디지탈 출력을 표시하게 된다.

Counter ramp형 A/D 변환기는 독립적인 Ramp 발생기 대신 출력을 D/A 변환하여 Ramp 전압을 얻어낸다고 할 수 있으나, 애널로그 입력이 연속적으로 변화하는 양인 경우 이에 적응하지는 못하고 0으로 reset시킨 상태에서 다시 계수동작을 하여 어느 순간의 애널로그 양을 디지탈 양으로 변환한다.

만일, 계수기를 Up/Down counter를 쓴다면 연속적으로 변화하는 입력 애널로그 양에 대하여 연속적으로 적응하는 디지탈 출력을 얻을 수 있을 것이다.

(7) Successive Approximation A/D Converter

애널로그 입력신호가 크게 변동하는 경우 Up/Down counter는 V_{in}에 상당한 디지탈 출력으로 변환하는데 시간이 걸리게 된다. 그림 4-95는 이 변환시간을 단축하는 연속추정형 A/D변환기로서 n비트의 출력을 만드는데 n개의 클록 주기가 필요하다. 쉽게 설명

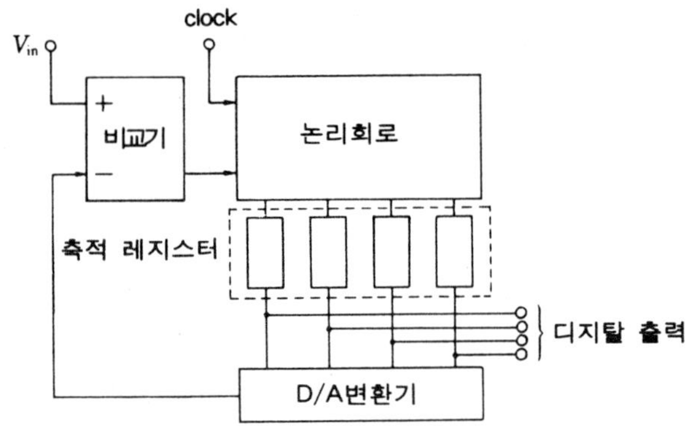

〈그림 4-95〉 Successive Approximation A/D 변환회로

하기 위하여 입력전압이 0∼15〔V〕 범위이고, 4비트의 계수기로 디지탈 출력은 0∼15까지를 표시하며 그리하여 1이 1〔V〕에 대한 디지탈 출력이라 하자. 애널로그 입력 V_{in}이 11〔V〕라 할 때 디지탈 출력의 접근 동작을 알아본다. 처음에 디지탈 출력은 MSB가 1, 즉 1000(=8)로 set되는 것으로 시작된다. 디지탈 출력 8은 애널로그 전압 8〔V〕를 의미하고 이것은 비교기에서 비교되어 $V_{in}=11〔V〕>8〔V〕$이므로 그 출력을 H로 한다.

이 H 신호와 클록 펄스에 의하여 논리회로(logic block)는 축적 레지스터(storage register)의 2번째 MSB를 1로 set시킨다. 즉, 디지탈 출력은 1100이 되고, D/A 변환기의 출력은 12〔V〕가 된다.

12〔V〕는 애널로그 입력신호 11〔V〕보다 크므로 비교기의 출력은 L이 된다. 이 L출력과 다음 클록 펄스는 앞서의 2번째 MSB의 1을 다시 0으로 reset시키고, 3번째 비트를 1로 set시킨다. 그러면 디지탈 출력은 1010이 되고 이것은 10〔V〕를 의미한다. 이것은 또, 입력보다 작으므로 논리회로는 3번째 비트를 그대로 1로 유지시키면서 LSB를 1로 set시킨다. 그러면 디지탈 출력은 1011이 되고 D/A변환기의 출력이 11〔V〕가 되므로 동작은 끝난다. 그러므로 4비트 변환기의 입력의 변화에 대한 출력의 적응은 4개의 클록 펄스 주기 이내에 이루어진다.

(8) 동시형 A/D 변환회로(Simultaneous A/D Converter)

Simultaneous type은 병렬형(parallel type)이라고도 하고 가장 간단한 방법의 하나이다. 변환은 입력전압을 비교기(comparator)를 거쳐 변환하려는 2진수 bit로 바꾸는 것으로 많은 수의 비교기를 필요로 한다. 비교기에서는 입력전압과 비교기의 기준전압(reference voltage)을 비교하여 입력전압이 기준전압보다 크면 비교기의 출력이 논리 1을 취하고 작으면 논리 0을 취한다. 그림 4-96(a)에서와 같이 입력전압이 0∼V까지 변화할 때

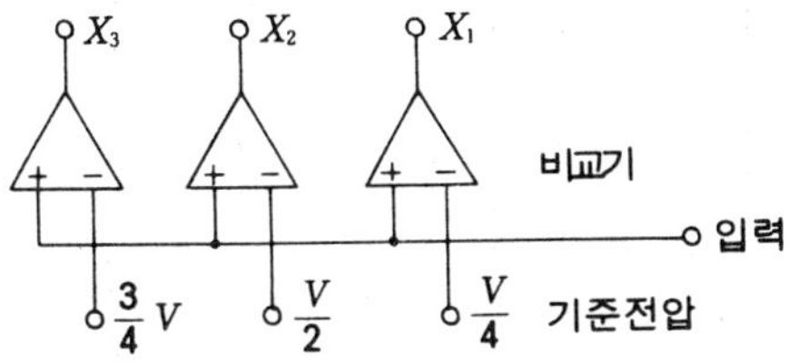

(a) 3개 비교기

입력전압	비 교 기 출 력		
	X_3	X_2	X_1
$0 \sim V/4$	0	0	0
$V/4 \sim V/2$	0	0	1
$V/2 \sim 3V/4$	0	1	1
$3V/4 \sim V$	1	1	1

(b) 출력진리표

〈그림 4-96〉

입 력 비 교 기			출 력	
X_3	X_2	X_1	Y_2	Y_1
0	0	0	0	0
0	0	1	0	1
0	1	1	1	0
1	1	1	1	1

(a) 코우드 변환 진리표

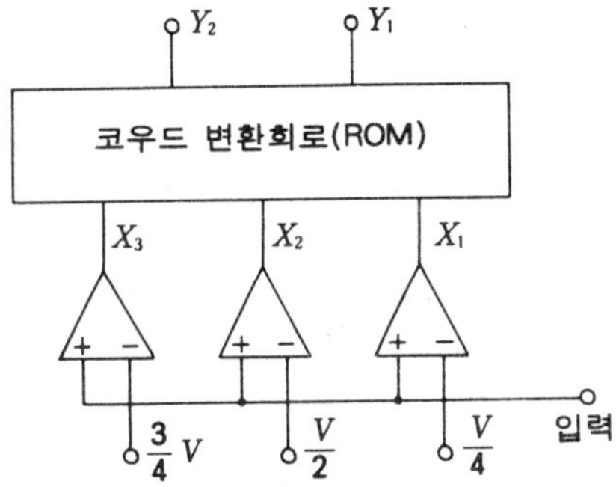

(b) 회로

〈그림 4-97〉

이를 3개의 비교기로 얻은 출력의 진리표는 그림 4-96(b)와 같이 4개의 별개상태(discrete state)를 얻는다. 따라서, 이 4개 상태를 LSB의 binary weight가 $V/4$인 2bit 2진수로 바꿀 수 있다. 이것은 그림 4-97(a)와 같이 3개 입력으로 2개 출력을 얻기 위해서 그림 4-97(b)와 같은 코우드 변환회로(code conversion circuits)를 첨가하여 얻는다. 이 코우드 변환회로는 하나의 ROM이고 조합회로이므로 디지탈에서 본 바와 같은 식을 세워 설계한다.

3bit 변환기를 위해서는 7개의 비교기가 필요할 것이므로 일반적으로 n bit 변환기에는 2^{n-1}개의 비교기가 소요된다.

예를들어 최대 입력전압이 V일 때 3bit 동시형 A/D 변환기를 설계해 보자.

LSB의 웨이트(weight)가 $V/2^3 = V/8$씩 증가하는 기준전압을 갖는 7개의 비교기와 그림 4-98과 같은 비교기의 출력 상태와 2진수 출력을 나타내므로 이를 수행하는 코우드 변환회로를 설계하면 그림 4-99와 같다. 여기서 8개의 R로 이루어진 전압분배기(voltage divider)가 $V/8$씩 LSB부터 증가시켜 비교기의 기준접압을 이룬다.

입력전압	비	교	기	출	력			변환기출력		
	X_7	X_6	X_5	X_4	X_3	X_2	X_1	Y_3	Y_2	Y_1
0～$V/8$	0	0	0	0	0	0	0	0	0	0
$V/8$～$2V/8$	0	0	0	0	0	0	1	0	0	1
$2V/8$～$3V/8$	0	0	0	0	0	1	1	0	1	0
$3V/8$～$4V/8$	0	0	0	0	1	1	1	0	1	1
$4V/8$～$5V/8$	0	0	0	1	1	1	1	1	0	0
$5V/8$～$6V/8$	0	0	1	1	1	1	1	1	0	1
$6V/8$～$7V/8$	0	1	1	1	1	1	1	1	1	0
$7V/8$～V	1	1	1	1	1	1	1	1	1	1

〈그림 4-98〉 3bit 변환기의 코우드 변환표

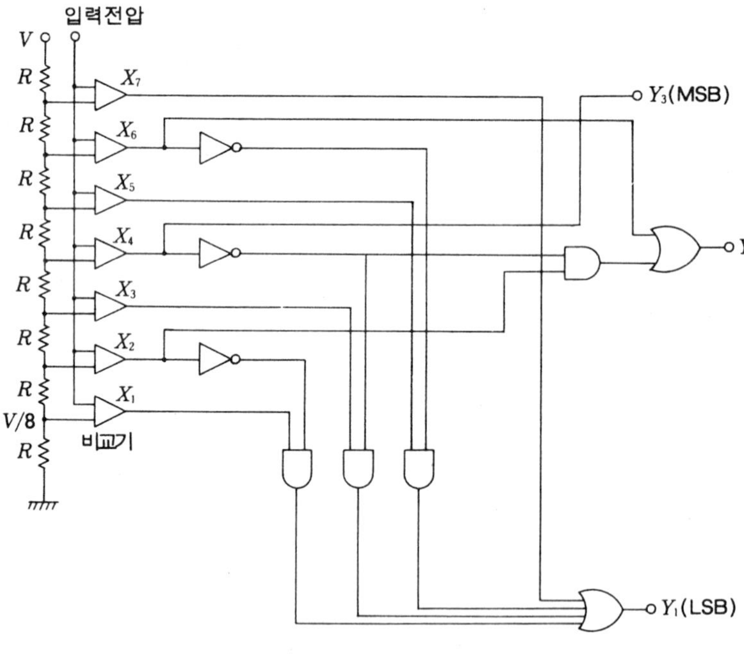

〈그림 4-99〉 3bit 동시형 A/D변환기

4-19 OP-Amp발진기

이 장에서는 여러가지의 출력파형을 갖는 발진회로에 대하여 설명하고자 한다. 기본적으로 발진회로의 기능은 변화하는 전류파형아니 전압파형을 발생하는 것이다. 더욱 정확하게 말하면 발진기는 외부입력 없이 고정된 진폭과 주파수를 갖는 반복적인 파형을 일으키는 장치이다. 발진기는 라디오, 텔레비젼, 컴퓨터 및 통신 등에 널리 사용된다. 발진회로에는 여러가지 종류가 있지만 그 기본적 원리는 모두 같다.

(1) 발진기의 원리

발진기는 출력신호의 일부가 귀환회로를 통하여 입력으로 귀환되는 귀환증폭기이다. 신호의 귀환이 적당한 진폭과 위상을 가지면 이 회로는 교류전류나 전압을 발생한다. 여기서 발진기의 요구조건을 알아보기 위하여 그림 4-100의 블록도를 생각해 보자. 이 블록도는 일반적인 귀환증폭기의 블록도와 같아 보이지만 여기에서는 입력이 0($V_{in}=0$)이다. 또한 대부분의 발진기가 정귀환을 사용하므로 정귀환루프를 나타내고 있다. 증폭기의 폐루프 이득은 A_F대신 A_V로 표시하였다.
그림 4-100의 블록도에서

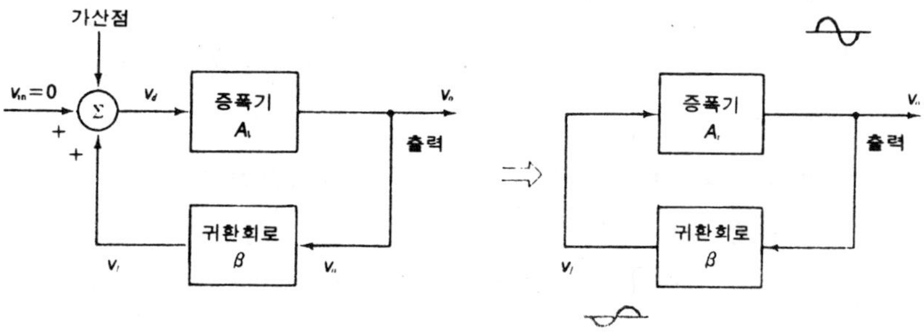

〈그림 4-100〉 발진기의 블록도

$$V_d = V_f + V_{in}$$
$$V_o = A_v V_d$$
$$V_f = \beta V_o$$

이 관계를 써서 정리하면

$$\frac{V_o}{V_{in}} = \frac{A_v}{1 - A_v\beta}$$

그러나 $V_{in}=0$이고 $V_o \neq 0$ 이므로

$$A_v\beta = 1 \qquad (4\text{-}91)$$

이고 이를 극좌표 형식으로 나타내면

$$A_v\beta = 1 \angle 0^\circ \text{ 또는 } 360^\circ \qquad (4\text{-}92)$$

식 (4-92)에서 2가지 발진 조건을 구할 수 있다.

① 루프이득의 진폭 $A_V\beta$는 적어도 1이어야 한다.

② 루프이득 $A_V\beta$의 전체 위상편이는 0°또는 360°이다.

예를들면 그림 4-100에 나타낸 것처럼 증폭기에서 180°의 위상편이가 있으면 귀환회로에서도 180°의 위상편이가 생겨서 전체적으로 360°의 위상편이가 되어야 한다.

그림 4-100에 나타낸 파형은 정현파로서 회로의 동작을 나타내기 위하여 사용하였다. 발진기에서 발생되는 파형의 형태는 회로소자에 따라 달라지므로, 정현파, 구형파 및 삼각파 등이 된다. 또한 발진주파수는 귀환회로의 소자에 의해 결정된다.

(2) 주파수 안정도

발진회로가 정확한 주파수를 발진할 수 있는 능력을 주파수 안정도라고 한다. 발진주파수가 변화하는 요인에는 여러가지가 있지만, 온도의 변화와 전원전압의 변화가 주 요인이다. 온도나 전원전압이 변화하면 OP-AMP의 이득이 변화되고, OP-AMP 내에 들어있는 접합용량과 저항이 변화하며 외부 회로소자의 값이 변화하게 된다. 대부분의 경우에 이들의 변화는 정전압 회로나 온도제어에 의해 매우 작은 값으로 유지될 수 있다. 주파수 안정도를 결정하는 또 하나의 중요한 요인은 회로의 Q이다. Q가 클수록 발진기의 안정도가 커지므로 특히 고주파 발진의 경우에는 수정발진기가 RC발진기나 LC발진기보다 훨씬 더 안정하다.

LC발진기와 수정발진기는 고주파 발진기로 사용되며, RC발진기는 저주파 발진기로 사용된다. 여기에서는 먼저 RC발진기 중에서 정현파 발진기에 대하여 알아본다.

(3) 발진기의 종류

발진회로는 매우 다양하게 사용되므로 그 종류도 매우 다양하다. 이들 발진회로의 종류를 표 4-1에 요약 하였다.

[표 4-1] 발진기의 종류

사용된 소자의 형태	발진 주파수	발생파형
RC 발진기	저주파	정현파
LC 발진기	고주파	구형파
수정 발진기	고주파	삼각파 톱니파 등

(4) 이상형 발진기

그림 4-101은 이상형 발진기 회로로서 여기에서 증폭단으로는 OP-AMP를 사용하고 있고 귀환회로로서는 RC회로를 사용하고 있다. 귀환회로는 출력으로 부터 입력쪽으로 귀환 신호를 갖는다. OP-AMP가 반전형태로 사용되었으므로 반전단자에 나타나는 신호는 출력신호와 180°의 위상차를 갖는다. 발진에 필요한 나머지 180°의 위상차는 RC회로에서 얻어진다. 따라서 루프 주위의 전체의 위상차는 360°이다. RC회로의 위상차가 180°로 되는 어떤 특정한 주파수에서 증폭기의 이득은 충분히 커지고 이 회로는 그 주파수로 발진한다. 이 주파수를 발진주파수 f_o라고 하며

$$f_o = \frac{1}{2\pi\sqrt{6}RC} = \frac{0.065}{RC} \qquad (4\text{-}93)$$

이 주파수에서 이득 A_V는 29보다 커야 한다. 즉

$$\left|\frac{R_F}{R_1}\right| = 29$$

$$R_F = 29R_1 \qquad (4\text{-}94)$$

그러므로 이 회로의 이득이 29이고 위상차가 정확히 360°이면 이 회로는 주파수 f_o로 발진한다. 필요한 발진주파수를 얻기 위해서는 먼저 캐패시터 C를 선정하고 식 (4-93)에서 R의 값을 구한다. 그러나 필요한 진폭은 출력쪽에 연결된 제너다이오드에 의해 얻을 수 있다.

(예제 4-1)

f_o=200Hz 되도록 그림 4-101의 이상형 발진기를 설계하라

(해)

C=0.1μF로 놓으면 식 (4-93)에서

$$R=\frac{0.065}{(200)(10^{-7})}=3.25\text{K}\Omega$$

그러므로 R=3.3KΩ을 사용한다.

RC 회로가 증폭기의 부하로 되는 것을 방지하기 위하여 $R_1 \geq 10R$일 필요가 있다. 그러므로 $R_1=10R=33\text{K}\Omega$으로 하고 식 (4-94)에서

$$R_F=29(33\text{K}\Omega)=957\text{K}\Omega$$

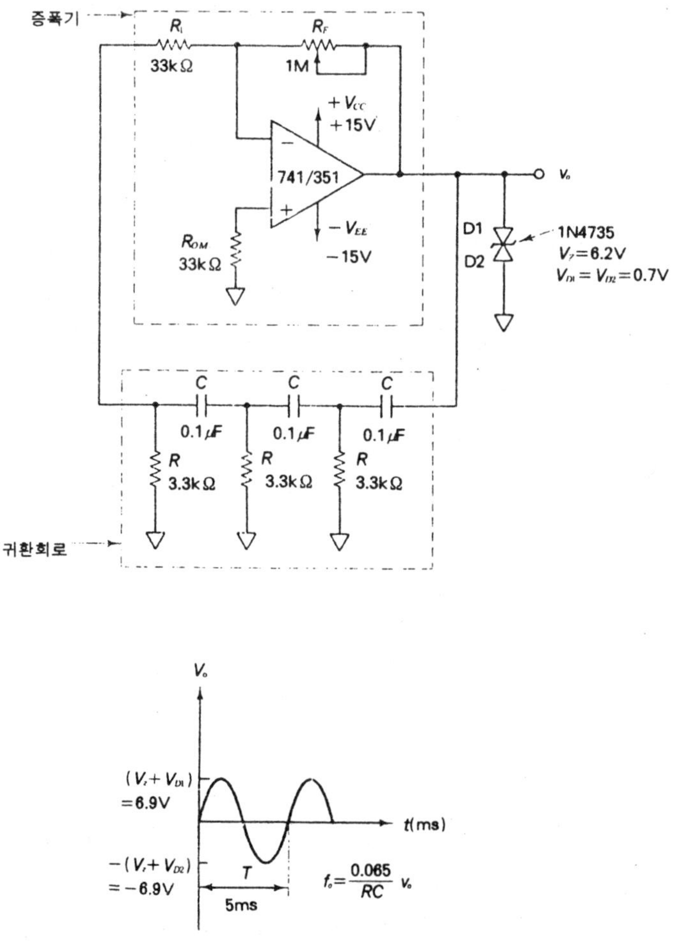

〈그림 4-101〉 이상형 발진기와 출력파형

따라서 R_F는 1MΩ 포텐쇼미터를 사용한다.

OP−AMP의 선정시 저주파(<1KHz)의 경우에는 741을 사용할 수 있다. 그러나 고주파에서는 LM318이나 LF351과 같은 OP−AMP를 사용하는 것이 슬루레이트가 커서 유리하다.

(5) 윈브리지형 발진기

발진기가 간단하고 안정성이 높으므로 저주파용 발진기로 가장 많이 사용되는 것은 윈 브리지형 발진기이다. 그림 4-102는 윈 브리지형 발진기로 이 회로에서는 윈브리지가 증폭기의 입력단자와 출력단자 사이에 연결되어 있다. 이 브리지는 한 암에 직렬 RC회로가 연결되어 있고, 인접한 암에 병렬 RC회로가 연결되어 있다. 브리지의 나머지 2암에는 R_1과 R_F가 연결되어 있다. 발진을 위해서는 회로 주위의 위상차가 0°이어야 한다. 이 상태는 브리지가 평형되었을 때 즉, 공진되었을 때이다.

따라서 이 회로의 발진주파수는 평형된 윈 브리지의 공진주파수가 되고, 윈브리지의 직렬회로와 병렬회로의 저항과 캐패시터값이 같으면

$$f_o = \frac{1}{2\pi RC} = \frac{0.159}{RC} \qquad (4\text{-}95)$$

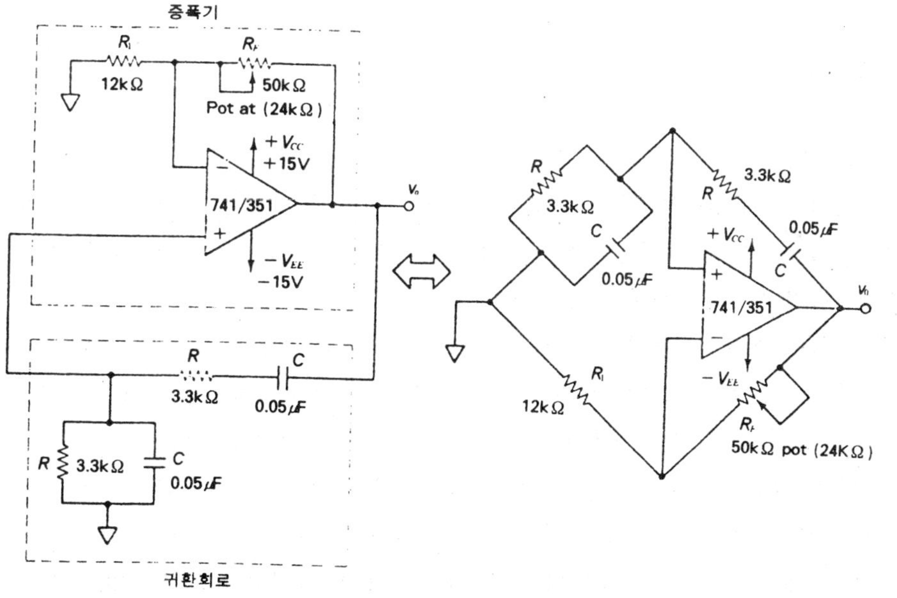

〈그림 4-102〉 윈 브리지 발진기

가 된다. 이 주파수에서 발진이 유지되기 위한 이득은

$$A_V = \frac{1}{\beta} = 3$$

즉

$$1 + \frac{R_F}{R_1} = 3$$

$$R_F = 2R_1 \qquad (4\text{-}96)$$

이다.

윈브리지형 발진기는 예제 4-2에 나타낸 것처럼 식 (4-95)와 식 (4-96)을 써서 설계할 수 있다.

(예제 4-2)

f_o=965Hz인 윈 브리지형 발진기를 설계하라.

(해)

$C = 0.05\mu F$라 하면

$$R = \frac{0.159}{(5)(10^{-8})(965)} 3.3K\Omega$$

$R_1 = 12K\Omega$으로 하면

$$R_F = (2)(12K\Omega) = 24K\Omega$$

(6) Quadrature 발진기

Quadrature 발진기는 그 이름처럼 위상이 90° 다른 2신호(정현파와 여현파)를 발생한다. 정현파와 여현파의 실제의 위치는 임으로 되지만 그림 4-103의 Quadrature 발진기에서 A_1의 출력은 정현파이고, A_2의 출력은 여현파이다. 이 발진기는 dual OP-AMP와 3개의 RC조합이 필요하다.

첫 OP-AMP A_1은 비반전 모드로 동작하고 있고 비반전 적분기로 작용한다. 둘째번 OP-AMP A_2는 순수한 적분기로 작용한다. 더욱이 A_2에는 R_3C_3로 분압기가 연결되어 있다. 이 분압기가 귀환회로 이며 A_1과 A_2는 증폭단이다.

발진을 위해 필요한 360°의 위상차는 다음과 같이 하여 얻어진다. A_2는 적분기이고 반전형 이므로 여기서 -270°(또는 90°)의 위상차가 생긴다. 나머지 -90°(또는 270°)의 위상차는 분압기 R_3C_3와 OP-AMP A_1에서 생긴다. 그러나 360°의 위상차는 f_o인 주파수에서만 얻어지므로 f_o를 발진주파수라고 한다. 이 주파수는

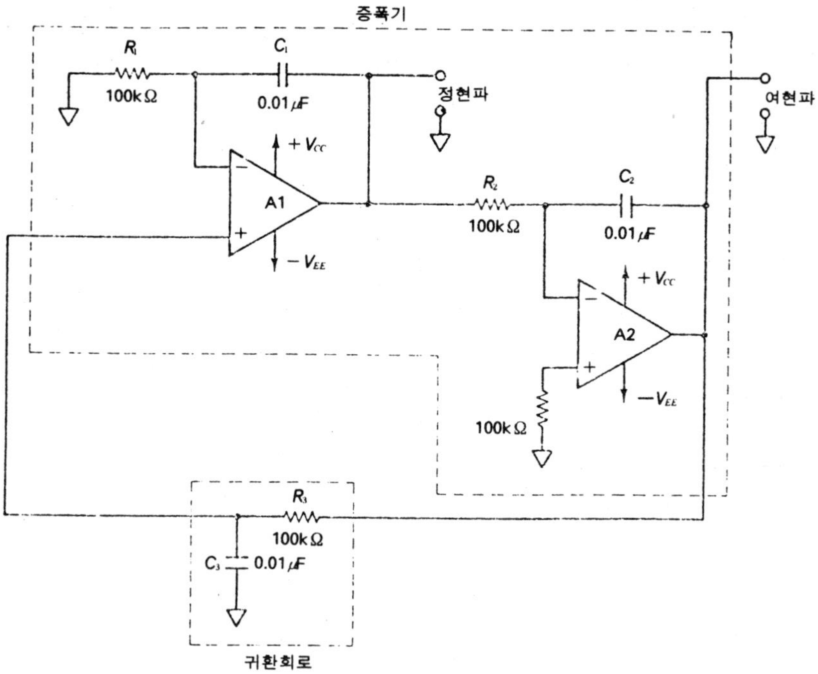

〈그림4–103〉 Quadrature발진기 : A_1, A_2 : dual OP－AMP : 1458/353

$$f_o = \frac{1}{2\pi RC} \quad (4\text{-}97)$$

이며 여기서 $R_1C_1 = R_2C_2 = R_3C_3 = RC$ 이다. 이 주파수에서

$$A_V = \frac{1}{\beta} = 1.414 \quad (4\text{-}98)$$

가 되어 발진조건이 얻어진다.

그러므로 필요한 발진주파수 f_o를 얻기 위한 Quadrature발진기를 설계하기 위해서는 먼저 C의 값을 선정하고, 식 (4–97)에서 R의 값을 계산한다. 설계를 간단히 하기 위하여는 $C_1 = C_2 = C_3$, $R_1 = R_2 = R_3$로 놓고 계산한다. 또한 출력파형에서 생길 수 있는 의곡을 제거하기 위하여 R_1은 포텐쇼미터를 사용하는 것이 좋다.

(예제4–3)

$f_o = 159$Hz를 발진하기 위하여 그림 4–103 의 Quadrature 발진기를 설계하라.

(해)

$C = 0.01\mu$F라 놓으면 식 (4–97)에서

$$R = \frac{0.159}{(159)(10^{-8})} = 100\text{K}\Omega$$

따라서 $C_1=C_2=C_3=0.01\mu F$, $R_1=R_2=R_3=100K\Omega$이다. 그러나 의곡이 없는 출력파형을 얻기 위해 $R_1=200K\Omega$ 포텐쇼미터를 사용하는 것이 좋다.

(7) 구형파 발진기

정현파 발진기와는 대조적으로 OP-AMP가 포화 영역에서 동작하면 구형파 출력이 얻어진다. 즉, OP-AMP의 출력은 (+)포화전압 $+V\text{sat}(\fallingdotseq +V_{CC})$와 (-)의 포화전압 $-V\text{sat}(\fallingdotseq -V_{EE})$ 사이에서 반복적으로 스윙하여 결과적으로 구형파 출력이 얻어진다., 이와같은 회로 중의 하나를 그림 4-104(a)에 나타내었다. 이 구형파 발진기는 비안정 멀티바이브레이터라고도 한다. 이 회로의 출력은 차동입력전압 V_{id}가 (+)인가 (-)인가에 따라서 각각 (+)와 (-)로 포화된다.

그림에서 DC전원전압 $+V_{CC}$와 V_{EE}가 가해질때 캐패시터 C양단의 전압이 0이라고 가정해 보자[그림 4-104.b참조]. 이것은 초기에 반전단자의 전압이 0이라는 의미이다. 그러나 같은 순간에 비 반전단자의 전압 V_1은 출력 offset전압 V_{OOT}와 R_1, R_2의 값에 함수로 되며 매우 작은 유일한 값이 된다.

그러므로 차동입력전압 V_{id}는 비 반전단자의 전압 V_1과 같게 된다. V_1은 매우 작지만 이로 인해 OP-AMP는 포화영역에서 동작하게 된다. 예를들면 출력 offset 전압 V_{ooT}가 (+)라고 가정하면 V_1도 (+)가 될 것이고, 초기에 캐패시터 C는 단락회로로 작용하므로 OP-AMP의 이득 A는 매우 커서 V_1이 OP-AMP를 구동하여

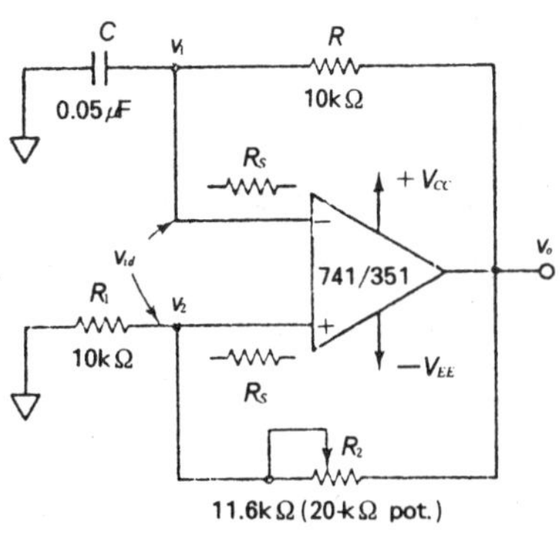

(a) 구형파 발진기

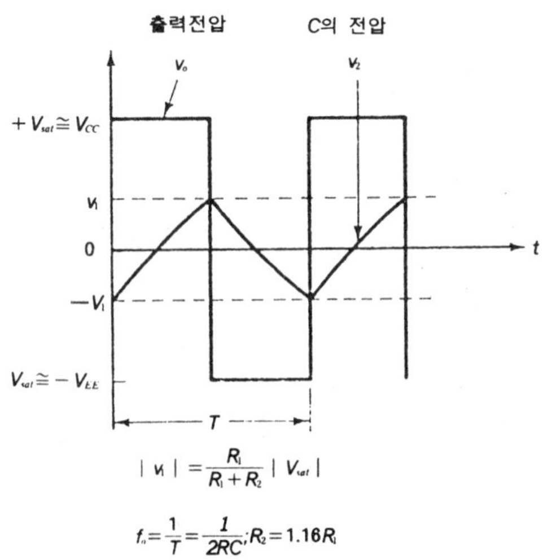

(b) 출력전압 V_o와 캐패시터전압 V_2의 파형

〈그림 4-104〉

OP-AMP의 출력에는 $+V$sat이 나타난다. OP-AMP의 출력이 $+V$sat이므로 캐패시터 C는 저항 R을 통하여 (+)Vsat을 향하여 충전하기 시작한다. 그러나 캐패시터 C양단의 전압 V_2가 V_1보다 약간만 커지려고 하면 OP-AMP의 출력은 (−)Vsat으로 스위치 되고 R_1양단의 전압 V_1은 (−)로 된다.

$$V_1=\frac{R_1}{R_1+R_2}(-V\mathrm{sat}) \qquad (4\text{-}99)$$

따라서 전체의 차동입력 전압 $V_{id}<0$이므로 OP-AMP의 출력은 −Sat으로 포화된다. 이 현상은 C가 방전하고 다시 충전하여 $-V_1$보다 약간 더 커질 때까지 계속된다[그림 4-104(b)참조]. 이제 캐패시터의 전압 V_2가 $-V_1$보다 더(−)로 되자마자 전체의 차동입력전압 V_{id}는 (+)로 되고 OP-AMP의 출력은 (+)로 포화된 한 사이클이 끝난다. 출력이 $+V$sat에 있을 때 비반전 단자의 전압 V_1은

$$V_1=\frac{R_1}{R_1+R_2}(+V\mathrm{sat}) \qquad (4\text{-}100)$$

이다. 출력파형의 주기 T는

$$T=2RC\ln\frac{2R_1+R_2}{R_2} \qquad (4\text{-}101)$$

$$f_o=\frac{1}{2RC\ln[(2R_1+R_2)/R_2]} \qquad (4\text{-}102)$$

이다. 만일 $R_2=1.16R_1$이면 식 (4-102)는

$$f_o=\frac{1}{2RC} \qquad (4\text{-}103)$$

이다. 따라서 이 식에서 시정수 RC가 작아질수록 발진 주파수가 높아짐을 알 수 있다. 정현파 발진기에서와 마찬가지로 구형파 발진기가 발진하는 최고 주파수는 OP-AMP의 슬루레이트에 의해 결정된다.

(예제 4-4)

f_o=1KHz인 그림 4-104(a)의 구형파 발진기를 설계하라. OP-AMP는 741이며 전원전압은 ±15V이다.

(해)

$R_2=1.16R_1$을 쓰면 식 (4-103)을 사용할 수가 있다. R_1=10KΩ이라 놓으면

$$R_2=(1.16)(10\mathrm{K}\Omega)=11.6\mathrm{K}\Omega$$

따라서 R_2는 20KΩ 포텐쇼미터를 사용한다. 다음에 C의 값을 선정하고 식 (4-103)을 써서 R을 구한다. C=0.05μF를 쓰면

$$R=\frac{1}{(10)(10^{-8})(10^3)}=10\mathrm{K}\Omega$$

이다. 따라서

R_1=10KΩ
R_2=11.6KΩ(20KΩ 포텐쇼미터)
R=10KΩ
C=0.05μF

(8) 삼각파 발진기

(1) 예 1

구형파를 적분하면 삼각파가 된다. 따라서 삼각파 발생기는 그림 4-104(a)의 구형파 발생기에 적분기를 연결하여 얻을 수 있다. 그림 4-105(a)에 이 회로의 예를 나타내었다. 이 회로는 dual OP-AMP, 2개의 캐패시터 및 적어도 5개의 저항이 필요하다. 또한, 구형파의 주파수와 삼각파의 주파수는 같다. R_1, R_2 및 C값을 고정시키면 이 주파수는 저항 R에 의해 결정된다 그림 4-104(b)참조. R이 증가하거나 감소함에 따라서 삼각파의 주파수는 각각 감소하거나 증가한다. 비록 구형파의 진폭은 일정한 값(±Vsat)이지만 삼각파의 진폭은 주파수 증가에 따라 감소하고 주파수가 감소하면 증가한다(그림 4-105(b)참조).

적분기 A_2의 입력은 구형파이고 출력은 삼각파이다. 그러나 A_2의 출력이 삼각파가 되려면 시정수>10f 어어야 하며 여기서 T는 입력 구형파의 주기이다. 일반적으로 R_3C_2는 T와 같게 한다.

안정한 삼각파를 얻기 위해서는 $R_4=10R_3$와 병렬로 캐패시터 C_2를 연결하고, A_2의 비 반전단자에 offset 보상회로를 연결하여야 한다. 발생되는 삼각파의 주파수는 OP-AMP의 슬루레이트에 따라 제한되므로 비교적 높은 주파수의 발생에는 높은 슬루레이트를 갖는 OP-AMP를 사용한다.

(2) 예 2

그림 4-106(a)에는 앞에서 보다 필요한 소자수가 더 적은 삼각파 발생기를 나타내었다. 이 삼각파 발생기는 비교기 A_1과 적분기 A_2로 구성된다. 비교기 A_1은 P점의 전압을 입력전압과 계속 비교하여 P점의 전압이 0V 이하이면 출력은 (−)로 포화되고, 0V 이상이면 출력은 (+)로 포화된다.

회로의 동작을 설명하기 위하여 A_1의 출력이 $+V$sat(≒$+V_{CC}$)라고 한다. 이 $+V$

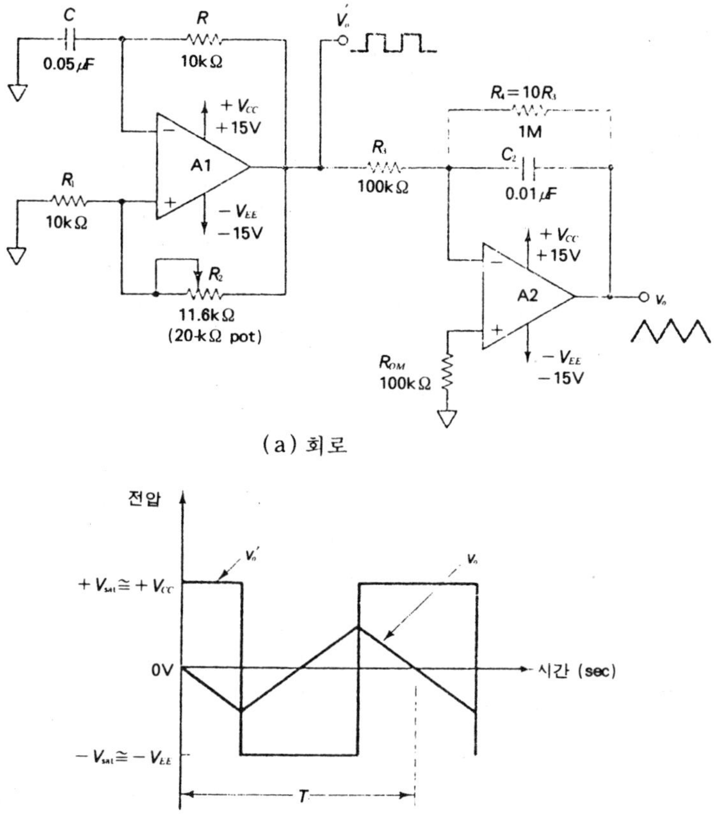

(a) 회로

(b) 출력파형

〈그림 4-105〉 삼각파 발생기

sat은 적분기 A_2의 입력이 된다. 그러므로 A_2의 출력은 (−)로 가는 램프파이다. 따라서 분압기 R_2-R_3의 한쪽 끝은 A_1의 (+)의 포화전압 $+V$sat가 되고, 다른쪽 끝은 A_2의 (−)로 가는 램프파이다. (−)로 가는 램프파가 어떤값 $-V_{Ramp}$에 도달하면 P점의 전압은 0V보다 약간 낮아진다. 그러므로 A_1의 출력은 $+V$sat에서 $-V$sat으로 스위치 된다. 따라서 A_2의 출력은 (−)로 증가하는 것을 중지하고 (+)로 증가하게 된다. A_2의 출력은 $+V_{Ramp}$에 도달할 때까지 계속 증가한다. 이때에 P점의 전압은 0V보다 약간 높게 되고, A_1의 출력은 $+V$sat로 되어 이와 같은 과정이 반복되므로 출력파형은 그림 4-106(b)와 같다. 구형파와 삼각파의 주파수는 동일하다. 또한 구형파의 진폭은 DC전원전압의 함수이다. 그러나 필요한 진폭은 그림 4-106(a)와 같이 A_1의 출력에 제너다이오드를 써서 얻을 수 있다.

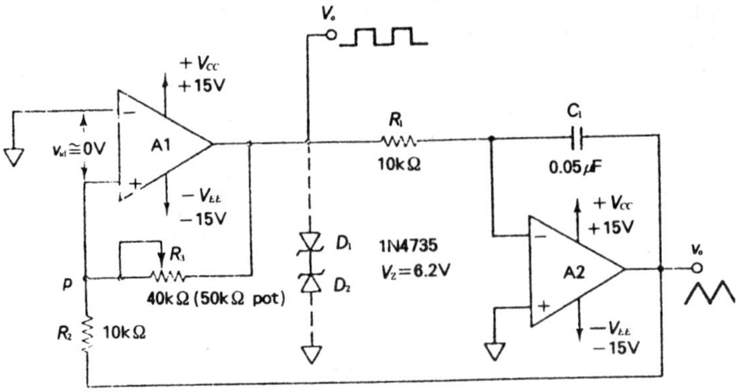

(a) 회로

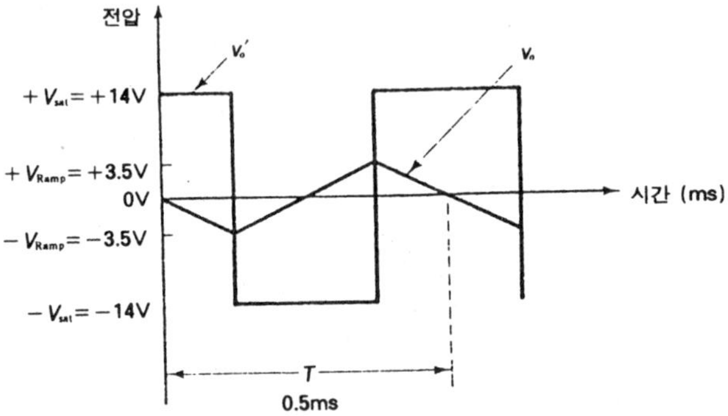

(b) 파형

〈그림4-106〉 삼각파 발생기

(3) 진폭 및 주파수계산

발생되는 삼각파의 진폭과 주파수는 다음과 같이 계산한다. 그림 4-106(b)에서 비교기 A_1의 출력이 $+V$sat일 때 적분기 A_2의 출력은 $-V_{Ramp}$ 도달할 때까지 점차 감소한다. 이때 A_1의 출력은 $+V$sat에서 $-V$sat으로 스위치 된다. 이 스위칭이 일어나기 직전에 P점의 전압은 0V이다. 이것은 $-V_{Ramp}$는 R_2양단에, $+V_{Ramp}$는 R_3 양단에 걸림을 의미하므로

$$\frac{-V_{Ramp}}{R_2} = -\frac{+V_{sat}}{R_3}$$

$$-V_{Ramp} = -\frac{R_2}{R_3}(+V_{sat}) \qquad (4\text{-}104)$$

마찬가지로, A_1이 $-V_{sat}$에서 $+V_{sat}$으로 스위치될 때 A_2의 출력 $+V_{Ramp}$는

$$+V_{Ramp}=-\frac{R_2}{R_3}(-V_{sat}) \quad (4\text{-}105)$$

이다. 따라서 식 (4-104)와 (4-105)에서 삼각파의 P-P진폭은

$$V_0(P-P)=+V_{Ramp}-(-V_{Ramp})$$

$$V_0(P-P)=(2)\frac{R_2}{R_3}(V_{sat}) \quad (4\text{-}106)$$

단, $V_{sat}=|+V_{sat}|=|-V_{sat}|$

따라서 R_3가 증가하면 삼각파의 진폭이 감소함을 알 수 있다. 출력파형이 $+V_{Ramp}$에서 $-V_{ramp}$로 스윙하는데 걸리는 시간은 주기의 $\frac{T}{2}$와 같다.

이 식은 적분기의 출력을 구하는 공식$V_0=-1/R_1C_1\int_0^t V_i dt$: $v_0=v_0(P-P)$, $V_i=-V_{sat}$ 을 대입하면

$$v_0(P-P)=-\frac{1}{R_1C_1}\int_0^{\frac{T}{2}}(-V_{sat})\cdot dt$$

$$=\left(\frac{V_{sat}}{R_1C_1}\right)\left(\frac{T}{2}\right)$$

그러므로

$$\frac{T}{2}=\frac{v_0(P-P)}{V_{sat}}(R_1C_1)$$

$$T=(2R_1C_1)\frac{v_0(P-P)}{V_{sat}} \quad (4\text{-}107)$$

단, $V_{sat}=|+V_{sat}|=|-V_{sat}|$

식 (4-106)의 $v_0(P-P)$를 대입하면

$$T=\frac{4R_1C_1R_2}{R_3} \quad (4\text{-}108)$$

따라서 발진주파수는

$$f_0=\frac{R_3}{4R_1C_1R_2} \quad (4\text{-}109)$$

(예제4-5)

$f_0=2KHz$, $V_0(P-P)=7V$가 되도록 그림 4-106의 삼각파 발생기를 설계하라. OP-AMP는 1458/772이며 전원전압은 ±15V이다.

(해) 1458의 $V_{sat}=14V$ 이므로 식 (4-106)에서

$$\frac{R_2}{R_3}=\frac{7}{(2)(14)}$$

$$R_2=\frac{R_3}{4}$$

$R_2=10K\Omega$으로 놓으면 $R_3=40K\Omega$이므로 $50K\Omega$ 포텐쇼미터를 사용한다. 이제 식 (4-109)에서

$$2KHz=\frac{40K\Omega}{(4)(R_1C_1)(10K\Omega)}$$

그러므로 $R_1C_1=0.5ms$이다.

$C_1=0.05\mu F$로 놓으면 $R_1=10K\Omega$이다. 그러므로

$$R_1=R_2=10K\Omega$$

$$C_1=0.05\mu F$$

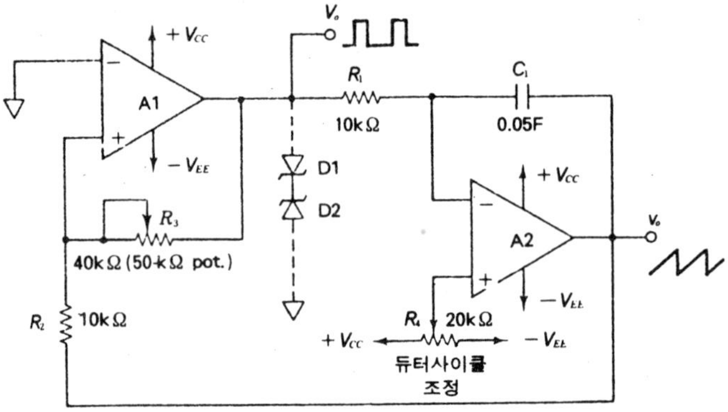

(a) 회로, A_1 A_2: dual OP−AMP: 1458/353
D_1 D_2: 1N4735($V_z=6.2V$)

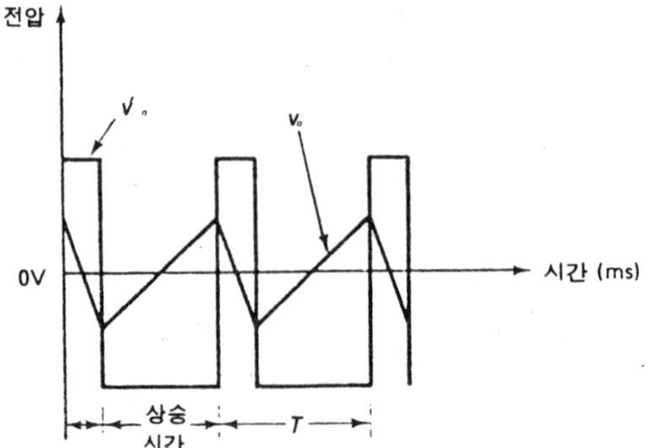

(b) A_2의 비반전 단자가 (−)DC레벨에 있을때의 출력파형

〈그림 4-107〉 톱날파발생기

R_3=40KΩ(50KΩ포텐쇼미터 사용)

(9) 톱날파 발생기

삼각파와 톱날파의 차이는 삼각파는 상승시간과 하강시간이 같지만 톱날파는 상승 시간과 하강 시간이 다르다는 점이다. 그림 4-107(a)의 삼각파 발생기는 적분기 A_2의 비 반전 단자에 가변 DC전압을 추가하여 톱날파 발생기로 사용할 수 있다. 이것은 포텐쇼미터를 사용하여 그림 4-107(a)에 나타낸 것처럼 $+V_{CC}$와 $-V_{EE}$ 사이에 연결하면 된다. R_4의 값에 따라서 A_2의 출력에 DC레벨이 삽입 된다. 이제 A_1의 출력이 구형파이고 R_4가 어떤값(DC레벨)에 고정된다면 A_2의 출력은 삼각파가 된다. 또한 여기에는 R_4의 값에 따라 DC레벨이 포함된다. 따라서 구형파의 듀티사이클은 이 DC의 극성과 진폭에 따라 결정되며 듀티사이클이 50% 이하이면 A_2의 출력은 톱날파가 된다. 와이퍼가 R_4의 중앙에 있으면 A_2의 출력은 삼각파이다. R_4가 다른 위치에 있으면 A_2의 출력은 톱날파이다. 특히 와이퍼가 $-V_{EE}$쪽으로 이동하면 상승 시간이 하강 시간보다 크게 되고, R_4가 $+V_{CC}$쪽으로 이동하면 하강 시간이 상승 시간보다 크게 된다. 또한, 발생되는 톱날파의 주파수는 R_4가 $+V_{CC}$또는 $-V_{EE}$로 감에 따라 감소한다. 그러나 톱날파의 진폭은 R_4와는 무관하다.

(10) 전압제어 발진기(VCO):566

앞에서의 모든 발진회로에서 발진주파수는 RC시정수에 의해 결정되었다. 그러나 FM, FSK 등의 응용에서는 발진주파수가 입력전압(제어전압)에 따라 제어될 필요가 있다. 이와같은 기능을 하는 회로를 전압제어 발진기(VCO) 또는 전압-주파수 변환기라고 한다. 시그네틱스의 566VCO는 그 예중의 하나이며 이것은 입력전압에 따라서 연속적인 구형파 또는 삼각파 출력을 나타낸다.

그림 4-108(b)는 566의 블록도이다. 이 회로에서 발진주파수는 R_1과 C_1 및 제어단자 5에 가해지는 제어전압 V_C에 의해 정해진다(그림 4-108(c)참조). 삼각파는 전류원으로 C_1을 교대로 충전하고 방전함에 의해 발생된다. 충방전 레벨은 슈미트 트리거에 의해 결정되며, 슈미트 트리거는 구형파 출력을 나타낸다. 이 출력파형은 둘다 Buffer되어 각 출력임피던스는 약 50Ω이다. 삼각파의 진폭은 보통 $2.4V_{p-p}$이고, 구형파의 진폭은 $5.4V_{p-p}$이다.

그림 4-108(c)는 연결도이며 이 배열에서 R_1C_1의 조합이 자유발진주파수를 결정

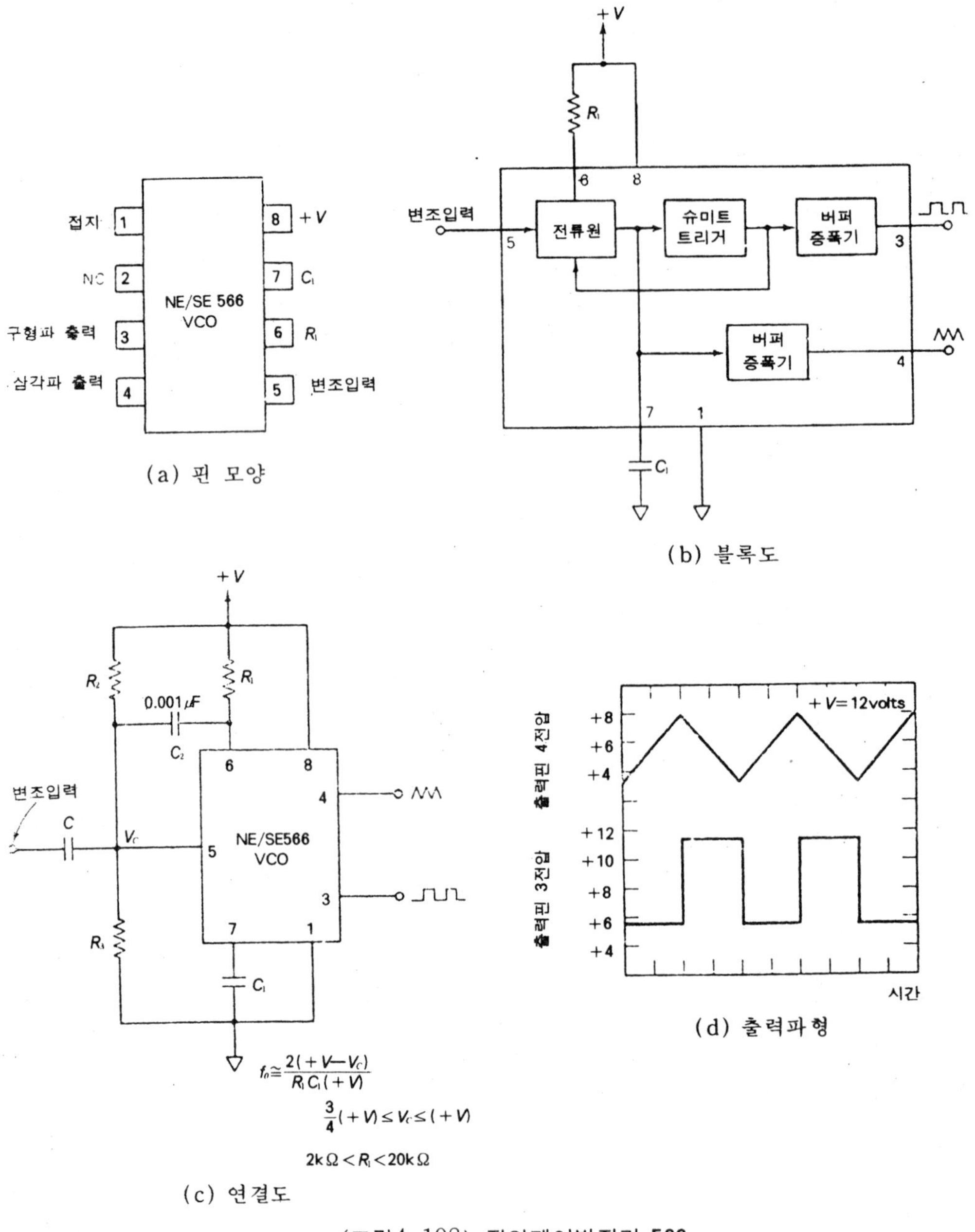

〈그림4-108〉 전압제어발진기 **566**

하여, 단자 5의 제어전압 V_C는 R_2, R_3로 구성되는 분압기에 의해 정해진다. 단자 5의 초기전압 V_C는

$$\frac{3}{4}(+V) \ll V_C \ll +V \tag{4-110}$$

단, V : 전체 전원전압

변조신호는 캐패시터 C로 AC로 결합되고 $3V_{p-p}$ 이하이다. 출력파형의 주파수는 대략

$$f_0=\frac{2(+V-V_C)}{R_1C_1(+V)} \quad (4\text{-}111)$$

단, $2K\Omega < R_1 < 20K\Omega$

V_C와 C_1이 고정되면 R_1이 $2K\Omega \sim 20K\Omega$까지 변화함에 따라 f_0는 10:1의 주파수 범위로 변화할 수 있다.

마찬가지로 일정한 R_1C_1을 유지하면 제어전압 V_C에 의하여 주파수 f_0는 10:1의 범위 안에서 변조될 수 있다. 이때 최대 출력주파수는 1MHz이다. 핀5와 6 사이에는 제어전류원에서 가능한 발진을 제거하기 위하여 0.001Fμ 컨덴서를 연결한다.

만일 이 VCO가 표준논리회로를 구동하기 위해 사용되면 구형파출력이 논리회로에 알맞는 저주파 신호를 변환하기 위하여 많이 사용된다.

(예제 4-6)

그림 4-108(c)의 회로에서 $+V=12V$, $R_2=1.5K\Omega$, $R_1=R_3=10K\Omega$, $C_1=0.001\mu$F이다.

(a) 출력파형의 주파수를 구하라

(b) V_C가 $9.5V \sim 11.5V$까지 변화할 때 출력주파수의 변조를 계산하라.

(c) 그림 4-109에 나타낸 것처럼 변조입력이 정현파일 때의 구형파출력을 그려라.

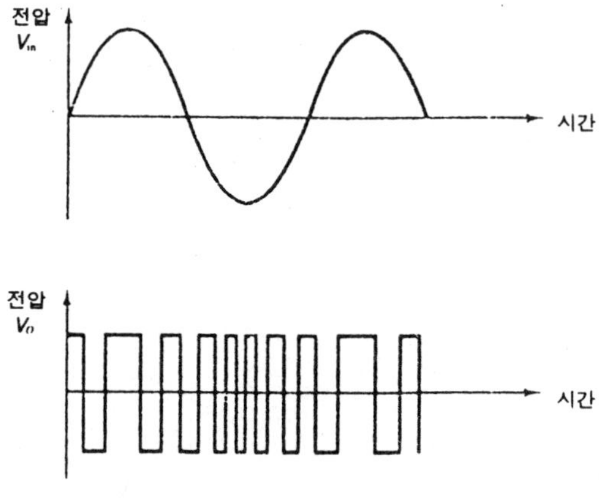

〈그림 4-109〉 예제 5-6의 입·출력 파형

(해)

(a) 분압법칙을 써서 단자 5의 초기 제어전압은

$$V_C = \frac{(10K)(12)}{11.5K} = 10.43V$$

식 (4-111)에서 주파수 f_0는

$$f_0 \fallingdotseq \frac{(2)(12-10.43)}{(10^4)(10^{-9})(12)} = 26.17KHz$$

(b) 출력에서의 변조주파수는 식 (4-111)에 V_C 대신 $9.5V$와 $11.5V$를 대입하면

$$f_0 \fallingdotseq \frac{(2)(12-9.5)}{(10^4)(10^{-9})(12)} = 41.67KHz$$

$$f_0 \fallingdotseq \frac{(2)(12-11.5)}{(10^4)(10^{-9})(12)} = 8.33KHz$$이다.

그러므로 출력주파수의 변화는 41.67KHz−8.33KHz=33.34KHz이다.

(c) 정현파 입력의 (+)반주기 동안에 제어전압 V_C는 증가한다. 그러므로 식 (4-111)에 의해 출력파형의 주파수는 감소하고 주기는 증가한다. 그림 4-109와 같이 (−)반주기 동안에는 반대의 동작이 일어난다.

4-20 쌍극성 스위치/정밀정류기를 이용한 AM변복조기

(1)쌍극성 스위치

쌍극성 스위치의 기본구성은 그림 4-100 같다. 스위치 S의 ON/OFF에 따라 출력은 $+V$ 혹은 $-V$의 쌍극의 전압을 출력하므로 쌍극성 스위치라고 한다.

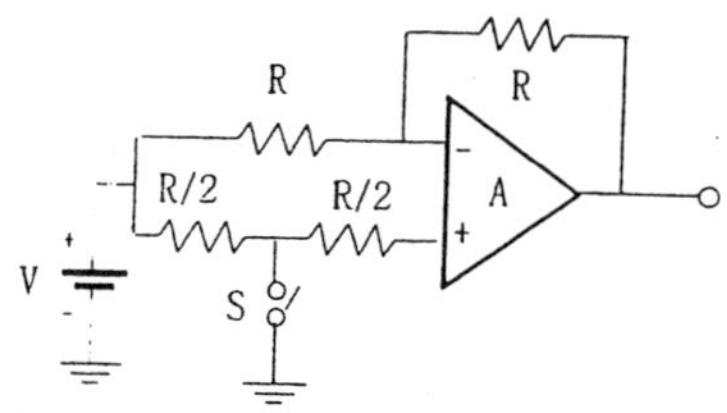

<그림 4-100> 쌍극성스위치

스위치 S가 ON된 경우의 등가회로는 그림4-101a), S가 OFF된 경우는 그림 (b)와 같다.

그림 (a)의 경우 증폭기의 +단자가 접지되므로 이 증폭기는 반전증폭기로 동작한다. 그러므로 이 경우의 출력전압은 다음과 같다.

$$V_O = -\frac{R}{R}V = -V \qquad (4\text{-}91)$$

그림 (b)의 경우 증폭기의 두 단자에 모두 $+V$의 입력전압이 인가되므로 이 증폭기는 차동증폭기로 동작한다. 차동증폭기의 결과식을 이용하여 출력을 바로 구할 수도 있으나 여기서는 중첩의 정리를 적용하여 출력전압을 구한다. 단, V_{O-}는 증폭기의 −단자에 의한 출력전압이고 V_{O+}는 증폭기의 +단자에 의한 출력전압이다.

$$V_{O-} = -\frac{R}{R}V = -V(\text{+단자 접지, 반전증폭기로 동작}) \qquad (4\text{-}92)$$

$$V_{O+} = 1+\frac{R}{R}V = 2V(\text{+단자 접지, 비반전증폭기로 동작}) \qquad (4\text{-}93)$$

출력은 위 두 식의 합이 되므로 다음과 같다.

$$V_O = V_{O-} + V_{O+} = -V + 2V = V \qquad (4\text{-}94)$$

식 (4-91)과 (4-94)에서 분명한 바와 같이 스위치 S의 ON/OFF에 따라 출력 V_O는 $-V$, $+V$의 전압을 출력하므로 쌍극성 스위치의 기능을 수행한다. 실험회로에서는 스위치 S를 4016 MOS 스위치 소자로 사용하였다.

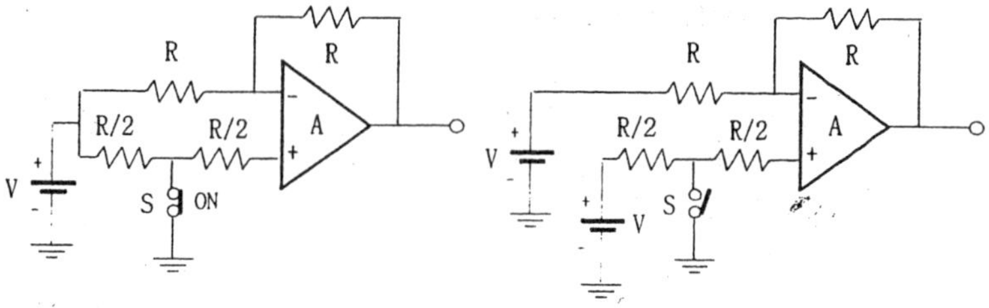

(a)S-ON시 반전증폭기로 동작 (b)S-OFF시 차동증폭기로 동작

<그림 4-101> S-ON, OFF시의 쌍극성 스위치의 동작

(2) 정밀 반파정류회로

북조형 반파정류회로는 검파용 다이오드를 이용하여 간단히 구성할 수도 있으나 여기서는 회로 소자의 사용 경험을 넓히기 위해 증폭기와 MOS 스위치 소자를 이용하여 그림 4-102 같이 구성하였다.

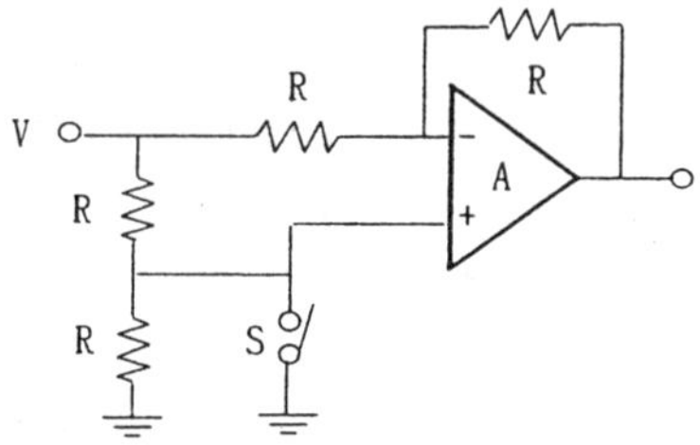

<그림 4-102> 정밀반파 정류회로

이 회로의 해석도 앞서의 논의와 같이 중첩의 정리를 적용한다.

그림 4-103(a) 스위치 S가 ON된 경우로 반전증폭기로 동작함을 나타내고 그림 (b)는 S가 OFF된 경우로 차동증폭기로 동작함을 나타낸다.

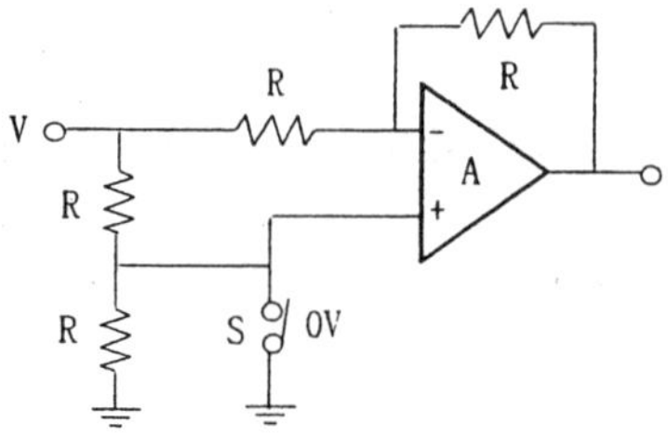

(a)S-ON 경우 반전증폭기로 동작

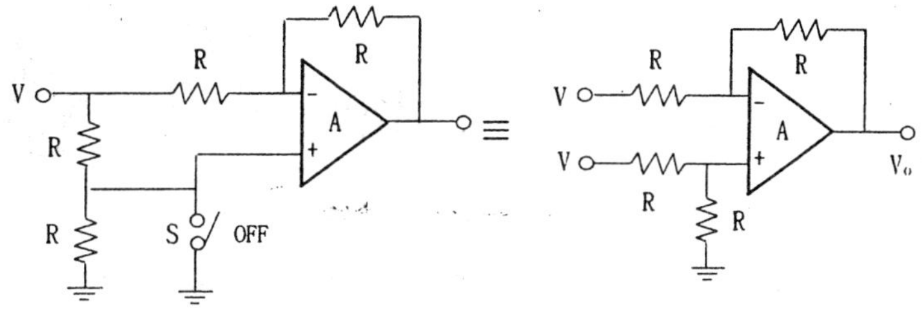

(b)S-OFF 경우 차동증폭기로 동작 (c)그림(b)를 변형한 회로

<그림 4-103> S-ON, OFF 경우의 정밀 반파정류회로의 동작

그림 (a)와 같이 S-ON인 경우 +단자가 접지되어 반전증폭기로 동작하므로 출력 V_O는 다음과 같다.

$$V_O = -\frac{R}{R}V = -V \quad \cdots\cdots (4\text{-}95)$$

S-OFF인 경우 그림 (c)와 같이 증폭기의 두 입력단자에 신호가 가해져 차동증폭기로 동작하므로 앞서 적용한 중첩의 정리를 적용하여 구할 수 있다. 그러나 이번에는 차동증폭기의 결과식을 이용하여 구하기로 한다. 단, V_+는 증폭기 +단자의 입력전압이고 V_-는 −단자의 입력전압이다.

$$V_O = -\frac{R}{R}(V_+ - V_-) = V - V = 0 \quad \cdots\cdots (4\text{-}96)$$

위 결과를 요약하면 S-ON 경우 출력이 있고, S-OFF시는 출력이 없으므로 입력신호가 교류신호이면 반파정류된 신호를 출력한다.

(3) AM 변조

(1) 진폭변조의 개념

진폭변조파의 발생방법은 여러가지가 있다. 간단히 설명하면 그림 4-104와 같이 정보신호를 이용하여 반송파(Carrier frequency)의 진폭을 변화시키는 방식이라고 할 수 있다. 가변저항은 정보신호의 변화를 나타내는데 이 저항 변화에 따라 출력파형이 그림과 같이 변화되며 이 출력이 진폭변조파가 된다. 진폭변조파의 포락선이 정보신호이다.

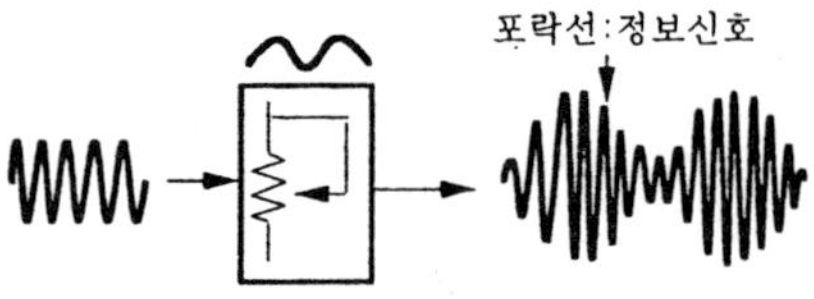

<그림 4-104> -5 간단한 진폭변조의 개념

(2) 진폭변조파

반송파 $V_C(t) = A_C\cos\omega_c t$. 신호파 $V_S(t) = A_s\cos\omega_s t$로 두면 진폭변조파는 두 신호를 승적한 것이므로 다음 식과 같다.

$$V_m(t) = A_C\cos\omega_c t \cdot A_S\cos\omega_c t$$

$$= \frac{1}{2} A_C A_S \{\cos(\omega_C + \omega_S)t + \cos(\omega_C - \omega_S)t\}$$

$$\left(\because A\cos\alpha \cdot \beta\cos\beta = \frac{1}{2} AB\{\cos(\alpha+\beta) + \cos(\alpha-\beta)\}\right) \qquad (4\text{-}97)$$

위식에서 알 수 있는 바와 같이 진폭변조파의 각주파수는 $\omega_C \pm \omega_S$로 주파수 이동이 일어난다. 이 주파수 천이를 변조라고 한다. 이 신호의 주파수 스펙트럼은 다음 그림과 같다. 높은 쪽의 주파수 $\omega_C + \omega_S$를 상측파대(Upper sideband), 낮은 쪽의 주파수 $\omega_C - \omega_S$를 하측파대(Lower sideband)라고 하며 모두 정보신호를 포함하고 있다. 스펙트럼에서 보는 바와 같이 이 변조신호에 반송파의 주파수 성분이 없다. 그래서 이 변조방식을 반송파 억압진폭변조라고 한다.

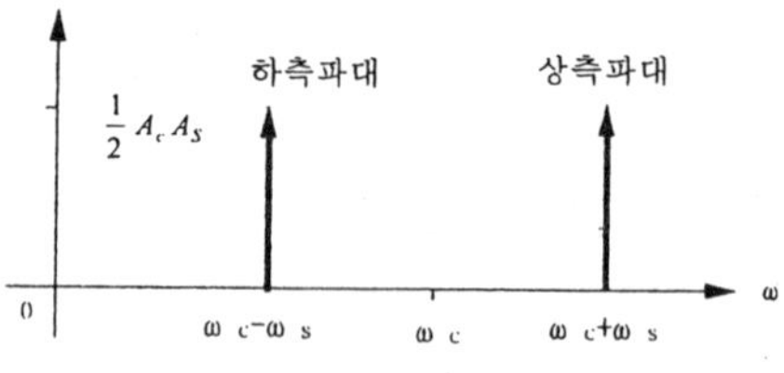

<그림 4-105> 식 4-101 주파수 스펙트럼

반송파 억압진폭변조파(Double Side Band Suppressed Carrier : SC)의 복조는 수신측에서 반송파와 동일한 주파수를 발생시켜 두 신호를 승적시켜 검파해야 하므로 검파회로가 복잡해진다. 이런 문제점을 해결하기 위하

여 상업방송에 쓰이는 진폭변조는 DSB-SC에 반송파를 더해서 피변조파를 만든다. 이것을 DSB-Large Carrier라고 하며 수식적 표현은 다음과 같다.

$$V_m(t) = A_s(t)\cos\omega_c t + A_c\cos\omega_c t$$
$$= A_s\cos\omega_s t \cdot \cos\omega_c t + A_c\cos\omega_c t$$
$$= A_c\left(1+\frac{A_s}{A_c}\cos\omega_s t\right)\cos\omega_c t$$
$$\equiv A_c(1+m\cos\omega_s t)\cos\omega_c t \quad \cdots\cdots (4-98)$$
$$m = \frac{A_s}{A_c} \quad \cdots\cdots (4-99)$$

식 (4-98)에서 입력신호 ω_s의 변화에 따라 반송파의 진폭 A_s가 변화되므로 진폭변조가 이루어짐을 알 수 있다. m은 변조도라고 한다.

변조도 m에 따라 AM파의 모양이 다음 그림과 같이 달라진다. $m>1$ 경우를 과변조라고 하며 이 경우 피변조파의 신호 왜곡에 의해 무수한 고조파가 발생하므로 변조도 m은 1이하($m\leq1$)로 제안해야 한다. 이 신호의 주파수 스펙트럼은 그림 4-107· 같다.

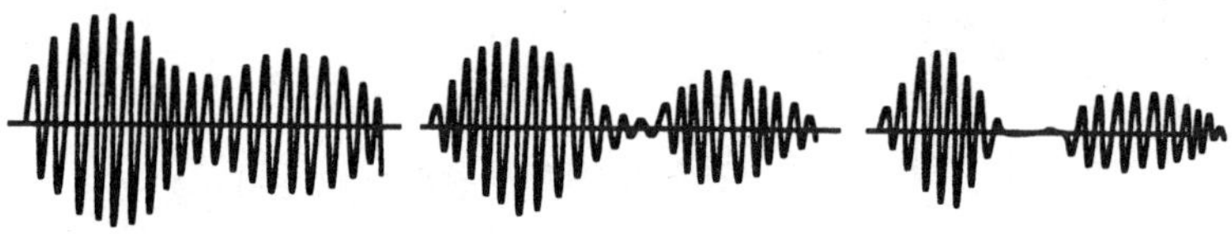

<그림 4-106> 변조도 m에 따른 진폭변조파의 파형 변화

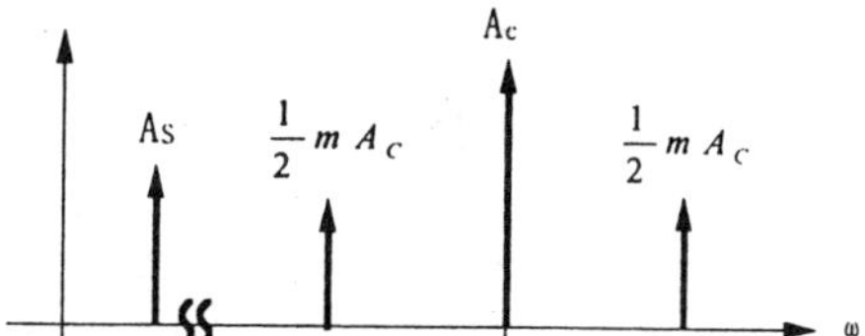

<그림 4-107> 진폭변조파의 주파수 스펙트럼

위 스펙트럼은 신호주파수가 단일 주파수인 경우를 표시한 것이나 음성과 같이 여러 주파수가 있는 경우 측파대는 대역을 형성한다. 즉, 신호주파수가 ω_s에서 최고 ω_m까지 변한다면 측파대는 $\omega_c\pm\omega_s$를 중심으로 $\pm\omega_m$으로

분포한다. 그러므로 AM파의 대역폭 BW는 $2\omega_m$이 된다.

$$대역폭\ BW=2\omega_m \quad \cdots\cdots (4\text{-}100)$$

변조도의 측정은 포락선의 최대 진폭을 A, 최소 진폭을 B라고 하면 다음 식과 같다.

$$m=\frac{A-B}{A+B} \quad \cdots\cdots (4\text{-}101)$$

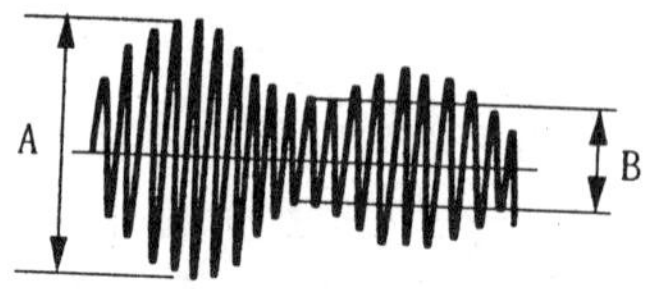

<그림 4-108> 진폭변조파의 변조도 측정

그림으로 나타내면 그림 4-108과 같다.

(4) AM 신호의 복조

복조란 안테나에 유기된 AM파에서 원래의 변조신호를 추출 복원하는 과정을 의미한다. 그래서 복조 혹은 검파라고 한다.

1) 반송파 억압신호의 복조

이 신호의 복조는 수신신호에 반송파를 곱하여 복조한다. 그 이유는 다음과 같다.

$$\begin{aligned} f(t)\cos\omega_c t\cdot\cos\omega_c t &= f(t)\cos^2\omega_c t = \frac{1}{2}f(t)(1+\cos 2\omega_s t) \\ &= \frac{1}{2}\{f(t)+f(t)\cos 2\omega_s t) \\ &= \frac{1}{2}(A_s\cos\omega_s t+A_s\cos\omega_s t\cos 2\omega_c t) \\ &= \frac{1}{2}[A_s\cos\omega_s t+\frac{1}{2}A_s\{\cos(2\omega_c+\omega_s)t+\cos(2\omega_c-\omega_s)t\}] \quad \cdots\cdots (4\text{-}102) \end{aligned}$$

위 식에서 $2\omega_c \gg \omega_s$ 관계가 성립하므로 필터를 이용하여 고주파 성분을 제거하면 간단히 신호성분 $A_s\cos\omega_s t$를 추출(복조)할 수 있다. 즉, 수신측에서 반송파를 발생시켜 수신된 AM신호와 승적하면 정보신호를 추출할 수 있다. 수신측의 $\cos\omega_c t$의 발진주파수가 송신측의 그것과 정확히 동기되어야 하므로 이 방법을 동기검파라고도 한다.

2) 진폭변조파 복조

진폭변조파인 식 4-98)은 반송파가 포함되어 있으므로 다이오드를 이용하여 간단히 복조할 수 있다. 이 방식을 다이오드 검파라고 한다. 피변조파의 포락선이 정보신호이므로 다이오드로 반파정류한 후 *C-R* 회로로 충방전시키면서 포락선을 추종하여 신호를 복조한다. 이 방식도 본질적으로는 동기검파이다. 시정수가 너무 크면 그림과 같이 포락선을 추종할 수 없는 경우가 발생하는데 이로 인한 왜곡을 다이어고널 크리핑(Diagonal clipping)이라고 한다. 이 왜곡을 최소화하기 위한 *RC*값은 다음 식과 같다.

$$RC_{opt} = \frac{1}{m2\pi f_m} \qquad \text{4-103)}$$

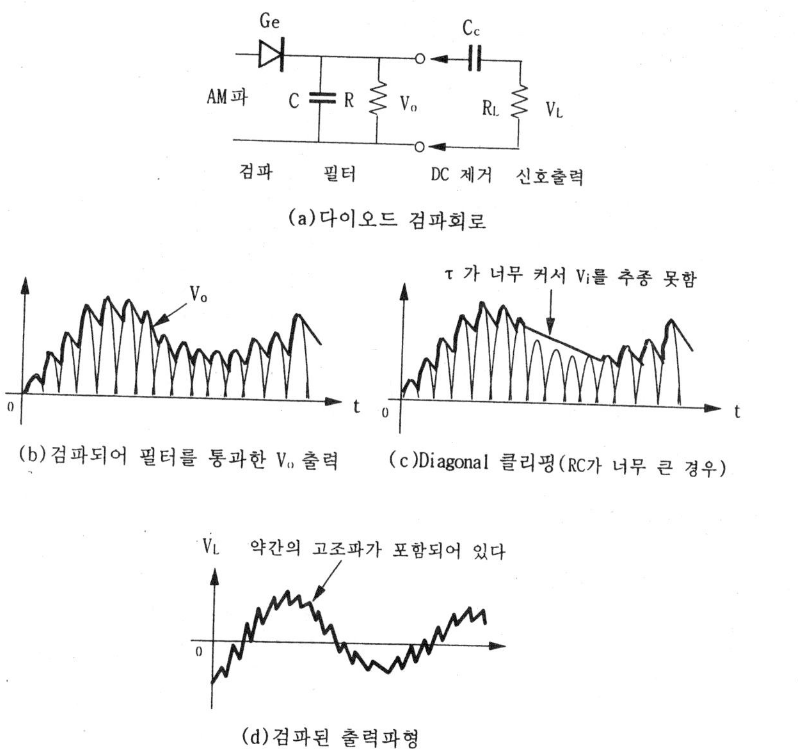

(a)다이오드 검파회로

(b)검파되어 필터를 통과한 V_o 출력

(c)Diagonal 클리핑(RC가 너무 큰 경우)

(d)검파된 출력파형

<그림 4-109> 다이오드 검파회로, 다이어고널 크리핑 및 검파출력

(5)쌍극성 스위치 동작및 파형

쌍극성 스위치의 실험회로 구성은 그림 4-110 같다. MOS 스위치 제어 입력단자(13번)에 0V가 인가된 경우 입출력 1, 2번 단자는 개방상태가 되어 직류입력이 증폭기의 +, − 양단자에 동시에 인가되므로 증폭기는 차동증폭기로 동작하며 출력은 △V가 된다. 단, △는 입력 DC 전압으로 이 회로의 경우 2.5V가 된다. +5V가 인가된 경우 MOS 스위치의 입출력 1, 2번 단자는 단락되므로 P점이 접지되어 증폭기는 반전증폭기로 동작하여 출력은 −△V가 된다. 입력 △V가 MOS 스위치의 제어에 의해 출력이 ±△V로 변화되므로 쌍극성 스위치가 된다. 그림 (b)의 파형을 잘 음미해 보면 회로의 동작을 쉽게 이해할 수 있다. 30pF는 MOS 스위치가 OFF될 때 기생진동을 흡수하고 동작을 안정화시키기 위한 것이다.

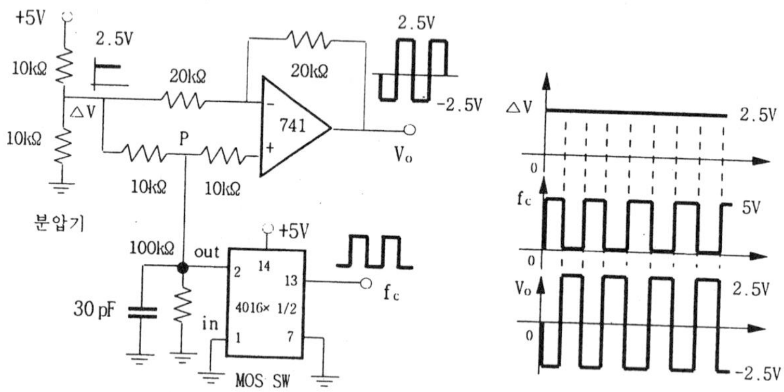

(a)실험회로 (b)회로 각 부분 파형

<그림 4-110> 쌍극성 스위치(Polarity switch)의 실험회로 및 각 부분 파형

(6)정밀 반파정류회로 동작및 파형

MOS 스위치 소자 4016 및 증폭기를 이용한 정밀 반파정류회로는 그림 4-111 같다. 이 회로는 25-4 회로의 SW가 4016 MOS 스위치로 대치된 것이다.

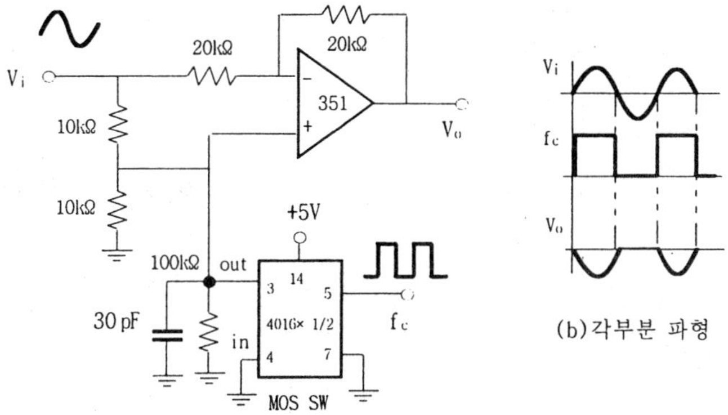

(a)정밀반파정류회로

(b)각부분 파형

<그림 4-111> MOS 스위치를 이용한 정밀 반파정류회로 및 각 부분 파형

회로의 동작은 그림 (b)에 그려진 바와 같다. MOS 스위치의 입력 f_C가 High 구간은 반전증폭기로 동작(4016의 입출력단자가 단락되어 증폭기의 +단자가 접지되므로)하여 입력신호의 반파출력이 있다. 그러나 Low 구간은 증폭기가 차동증폭기로 동작하여 출력이 없다. 그러므로 MOS 스위치의 제어입력 주파수를 변조기의 캐리어 주파수와 같게 하면 이 회로를 검파용 반파정류기로 사용할 수 있다.

(7)진폭변조회로 동작및 파형

이 실험에서는 쌍방향 스위치의 응용 차원에서 진폭변조회로를 구성하였다. 그림 4-110 쌍방향 스위치 회로의 입력에 정보신호를 중첩시키면 AM 변조회로가 된다. 여기서 직류 DC는 일정한 반송파(Carrier)의 기능을 한다. 회로는 그림 4-112와같다.

이 회로의 동작원리는 그림 (b)를 잘 음미해 보면 쉽게 알 수 있다. 반파 f_C가 High 상태일 때 P점이 접지되어 증폭기는 반전증폭기가 되므로 출력은 $-V_i$가 되고 Low 상태일 때는 $+V_i$가(MOS 스위치의 출력이 개방되어 증폭기의 출력은 $+V_i$) 되어 입력은 반송파에 따라 교대로 진폭을 추출하므로 진폭변조의 기능을 수행한다.

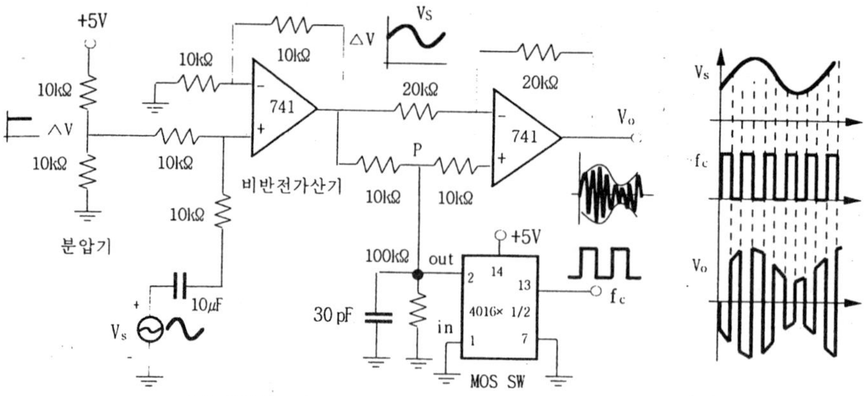

(a)진폭변조기 (b)파형을 이용한 동작 설명

그림 25-13 쌍극성 스위치를 이용한 진폭변조기 및 각 부분 파형

(8) 진폭 변/복조회로 동작및 파형

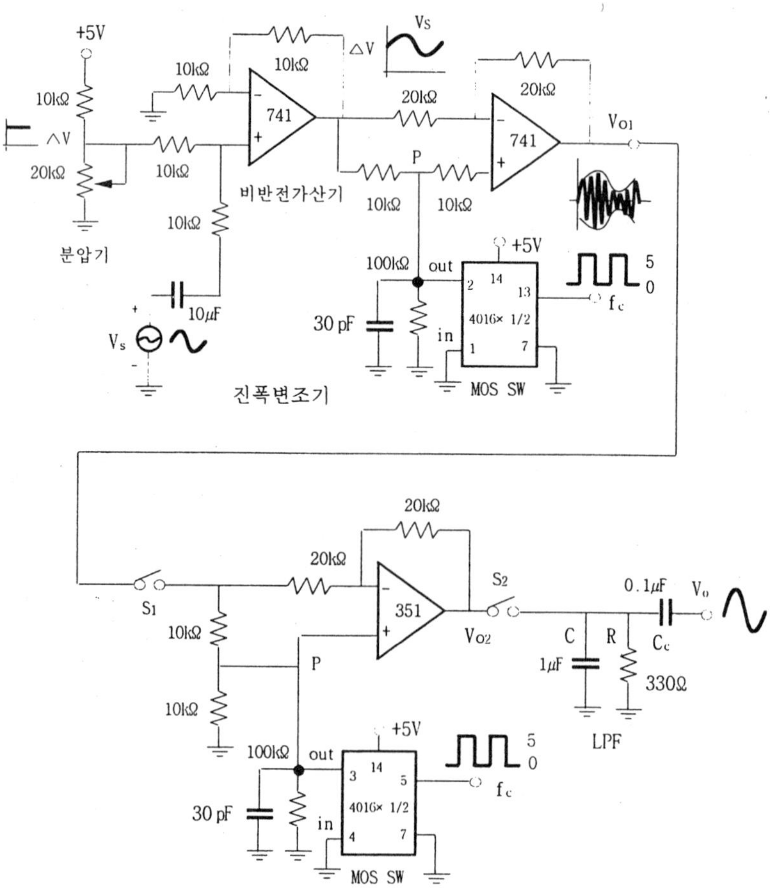

진폭복조기

<그림 4-114> 진폭변복조기 실험회로

[연 습 문 제]

4-1 OP Amp와 다이오드로 구성한 클램프 회로가 다이오드만 사용한 회로보다 그 성능이 우수함을 설명하시오.

4-2 리미터 연산자와 비교기 연산자를 비교 설명하시오.

4-3 다이오드를 써서 구성한 리미터의 문제점을 설명하시오.

4-4 그림 4-11(a)의 회로에서 R_f를 포함시키고 V=15V, R_1=30kΩ, R_f=60kΩ, R_2=R_3=9kΩ, R_3=R_4=3kΩ으로 한다. 우선, 이 회로가 리미터로 동작되는가를 확인하고, 상한과 하한의 문턱전압값과 직선영역에서의 기울기, 리미팅이 시작될 때의 출력 레벨과 리미팅 영역에서의 기울기를 구하시오. 단, 다이오드는 이상적이라고 가정한다.

4-5 정현파를 삼각파로 변환할 수 있는 회로와 정현파를 펄스파로 변환할 수 있는 회로를 OP Amp를 써서 그리시오.

4-6 555를 이용하여 단안정 멀티바이브레이터와 비안정 멀티바이브레이터를 구성하시오.

4-7 CMOS게이트에서 입력 다이오드의 기능을 설명하시오.

4-8 그림 4-29의 단안정회로의 펄스 간격 T를 유도하시오.

4-9 그림 4-57 회로의 동작을 설명하시오.

4-10 VCO를 OP Amp로 구성하는 방법에 대하여 설명하시오.

4-11 555를 이용하여 VCO를 구성하는 방법에 대하여 설명하시오.

4-12 가변용량 다이오드(바랙터)의 특성과 사용방법을 설명하시오.

4-13 PLL의 블록도를 그리고 설명하시오.

4-14 PLL의 포획영역, 로크 영역에 대하여 설명하시오.

4-15 직렬형 레귤레이터의 단점을 설명하시오.

4-16 정전압 레귤레이터와 부전압 레귤레이터의 회로 구성상의 차이점을 설명하시오.

IC 응용 및 설계

2014년 9월 10일 1판 3쇄 발행

저 자 이 영 훈
발행인 남 승 우

발행처 도서출판 상尙 학學 당堂

서울시 동작구 사당로9가길 6(사당동)
TEL : 02) 595-1692~4
FAX : 02) 595-1394
E-mail : namdoo6@unitel.co.kr
신고 : 2-155호 (1968. 11. 29)

정가 18,000원

ISBN 978-89-85437-78-3 93560